動画／静止画／加工／認識／圧縮／
伝送／表示／ライブラリ／評価／レンズ…

画像&音声

ディジタル画像技術事典200

CQ出版社

インターフェース編集部 編

はじめに

　かつては画像処理というと，カメラなどから大量の画像データを取得し，高性能なコンピュータで演算することで，希望する結果を作り出すといったイメージがありました．
　しかし，ハードウェアが高速化し，メモリの容量も大きくなった現在では，スマートフォンなどを利用して，だれでも気軽に静止画データや動画データを扱える時代になっています．
　最近では，安価な小型カメラをヘルメットや眼鏡に取り付けて，実際にスポーツをしている人の目線で撮影ができる「ウェアラブル・カメラ」も販売されており，迫力ある動画をだれもが撮影できるようになりました．
　ほかにも画像処理技術の応用は，身近な生活のいたるところに存在するようになりました．例えば，あたかも車を上から見下ろしているかのような「アラウンド・ビュー・モニタ」は，ドライバから死角となる「車の周辺の確認」を容易にしています．実現するための技術には，カメラで撮影された画像の伝送，レンズのゆがみ補正，重複部分を取り除く切り出し，複数のカメラ画像の合成といった画像処理が施されています．
　障害物を検知して車を停止させる「ブレーキ・アシスト」は，3D演算によって障害物までの距離を測定し，ブレーキの加減を調整しています．
　テレビ放送に目を移すと，現在の地デジ放送の4倍の解像度を持つ「4K」テレビも発売されており，さらにその4倍の解像度を持つ「8K」テレビも研究が進められています．今後テレビ放送も4K放送や8K放送へと進んでいくと思われます．これらの放送を支える技術には，圧縮技術や伝送技術が欠かせません．
　いっときの流行で終わってしまった感のある3D技術は，なおも研究が進められており，より自然に感じる立体映像の表現方法を探っています．医療分野への応用も広がり，開腹の必要が無い内視鏡手術において，縫合などの際の距離感を把握するために，3D技術の導入が進んでいます．
　本書では，このように身近になった画像の処理/伝送/表示/記録/評価に関する記事を幅広く集めて一冊の本にまとめてあります．画像処理に携わっている方はもちろん，画像処理に興味がある方，専門以外の知識を拡大したい方に役立てていただければ幸いです．

矢野 浩二

本書は主にトランジスタ技術2011年7月号，Interface 2013年4月号，Interface 2013年7月号に掲載した記事を加筆，再編集したものです．詳細は292ページをご覧ください．

目次

まえがき 2

イントロダクション
身のまわりは画像技術であふれている！　編集部 7

知らないと始まらない！
第1章　色と輝度を整える 9

1 色表現の基本3原色　安川 章 9
2 視覚感度を利用してデータ量を減らす！
　…YC_bC_r　長野 英生 9
3 光の強さはディジタル値で表す…階調　安川 章 11
4 画像の輝度分布…ヒストグラム　安川 章 12
5 ディスプレイの電圧－明るさ特性をあらかじめ
　キャンセル！ ガンマ補正　安川 章 13
6 色データは3次元座標で表す…色空間　安川 章 14
7 色空間の相互関係　外村 元伸 16
8 事例研究
　…色相・明度・彩度変換の勘どころ　安川 章 18
9 モノクロ画像に色を付ける方法　安川 章 19
10 色-色変換　外村 元伸 20
11 フルカラーを単チャネル化！
　グレー・スケール変換　外村 元伸 23

強調/ぼかし/二値化などで見やすく
第2章　画像の前処理…フィルタ 25

12 演算量とデータ量を抑える基本
　…二値化　安川 章 25
13 演算高速化のしくみ
　…ルックアップ・テーブル　安川 章 27
14 必須の前処理…ノイズ除去フィルタ　安川 章 28
15 フィルタ処理の高速化テクニック　安川 章 32
16 対象の輪郭を知りたいなら
　…エッジ抽出フィルタ　安川 章 33
17 フィルタ処理の落とし穴！ 境界処理　安川 章 34

拡大/縮小/回転/平行移動/補間など
第3章　画像変形/画像合成 36

18 超基本の行列計算…アフィン変換　安川 章 36
19 変形につきものの小数値を整数値に！ 補間
　　安川 章 39
20 画像切り抜きのしくみ
　…二値化でマスク画像を作る　安川 章 43

BMP/GIF/JPEG/PNGなど
第4章　静止画像のファイル形式
　　　　あれこれ 44

21 画像ファイルの種類　矢野 越夫 44

22 基本中の基本！ 非圧縮BMP　矢野 越夫 45
23 圧縮しても画像が劣化しないPNG　矢野 越夫 48
24 圧縮率は高いけど画像は劣化する！ JPEG
　　矢野 越夫 50
Column 1 　各種OSで各種画像ファイルを作成するプログラム
　　矢野 越夫 50

JPEG/TIFF/BMPなど
第5章　静止画像の圧縮技術 51

25 撮影直後のデータは超巨大！　外村 元伸 51
26 画像フォーマットの三つの課題　外村 元伸 53
27 色データを損失なしで保存する二つの方法
　　外村 元伸 53
28 画像データ圧縮の基本5ステップ　外村 元伸 54
29 符号化圧縮の具体例
　…ロスレス圧縮LZW法　外村 元伸 55
30 ロスレス圧縮でコンパクトに！ TIFFファイル
　　外村 元伸 56
Column 1 　画像圧縮の基本！ 変換符号化
　…成分数を減らすことでデータ量を圧縮する
　　外村 元伸 57
31 JPEGにみる圧縮符号化あれこれ　外村 元伸 57

H.264/MPEG-4/MPEG-2/Motion JPEGなど
第6章　動画像の圧縮技術 59

32 主な動画像フォーマット　外村 元伸 59
33 JPEGベースの動画圧縮フォーマット
　Motion JPEG　外村 元伸 60
34 MPEGの種類　外村 元伸 61
Column 1 　異なる動画像フォーマット変換時の問題
　　外村 元伸 62
35 MPEGのビット・レート　清 恭二郎 63
36 動画データの圧縮方法の移り変わり　清 恭二郎 ... 63
37 MPEG-2の特徴　清 恭二郎 64
38 圧縮の際には画像データのどの部分を削るのか
　　清 恭二郎 65
39 3種類のピクチャ・タイプ I/B/P　清 恭二郎 66
40 MPEGエンコード処理と
　デコード処理の流れ　清 恭二郎 67
41 空間領域の情報を周波数領域の
　情報に変換するDCT　清 恭二郎 68
42 高い空間周波数情報を省く量子化　清 恭二郎 68
43 画像の差分だけを伝送する動き補償フレーム予測
　　清 恭二郎 69
44 出現頻度の高いデータに短い符号を
　割り当てる可変長符号化　清 恭二郎 70
45 ワンセグ放送に用いられている
　H.264　清 恭二郎 71

libjpeg/SDL/Qtなど
第7章　画像処理ライブラリ
あれこれ ……… 72

- 46 組み込み向けオープン・ソース・ライブラリ
　　　　　　　　　　　　　　　山本 隆一郎 …… 72
- 47 JPEG エンコード/デコード定番ライブラリ libjpeg
　　　　　　　　　　　　　　　山本 隆一郎 …… 75
- 48 アニメーション表示用ライブラリ SDL
　　　　　　　　　　　　　　　山本 隆一郎 …… 76
- 49 GUI作成ライブラリ Qt　　山本 隆一郎 …… 78

フィルタ/画像変換/数値演算/特徴検出/機械学習など
第8章　画像処理ライブラリ
OpenCVの基礎知識 ……… 80

- 50 OpenCVによって提供されている処理あれこれ
　　　　　　　　　　　　　　　安川 章 …… 80
- 51 OpenCVのライブラリ構造　安川 章 …… 82
- 52 OpenCVのライセンス　　　安川 章 …… 84
- 53 OpenCVによる画像取り込みと明るさ/
　　コントラスト変更のプログラム　安川 章 …… 85
- 54 OpenCVにおける画像データの扱い　安川 章 …… 87

パターン・マッチング/背景差分法/特徴点追跡法など
第9章　超定番！画像処理ライブラリ
OpenCVを試す ……… 88

- 55 OpenCVの入手先　　　　　外村 元伸 …… 88
- 56 OpenCVのインストール　　外村 元伸 …… 88
- 57 OpenCVのアプリ作りに便利！
　　Visual Studio　　　　　　　外村 元伸 …… 89
- 58 OpenCVのひな形プロジェクトの作成法
　　　　　　　　　　　　　　　　外村 元伸 …… 91
- 59 ヒストグラムによる輝度調整　外村 元伸 …… 95
- 60 基本の前処理…フィルタ　　外村 元伸 …… 97
- 61 特徴点の抽出　　　　　　　外村 元伸 …… 99
- 62 線の検出　　　　　　　　　外村 元伸 …… 100
- 63 探し物を発見する
　　…パターン・マッチング　　外村 元伸 …… 103
- 64 侵入物を見つける…背景差分法　外村 元伸 …… 104
- 65 獲物を追跡…特徴点追跡法　外村 元伸 …… 106
- 66 位相限定相関法　　　　　　外村 元伸 …… 108

HDMIやDVI/SDIから光まで
第10章　画像伝送のためのケーブルや
コネクタ ……… 110

- 67 テレビ向け定番ビデオ規格…HDMI　長野 英生 …… 110
- 68 パソコン・モニタ向け規格…DisplayPort
　　　　　　　　　　　　　　　長野 英生 …… 111
- 69 パソコンと周辺機器をつなぐ！
　　Thunderbolt Technology　畑山 仁 …… 112
- 70 フルHDもOK！パソコン・モニタ用
　　インターフェース DVI　　長野 英生 …… 115
- 71 映像インターフェースの種類　長野 英生 …… 117
- 72 定番アナログ映像信号…コンポジット信号
　　　　　　　　　　　　　　　長野 英生 …… 117
- 73 輝度と色をアナログで伝える…S映像信号
　　　　　　　　　　　　　　　長野 英生 …… 118
- 74 フルハイビジョン対応のアナログ信号
　　…コンポーネント　　　　　長野 英生 …… 118
- 75 ハイビジョン画像にも使える
　　…D端子　　　　　　　　　長野 英生 …… 119
- 76 パソコン用アナログ映像規格
　　…VGA　　　　　　　　　　長野 英生 …… 119
- 77 HDMIコネクタ&ケーブルあれこれ　小林 秀人 …… 120
- 78 DisplayPortコネクタ&ケーブルあれこれ
　　　　　　　　　　　　　　　小林 秀人 …… 124

Column 1 高速伝送ではコネクタ周りの
　　　　　　基板パターンが重要　小林 秀人 …… 127

- 79 産業用カメラのインターフェース　松原 真秀 …… 128
- 80 同軸ケーブルを使うカメラ・
　　インターフェース CoaXPress　松原 真秀 …… 128
- 81 光によるカメラ・インターフェース Opt-C:Link
　　　　　　　　　　　　　　　村田 英孝 …… 129
- 82 パラレル・データの接続コネクタ Dサブ25ピン
　　　　　　　　　　　　　　　矢野 浩二 …… 130
- 83 シリアル・ディジタル・ビデオ信号
　　SDIのインターフェース　　矢野 浩二 …… 130

テレビ/パソコン/放送局…用途によってさまざま
第11章　ビデオ信号の種類 ……… 133

- 84 機器間インターフェースによる分類　矢野 浩二 …… 133
- 85 解像度による分類　　　　　矢野 浩二 …… 134
- 86 アナログ・コンポジット信号　矢野 浩二 …… 135
- 87 アナログ・コンポーネント信号　矢野 浩二 …… 136
- 88 アナログHDTV信号　　　　矢野 浩二 …… 138
- 89 デジタル・コンポジット信号　矢野 浩二 …… 140
- 90 デジタル・コンポーネント信号　矢野 浩二 …… 141
- 91 デジタルHDTV信号　　　　矢野 浩二 …… 142

サンプリング/量子化/同期など
第12章　ディジタル・ビデオ信号が
できるまで ……… 144

- 92 ステップ1…サンプリング　矢野 浩二 …… 144
- 93 ステップ2…量子化　　　　矢野 浩二 …… 145
- 94 ステップ3…水平同期　　　矢野 浩二 …… 147
- 95 ステップ4…垂直同期　　　矢野 浩二 …… 151
- 96 ステップ5…フレーム構造　矢野 浩二 …… 153

ディジタル・ビデオ信号のベース！知っておきたい
第13章　アナログ・ビデオ信号の規格 ……… 156

- 97 光-電気変換　　　　　　　矢野 浩二 …… 156
- 98 色を数値化する①…NTSC信号　矢野 浩二 …… 157

99	色を数値化する②…SDTV信号	矢野 浩二	157
100	色を数値化する③…HDTV信号	矢野 浩二	158
101	ディスプレイのガンマ特性	矢野 浩二	158
102	カメラのガンマ特性	矢野 浩二	158
103	テレビ信号の輝度/色差を求める① …NTSC信号	矢野 浩二	159
104	テレビ信号の輝度/色差を求める② …SDTV信号	矢野 浩二	160
105	テレビ信号の輝度/色差を求める③ …HDTV信号	矢野 浩二	160
106	色差信号の呼び方	矢野 浩二	160
107	色差信号の振幅制限①…NTSC信号	矢野 浩二	161
108	色差信号を一つの信号に合成する直角2相変調	矢野 浩二	162
109	眼の分解能に合わせ色情報量を調整したI/Q信号	矢野 浩二	163
110	色差信号の振幅制限②…SDTV信号	矢野 浩二	164
111	色差信号の振幅制限③…HDTV信号	矢野 浩二	165
112	信号レベルを電圧に①…NTSC信号	矢野 浩二	166
113	信号レベルを電圧に②…SDTV信号	矢野 浩二	167
114	信号レベルを電圧に③…HDTV信号	矢野 浩二	167
115	周波数①…NTSC	矢野 浩二	168
116	周波数②…SDTV	矢野 浩二	169
Column 1	フィールド周波数59.94Hzの問題点	矢野 浩二	169
117	周波数③…HDTV	矢野 浩二	170
118	周波数④…白黒放送	矢野 浩二	170
119	水平同期信号①…NTSC	矢野 浩二	170
120	水平同期信号②…SDTV	矢野 浩二	172
121	水平同期信号③…HDTV	矢野 浩二	172
122	垂直同期信号①…NTSC	矢野 浩二	173
123	垂直同期信号②…SDTV	矢野 浩二	175
124	垂直同期信号③…HDTV	矢野 浩二	176
125	フレーム構造①…NTSCとSDTV	矢野 浩二	177
126	フレーム構造②…HDTV	矢野 浩二	178
127	フレーム構造③…720フォーマット	矢野 浩二	179
128	規格団体	矢野 浩二	180

カメラやDISCの信号がテレビに映し出されるまで
第14章　ディスプレイ表示のしくみ …182

129	液晶テレビの内部構造	平間 郁朗	182
130	受信電波が映像に変わるまで	平間 郁朗	184
131	ディスプレイを表示するためのタイミング制御	井倉 将実	185
132	ディスプレイ解像度早見表	井倉 将実	189
133	表示データは一定間隔で更新しないといけない …リフレッシュ・レート	井倉 将実	190
134	すべてのディスプレイの描画方式 …ラスタ・スキャン	井倉 将実	191
135	帯域節約！半分のデータ量で済ませる インターレース	井倉 将実	192
136	一行ずつ順番に表示するプログレッシブ	井倉 将実	193
137	アナログ・オシロで使われていた …ベクタ・スキャン	井倉 将実	196

フォーカス/解像度/色再現性/階調性など
第15章　静止画像の評価方法 …198

138	評価に必要なもの	金田 篤幸/山田 靖之	198
139	フォーカスの評価	金田 篤幸/山田 靖之	199
140	解像度の評価	金田 篤幸/山田 靖之	200
141	色再現性の評価	金田 篤幸/山田 靖之	201
142	階調性の評価	金田 篤幸/山田 靖之	202
143	ノイズの評価	金田 篤幸/山田 靖之	203
144	ディストーションの評価	金田 篤幸/山田 靖之	203
145	シェーディングの評価	金田 篤幸/山田 靖之	204
146	ホワイト・バランスの評価	金田 篤幸/山田 靖之	205
147	光軸ずれの評価	金田 篤幸/山田 靖之	206
148	しみの評価	金田 篤幸/山田 靖之	206

生じうるノイズのパターンを知っておくと楽
第16章　動画像の評価方法 …208

149	ディジタル動画像特有のノイズと発生理由	加藤 芳明	208
Column 1	受信障害時に起こりうるデータ欠落の例	加藤 芳明	209
150	主観評価と客観評価	塚田 雄二	209
151	アナログ画像特有のノイズと発生理由	漆谷 正義	210

センサ/ボード/伝送/照明/レンズのくふう
第17章　自動計測装置マシン・ビジョンにおける画作り …212

152	人間と装置のとらえかたの違い	島 輝行	212
153	デジカメや車載カメラの画像処理	島 輝行	213
154	マシン・ビジョンの市場あれこれ	島 輝行	214
155	ディジタル画像処理の基本「平滑化」	島 輝行	215
156	マシン・ビジョンを利用した位置決め技術	島 輝行	216
157	外観検査の定番手法 …動的しきい値法	島 輝行	217
158	マシン・ビジョンの機器構成	島 輝行	218
159	撮像素子…CMOSの利点	島 輝行	220
160	高分解能で曲面の検査もできるライン・センサ	島 輝行	221
161	カメラ・インターフェースの選び方	島 輝行	222
162	照明あれこれ	島 輝行	223
163	レンズあれこれ	島 輝行	224

空間方向/時間方向の情報を活用
第18章　超解像のしくみ …225

164	超解像の効果	渡邊 賢治, 大巻 ロベルト 裕治, 有銘 能亜, 奥畑 宏之	225

- 165 高精細！複数枚超解像　　渡邊 賢治, 大巻 ロベルト 裕治, 有銘 能亜, 奥畑 宏之……227
- 166 画像1枚から復元!? 画像拡大を利用した超解像　　渡邊 賢治, 大巻 ロベルト 裕治, 有銘 能亜, 奥畑 宏之……227
- Column 1 最近の1枚画像からの超解像アルゴリズム　　渡邊 賢治, 大巻 ロベルト 裕治, 有銘 能亜, 奥畑 宏之……229
- Column 2 超解像の実装例　　渡邊 賢治, 大巻 ロベルト 裕治, 有銘 能亜, 奥畑 宏之……229

外観検査や形状認識に

第19章　3次元計測のしくみ……233

- 167 3Dの基本　　島 輝行……233
- 168 3次元空間の計測準備…キャリブレーション　　島 輝行……235
- 169 3D計測手法1…ステレオ計測　　島 輝行……235
- 170 3D計測手法2…合焦点法　　島 輝行……236
- 171 3D計測手法3…光切断法　　島 輝行……237
- 172 3D計測手法4…パターン投光　　島 輝行……237
- 173 3D計測手法5…TOF　　島 輝行……237
- 174 物体形状の認識に必須！3次元モデル　　島 輝行……238
- 175 サーフェス・マッチング　　島 輝行……238
- 176 特徴個所を用いて3次元位置姿勢を算出　　島 輝行……239
- 177 2次元画像と3次元モデル・データのマッチング　　島 輝行……240
- 178 画像認識を使った装置の例　　島 輝行……241

単眼式／立体式／アクティブ眼鏡／パッシブ眼鏡など

第20章　今さら聞けない3D……243

- 179 3Dと立体の使い分け　　河合 隆史……243
- 180 なぜ立体に見えるのか1…単眼立体情報　　河合 隆史……243
- 181 なぜ立体に見えるのか2…両眼立体情報　　河合 隆史……246
- 182 世界初の3Dディスプレイ「ステレオスコープ」　　河合 隆史……246
- 183 3Dが生体に与える影響　　河合 隆史……247
- 184 3Dディスプレイ1…アクティブ眼鏡方式　　河合 隆史……248
- 185 3Dディスプレイ2…パッシブ眼鏡方式　　河合 隆史……251
- 186 3Dディスプレイ3…レンチキュラ・レンズ方式　　河合 隆史……254

測定／芸術／演算／セキュリティなどに応用されている

第21章　究極の3Dホログラフィのしくみ……256

- 187 ホログラフィのしくみ　　下馬場 朋禄, 増田 信之, 伊藤 智義……256
- 188 ホログラフィの記録と再生の原理　　下馬場 朋禄, 増田 信之, 伊藤 智義……257
- 189 電子ホログラフィのハードウェア　　下馬場 朋禄, 増田 信之, 伊藤 智義……258
- 190 電子ホログラフィの問題　　下馬場 朋禄, 増田 信之, 伊藤 智義……259
- 191 ホログラフィ計算を高速化する二つの方法　　下馬場 朋禄, 増田 信之, 伊藤 智義……261
- 192 ホログラフィの計算方法1…点光源モデルを使う　　下馬場 朋禄, 増田 信之, 伊藤 智義……261
- 193 ホログラフィの計算方法2…ポリゴンを使う　　下馬場 朋禄, 増田 信之, 伊藤 智義……263

番組表や字幕，地震速報のひみつ

第22章　地上デジタル放送のコモンセンス……264

- 194 アナログ放送との違い　　濱田 淳……264
- 195 映像フォーマットあれこれ　　濱田 淳……265
- 196 ワンセグ放送　　濱田 淳……266
- Column 1 デジタル・テレビならでは！ネット接続機能のいろいろ　　濱田 淳……266
- 197 映像／音声／データ放送のデータ量の比　　濱田 淳……267
- 198 データ放送のパケット構成　　濱田 淳……268
- 199 データ放送の画面を作るBML言語　　濱田 淳……269
- 200 番組表のしくみ　　濱田 淳……270
- 201 一つのチャネルで三つの番組を放送できる「サービス」　　濱田 淳……271
- 202 字幕表示　　濱田 淳……272
- 203 緊急地震速報　　濱田 淳……273
- 204 地デジの変調方式　　川口 英……274
- 205 日本と海外の放送方式　　谷津 弦也……276

焦点距離／画角／F値／レンズ構成／材料など

第23章　カメラ・モジュールやレンズ選びに！光学特性入門……278

- 206 光学特性を理解しておくメリット　　小山 武久……278
- 207 光学特性を読み解くためにイメージ・センサのデータシートから必要な項目を抽出する　　小山 武久……280
- 208 パラメータ1：焦点距離　　小山 武久……281
- 209 パラメータ2：画角　　小山 武久……283
- 210 パラメータ3：F値　　小山 武久……283
- 211 パラメータ4：レンズ構成　　小山 武久……285
- 212 パラメータ5：材料　　小山 武久……287

索引……288

初出一覧……292

著者略歴……293

イントロダクション

身のまわりは画像技術であふれている！

編集部

1 カラー・ディスプレイ/カメラ・モジュールを使った装置が手軽に！

2 画像認識が進化中！

3 ディジタル・テレビが高性能に！
伝送速度が上がって大きいデータも表示できる

4 デジカメ/スマホが高性能に！
1600万画素オーバーの画像データも余裕

色/表示/処理/フォーマット/伝送…
今どきのあたりまえ大丈夫?

第1章 色と輝度を整える

知らないと始まらない！

1 加法混色RGBと減法混色CMY
色表現の基本3原色

● 画像で用いる加法混色RGB

モニタなどのように光を用いる場合では図1に示すように赤（R），緑（G），青（B）の3色（光の3原色）を混ぜ合わせます．色を混ぜ合わせるほど明るく白っぽい色に近づくことから，加法混色と呼ばれます．

一方，プリンタなどのようにインクを使う場合では，図2に示すようにシアン（C），マゼンタ（M），イエロー（Y）の3色（色料の3原色）を混ぜ合わせます．混ぜ合わせるほど暗く黒っぽい色に近づくことから減法混色と呼ばれます．

主にコンピュータのディスプレイに表示されるディジタル・データを扱う画像処理では加法混色を用います．

安川 章

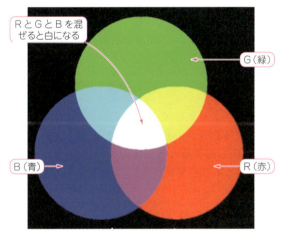

図1　加法混色は赤，緑，青の3原色

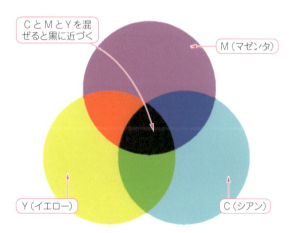

図2　減法混色はシアン，マゼンタ，イエローの3原色

2 人間の目は色よりも明るさに敏感
視覚感度を利用してデータ量を減らす！…YC_bC_r

● 人間の目が敏感な輝度Yを基準にした色表現

YCC（YC_bC_r, YP_bP_r）は，輝度信号Yと，二つの色差信号C_b, C_rによる映像信号で使われる色空間です．色差とは，RGBの各色から輝度成分のYを差し引いた信号のことです．

YCC方式は，輝度と色差を使って色を表現します．人間の目は明るさには敏感ですが，色の識別は敏感でないという，人間の視覚感度を巧みに利用しています．

カラー・テレビ放送開始時に白黒放送との互換のため輝度信号が必要であったことも，この方式が開発された理由の一つです．

● 色は輝度成分を引いた色差信号で表す

YCCでは，RGBから輝度成分Yのみを取り出して専用信号とし，色差C_b（$=R-Y$），C_r（$=B-Y$）を合わせて送信し，受信側で$G-Y$を再生します．表1にR,

表1 各色の輝度, 色差信号の構成

色 信号	白	イエロー	シアン	緑	マゼンタ	赤	青	黒
R	1	1	0	0	1	1	0	0
G	1	1	1	1	0	0	0	0
B	1	0	1	0	1	0	1	0
Y	1	0.89	0.7	0.59	0.41	0.3	0.11	0
$C_r(R-Y)$	0	0.11	-0.7	-0.59	0.59	0.7	-0.11	0
$G-Y$	0	0.11	0.3	0.41	-0.41	-0.3	-0.11	0
$C_b(B-Y)$	0	-0.89	0.3	-0.59	0.59	-0.3	0.89	0

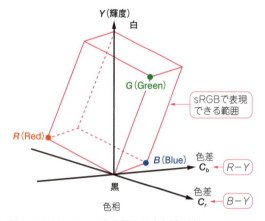

図1 YCCはRGBの色空間よりも色域が広い

図2 RGBはフルレンジ, YCCは範囲が限定されている

G, Bで各色合いを表現したときの$R-Y$, $G-Y$, $B-Y$を示します.

　YC_bC_rとRGBの関係式は以下です.

$Y = 0.3R + 0.59G + 0.11B$
$C_b = R - Y = 0.7R - 0.59G - 0.11B$
$C_r = B - Y = -0.3R - 0.59G + 0.89B$
$G - Y = -0.3R + 0.41G - 0.11B$

残った色信号を色差として送るため, データ量を削減できます. 例えばYCC444では$Y:C_b:C_r = 8$ビット: 8ビット: 8ビット = 4:4:4の比率で, YCC422は $Y:C_b:C_r = 8$ビット: 4ビット: 4ビット = 4:2:2の比率でデータを削減して伝送します.

● **変換時の注意…輝度・色差による色空間YCCをRGBにすると色情報が失われる**

　YCCとRGBの関係を**図1**に示します. 縦軸は輝度Yを, 横軸はC_b, C_rを示します. YCCはRGBより色域が広く, YCCの映像をRGBに変換する際は色情報が失われるため注意が必要です.

　また, RGBの場合, データの範囲は0〜255のフルレンジとして使うことが一般的ですが, YCCの場合, Yは16〜235, C_b, C_rは16〜240までに範囲を限定して使うことが一般的です. **図2**のように範囲に違いがあります.

長野 英生

3 光の強さはディジタル値で表す…階調

カメラ・センサが出力する電気信号は8ビット・ディジタルがほとんど

● 光の強さはディジタルで表す

　カメラで撮影された画像は，レンズを介してCCDやCMOSの受光素子上に結像され，センサで受光した光の強さは電気信号へ変換されます．さらに，この電気信号をA-D変換によりディジタル信号へ変換し，このディジタル信号を使って画像処理を行います．この様子を示したものが図1です．

　8ビットでA-D変換すると0〜255の256階調で画像を表現できます．カラー画像の場合はR，G，Bそれぞれ各8ビットで表し，256×256×256＝16777216色の色を表現できます．

　最近では0〜1023の1024階調（10ビット），0〜4095の4096階調（12ビット）へ変換される場合もあります．

　輝度の階調が高い（多い）と，図2に示すようにより微妙な明るさの変化を表現することが可能となります．

〈安川 章〉

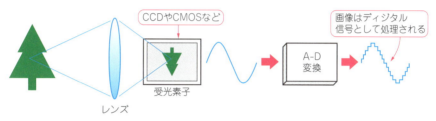

図1　カメラの受光素子で検出された光の強さは電気信号に変換され，A-D変換でディジタル出力される

（a）階調の低い輝度変化

（b）階調の高い輝度変化

図2　輝度の階調が高いと輝度をなめらかに表現できる

4 認識処理では欠かせない！画像全体の明るさを数値的に表す方法
画像の輝度分布…ヒストグラム

　ヒストグラム（Histogram）は，横軸に輝度値，縦軸に画像中に含まれる輝度値の頻度（画素数）をグラフに表示したものです．図1に8ビット（0〜255階調）画像のヒストグラムを示します．

　ヒストグラムの分布を見ることで画像が明るいのか，暗いのかの判断ができます．ヒストグラムが輝度値0〜255まで偏りなく分布している画像では，明暗のはっきりとしたコントラストの高い画像となります．

　図2のように画像が暗い＝ヒストグラムで輝度値が低い方へ偏っているような場合は，カメラのゲインを大きくするか，露光時間（受光素子が光を検出する時間）を長くすることで最適な画像を得ることができます．逆に図3のようにヒストグラムが輝度値が高い明るい方へ偏っているような場合にはカメラのゲインを小さくするか，露光時間を短くします．

● ヒストグラム活用のテクニック

　図4のようなコントラストが低くて何が写っているか分かりづらい画像では，まず，見たい部分のヒストグラムを（b）のように取得するとコントラストの調整がしやすくなります．

　（a）の四角で囲まれた部分のヒストグラムでは輝度値が集中しています．この図の例では輝度値が60〜80程度です．この集中している輝度値を図5のように0〜255に割り振られるようにコントラストを調整すると，より見やすくなります．

安川 章

 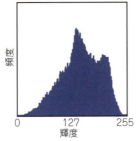

（a）オリジナル画像　　（b）輝度のヒストグラム

図1　横軸に輝度値，縦軸に画像に含まれる輝度の頻度をグラフ化したものがヒストグラム

 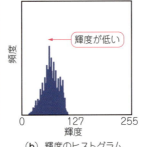  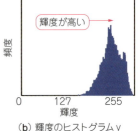

（a）暗い画像　　（b）輝度のヒストグラム　　　　　　（a）明るい画像　　（b）輝度のヒストグラム y

図2　暗い画像ではヒストグラムの輝度値は低い方へ偏る　　**図3　明るい画像ではヒストグラムの輝度値は高い方へ偏っている**

 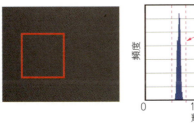 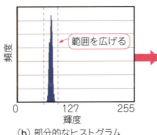 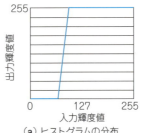 

（a）暗くて見にくい画像　　（b）部分的なヒストグラムを取得　　　（a）ヒストグラムの分布を調整する　　（b）画像の見たい部分が見やすくなる

図4　見にくい画像を見やすくする①…ヒストグラムを取得する　　**図5　見にくい画像を見やすくする②…輝度値を0〜255に割り振るようにコントラストを調整する**

5 ディスプレイの電圧－明るさ特性をあらかじめキャンセル！ガンマ補正

暗い部分のコントラストをより高くする

● 暗い，明るい画面をほどよく補正できる

ガンマ補正はもともとディスプレイ上に画像を表示するとき，入力電圧に対しディスプレイ上に表示される明るさが直線的に変化しない特性を補正するために使われている技術です．画像処理においては，暗い部分のコントラストをより高く変換するために用いられます．

処理前の画像の輝度値をSrc，処理後の輝度値をDstとすると，

$$Dst = 255 \times \left(\frac{Src}{255}\right)^{\frac{1}{\gamma}}$$

という式で表せます．

γ補正の曲線を図1に示します．γの値が$\gamma<1$の時，暗い部分がより暗く，$\gamma=1$の時，処理前と処理後の画像は同じ，$\gamma>1$の時，暗い部分のコントラストが高くなります．$\gamma>1$で補正した場合の処理結果を図2に示します．

安川 章

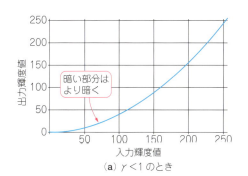

(a) $\gamma<1$のとき

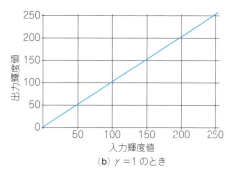

(b) $\gamma=1$のとき

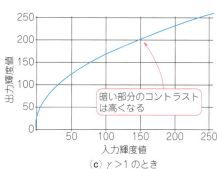

(c) $\gamma>1$のとき

図1 ガンマ補正で画像の明るさを変えられる．
$\gamma<1$だと暗い部分はより暗く，$\gamma=1$だと変化はなく，$\gamma>1$では暗い部分のコントラストが良くなる

(a) 処理前の画像

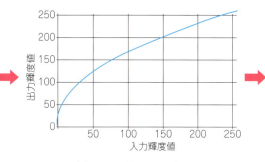

(b) $\gamma>1$で補正処理を行う

(c) 処理後の画像

図2 ガンマ補正を行うと暗い部分のコントラストを補正できる

6 色データは3次元座標で表す…色空間
色相・彩度・明度に変換すると色の補正や抽出が楽チン

● RGBの全ての色は立方体で表現できる
R，G，Bの値がそれぞれ8ビット（0～255）の場合，図1のように3次元座標で表すと，全ての色は一辺の長さが255の立方体の範囲内で表すことができます．

カラー画像処理では，R，G，Bの値をそのまま用いるのではなく，色相（Hue；色合い），彩度（Saturation；鮮やかさ），明度（Intensity，Value，Lightness；明るさ）へ変換してから処理する場合がよくあります．明るさの変動を受けにくく，特定の色を抽出したり，色合いを変えるなどの処理が容易となるためです．

R，G，Bの値から色相，明度，彩度への変換には主に六角錐モデル（HSV）と双六角錐モデル（HSL）とがあり，以下に変換方法を示します．

● 色相と彩度は正六角形で表現できる
図1の立方体を白（255, 255, 255）の位置から黒（0, 0, 0）の方向へ見て，R軸を右側にとると，図2のように正六角形となります．

このとき，赤の方向を0°として，反時計回りの回転方向が色相を表します．また，一番外側の六角形の位置に対して，どの割合の位置に配置されているかを0～1で表したものが彩度となります．

● 色相と彩度に明度を加えたHSV/HSL
図2の六角形の平面と垂直な方向に明度を割り振るとHSV（六角錐モデル）やHSL（双六角錐モデル）となります．

HSVとHSLのHSはHue（色相），Saturation（彩度）ですが，VとLはそれぞれ明度Value，Lightnessです．各モデルの提案者が明度をそれぞれValue，Lightnessと呼んだために異なります．ともにHSIと呼ぶ場合もあります．この場合は明度はIntensityです．

両者の違いは明度の定義にあります．以下に示す計算では，R，G，Bはそれぞれ0～255，色相は0～360，明度は0～1，彩度は0～1として計算します．

● HSV（六角錐モデル）の計算
HSVは，R，G，Bの最大輝度値をI_{max}，最小輝度値をI_{min}としたときに，このI_{max}を0～1に正規化したものを明度Vとすると，図3のように六角錐で表現します．

明度V，彩度Sは以下の式で計算できます．

$$V = \frac{I_{max}}{255}$$

$$S = \frac{I_{max} - I_{min}}{I_{max}}$$

色相Hは，
I_{max}がRの最大輝度値のとき，

$$H = 60° \times \frac{G - B}{I_{max} - I_{min}}$$

I_{max}がGの最大輝度値のとき，

$$H = 60° \times \frac{B - R}{I_{max} - I_{min}} + 120°$$

I_{max}がBの最大輝度値のとき，

$$H = 60° \times \frac{R - G}{I_{max} - I_{min}} + 240°$$

となります．$H<0$となる場合はHに360°を加えます．

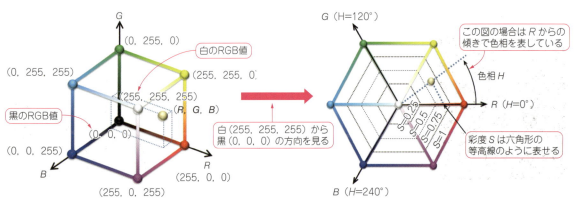

図1 RGBがそれぞれ8ビットの場合，一辺の長さが255の立方体で全ての色を表現できる

図2 立方体で表現した色の3次元座標系を白（R = 255, G = 255, B = 255）と黒（R = 0, G = 0, B = 0）を結んだ向きから書き直すと，色相と彩度を表現できる

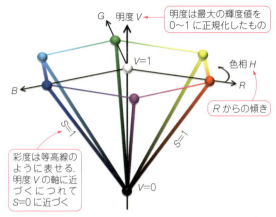

図3 色相・彩度・明度を表す方法（その1）…六角錐モデル．この方法では最大の輝度値を0〜1に正規化したものが明度となり，R，G，Bの純色と白は同じ明度となる

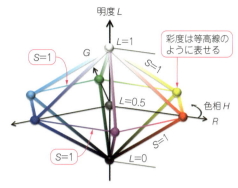

図4 色相・彩度・明度を表す方法（その2）…双六角錐モデル．この方法では最大輝度値と最小輝度値の平均を0〜1に正規化して明度を表す

ただし，$V=0$ のとき $S=0$，H は不定となります．

▶ HSVからRGBへの変換

画像のフォーマットがHSVを使っていて，自分のライブラリがRGBで処理を行うような場合には，HSVからRGBへの色変換が必要です．

まず，h，P，Q，T の値を以下のように定めます．

$$h = \left\lfloor \frac{H}{60} \right\rfloor$$
$$P = V \times (1-S)$$
$$Q = V \times \left(1 - S \times \left(\frac{H}{60} - h\right)\right)$$
$$T = V \times \left(1 - S \times \left(1 - \frac{H}{60} + h\right)\right)$$

ただし，$H=360°$ のときは $H=0°$ とします．また，床関数 $\lfloor X \rfloor$ は X 以下の最大の整数を表します．

このとき，

$h=0$ のとき，
　$R=V\times 255$，$G=T\times 255$，$B=P\times 255$
$h=1$ のとき，
　$R=Q\times 255$，$G=V\times 255$，$B=P\times 255$
$h=2$ のとき，
　$R=P\times 255$，$G=V\times 255$，$B=T\times 255$
$h=3$ のとき，
　$R=P\times 255$，$G=Q\times 255$，$B=V\times 255$
$h=4$ のとき，
　$R=T\times 255$，$G=P\times 255$，$B=V\times 255$
$h=5$ のとき，
　$R=V\times 255$，$G=P\times 255$，$B=Q\times 255$

となります．ただし，$S=0$ のとき，$R=G=B=V\times 255$ です．

● HSL（双六角錐モデル）の計算

明度の考え方がHSVと異なる色空間モデルとしてHSL（双六角錐モデル）があります．R，G，Bの最大輝度値を I_{max}，最小輝度値を I_{min} としたときに，I_{max} と I_{min} の平均を0〜1に正規化したものを明度 L とすると，図4のように双六角錐で表現できます．このモデルでは，R，G，Bの純色の明度が $L=0.5$ となります．

明度 L は，

$$L = \frac{\frac{I_{max}+I_{min}}{2}}{255}$$

$I_{max} \neq I_{min}$ のとき彩度 S は，
$L \leq 0.5$ のとき，

$$S = \frac{I_{max}-I_{min}}{I_{max}+I_{min}}$$

$L > 0.5$ のとき，

$$S = \frac{I_{max}-I_{min}}{2-I_{max}-I_{min}}$$

となり，$I_{max}=I_{min}$ のとき $S=0$，色相 H は不定となります．色相 H の計算はHSVの計算と同様です．

▶ HSLからRGBへの変換

HSL色空間をRGBへ変換する場合もあります．
X を h の値に応じて求められた値とし，

　$h=H+120$ として，$R=X\times 255$
　$h=H$ として，$G=X\times 255$
　$h=H-120$ として，$B=X\times 255$

ただし，$S=0$ のとき，$R=G=B=L\times 255$ とし，H は不定となります．

まず，M_1，M_2 の値を以下のように定めます．

$L \leq 0.5$ のとき，$M_2 = L \times (1+S)$
$L > 0.5$ のとき，$M_2 = L+S-L\times S$
$M_1 = 2\times L - M_2$

さらに，h'をhの値を用いて，

$h' = h$
$h < 0$のとき，$h' = h + 360$
$h > 360$のとき，$h' = h - 360$

とします．ここで，Xの値はh'の値を用いて，
$h' < 60$のとき，

$$X = M_1 + (M_2 - M_1) \times \frac{h'}{60}$$

$60 \leq h' < 180$のとき，$X = M_2$
$180 \leq h' < 240$のとき，

$$X = M_1 + (M_2 - M_1) \times \frac{(240 - h')}{60}$$

$240 \leq h' \leq 360$のとき，$X = M_1$

となります．

安川 章

7 RGB以外にもYUV，CMY，HIS，CMY，L*a*b*などいろいろ 色空間の相互関係

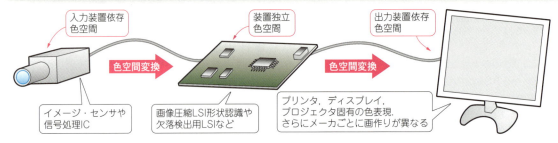

図1 課題…カメラ/ディスプレイ/画像処理装置によって色の表現の仕方が異なる

● **画像入力装置と出力装置の作り手が異なるとき同じ色を表現する基準が欲しい**

画像入力装置では，色分解を実現する技術的な原理はさまざまです．

画像出力装置では，色分解されたものを逆に色合成しますが，ディスプレイで出力する場合と紙にインクで印刷する場合とでは，それぞれ加色と減色と呼ばれている異なる色合成（混合）の原理が使われます．色を扱うときには，どんな画像入力装置であっても，どんな画像出力装置であっても，できれば同じ色表現であってほしくなります．

そして最も難しいのが，入力装置画像と出力装置画像間の色合わせ（一致性）です．コンピュータでいろいろな画像処理をすることを考えて，入出力装置間で色の一致関係を保つ必要があります．最終的には人間の眼で見るので，人間が知覚する色とも関連付けしなければなりません．

そこで図1に示した入力装置依存色空間，装置独立色空間，出力装置依存色空間という概念が生まれます．それから装置依存の色空間を，それとは独立な共通な色空間に修正して色調整する概念が生まれます．

● **ごちゃごちゃしている色空間を整理する**

色空間は，図2に示すように，3原色のRGB色立方体（Color Cube）で線形表現されます．黄色（Yellow）は赤色（Red）と緑色（Green）を加えた位置，赤紫色（Magenta）は赤色（Red）と青色（Blue）を加えた位置，青緑色（Cyan）は青色（Blue）と緑色（Green）を加えた位置，3原色RGBをすべて加えた位置に白色（1：White）と黒色（0：Black）のグレースケールがあります．

さて，色空間がわかりにくいのは，図3に示すようにいくつかの概念が絡み合っていることです．

▶ **印刷物でよく使われるCMYK**

加色系のRGB空間に対して，減色系のCMYあるいはCMYK（KはKeyまたはBlack）空間があります．

▶ **メモリ・カードへの記録に使われるsRGB/scRGB**

デジカメでは，各色8ビットで規格表現されたsRGB，そして各色16ビットに拡張されたscRGBがあります．さらに色域（表現できる色の範囲）を拡張したAdobe RGB[5]，sYCC[6]（主に高級機で採用）もあります．

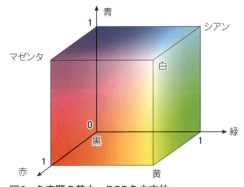

図2 色空間の基本…RGB色立方体

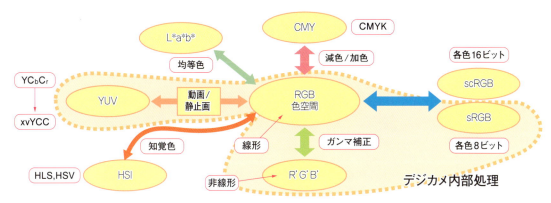

図3　色空間にはさまざまな概念があり互いに変換しながら画像処理を行うことになる…デジカメの例

▶ 動画ならYUV

動画になると，テレビジョン放送の歴史的な流れで，データ圧縮に便利な輝度Yと二つの色差信号（U, V）をもつYUV系の空間が使われています．YUVのスケール化とオフセット版であるYC_bC_rがあり，それの色域を拡張したxvYCC（動画）があります．

▶ ディスプレイ表示時に使われるR'G'B'

液晶ディスプレイなどの表示装置は非線形性をもつので，線形にするためのガンマ補正が施された'を付けたR'G'B'があります．

▶ 表現を人の感覚に近づけたHSI/HLS/HSV

色の表現を，より人の感覚に近づけた色空間として，HSI（hue, saturation, intensity），HLS（hue, lightness, saturation），HSV（hue, saturation, value）があります．これらはRGB色空間とは，色差間の距離において比例関係にありません．そこで，均等（Uniform）化したL*a*b*表色系も使われます．

以上の詳しい定義と互いの変換については，実際はもっと込み入っており，参考文献（1），（4），（5），（6）などを参照してください．

● ずれている色空間を修正する際に必要な基準

画像入力装置で取得した画像の色を画像出力装置で再現する場合，一般にさまざまな要因で出力色は入力色から何らかの形でずれます．さらに，画像入力装置の方が画像出力装置に比べて色表現能力が高いと仮定した場合，実際問題として出力装置側で画像が潰れるということが起きます．

潰れがないように色範囲の移動・再編が必要になります．画像データを保存や伝送するときに圧縮しますが，色情報をどのように圧縮するかによって，圧縮効率も変わってきます．

▶ 輝度を使う

よく使われるのが人間の眼の感度の性質を用いて，3原色RGBを輝度（Y）と色差（U, V）という信号に分解する方法が動画において使われています．色を白黒（モノクロ）に変換する，つまりカラーからグレー・スケールに変換することも頻繁にあります．

▶ 肌色を使う

画像認識のような処理を行う場合，例えば，肌色に注目したいときは，はじめから肌色の表現しやすい色空間の軸を見つけておいて，その軸に沿って処理するとやりやすくなります．

▶ ユーザの好みに合わせる

色には人の好みという問題があり，入力画像を好みに応じて変更するということも要求されます．

● 筆者流…色空間の修正の進め方

修正するために注目したい色の範囲を最初に決めます．それを球または（回転）楕円体で表現することを

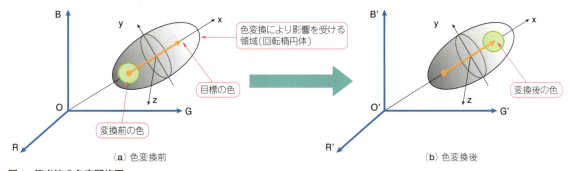

図4　筆者流の色空間修正

考えます．楕円体で表現するということは，成分によって重みづけが違うということです．

次に，変更したい目標の色を決めます．それから，色を変更することによって生ずる局所的または大域的な影響を受ける領域も決めなければなりません．その領域も色の楕円体を覆い包む形で決めます．図4に示すように，色の移動方向と同じ軸を共有します．あとは楕円体の変更領域に対して，具体的な変更ルールを定義します．例えば，注目する色範囲については，細かく分割するとか，注目からはずれる色範囲では，荒っぽくするために圧縮するとかを決めます．

これらは一般にルックアップ・テーブル形式で定義します．図4では，3原色RGBを座標軸に選んでいますが，実際には，任意の色変換を行って，その色変換後の座標軸から考えてもよいでしょう．色変換後の座標軸が3原色R'G'B'となっているのは，画像出力装置依存の3原色R'G'B'になっていることを意味しています．

以上がいろいろな人たちの色変換の考え方[3]を筆者なりにまとめてみた概念です．

◆ 本項目の参考文献 ◆

(1) Keith Jack：Video Demystified, A Handbook for the Digital Engineer, fifth edition; Chapter 3 Color Spaces, pp. 15-36, Newnes 2007.

(2) Christopher Kanan, Garrison W. Cottrell：Color-to-Grayscale：Does the Method Matter in Image Recognition？ PLoS One ¦ www.plosone.org, Open Access Freely available online, vol. 7, Issue 1, pp. 1-7, 2012.

(3) 古市 岳，井上 千鶴，山本 治男；均等色空間を用いた色補正テーブル修正技術，シャープ技報，第89号，pp.38-41，2004．

(4) 張 小忙（谷口慶治編）；デジタル色彩工学，共立出版，2012．

(5) AdobeR RGB（1998）Color Image Encoding, Version 2005-05, May 2005, ADOBE SYSTEMS. http://www.adobe.com/digitalimag/pdfs/AdobeRGB1998.pdf

(6) 杉浦 博明，池田 宏明；拡張色空間の国際標準化動向と広色域ディスプレイ，2007, JSA. http://www.jsa.or.jp/stdz/edu/pdf/b4/4_02.pdf

外村 元伸

8 色変換するだけで認識率を上げる方法
事例研究…色相・明度・彩度変換の勘どころ

● 色相や彩度で色の判別がしやすくなる

カラー画像を使った処理では，色領域の抽出や色の判別，分類などが行われます．この処理をR，G，Bの値をそのまま用いて処理しようとすると，R，G，Bの中間色がある場合や，明るさが一定でない場合など，複雑な条件となってしまいます．さらに対象物が曲面の場合では，同じ色の領域でも，影の影響により明るさが変化するため，できるだけ明るさの情報は使いた

表1 明度や彩度が小さいときはRGBの輝度が変わると色相が大きく変わってしまう

項 目	値					
Rの輝度	12	9	9	7	11	7	7
Gの輝度	11	13	13	8	7	12	9
Bの輝度	9	12	12	13	9	10	10
H	40	165	230	330	156	200	105
S	0.3	0.3	0.5	0.4	0.4	0.3	0.4
V	0.05	0.05	0.05	0.04	0.05	0.04	0.04

(a) もとの画像

(b) 緑色を抽出

図1 RGBカラー画像をHSVに変換し，色相で緑領域を抽出した

 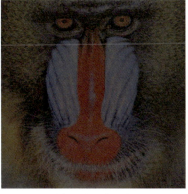 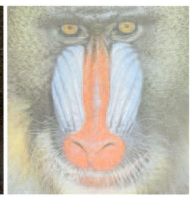

　　（a）もとの画像　　　　　　　　（b）明度を低くした　　　　　　　（c）明度を高くした

図2　明度を低くすると画像は暗くなり，明度を高くし過ぎると画像は白飛びして見える

  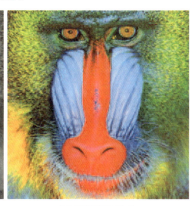

　　（a）もとの画像　　　　　　　　（b）彩度を低くした　　　　　　　（c）彩度を高くした

図3　彩度を低くするとモノクロ画像に近づき，彩度を高くすると原色系に近づく

くありません．そこでR，G，BのカラーをHSVなどの色空間へ変換し，明度以外の条件を用いると，色の抽出や判別がしやすくなります．

　図1にカラー画像をHSVへ変換し，色相を使って色を抽出した例を示します．

　色の抽出や判別を，色相，明度，彩度を使って処理する場合は色相→彩度→明度の優先順で処理を行うと比較的処理が安定します．ただし，明度もしくは彩度の値が小さい場合，色相の値が大きくふらつく場合があるので注意が必要です．

　例えば，R，G，Bの値が（10，10，10）付近で輝度値が±3程度ばらつくと，R，G，Bの値とHSVの各値は表1のように，色相Hが大きくふらつきます．

● 彩度を上げると原色に近づく

　図2，図3に示すように画像の明度，彩度を調整すると，色味（色相）を変えずに，明るさ，鮮やかさを変更できます．

　とくに彩度に関しては，図3に示すように彩度を下げるとモノクロ画像に近づき，彩度を上げると原色系に近づきます．最近，目にするミニチュア風画像の効果の一部では，彩度を上げる処理を入れている場合がよくあります．

〈安川 章〉

9　輝度値に対応したRGBを指定　モノクロ画像に色を付ける方法

■ カラー・パレット

● カラー・ディスプレイに
　モノクロ画像を表示するのに必須

　モノクロの画像データをディスプレイ・モニタ上に表示するには，カラー・パレットと呼ばれる輝度値に対応したR，G，Bの値を定義した配列を指定する必要があります．各R，G，Bの値はC言語ではRGBQU

リスト1　モノクロ画像を表示するときにカラー・パレットを利用する

```
typedef struct tagRGBQUAD {
  BYTE rgbBlue;
  BYTE rgbGreen;
  BYTE rgbRed;
  BYTE rgbReserved;
} RGBQUAD;
```

AD構造体を用い，**リスト1**のように定義されます．なお，rgbReservedは特に使われることのない予約領域で，常に0を指定します．

R, G, Bの値は通常，輝度値と同じ値を指定しますが，任意の色を割り振り，輝度値の変化をより明確にする疑似カラーという手法もあります．これはサーモグラフィの画像表示などでよく用いられます．

さらに，カラー・パレットの特定範囲内だけに色を付けることにより，画像データはそのままに，画面表示上だけで二値化処理されたように見せることもできます．

▶ **9〜16ビットのモノクロ画像では下位ビットに輝度値が格納されている**

多ビット（9〜16ビット）のモノクロ画像データは，16ビット中の下位9〜16ビットに輝度値が格納されています．WindowsにおけるC言語での画像表示の場合は，ビット・フィールドと呼ばれる手法を用います．16ビット中のどのビットが有効かを示すために，BITMAPINFOHEADERのbiCompressionをBI_BITFIELDSに設定し，RGBQUAD型の配列三つを用いて指定します．bmiColors[0]が赤，bmiColors[1]が青，bmiColors[2]が緑の色に相当し，RGBQUAD型の32ビット中の下位9〜16ビットの有効なビットを'1'にします．

■ 透過率の設定…アルファ

● **透過率を変えられるパラメータ**

C言語のカラー・パレットにおいて，RGBQUAD構造体メンバのrgbReservedは使われることがなかったのですが，.NET言語の登場により，RGBQUAD構造体はColor構造体へ，rgbReservedはA（アルファ）となり，透明度に使用されるようになりました．このアルファ値の範囲は0（透明）〜255（不透明）となります．

アルファ（$Alpha$）を用いてディスプレイ・モニタ上に表示される色（$Disp$とする）は，表示する色をSrc，背景色を$Back$とすると，

$$Disp = Src \times Alpha/255 + (Back \times (255 - Alpha))/255$$

となります．

◆ 参考文献 ◆

(1) アバールデータ；
 http://www.avaldata.co.jp/
(2) イメージングソリューション；
 http://imagingsolution.net/

〈安川 章〉

10 異なる装置，LSI間でデータをやりとりするために
色-色変換

図1に示すように，カメラやディスプレイなど，映像装置の内外では，映像信号をやり取りします．その際に，LSIやICに依存する色空間に対して，それらに独立な色空間を定義して，相互の変換を可能にするために「色-色変換」が使われます．

たとえば，カメラから入力される3原色であるR

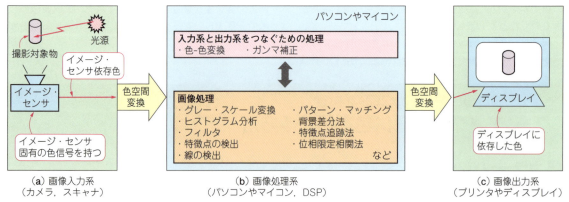

図1　カメラやディスプレイなど映像信号をやり取りする装置，LSI間では，それぞれが固有の色情報をもつことになる

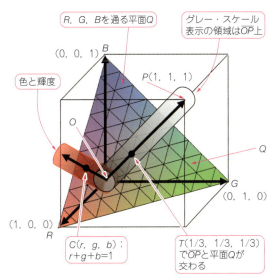

図2 RGB直交座標系で表される色空間

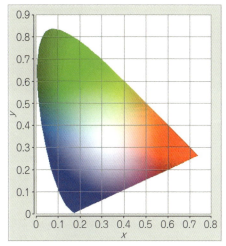

図3 xy色度図は図2を平面図で表現する

（赤），G（緑），B（青）といった色表現と，視覚情報や画像処理に適したかたちで扱われる色表現とが異なるために，色変換が必要です．

RGBから輝度-色差表現XYZのように，単純に線形変換できる場合があります．

対して視覚で使われるHSI（Hue：色相，Saturation：彩度，Intensity：明度）色空間に変換する場合は，非線形変換になります．

また，デバイスの非線形特性の補正のために行われるガンマ補正がないと，非線形特性になります．

● 色の表現方法

画像処理を行う際には，色の概念をよく理解していることが大切です．センサ素子面での受光はRGBなどのカラー・フィルタを通して行われますが，これらによって人間の視覚で感じとるような色をとらえることが，どのように行われるかを説明します．

▶ グレー・スケールの表示領域

図2に示すように，RGB直交座標系で表される色空間について，RGBとも受光量がないときが$(R, G, B) = (0, 0, 0)$で黒色，3原色とも受光量が等しく白色のときを$(R, G, B) = (1, 1, 1)$と定義し，光の強さを輝度と呼びます．3原色とも受光量が等しく，輝度が1より小さいときは，色のない濃淡のあるグレー（灰色）に見えます．

グレー輝度の大小は，グレー・スケールと呼ばれており，黒である原点$O(0, 0, 0)$を始点，白である頂点$P(1, 1, 1)$を終点とするベクトル$\overline{OP}$上にあります．そしてベクトル$\overline{OP}$は互いに直交するRGB 3軸の3頂点$R(1, 0, 0)$，$G(0, 1, 0)$，$B(0, 0, 1)$を通る平面Qに対して，点$T(1/3, 1/3, 1/3)$で垂直に交わります．ここで1/3になる理由については，後の説明でわかります．

グレー・スケールは原点Oからの距離に比例していることがわかります．ベクトル$\overline{OP}$の軸にごく近い円筒状領域付近は，ほぼグレーに見えます．

▶ 色が付く領域

今度は平面Q上にあり，グレー・スケール領域から離れた点$C(r, g, b)$，つまり色がつく領域について見てみます．平面Qは3点$(1, 0, 0)$，$(0, 1, 0)$，$(0, 0, 1)$を通ることから，$r + g + b = 1$が成り立ちます．なぜならば点$C(r, g, b)$を通る平面の方程式は一般に，$dr + eg + fb + a = 0$で表されますので，これに3点$(1, 0, 0)$，$(0, 1, 0)$，$(0, 0, 1)$を代入すると，$d = e = f = -a (\neq 0)$なので，$a(r + g + b - 1) = 0$から導けます．これでr, g, bが等しいときは$(1/3, 1/3, 1/3)$であることがわかっていただけると思います．

色について語るとき，平面Q上で方程式$r + g + b = 1$が成り立つ関係は重要です．(r, g, b)は互いに独立ではなく，たとえばbはrとgから求まるからです．よく使われる色度図（図3）は，この関係を平面図で表現しています．ベクトル$\overline{OC}$はある色を表現しており，原点Oからベクトル$\overline{OC}$方向の距離はその色の輝度を表しています．色の表し方の体系を表色系といいます．RGBで表す場合をRGB表色系と呼びます．

● 色変換の例
▶ 混色系

RGB表色系において，等色になるrgbの波長曲線（等色関数）を描くと，図4（a）に示すようになります．刺激値が負になっている部分がありますが，式の上ではRGBの混色で表現できるものの，実際には生成できな

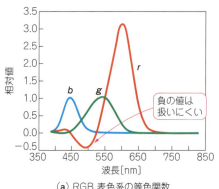

(a) RGB 表色系の等色関数　　　　(b) CIE 1931 XYZ 表色系の等色関数

図4　RGB表色系において，等色になる rgb の波長曲線
(a)では刺激値が負になっている部分がある

い色があります．このような場合は，式の上で項を移動してやることによって等色になるので，それが負値となって現れます．しかしこれではわかりにくいということで，刺激値から負の値を排除するように操作したものが図4(b)に示す（CIE 1931）XYZ表色系の等色関数です．

さらに図5に示すように，カメラからのRGB信号は非線形特性のため，線形R'G'B'にするガンマ補正が必要です．R'G'B'は，テレビ用に符号化して伝送するために，輝度Yと2種類の色差信号C_b，C_rまたはU，Vに変換されます．YC_bC_rがNTSCで，YUVがPAL/SECAM方式です．YC_bC_r/YUVは伝送後，ディスプレイに表示するために，今度は逆のガンマ補正をかけます．これがHDTVになって規格が変更されています．

さらに混乱することになるのは，パソコンのディスプレイ用にsRGB規格，印刷用にAdobe RGB規格があることです．各規格間で定義が違いますので，RGB⇔XYZの変換行列を表1にまとめておきます．sRGBとHDTVは同じ値を採用しています．そしてRGBからXYZ色空間への変換の様子を図6に示しました．Y軸（輝度）は，ほぼG軸の方向を向いています．つまり輝度が緑色に影響を受けやすいので，撮像素子上のカラー・フィルタのBayer Patternでは，RGBの比が1：2：1になっています．グレーの軸（$\overline{OP}$）とY軸とが，かなり異なっていることにも注意してください（次項，グレー・スケール変換で説明）．

▶ 知覚色

これまで説明してきた色の表現は，カメラから取得する画像のため心理物理色と呼ばれる混色系です．それに対して人間の眼が捉える色の表現は，知覚色と呼ばれます．

図7(a)に示したのは，マンセル表色系として知られている有名な知覚色の表現方法です．円筒座標系[図7(b)]で表現されるので，直交座標系で表現されるRGB表色系と相互変換するには，数学的に解くのにかなり面倒なことになります．数値的に近似する方法が提案されていますが，区間ごとに係数テーブルが必要なので運用が不便です．なので人間の知覚系は使いたくありません．

外村 元伸

表1　異なる色空間ごとのRGB⇔XYZ変換行列

色空間	$\begin{bmatrix}X\\Y\\Z\end{bmatrix} = \begin{bmatrix}\cdot & \cdot & \cdot\\\cdot & \cdot & \cdot\\\cdot & \cdot & \cdot\end{bmatrix}\begin{bmatrix}R\\G\\B\end{bmatrix}$ ($XYZ \Leftarrow RGB$)	$\begin{bmatrix}R\\G\\B\end{bmatrix} = \begin{bmatrix}\cdot & \cdot & \cdot\\\cdot & \cdot & \cdot\\\cdot & \cdot & \cdot\end{bmatrix}\begin{bmatrix}X\\Y\\Z\end{bmatrix}$ ($RGB \Leftarrow XYZ$)	ガンマ補正	用途
Adobe RGB (1998)	$\begin{bmatrix}0.5767 & 0.1856 & 0.1882\\0.2974 & 0.6273 & 0.0753\\0.0270 & 0.0707 & 0.9911\end{bmatrix}$	$\begin{bmatrix}2.0414 & -0.5649 & -0.3447\\-0.9693 & 1.8760 & 0.0416\\0.0134 & -0.1184 & 1.0154\end{bmatrix}$	なし	印刷業界
sRGB/HDTV	$\begin{bmatrix}0.4124 & 0.3576 & 0.1805\\0.2126 & 0.7152 & 0.0722\\0.0193 & 0.1192 & 0.9505\end{bmatrix}$	$\begin{bmatrix}3.2406 & -1.5372 & -0.4986\\-0.9689 & 1.8758 & 0.0415\\0.0557 & -0.2040 & 1.0570\end{bmatrix}$	あり	HDデジタル・テレビ放送 デジカメ，プリンタ
NTSC (1953)	$\begin{bmatrix}0.6069 & 0.1735 & 0.2003\\0.2989 & 0.5866 & 0.1145\\0.0000 & 0.0661 & 0.1162\end{bmatrix}$	$\begin{bmatrix}1.9100 & -0.5325 & -0.2882\\-0.9847 & 1.9992 & -0.0283\\0.0583 & -0.1184 & 0.8976\end{bmatrix}$	あり	アナログ・テレビ放送用（日本など）
PAL/SECAM	$\begin{bmatrix}0.4306 & 0.3415 & 0.1783\\0.2220 & 0.7066 & 0.0713\\0.0202 & 0.1296 & 0.9391\end{bmatrix}$	$\begin{bmatrix}3.0629 & -1.3932 & -0.4758\\-0.9693 & 1.8760 & 0.0416\\0.0679 & -0.2289 & 1.0694\end{bmatrix}$	あり	アナログ・テレビ放送用（欧米など）

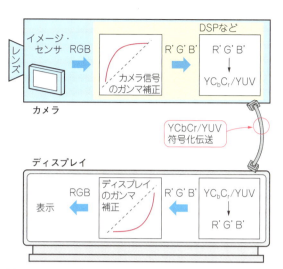

図5 カメラやディスプレイにおけるガンマ補正の例

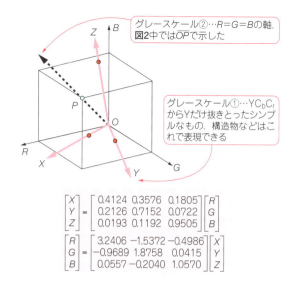

図6 RGBからXYZ色空間への変換例
変換に使用した行列はsRGB/HDTV規格

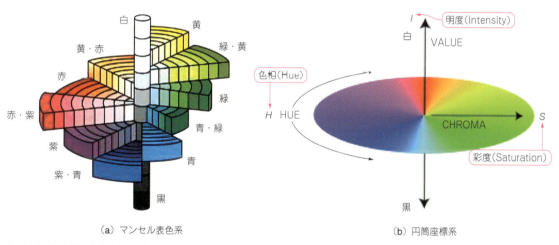

(a) マンセル表色系　　　(b) 円筒座標系

図7 人間の眼が捉える色の表現

11 データ量を1/3に落とせる
フルカラーを単チャネル化！グレー・スケール変換

　色空間表現では，3チャネルから単チャネルに変換することをグレー・スケール変換と呼んでいます．

　グレー・スケール変換は，RGB 3チャネルのカラー画像を処理するときに，計算量をほぼ1/3に削減するために行われます．単色化に伴って情報が失われることを，いかに防ぐかが処理の重要なポイントとなります．

　画像処理において形状に注目するときは，色よりも輝度情報が重要と考えられるので，輝度値を単チャネル化すればよいでしょう．しかし，形状ではなく色差で領域を区別したいときには，それなりの尺度で単チャネル化する必要があります．

● 安易に情報を1/3に落とすのはもったいない…

　カラー・カメラで撮影した画像を処理するときに，RGBデータのままで扱うと，データ量が単色の場合の3倍になります．そればかりでなく，RGB各成分間の関係が処理対象によってはっきりしないので困ってし

$$G_{Intensity} \leftarrow \frac{1}{3}(R+G+B)$$

(a) $G_{Intensity}$

$$G_{Luminance} \leftarrow 0.3R + 0.59G + 0.11B$$

(b) $G_{Luminance}$

$$G_{Gleam} \leftarrow \frac{1}{3}(R'+G'+B')$$

(c) G_{Gleam}

$$G_{Luma} \leftarrow 0.2126R' + 0.7152G' + 0.0722B'$$

(d) G_{Luma}

$$G_{Lightness} \leftarrow \frac{1}{100}(116f(Y) - 16) \quad Y = 0.2126R + 0.7152G + 0.0722B$$

$$f(t) = \begin{cases} t^{1/3} & t > \left(\frac{6}{29}\right)^3 \\ \frac{1}{3}\left(\frac{6}{29}\right)^2 t + \frac{4}{29} & その他 \end{cases}$$

(e) $G_{Lightness}$

$$G_{Value} = \max(R, G, B)$$

(f) G_{Value}

$$G_{Luster} = \frac{1}{2}(\max(R, G, B) + \min(R, G, B))$$

(g) G_{Luster}

図1 実は奥が深い…グレー・スケール変換あれこれ

まいます．カメラ出力からのRGBデータをそのまま扱うのか，それともRGBデータに何らかの変換を加えて扱ったらよいのか迷うところです．

物体の形状のみに注目する場合は単色で十分です．ですがどの単色成分が適しているのかよくわかりません．RGB各成分の平均値をとって，$D = 1/3(R + G + B)$としてみたとしても，同じ $D = 0.5$ の値について，$D = 0.5 = 1/3(0.5 + 0.5 + 0.5) = 1/3(0.0 + 1.0 + 0.5)$ のように，1対1でRGB値が対応しないという問題があります．

演算器の立場からも，除算器を使うか，乗算器で0.3333…の定数乗算を行うか考えなければなりません．データ表現の次元を3から1に縮退させるので，単純な方法では情報量が落ちてしまいます．

色変換のところで説明したRGB→XYZ変換を思い出してください．輝度情報 Y だけに注目すれば，色差情報は落ちるものの，1次元化する場合の一つの方法になります．この方法が最もよく使われているグレー・スケール変換です．

ただしここで注意していただきたいのは，すでに説明したように（前項の図6），Y軸と表示するグレー軸（$\overline{OP}$）とは，色相が90°ほどずれているということです．つまりグレー・スケール変換とは，3原色チャネルの単チャネル化のことなので，単チャネル化したときの強度を濃淡にマッピングして表示しているだけということです．色の違いをグレー・スケール画像に反映させるために，修正を加えるという方法が提案されていますが，視覚的に良好な結果を得るための計算量が多いという問題があります．

● **目的別！変換あれこれ**

画像認識などで計算量を削減したいとか認識率を上げたいなどの目的でグレー・スケール変換をしたい人は，各色の重みをどのようにとればよいか考えるために，図1にまとめてみました．詳しくは参考文献（1）などを参照してみてください．物体や顔認識には，G_{Gleam} が最もパフォーマンスがよく，テクスチャ認識には，$G_{Luminance}$ がよい選択らしいです．

● **まだまだいい方法がある…かも？**

ところで，有限ビット長で表された3次元のデータの場合，データ成分の並び順を工夫して1次元上に情報量を落とすことなく1対1対応で並べることができます．残念ながら1対1対応で加工しやすい意味のある並べ方は，現実的には知られていませんが，できるだけ理想を目指した方法，あるいはそれぞれの応用においてはいくつか提案されています．

◆ **参考文献** ◆

(1) Christopher Kanan, Garrison W. Cottrell：Color-to-Grayscale：Does the Method Matter in Image Recognition？PLoS One｜www.plosone.org, Open Access Freely available online, vol. 7, Issue 1, pp. 1-7, 2012.

外村 元伸

第2章 画像の前処理…フィルタ

強調/ぼかし/二値化などで見やすく

12 白黒画像に落とし込めれば形の検出も簡単！
演算量とデータ量を抑える基本…二値化

● 輝度値を1と0に振り分けて処理を軽くする

欠陥や領域を抽出する方法として，輝度値をあるしきい値で1（白）と0（黒）にする処理「二値化」がよく使われます．

二値化処理は，キズや穴，凹凸などの欠陥検査や，処理する画像と二値化された画像の輝度値とのAND演算を行って，処理領域を特定するマスク処理などに用いられます．二値化処理された画像を図1に示します．

二値化処理では，画像の輝度値が指定した値（しきい値）以上の場合，輝度値を1（白），それ以下の場合，輝度値を0（黒）にする図2のような処理を行います．逆にしきい値以上を0（黒），以下を1（白）とする場合もあります．

このようにすると，二値化処理前の画像では1画素あたりの輝度値を表すのに0～255の8ビット必要であったのに対し，二値化された画像では1と0の1ビットのみで良く，画像のデータ・サイズを1/8に減らせます．

ただし，画像処理のプログラムでは，二値化された画像の輝度値を0（黒）と255（白）の8ビットで表す方が一般的です．

● 処理を行う上での注意点

カメラで撮影した画像の輝度値は，カメラの性能や温度，ゲインの設定などの撮影時の条件によって同じ場所を撮影していても異なります．輝度値のばらつきはおおよそ±3～5程度です．

カメラ本体の温度によっても，センサ感度が変動する場合もあります．また，レンズや照明の影響により，画像全体の明るさが均一になるとは限りません．さらに照明は長時間使用すると一般的に照度が低下していきます．撮影している周辺の環境光も，昼と夜とで異なります．

▶ 白と黒の輝度差を十分に取る

これらの条件を考慮した上で，二値化する際は白と黒の輝度差を十分取るようにして下さい．また，カメラの温度が安定するまで電源投入後10分以上放置したり，定期的に特定の場所を撮影して，照明の照度低下をチェックする方法も安定した画像取得のためには有効です．

固定のしきい値を用いる二値化は輝度値の変動に弱いため，しきい値を自動的に求める手法が提案されています．

（a）8ビットの元画像　　（b）データ量は1/8！ 二値化画像

図1　二値化することで画像のデータ量を減らせる

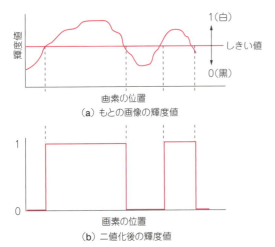

図2 輝度値にしきい値を設けて1(白)と0(黒)に振り分ける処理…二値化

(a) 処理前　　　　　(b) p-タイル処理後

図3 二値化されるしきい値を23%で指定してp-タイル処理を行った

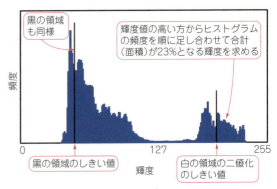

図4 画像のヒストグラムを取得して白の領域と黒の領域の二値化のしきい値を求める…p-タイル法

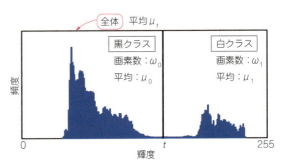

図5 あるしきい値tで白クラスと黒クラスに分け，クラス間分散が最大になるようにする…判別分析法

● 手法①…p-タイル法(p-tile method)
▶ 自動的にしきい値を決められる

p-タイル法は，二値化される領域の面積が画像全体に占める割合を指定して，しきい値を自動的に求める方法です．画像の面積が一定の場合，有効な手法です．p-タイル法で二値化した画像を図3に示します．

画像の幅をW，高さをH，面積の割合をpとすると，二値化する領域の面積Aは，

$$A = W \times H \times p$$
ただし，pの値は0～1

となります．

白の領域を二値化する場合は，ヒストグラムの輝度値の高い方から，ヒストグラムの頻度を足していき，頻度の合計（面積）が初めてAを超えるとき，求めるしきい値とします．黒の領域を二値化する場合は，ヒストグラムの輝度値の低い方から同様に計算します．そこで，図4のように画像のヒストグラムを取得してしきい値を求めます．

● 手法②…判別分析法（大津の二値化）
▶ 黒の領域と白の領域の分散が最大となるしきい値を見つける

判別分析法（大津の二値化）と呼ばれる手法も使われています．画像のヒストグラムをあるしきい値tで黒と白の二つのクラスに分けたとき，クラス間分散σ_b^2が最大となるしきい値tを求める図5の手法です．

黒クラスに含まれる画素数をω_0，平均値をμ_0，白クラスでは，それぞれω_1，μ_1，画像全体の平均値をμ_tとするとクラス間分散σ_b^2は，

$$\sigma_b^2 = \frac{\omega_0(\mu_0 - \mu_t)^2 + \omega_1(\mu_1 - \mu_t)^2}{\omega_0 + \omega_1}$$

となります．

ここで，画像全体の平均値μ_tは，

$$\mu_t = \frac{\omega_0\mu_0 + \omega_1\mu_1}{\omega_0 + \omega_1}$$

で求まることから，クラス間分散σ_b^2の式を整理すると，

$$\sigma_b^2 = \frac{\omega_0 \omega_1 (\mu_0 - \mu_1)^2}{(\omega_0 + \omega_1)^2}$$

となります．さらに分母の$(\omega_0 + \omega_1)^2$の値は，しきい値tによらず一定なので，

$$\omega_0 \omega_1 (\mu_0 - \mu_1)^2$$

の値が最大となるしきい値tを求めればよいことがわかります．

安川 章

13 よく使う計算はあらかじめ配列でもっておく
演算高速化のしくみ…ルックアップ・テーブル

● 輝度値の処理など配列化できる場合がある

処理前の輝度値に対し，処理後の輝度値が必ず一つ決まる処理の場合，あらかじめ輝度値に対し処理結果を計算しておき，配列に格納しておくことができる場合があります．画像の全画素に対して計算せずに，配列を参照することで効率的に処理を行えます．この参照する配列をルックアップ・テーブルと呼びます．

▶ ガンマ補正は配列化できる

例えば図1に示すガンマ補正の場合，補正前の輝度値をSrc，補正後の輝度値をDstとし，LUTという配列（ルックアップ・テーブル）に計算結果を格納しておきます．表1に格納例を示します．

すると，ガンマ補正の処理は，

$Dst = LUT[Src]$

という変換を全画素に対して処理を行えば良いので，8ビットのモノクロ画像の場合，0～255のたかだか256回の計算だけで済み，処理の高速化が期待できます．

▶ 二値化処理を高速化するプログラムの例

リスト1に通常の二値化処理とルックアップ・テーブルを用いた二値化処理のプログラムを示します．あるしきい値以上また以下の輝度値のヒストグラムの頻度をくりかえし足し合わせて計算するため，配列で処理できるようにします．この例では，繰り返し回数の多いfor文内のif文処理をルックアップ・テーブルに置き換えることにより処理が高速になります．輝度値を計算するコントラスト調整などにも利用ができます．

ルックアップ・テーブルを用いた処理は，画像処理に限らず汎用的な処理なので，他にも応用してみると良いでしょう．

安川 章

リスト1 ルックアップ・テーブルで二値化プログラムを使える

```
void Binarization(unsigned char *Src,unsigned char *Dst,
int Width, int Height,
        int Threshold){
int i;

// 二値化
for(i = 0; i < Width * Height; i++){
    if(Src[i] >= Threshold)
            Dst[i] = 255;
    else
            Dst[i] = 0;
    }
}
```

（a）通常の二値化プログラム

```
void BinarizationLut(unsigned char *Src,unsigned char *Dst,
            int Width, int Height,int Threshold){
    int i;

    // ルックアップ・テーブルの作成
    unsigned char LUT[256] = {0};
    for(i = Threshold; i < 256; i++){
                                LUT[i] = 255;
    }

    // 二値化
    for(i = 0; i < Width * Height; i++){
                        Dst[i] = LUT[Src[i]];
    }
}
```

（b）ルックアップ・テーブルを用いた二値化プログラム

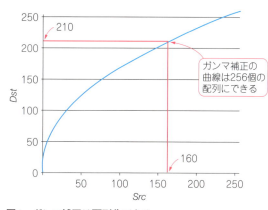

図1 ガンマ補正は配列化できる

表1 ガンマ補正の計算結果を格納するテーブルを作る

Src	0	1	2	3	…	253	254	255
Dst	0	21	28	34		254	255	255

14 クッキリ画像の方が誤認識しやすい？
必須の前処理…ノイズ除去フィルタ

（a）処理前

（b）3×3の平均化フィルタ

（c）5×5の平均化フィルタ

図1　平均化フィルタの処理例…画像はボヤけるが演算誤差などは抑えられる

● あらかじめノイズを除去する

　二値化処理やエッジ抽出などでは画像にノイズが残っていると，ノイズごと処理してしまい，二値化のしきい値を正しく設定できなかったり間違ったエッジを抽出してしまいます．そのため，図1のようにあらかじめノイズを除去しておいてから処理を行います．
　一次元的なデータに含まれるノイズ除去では，あるデータの前後のデータを用い，図2のように平均するなどしてノイズを除去します．
　これを画像処理では図3のように画素の上下，左右，斜め方向の輝度値を用いて二次元的に処理します．この周辺の輝度値を用いてノイズ除去（フィルタ処理）を行うことを「空間フィルタリング」と呼びます．空間フィルタリングでは，ある領域（図では3×3の領域）の輝度値に対し，係数を掛けて足し合わせ，処理後画像の輝度値とします．
　この係数の組み合わせを「オペレータ」や「カーネル」と言い，オペレータの値によりフィルタ処理の名称が付けられています．

● 計算がシンプル…平均化フィルタ
　平均化フィルタは周辺の輝度値を平均し，処理後の輝度値とするフィルタで，図4のようなオペレータが用いられます．この処理を行った画像を図1に示します．
　平均化フィルタではオペレータのサイズが大きいほどノイズの除去量も大きくなりますが，全体的にぼや

図2　ノイズ除去の基本は前後のデータの平均値をとる

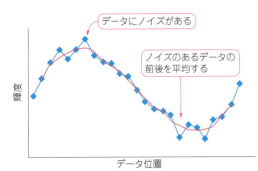

図3　一つの画素に対して上下，左右，斜めの周辺画素の輝度値を使ってノイズ除去を行う

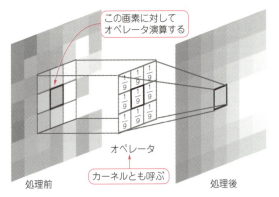

（a）3×3画素を用いる場合　　（b）5×5画素を用いる場合

図4　平均化フィルタで使われるオペレータ

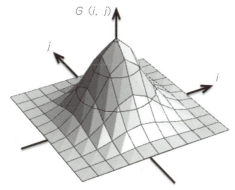

図5 ガウス分布のイメージ

図6 ガウシアン・フィルタで使われるオペレータ

（a）3×3画素を用いる場合　（b）5×5画素を用いる場合

けた画像となってしまいます．

● 定番ガウシアン・フィルタ
▶ ガウス分布の加重平均を行うフィルタ

平均化フィルタでは単純に処理したい画素周辺の輝度値を平均していましたが，一般的な画像では，画素の位置が近いほど輝度差が少なく，逆に位置が遠いと輝度差が大きくなる可能性が高くなります．このことから，画素の位置が近いほど，より強く平均されるようにすると，単純な平均化フィルタよりもより強くぼかしてノイズを除去できます．平均化フィルタに二次元のガウス分布を用いた重みを付加した加重平均を行うガウシアン・フィルタを使います．

二次元のガウス分布 $G(i, j)$ は次式で表されます．

$$G(i,j) = \frac{1}{2\pi\sigma^2} \exp\left(-\frac{i^2+j^2}{2\sigma^2}\right)$$

この式を図示化したものを**図5**に示します．

実際のガウシアン・フィルタではオペレータの係数の合計が1となるように正規化して利用します．**図6**に示すオペレータがよく用いられます．**図7**にガウシアン・フィルタの処理例を示します．

● 輪郭を残したままノイズを除去できる
　…メディアン・フィルタ
▶ 周辺画素の輝度値を並べかえて真ん中の値を使う

平均化フィルタやガウシアン・フィルタでは，ノイズをより除去しようとすると，どうしても画像の輪郭がぼやけた感じになってしまいます．そこで輪郭の状態を残したまま，ノイズを除去する手法の一つとして，メディアン・フィルタを利用します．

メディアン・フィルタは周辺の輝度値を大きさで順番に並べて，並べた値の中央の値（メディアン）で並べかえ前の中央の輝度値を置き換える処理を行います．

図8のように中央の輝度値が165の部分の周辺の輝度値3×3画素の範囲で取得します．

　　61, 96, 41, 57, 165, 34, 24, 30, 31
この輝度値を大きさで順番に並べます．

　　24, 30, 31, 34, 41, 57, 61, 96, 165
並べた輝度値9個中の中央値となる5番目の輝度値41で輝度値165の画素を置き換えます．

この処理を全画素について行い，**図9**のようにノイズの除去を行います．**図10**にメディアン・フィルタで処理した画像を示します．

（a）処理前

（b）3×3の平均化フィルタ

（c）5×5の平均化フィルタ

図7 ガウシアン・フィルタの処理例…平均化フィルタよりも強めにノイズをぼかせる

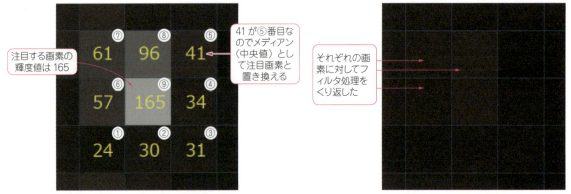

図8 注目画素周辺の輝度値を取得するのはほかのフィルタと同じ　　図9 メディアン・フィルタでノイズが除去できた

　（a）処理前　　　　　　　（b）処理後

図10 メディアン・フィルタの処理例…輪郭を残したままノイズを除去できる

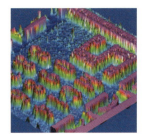 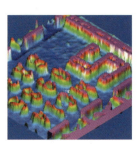

　（a）処理前　　　　　　　（b）処理後

図11 メディアン・フィルタでスパイク・ノイズを除去できる
輝度値を3次元表示した図

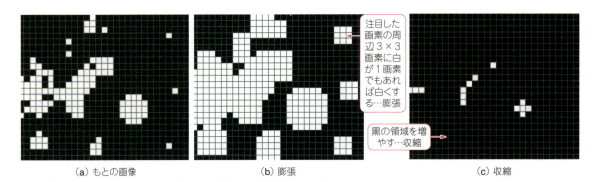

　（a）もとの画像　　　　　（b）膨張　　　　　　　（c）収縮

図12 注目した画素の周辺画素の状態に合わせて白または黒の領域を増やす…膨張/収縮処理

　図11に示すように，メディアン・フィルタは特に周辺の輝度値と大きく異なる細かいノイズ（スパイク・ノイズ）を除去するのに効果を発揮します．輝度値を3次元表示すると，スパイク・ノイズの除去効果がよく確認できます．

● モノクロ画像の欠けやゴミを消す…膨張/収縮

　膨張・収縮処理は二値化された白黒の画像に対して処理を行います．図12に示すように，注目画素の周辺に1画素でも白い画素があれば白に置き換える処理を膨張（Dilation），逆に周辺に1画素でも黒い画素があれば黒に置き換える処理を収縮（Erosion）といいます．

　この処理を繰り返すことで，二値化画像の小さな点や細い線などの欠陥領域を除去できます．

　二値化された画像ではなく，グレー画像に対して処理を行う場合は，膨張の場合，注目画素の近傍の最大輝度値を注目画素の輝度値に置き換えます．収縮の場合は最小輝度値に置き換えることでグレー画像に対して処理を行います．これらの処理は二値化画像と区別するために，それぞれ最大値フィルタ，最小値フィルタと呼ぶ場合もあります．

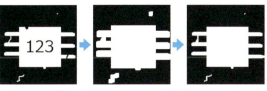

（a）もとの画像　（b）3回膨張を行った　（c）3回収縮を行った

図13 膨張と収縮を組み合わせて使うと黒い小領域を除去できる…クロージング

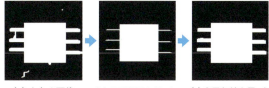

（a）もとの画像　（b）3回膨張を行った　（c）3回収縮を行った

図14 収縮と膨張を組み合わせて使うと白い小領域を除去できる…オープニング

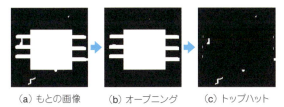

（a）もとの画像　（b）オープニング　（c）トップハット

図15 オープニングで除去した白い領域を抽出するトップハット処理

（a）クロージング　（b）もとの画像　（c）ボトムハット

図16 クロージングで除去した黒い領域を抽出するボトムハット処理

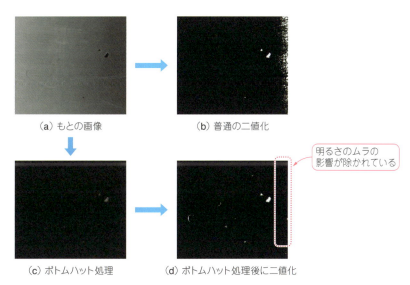

（a）もとの画像　（b）普通の二値化

（c）ボトムハット処理　（d）ボトムハット処理後に二値化

明るさのムラの影響が除かれている

図17 ボトムハット処理でグレー画像のムラを除去した二値化画像にできることもある

▶ **膨張・収縮は何度か行う**

　膨張・収縮処理は単独で処理を行うことはまれで，一般には膨張・収縮を繰り返して処理を行います．特に，同じ回数分だけ膨張してから収縮する処理をクロージング（Closing），同じ回数分だけ収縮してから膨張する処理をオープニング（Opening）と呼びます．

　図13，図14にクロージング／オープニング処理を示します．クロージング処理では白い領域内に含まれる黒い小さな点や細い線を消すことができます．同様にオープニング処理では黒い領域内に含まれる白い小さな点や細い線を消します．

● **オープニング／クロージング処理の逆を使うとグレー画像のムラを除去できる**

　さらに処理前の原画像からオープニング処理した画像を引いた処理をトップハット，クロージングした画像から原画像を引いた処理をボトムハットと言います．それぞれを図15，図16に示します．

　トップハット，ボトムハット処理は二値化画像だけではなく，グレー画像に対しても有効です．この処理を利用すると，図17に示すように，画像全体に明るさのムラがある場合にムラの影響を除去した二値化画像を得られる場合があります．

安川 章

15 フィルタ処理の高速化テクニック
平均化フィルタやガウシアン・フィルタで有効

カーネルを用いたフィルタ処理ではカーネルの大きさが大きくなるほど計算量が増えるため処理が遅くなります．しかしカーネルの値が特定の条件となっている場合には処理を高速にすることが可能です．

● テクニック1…輝度値の合計をリサイクルする

平均化フィルタではカーネル内の輝度値を合計し，カーネルの画素数で割ってカーネル内の平均輝度値を求め，この処理を全画素について行います．しかし，この平均の処理において，図1に示すように画素①周辺の平均輝度値を計算したあと右隣の画素②へ処理が移る際，輝度値の合計の処理は画素①に対する計算の途中で得た輝度値の合計を利用できます．

そこで，画素①に対して計算したカーネル内の合計輝度値を保持しておき，この合計値から左端の列の輝度値の合計を引き，右隣のカーネル領域の右端の輝度値の合計を足すと，右隣のカーネル内の輝度値の合計が求まります．こうすると，通常，幅m×高さnのサイズのカーネルの平均化フィルタでは$m×n$回の足し算が必要なところ，n回の引き算とn回の足し算の計$2n$回の計算で済みます．

さらに，縦1列分の輝度値の合計を画像の横幅分だけ保持しておくと，同様の処理が縦方向に関しても行えるので，さらに高速化が期待できます．

● テクニック2
　　…処理を縦/横に分けて行列で考える

ガウシアン・フィルタではフィルタ処理を縦方向と横方向に分離できる例を紹介します．

例えば図2に示す3×3のガウシアン・フィルタのカーネルでカーネル領域内の画像の輝度値をI_0〜I_8とすると以下の行列で示せます．

$$\begin{pmatrix} \frac{1}{4} & \frac{2}{4} & \frac{1}{4} \end{pmatrix} \begin{pmatrix} I_0 & I_1 & I_2 \\ I_3 & I_4 & I_5 \\ I_6 & I_7 & I_8 \end{pmatrix} \begin{pmatrix} \frac{1}{4} \\ \frac{2}{4} \\ \frac{1}{4} \end{pmatrix}$$

これは縦方向に1×3のガウシアン・フィルタ処理を行ってから，横方向に3×1のガウシアン・フィルタを行っていることと同じです．横方向の処理をしてから縦方向の処理をしても同じです．

3×3のガウシアン・フィルタでは通常，9回の掛け算と行いますが，この行列を使えば6回の掛け算で済むので高速化が期待できます．ただし実際には3×3の処理だけでなく他の処理もあるので，あまり高速にはなりませんが，カーネルのサイズが大きくなると効果が高くなります．

他にも平均化フィルタでは，

$$\begin{pmatrix} \frac{1}{3} & \frac{1}{3} & \frac{1}{3} \end{pmatrix} \begin{pmatrix} I_0 & I_1 & I_2 \\ I_3 & I_4 & I_5 \\ I_6 & I_7 & I_8 \end{pmatrix} \begin{pmatrix} \frac{1}{3} \\ \frac{1}{3} \\ \frac{1}{3} \end{pmatrix}$$

横方向のソーベル・フィルタでは，

$$\begin{pmatrix} -1 & 0 & 1 \end{pmatrix} \begin{pmatrix} I_0 & I_1 & I_2 \\ I_3 & I_4 & I_5 \\ I_6 & I_7 & I_8 \end{pmatrix} \begin{pmatrix} 1 \\ 2 \\ 1 \end{pmatrix}$$

のように，処理と縦と横に分離できます．

また，メディアン・フィルタにおいても，処理を縦と横に分けることで，厳密にはメディアン（中央値）とはならないものの，スパイク・ノイズを除去するという意味では十分，高速に同様の効果を得られます．

〈安川 章〉

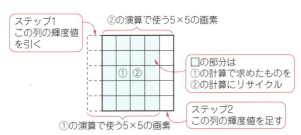

図1　隣の画素へ処理が移る際，輝度値の合計の処理は直前に行った輝度値の合計を利用できる

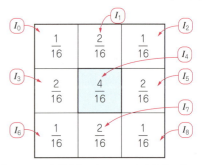

図2　3×3のガウシアン・フィルタのカーネル
すべての係数を足し合わせると1になる

16 濃淡の変化が大きい画像を探す
対象の輪郭を知りたいなら…エッジ抽出フィルタ

画像認識で寸法を計測する場合などには，図1のように画像の輪郭部分の抽出を行います．

● エッジ抽出のしくみ…輝度値の差分から抽出するエッジを見つける

エッジ抽出は基本的に画像の横方向および縦方向の輝度値の微分を行います．微分は図2のように画像の隣り合う画素の輝度差を計算して求めます．この微分したデータの頂点（上に凸，下に凸の部分）の部分を抽出し，エッジとします．

ただし，エッジ抽出（微分処理）は図3に示すようにノイズが含まれるデータを微分してしまうため，ノイズに弱いという欠点もあります．そのため，微分する方向に直行する向きに，ノイズ除去フィルタ処理を行ってから微分処理を行います．

■ よく使われるエッジ抽出フィルタ

● 平均してから微分するプリューウィット・フィルタ

縦方向または横方向に平均処理を行ってから微分処理を行うエッジ抽出処理をプリューウィット・フィルタ（Prewitt Filter）と呼びます．縦方向，横方向それぞれに図4のオペレータが用いられます．

● 加重平均処理してから処理を行うソーベル・フィルタ

縦方向または横方向にガウシアン・フィルタのように加重平均処理を行ってから微分処理を行うソーベル・フィルタ（Sobel Filter）も利用されます．図5のオペレータが用いられます．

(a) もとの画像　　(b) エッジ処理後の画像

図1　寸法を測るときなどには画像の輪郭抽出を行うことがある

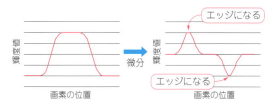

図2　隣合う輝度値の差分からエッジを求める

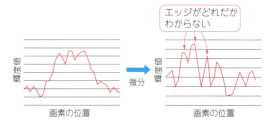

図3　ノイズのある画像をエッジ抽出するとノイズが出やすい

−1	0	1
−1	0	1
−1	0	1

−1	−1	−1
0	0	0
1	1	1

(a) 横方向　　(b) 縦方向

図4　平均処理を行ってから微分処理を行うプリューウィット・フィルタ

−1	0	1
−2	0	2
−1	0	1

−1	−2	−1
0	0	0
1	2	1

(a) 横方向　　(b) 縦方向

図5　加重平均後に微分処理を行う，ソーベル・フィルタ

▶エッジの強さと向き

図6に示すように横方向のエッジの成分をf_x，縦方向のエッジの成分をf_yとすると，エッジの強さは次式で求められます．

$$\sqrt{f_x^2 + f_y^2}$$

エッジの角度は，

$$\theta = \tan^{-1}\frac{f_y}{f_x}$$

となります．

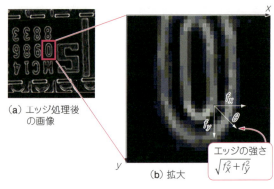

図6 エッジの強さは各エッジ成分の二乗和のルートで表す

安川 章

17 隣の画素がないのでコピーして補う
フィルタ処理の落とし穴！境界処理

オペレータを用いるフィルタ処理では画像の外周部分を処理することができません．図1に示すように画像の外側の輝度値を参照してしまうためです．そこで，外周の画素を仮に補う必要があります．

■外周部分を処理する方法

この外周部分を処理する方法について，5×5サイズのカーネルを用いた場合の処理を例にとって紹介します．

● 方法1…最外周の輝度値を画像の外側にコピーする

5×5のカーネルの場合，画像の最外周部分では上下左右方向に2画素ずつ不足します．このとき，図2のように最外周部分の輝度値を画像の外側へ2画素分ずつコピーして輝度値を参照します．

● 方法2…外周部分を基準に対称の位置にある輝度値を外側にコピーする

例えば座標（−1，−2）となる輝度値は，外周部分

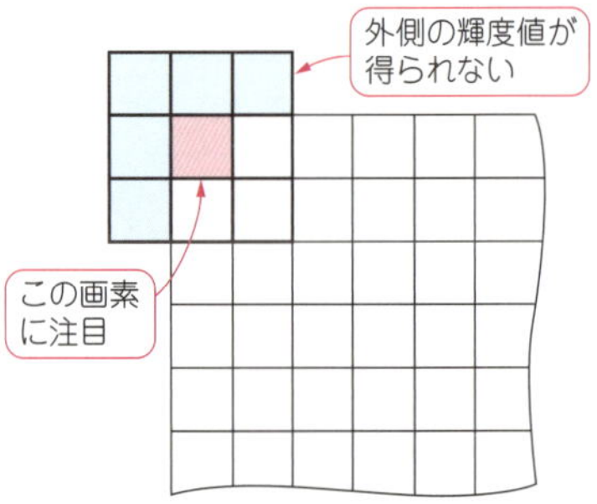

図1 画像の外周部分は普通のオペレータによるフィルタ処理だけでは不十分

71	71	71	88	6	156	132	5	5	5
71	71	71	88	6	156	132	5	5	5
71	71	71	88	6	156	132	5	5	5
71	71	71	130	140	139	18	182	182	182
162	162	162	20	172	200	178	71	71	71
63	63	63	183	183	69	1	48	48	48
32	32	32	180	169	148	188	223	223	223
132	132	132	173	212	183	126	42	42	42
132	132	132	173	212	183	126	42	42	42
132	132	132	173	212	183	126	42	42	42

図2 方法1…最外周部分の輝度値を画像の外側にコピーする

座標	−2	−1	0	1	2	3	4	5	6	7
−2	172	20	162	20	172	200	178	71	178	200
−1	140	130	71	130	140	139	18	182	8	139
0	6	88	71	88	6	156	132	5	132	156
1	140	130	71	130	140	139	18	182	18	139
2	172	20	162	20	172	200	178	71	178	200
3	183	183	63	183	183	69	1	48	1	69
4	169	180	32	180	169	148	188	223	188	148
5	212	173	132	173	212	183	126	42	126	183
6	169	180	32	180	169	148	188	223	188	148
7	183	183	63	183	183	69	1	48	1	69

図3 方法2…外周部分を基準に対称の位置にある輝度値を外側にコピーする

の座標(0, 0)を基準に対称の位置(1, 2)の輝度値を参照するようにします．図3に示します．

● **方法3…カーネルの形を変える**

カーネルが画像の外側を参照する場合のみ，カーネルの形を変えて画像の内側だけを参照するように処理を行います．この場合，カーネルの係数も変わります．

安川 章

第3章 画像変形/画像合成

拡大/縮小/回転/平行移動/補間など

18 移動や回転，引き延ばし
超基本の行列計算…アフィン変換

■アフィン変換とは

● 線形変換と平行移動を組み合わせた処理

アフィン変換は線形変換（拡大や縮小，回転など）と平行移動を組み合わせた変換です．変換前の座標を(x, y)，変換後の座標を(u, v)とすると，

$$\begin{pmatrix} u \\ v \end{pmatrix} = \begin{pmatrix} a & b \\ c & d \end{pmatrix} \begin{pmatrix} x \\ y \end{pmatrix} + \begin{pmatrix} e \\ f \end{pmatrix}$$

となります．このa～dの2×2の行列の部分が線形変換，e, fの部分が平行移動の変換を行います．

さらに，3×3の行列を用いて，

$$\begin{pmatrix} u \\ v \\ 1 \end{pmatrix} = \begin{pmatrix} a & b & e \\ c & d & f \\ 0 & 0 & 1 \end{pmatrix} \begin{pmatrix} x \\ y \\ 1 \end{pmatrix}$$

と表現する場合もあります．この表現を同次座標と呼び，線形変換と平行移動とともに行列の積だけで求めることができるので便利です．

この同次座標を用いたアフィン変換を紹介します．以下の計算では，変換前の画像を図1とします．

図1 アフィン変換前のもとの画像
画像を変形するには拡大/縮小/回転と平行移動を一度に行うアフィン変換を使う

■アフィン変換の例

● アフィン変換その1…拡大/縮小

X軸方向の拡大率をS_x，Y軸方向の拡大率をS_yとすると，拡大縮小のアフィン変換は，

$$\begin{pmatrix} u \\ v \\ 1 \end{pmatrix} = \begin{pmatrix} S_x & 0 & 0 \\ 0 & S_y & 0 \\ 0 & 0 & 1 \end{pmatrix} \begin{pmatrix} x \\ y \\ 1 \end{pmatrix}$$

となります．

図2(a)にX軸方向に2倍，Y軸方向に0.5倍の場合を，(b)にY軸方向に-1倍した場合の結果を示します．

● アフィン変換その2…平行移動

X軸方向へT_x，Y軸方向へT_yだけ移動するアフィン変換は，

$$\begin{pmatrix} u \\ v \\ 1 \end{pmatrix} = \begin{pmatrix} 1 & 0 & T_x \\ 0 & 1 & T_y \\ 0 & 0 & 1 \end{pmatrix} \begin{pmatrix} x \\ y \\ 1 \end{pmatrix}$$

となります．図3に平行移動した結果を示します．

● アフィン変換その3…回転

原点回りに$\theta °$回転するアフィン変換は，

$$\begin{pmatrix} u \\ v \\ 1 \end{pmatrix} = \begin{pmatrix} \cos\theta & -\sin\theta & 0 \\ \sin\theta & \cos\theta & 0 \\ 0 & 0 & 1 \end{pmatrix} \begin{pmatrix} x \\ y \\ 1 \end{pmatrix}$$

となります．図4に結果を示します．

● アフィン変換その4…スキュー（せん断）

四角形を平行四辺形に変形する処理をスキューまたはせん断といいます．

(a) X軸方向に2倍, Y軸方向に0.5倍した

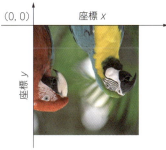
(b) Y軸方向に-1倍した

図2　アフィン変換その1…拡大/縮小

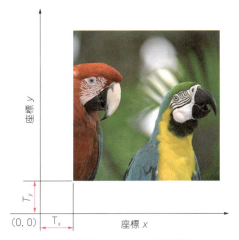

図3　アフィン変換その2…XY方向へ平行移動

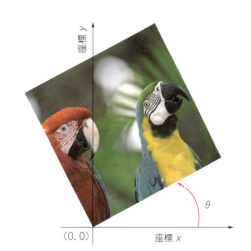

図4　アフィン変換その3…原点回りの回転

X軸に対して$\theta°$, Y軸方向へ傾ける処理は,

$$\begin{pmatrix}u\\v\\1\end{pmatrix}=\begin{pmatrix}1&0&0\\\tan\theta&1&0\\0&0&1\end{pmatrix}\begin{pmatrix}x\\y\\1\end{pmatrix}$$

となります. **図5**にX軸に対するせん断の処理結果を示します.

Y軸に対して$\theta°$, X軸方向へ傾ける処理は,

$$\begin{pmatrix}u\\v\\1\end{pmatrix}=\begin{pmatrix}1&\tan\theta&0\\0&1&0\\0&0&1\end{pmatrix}\begin{pmatrix}x\\y\\1\end{pmatrix}$$

となります. **図6**に結果を示します.

● アフィン変換の組み合わせ処理例

平行移動してから回転する場合には以下の行列で計算できます.

$$\begin{pmatrix}u\\v\\1\end{pmatrix}=\underbrace{\begin{pmatrix}\cos\theta&-\sin\theta&0\\\sin\theta&\cos\theta&0\\0&0&1\end{pmatrix}}_{\text{回転}}\underbrace{\begin{pmatrix}1&0&T_x\\0&1&T_y\\0&0&1\end{pmatrix}}_{\text{平行移動}}\begin{pmatrix}x\\y\\1\end{pmatrix}$$

結果を**図7**に示します. 回転してから平行移動する場は行列式が異なります.

$$\begin{pmatrix}u\\v\\1\end{pmatrix}=\underbrace{\begin{pmatrix}1&0&T_x\\0&1&T_y\\0&0&1\end{pmatrix}}_{\text{平行移動}}\underbrace{\begin{pmatrix}\cos\theta&-\sin\theta&0\\\sin\theta&\cos\theta&0\\0&0&1\end{pmatrix}}_{\text{回転}}\begin{pmatrix}x\\y\\1\end{pmatrix}$$

図8にその結果を示します. 行列の演算においても計算する順番によって結果が異なるのと同じように, アフィン変換の順番によって結果が異なるので注意し

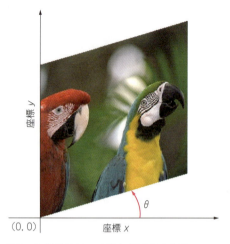

図5 アフィン変換その4…X軸に対するせん断

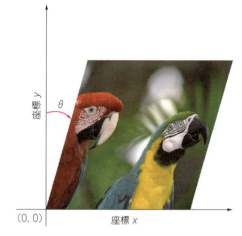

図6 アフィン変換その5…Y軸に対するせん断

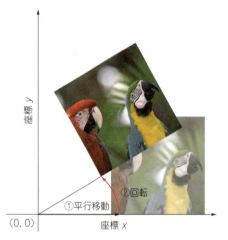

図7 アフィン変換その6…組み合わせ！平行移動してから回転

図8 アフィン変換その7…組み合わせ！回転してから平行移動

てください．

● アフィン変換の注意点

アフィン変換では長方形のものを平行四辺形に変形できますが，図9のように台形などの任意四角形に変形することはできないので，注意してください．

■ 行列演算のメリット

● その1…計算をまとめられる

例えば，座標を回転→平行移動→拡大縮小の順でアフィン変換を行う場合，平行移動も行列の積で行えます．3×3の行列の部分をあらかじめ計算しておくと，1回の座標変換だけで済ませられます．

図9 アフィン変換ができないこと…台形などの任意の四角形には変形できない

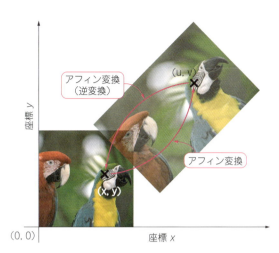

図10 アフィン変換は可逆！逆変換でもとの画像を得られる

● その2…逆行列で変換前の座標を求められる

アフィン変換後の座標(u, v)から変換前の座標(x, y)を求める場合，3×3行列の逆行列を計算すると，変換前の座標を容易に求められます．図10に逆変換で得られた結果を示します．

▶ アフィン変換

$$\begin{pmatrix} u \\ v \\ 1 \end{pmatrix} = \begin{pmatrix} a & b & e \\ c & d & f \\ 0 & 0 & 1 \end{pmatrix} \begin{pmatrix} x \\ y \\ 1 \end{pmatrix}$$

▶ アフィン逆変換

$$\begin{pmatrix} x \\ y \\ 1 \end{pmatrix} = \begin{pmatrix} a & b & e \\ c & d & f \\ 0 & 0 & 1 \end{pmatrix}^{-1} \begin{pmatrix} u \\ v \\ 1 \end{pmatrix}$$

これもアフィン変換

安川 章

$$\begin{pmatrix} u \\ v \\ 1 \end{pmatrix} = \begin{pmatrix} S_x & 0 & 0 \\ 0 & S_y & 0 \\ 0 & 0 & 1 \end{pmatrix} \begin{pmatrix} 1 & 0 & T_x \\ 0 & 1 & T_y \\ 0 & 0 & 1 \end{pmatrix} \begin{pmatrix} \cos\theta & -\sin\theta & 0 \\ \sin\theta & \cos\theta & 0 \\ 0 & 0 & 1 \end{pmatrix} \begin{pmatrix} x \\ y \\ 1 \end{pmatrix}$$

$$= \begin{pmatrix} a & b & e \\ c & d & f \\ 0 & 0 & 1 \end{pmatrix} \begin{pmatrix} x \\ y \\ 1 \end{pmatrix}$$

19 なめらかな画像に仕上げるためのテクニック
変形につきものの小数値を整数値に！補間

■ アフィン変換と座標

● 座標は整数でないと処理ができない

画像データをアフィン変換で座標(x, y)を座標(u, v)へ変換すると，変換後の座標(u, v)は必ずしも整数となりません．そのため，図1に示すように座標(u, v)を四捨五入するなどすると，画像が虫食い状態になってしまいます．

これをアフィン変換の逆変換を用いて整数の変換後の座標(u, v)から変換前の座標(x, y)を求めると，この(x, y)は整数になりません．

このような変換前の座標が整数とならない場合には周辺画素の輝度値を用いて整数の輝度値を求めます．これを補間もしくは内挿（interpolation）と呼び，代表的な三つの手法があります．

（1）最も距離の近い周辺の画素を利用する…ニアレスト・ネイバー

（2）周辺の4画素から直線的に補間する…バイリニア

（3）X, Y方向±2画素ずつの計16画素で補間する…バイキュービック

周辺の輝度値を利用して整数値を計算する補間を行うと，図2のように座標(u, v)に対応した変換前の座標(x, y)の輝度値を求めることができます．

$$\begin{pmatrix} x \\ y \\ 1 \end{pmatrix} = \begin{pmatrix} a & b & e \\ c & d & f \\ 0 & 0 & 1 \end{pmatrix}^{-1} \begin{pmatrix} u \\ v \\ 1 \end{pmatrix}$$

▶ 補間処理の比較

画像を拡大表示するときに，画素間の補間にニアレスト・ネイバー，バイリニア，バイキュービックを使った時の比較を図3に示します．

得られる画像としては，ニアレスト・ネイバー→バイリニア→バイキュービックの順で，より自然な仕上がりとなります．しかし，処理時間はこの順番で遅くなるので，使い分けが必要です．

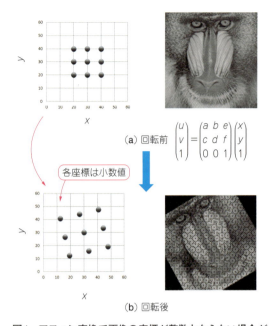

図1 アフィン変換で画像の座標が整数とならない場合がある

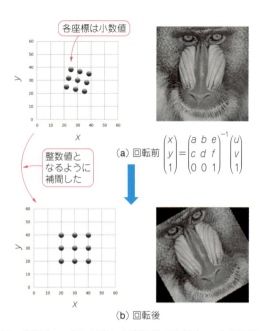

図2 座標 (u, v) に対応した変換前の座標 (x, y) の輝度値を求められる

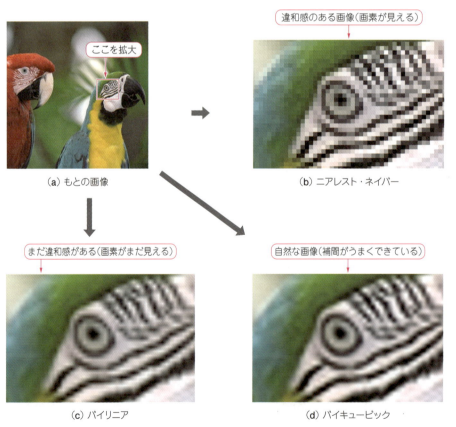

図3 それぞれの補間方法を使って拡大表示した

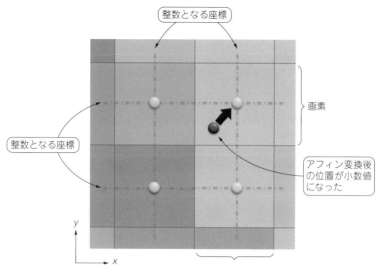

図4 周辺の4画素の輝度値のうち，最も距離の近い画素の輝度値を用いて輝度値を求める…ニアレスト・ネイバー

■補間方法その1…ニアレスト・ネイバー

● 最も距離の近い画素を利用する

ニアレスト・ネイバー（nearest neighbor）は画素間の輝度値を求める際に最も距離の近い周辺の画素を利用する手法です．

図4に示すように，周辺の4の画素の輝度値のうち，最も距離の近い画素の輝度値を用います．座標が(x, y)の求めたい輝度値を$Dst(x, y)$とし，周辺の輝度値を$Src(i, j)$とすると，

$$Dst(x,y) = Src(\lfloor x+0.5 \rfloor, \lfloor y+0.5 \rfloor)$$

となります．記号$\lfloor \ \rfloor$は床関数（floor）で，指定した値以下の最大の整数を表しますが，特に値が負の場合に注意してください．例えば，$\lfloor -0.5 \rfloor = -1$，$\lfloor 0.5 \rfloor = 0$となります．

■補間方法その2…バイリニア

● 周辺の4画素から直線的に補間する

バイリニア（bilinear）は周辺の4画素の輝度値を用い，直線的に補間する手法です．

この直線的な補間は，例えば図5のようにX座標が180と181でそれぞれの輝度値が100と120のとき，X座標が180.8の位置の輝度値は，

$$(\lfloor X \rfloor + 1 - X) \times 100 + (\lfloor X \rfloor - X) \times 120$$
$$= (\lfloor 180.8 \rfloor + 1 - 180.8) \times 100 + (180.8 - \lfloor 180.8 \rfloor) \times 120$$
$$= 0.2 \times 100 + 0.8 \times 120$$
$$= 116$$

で求められます．

このようにしてY座標が$\lfloor y \rfloor$の時の二つの輝度値を用いてX座標がxの輝度値を求め，$\lfloor y \rfloor + 1$についても同様に求めます．得られた二つの輝度値からY座標がyの輝度値を求めると，座標(x, y)の輝度値が計算できます．図6にこの様子を示します．

この処理を行列を用いて表すと，

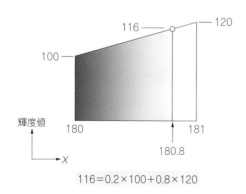

図5 周辺の4画素の輝度値を使って直線で補間する…バイリニア

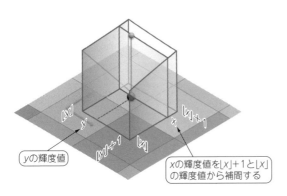
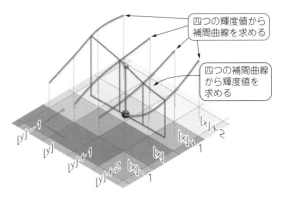

図6 4画素の輝度値を用いて直線的に補間する

図7 周辺の16画素を使って補間する…バイキュービック

$$Dst(x,y) = (f(\lfloor y \rfloor -1-y) \quad f(\lfloor y \rfloor -y) \quad f(\lfloor y \rfloor +1-y) \quad f(\lfloor y \rfloor +2-y))$$

$$\begin{pmatrix} Src(\lfloor x \rfloor -1, \lfloor y \rfloor -1) & Src(\lfloor x \rfloor, \lfloor y \rfloor -1) & Src(\lfloor x \rfloor +1, \lfloor y \rfloor -1) & Src(\lfloor x \rfloor +2, \lfloor y \rfloor -1) \\ Src(\lfloor x \rfloor -1, \lfloor y \rfloor) & Src(\lfloor x \rfloor, \lfloor y \rfloor) & Src(\lfloor x \rfloor +1, \lfloor y \rfloor) & Src(\lfloor x \rfloor +2, \lfloor y \rfloor) \\ Src(\lfloor x \rfloor -1, \lfloor y \rfloor +1) & Src(\lfloor x \rfloor, \lfloor y \rfloor +1) & Src(\lfloor x \rfloor +1, \lfloor y \rfloor +1) & Src(\lfloor x \rfloor +2, \lfloor y \rfloor +1) \\ Src(\lfloor x \rfloor -1, \lfloor y \rfloor +2) & Src(\lfloor x \rfloor, \lfloor y \rfloor +2) & Src(\lfloor x \rfloor +1, \lfloor y \rfloor +2) & Src(\lfloor x \rfloor +2, \lfloor y \rfloor +2) \end{pmatrix} \begin{pmatrix} f(\lfloor x \rfloor -1 -x) \\ f(\lfloor x \rfloor -x) \\ f(\lfloor x \rfloor +1 -x) \\ f(\lfloor x \rfloor +2 -x) \end{pmatrix}$$

ただし,

$$f(t) = \begin{cases} (a+2)|t|^3 - (a+3)|t|^2 + 1 & (|t| \leq 1 \text{のとき}) \\ a|t|^3 - 5a|t|^2 + 8a|t| - 4a & (1 < |t| \leq 2 \text{のとき}) \\ 0 & (2 < |t| \text{のとき}) \end{cases}$$

図8 バイキュービックの変換は複雑な行列式を使う

$$Dst(x,y) = (\lfloor y \rfloor +1 -y \quad y - \lfloor y \rfloor) \begin{pmatrix} Src(\lfloor x \rfloor, \lfloor y \rfloor) & Src(\lfloor x \rfloor +1, \lfloor y \rfloor) \\ Src(\lfloor x \rfloor, \lfloor y \rfloor +1) & Src(\lfloor x \rfloor +1, \lfloor y \rfloor +1) \end{pmatrix} \begin{pmatrix} \lfloor x \rfloor +1 -x \\ x - \lfloor x \rfloor \end{pmatrix}$$

となります.

■補間方法その3… バイキュービック

● 16画素の輝度値を使って三次元曲線で補間する

バイキュービック(bicubic)は,図7のように周辺のX, Y方向に±2画素ずつの計16画素の輝度値を使って三次元曲線を用いて補間する手法です.

変換式を図8に示します.

aの値は一般的に$a = -1$が用いられ, $a = 0$のとき, バイリニアと同一になります.

安川 章

20 背景を合成するクロマキー処理もできる
画像切り抜きのしくみ…二値化でマスク画像を作る

● 二値化画像でマスクして欲しい領域を抜き出せる

画像の中から特定領域を指定する二値化された画像（マスク画像）を用いて，画像とマスク画像との論理演算を行うことで，領域の抽出や合成を行う処理をマスク処理と言います．

二値化画像の白の輝度値は全て1，黒の輝度値は全て0なので，画像とマスク画像との輝度値に関してAND演算を行うと，図1のように白の領域のみを抜き出すことができます．

● マスク処理で背景と合成…クロマキー合成

背景画像を差し替えて，人物などがあたかも別の場所にいるような効果をクロマキー合成と呼びます．

このクロマ（chroma）とは彩度や色相を表し，背景の色情報を元に合成処理を行います．背景色には色情報を抽出しやすいように肌色の補色となる青色や緑色を用います．

図2に処理の流れを示します．まず，色情報を使って背景部分を二値化します．この画像をマスク画像として背景部分を抽出します．次に背景のマスク画像の反転画像を作成し，人物を抽出します．それぞれ抽出された人物と背景の画像の輝度値に関してOR演算を行うと，合成画像を得られます．

安川 章

（a）もとの画像　　　　（b）二値化画像で作ったマスク画像

AND演算

（c）AND演算で合成

図1 二値化されたマスク画像を用意すれば欲しい領域を切り抜きできる

 AND

（a）人物の画像を用意　　（b）マスク画像を反転しておく　　（c）人物用マスク画像で人物を抽出

マスク画像　↑NOT反転　　OR演算

 AND  =

（g）OR演算で人物と背景を合成

（d）背景の画像を用意する　（e）背景の色を抽出してマスク画像を作る　（f）背景用マスク画像で背景を抽出

図2 背景を抽出しやすい色にしておくとマスク画像を簡単に作れて人物と背景の合成が簡単になる

第4章 静止画像のファイル形式あれこれ

BMP/GIF/JPEG/PNGなど

21 圧縮方式によってファイル・フォーマットが異なる
画像ファイルの種類

画像をファイルに保存する場合，定められたルールに従わないと，他の装置で読めなくなります．そのルール，すなわち画像のファイル形式は，コンピュータ画像が生まれた瞬間からさまざまな形式が存在しています．代表的なファイル形式とその特徴を**表1**にまとめます．

画像ファイル形式は，それぞれ一長一短で，万能な形式はなく，用途に応じて使い分けます．

● 圧縮方式

多くのファイル形式は，画像を何らかの手法で圧縮しています．圧縮方法を大きく分けると，元の画像に戻るか戻らないかの二つです．

▶ 可逆圧縮

GIFやPNG形式は元に完全に元の画像に戻る圧縮方式を採用してます．画質の劣化はありませんが，圧縮率は一般のファイル圧縮とそれほど変わりません．

▶ 非可逆圧縮

少々画質は落ちても良いから，圧縮率を高めるために考案された方法です．JPEGが有名です．

▶ 非圧縮形式

ごく特殊なファイル形式で，全く圧縮しない，というファイル形式もあります．

BMPファイルの基本的なTrueカラーは非圧縮です．このBMPは作るのも読み出すのも簡単なので，プログラムを小さく組むことができます．画像が小さい場合は重宝します．

● 色

色の格納方法は以下の二つに分けることができます．

▶ TureColor

RGBなどの色要素の組み合わせで絶対的に色を表現します．

▶ インデックス・カラー

16色や256色などの色テーブルを定義しておいて，データはそのインデックス位置で相対的に色を表します．例えば16色カラーの場合は，1ピクセルあたり4ビットで表現できます．

● その他の機能

▶ 透過度

いわゆるアルファ・チャネルのことで，下地の色との混ぜ合わせ具合を示します．透明が表現できない画像だと，角が丸いGUI部品を作りにくくなります．

▶ インターレース

インターネットからダウンロードする画像ファイルに適した機能で，画像をダウンロードするとき，少しのデータで粗い画像を表示できる機能を示します．

▶ アニメーション

何枚かの画像を保存しておき，順次表示することにより動画を表現することができます．

● コンテナの形式

いろいろな画像や音声の格納方法，すなわちデータの並び方を定義したのがコンテナ形式です．異なる種

表1 代表的なファイル形式と機能の一覧表

ファイル形式	圧縮	色		その他の機能		
		ビット数	True/Index	透過度	インターレース	アニメーション
BMP	可逆/非可逆	1〜32	両方	○	×	×
GIF	可逆	1〜8	Index	○	○	○
JPEG	非可逆	8〜24	True	×	○	×
JPEG2000	可逆/非可逆	8〜無制限	True	×	○	○
PNG	可逆	1〜48	両方	○	○	×

類の画像や音声などのデータを管理しやすくするために定義され，AVIやMOV，MPEG2-TS/PSなどさまざまな形式が決められています．内部の画像形式は別途決められています．

▶ PDF

PDF（Portable Document Format）形式はEPS（Encapsulated PostScript）を元にした印刷言語です．画像に関してはJPEGファイルなどを格納するコンテナになります．スキャナなどによく使われます．

▶ TIFF

TIFF（Tagged Image File Format）は古くから存在する画像を収めるコンテナです．非圧縮やLZW/JPEGなどいろいろな圧縮形式に対応しています．

● 画像ファイルで使う色空間の定義

ファイルの中の色データが，どの色を表すかは，また別の定義になります．例えば，RGB（255，0，0）の赤がどの赤なのかは前提としている色空間により異なります．

▶ sRGB

われわれが通常使っているLCDディスプレイの色空間です．あまり広くはありませんが，手軽に利用できます．

▶ AdobeRGB

Adobe社が定義した色空間で，sRGBより広いです．印刷用のデータを作るときに使います．対応ディスプレイも高価です．

▶ sYCC

さらに広い色空間で，ディジタル・カメラ用に定められました．

矢野 越夫

22 画像の読み書きが簡単で扱いやすい 基本中の基本！非圧縮BMP

ここからは代表的な画像ファイルの読み書きプログラムを示します注1．各プログラムはOSには関係のないように，メモリ上でのデータやりとりのみになります．実際の描画部分はありません．

● BMPファイルとは

Windows 1.0の時代に生まれた古いファイル形式です．最初はインデックス・カラーのみでしたが，徐々に追加を重ね，最新仕様ではJPEGやPNGまで包含しています．Windows BITMAPファイルの構造を図1に示します．

● ヘッダと画像データ種類

ヘッダ・ファイルにはさまざまな画像データの属性が定義されています．いくつものデータ仕様があるので，ヘッダ・ファイルも基本ヘッダの他に4種類のうちのどれかを使っています．この画像データの種類を表すバイトを表1に示します．

情報ヘッダの後ろには，インデックス・カラーの場合はカラー・マップが格納されます．また，ビット・フィールドの場合は各色のビット位置が定義されます．

注1：ここでのBMPはすべてWindows BMPファイルを示す．すべてのコードはMicrosoft Visual Studio 2010にて開発した．

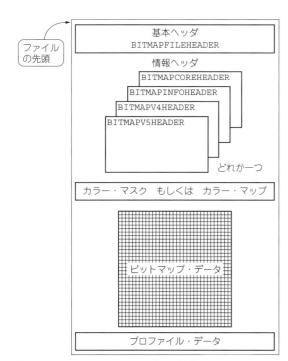

図1　Windows BITMAPファイルの構造

表1　BMPファイルの画像データの種類

値	種　類
0（BI_RGB）	非圧縮RGB
1（BI_RLE8）	1ピクセル8ビット・ランレングス符号化
2（BI_RLE4）	1ピクセル4ビット・ランレングス符号化
3（BI_BITFIELDS）	非圧縮ビット・フィールド
4（BI_JPEG）	JPEG画像
5（BI_PNG）	PNG画像

● BMPファイルの解析

今回は，ファイル種類がBI_RGBおよびBI_BITFIELDSのときのみ，ヘッダを解析するプログラムを作ってみます．リスト1に画像データをメモリに展開するコードを示します．プログラムの処理内容の流れは図2のようになっています．

矢野 越夫

図2　リスト1の処理内容の流れ

リスト1　BMPファイルを解析してメモリに展開する（winbmp.c）

```
//===============================================
// ZZCIF:winbmp.c
// IMGFL:Windows BMPファイルの解析
//                                          (c)OUK
// (1)Jul.18.1991 Original cording by E,Yano
// (2)Jan.22.2013 Rewrite from ocwinbmp.c by E,YANO
//===============================================
#include "OUKcom.h"
#include <stdio.h>
#include <string.h>
#include <stdlib.h>
//#include <malloc.h>

/*................................................*/
/* d1.1:内部データ定義                             */
/*................................................*/
/*++ BMP圧縮書式 */
#define BI_RGB         0L
#define BI_RLE8        1L
#define BI_RLE4        2L
#define BI_BITFIELDS   3L
/*++ BITMAPFILEHEADER:Windows BITMAPヘッダ構造体 */
typedef struct {
    WORD    wType;
    DWORD   dwSize;
    WORD    wResv1;
    WORD    wResv2;
    DWORD   dwOffBits;
} W32BITMAPFILEHEADER;
#define SZbmpFH 14

/*++ BITMAPINFOHEADER:Windows BITMAP情報構造体 */
typedef struct {
    DWORD   dwSize;
    DWORD   dwWidth;
    DWORD   dwHeight;
    WORD    wPlanes;
    WORD    wBitCount;
    DWORD   dwCompression;
    DWORD   dwSizeImage;
    DWORD   dwXpelsPerMeter;
    DWORD   dwYpelsPerMeter;
    DWORD   dwClrUsed;
    DWORD   dwClrImportant;
} W32BITMAPINFOHEADER;
#define SZbmpIH 40


/*++ 色を表す構造体 */
typedef struct {
    unsigned long   pixel;
    unsigned short  red, green, blue;
    char    flags;        /* DoRed, Dogreen, DoBlue */
    //char    pad;
} XColor;

#define DoRed           (1<<0)
#define DoGreen         (1<<1)
#define DoBlue          (1<<2)

/*++ d21:内部データ定義 */
typedef struct _PartsInfo {
    W32BITMAPFILEHEADER w32bmpFh;
    W32BITMAPINFOHEADER w32bmpIh;
    BOOL        fBmpTrue;    /*TrueColor Bitmap*/
    BOOL        fBmpMono;    /*Mono color bitmap*/
    BYTE*       pbImgBuf;    /*イメージ保存*/
    XColor*     pxcPalette;  /*色パレット*/
    int         iPaletteN;   /*パレットの数255以下*/
    int         iLineSz;     /*1行のバイト数*/
    int         iBytePx;     /*1バイトのピクセル数*/
    DWORD       dwMaskR;     /*赤マスク値*/
    DWORD       dwMaskG;     /*緑マスク値*/
    DWORD       dwMaskB;     /*青マスク値*/
    BYTE        bBitMask;
                /*8ビット以下のPseudoColorのときのマスク値*/
} pData;

/*++ BYTE配列からWORDを読む*/
#define getW(pbIn)  (*((pbIn)+1) << 8 | *(pbIn))
/*++ BYTE配列からDWORDを読む*/
#define getDW(pbIn) (*((pbIn)+3) << 24 | *((pbIn)+2)
                  << 16 | *((pbIn)+1) << 8 | *(pbIn))
/*++ 指定バイト数ファイル読み込み */
#define readBmp(fpIn, pbRead, iLen) (fread((char*)
            (pbRead), 1, (iLen), fpIn) == (iLen))
/*++ PIXEL BITからバイト数を求める*/
#define BIT2BYTE(b) (((b)+7)/8)

/*................................................*/
/* s1:内部関数定義                                 */
/*................................................*/
/*++ 画像の大きさより1行のサイズと1バイトのピクセル数を求める*/
BOOL GetLineSizeBytePerPixel(pData* cur)
{
    int linesize;
    int bytespp = 1;

    switch (cur->w32bmpIh.wBitCount) {
        case 1:
            linesize = BIT2BYTE(cur->w32bmpIh.
dwWidth);
            cur->iPaletteN = 1;
            cur->bBitMask = 0x80;
            break;
        case 4:
            linesize = BIT2BYTE(cur->w32bmpIh.
                                    dwWidth << 2);
```

リスト1　BMPファイルを解析してメモリに展開する (winbmp.c)(つづき)

```c
            cur->iPaletteN = 16;
            cur->bBitMask = 0xF0;
            break;
        case 8:
            linesize = cur->w32bmpIh.dwWidth;
            cur->iPaletteN = 256;
            cur->bBitMask = 0xFF;
            break;
        case 16:
            linesize = cur->w32bmpIh.dwWidth * 2;
            bytespp = 2;
            cur->iPaletteN = 0;
            cur->bBitMask = 0xFF;
            break;
        case 24:
            linesize = cur->w32bmpIh.dwWidth * 3;
            bytespp = 3;
            cur->iPaletteN = 0;
            cur->bBitMask = 0xFF;
            break;
        case 32:
            linesize = cur->w32bmpIh.dwWidth * 4;
            bytespp = 4;
            cur->iPaletteN = 0;
            cur->bBitMask = 0xFF;
            break;
        default:
            return FALSE;
    }
    cur->iLineSz = (linesize + 3) & ~3;
    cur->iBytePx = bytespp;
    return TRUE;
}
/*++ TrueColorのときの色マスクの値をセットする*/
static void setColorMask(FILE* fpBmp, pData* cur)
{
    if (cur->w32bmpIh.wBitCount == 16) {
        /*デフォルトは555*/
        cur->dwMaskR = 0x007C0000;
        cur->dwMaskG = 0x00003E00;
        cur->dwMaskB = 0x0000001F;
        if (cur->w32bmpIh.dwCompression == BI_
                                    BITFIELDS) {
            BYTE bMaskBuf[12];
            if (!readBmp(fpBmp, bMaskBuf, 12))
                return;
            cur->dwMaskR = getDW(bMaskBuf);
            cur->dwMaskG = getDW(bMaskBuf + 4);
            cur->dwMaskB = getDW(bMaskBuf + 8);
        }
    }
    else {
        cur->dwMaskR = 0x00FF0000;
        cur->dwMaskG = 0x0000FF00;
        cur->dwMaskB = 0x000000FF;
    }
}
/*++ BMPファイルをデコードしてイメージに書き込む*/
static BOOL readAndAnaBmpFile(const char* pcBmpFile,
                                    pData* cur)
{
    BYTE   pbHdrBuf[SZbmpFH + SZbmpIH + 2];
    FILE*  fpBmp;
    BOOL   fRet = FALSE;

    fpBmp = fopen(pcBmpFile, "rb");
    if (fpBmp == NULL)
        return FALSE;    /*ファイルなし*/
    /*--- BMPファイル HEADER部分読み込み ---*/
    if (!readBmp(fpBmp, pbHdrBuf, SZbmpFH +
                                    SZbmpIH))
        goto ERRRET;
    /*--- BMPファイルかどうか検査する ---*/
    cur->w32bmpFh.wType = getW(&pbHdrBuf[0]);
    if (cur->w32bmpFh.wType != 0x4D42)  /*BMP MARK */
        goto ERRRET;        /*BMPファイルではない*/
    cur->w32bmpFh.dwSize    = getDW(&pbHdrBuf[2]);
    cur->w32bmpFh.dwOffBits = getDW(&pbHdrBuf[10]);
    /*--- BITMAPINFOHEADER:Windows BITMAP情報構造体
                                    の長さ ---*/
    cur->w32bmpIh.dwSize = getDW(pbHdrBuf +
SZbmpFH);
    if (cur->w32bmpIh.dwSize != SZbmpIH)
        goto ERRRET;
    else {
        const BYTE* pbBseHi = pbHdrBuf + SZbmpFH
                                    + 4;
        cur->w32bmpIh.dwWidth          =
                            getDW(pbBseHi);
        cur->w32bmpIh.dwHeight         =
                            getDW(pbBseHi + 4);
        cur->w32bmpIh.wPlanes          =
                            getW (pbBseHi + 8);
        cur->w32bmpIh.wBitCount        =
                            getW (pbBseHi + 10);
        cur->w32bmpIh.dwCompression    =
                            getDW(pbBseHi + 12);
        cur->w32bmpIh.dwSizeImage      =
                            getDW(pbBseHi + 16);
        cur->w32bmpIh.dwXpelsPerMeter  =
                            getDW(pbBseHi + 20);
        cur->w32bmpIh.dwYpelsPerMeter  =
                            getDW(pbBseHi + 24);
        cur->w32bmpIh.dwClrUsed        =
                            getDW(pbBseHi + 28);
        cur->w32bmpIh.dwClrImportant   =
                            getDW(pbBseHi + 32);
    }
/*--- BI_RGBおよびBI_BITFIELDS以外はサポートしない ---*/
    if (cur->w32bmpIh.dwCompression != BI_RGB &&
        cur->w32bmpIh.dwCompression != BI_BITFIELDS)
        goto ERRRET;
/*--- 1行のバイト数およびバイト当たりのピクセル数および色数を求める
                                    ---*/
    if (!GetLineSizeBytePerPixel(cur))
        goto ERRRET;    /*未サポート・プレーン*/
    /*-- 各値の辻褄が合うか確認する ---*/
    {
        int iFileImgSz = cur->w32bmpFh.dwSize -
                            cur->w32bmpFh.dwOffBits;
        int iBmpImgSz = cur->iLineSz * cur-
                            >w32bmpIh.dwHeight;
        if (iFileImgSz != iBmpImgSz)
            goto ERRRET;
        if (cur->w32bmpIh.dwSizeImage == 0)
            cur->w32bmpIh.dwSizeImage = iBmpImgSz;
        else {
            if (cur->w32bmpIh.dwSizeImage !=
                                    iBmpImgSz)
                goto ERRRET;
        }
    }
    /*--- パレット読み込み ---*/
    if(0 < cur->iPaletteN) {
        BYTE pbPal[4 * 256];
        int iPix;

        cur->dwMaskR = cur->dwMaskG = cur-
                            >dwMaskB = 0;
        if((cur->pxcPalette = malloc(cur-
                            >iPaletteN *
                sizeof(XColor))) == NULL)
            goto ERRRET;
        if (!readBmp(fpBmp, pbPal, 4 * cur-
                            >iPaletteN))
            goto ERRRET;
        for(iPix = 0; iPix < cur->iPaletteN;
iPix++) {
            cur->pxcPalette[iPix].pixel = iPix;
            cur->pxcPalette[iPix].blue  = pbPal[4
                            * iPix] << 8;
            cur->pxcPalette[iPix].green
                    = pbPal[4 * iPix + 1] << 8;
            cur->pxcPalette[iPix].red
```

リスト1　BMPファイルを解析してメモリに展開する（winbmp.c）（つづき）

```
                            = pbPal[4 * iPix + 2] << 8;
            cur->pxcPalette[iPix].flags
                            = DoRed | DoGreen | DoBlue;
        }
    }
    else
        setColorMask(fpBmp, cur);
    /* イメージ・データ読み込み */
    if (fseek(fpBmp, cur->w32bmpFh.dwOffBits,
                            SEEK_SET) != 0)
        goto ERRRET;
    if((cur->pbImgBuf = malloc(cur->w32bmpIh.
                        dwSizeImage)) == NULL)
        goto ERRRET;
    if (!readBmp(fpBmp, cur->pbImgBuf,
                    cur->w32bmpIh.dwSizeImage))
        goto ERRRET;
    fRet = TRUE;
ERRRET:
    fclose(fpBmp);
    return fRet;
}

/*-----------------------------------------------*/
```

```
/* 2:Windows bitmapファイルを読んで解析する
/*-----------------------------------------------*/
static pData BmpFileInfo;       //BITMAPファイルの情報

BOOL AnalizeWindowsBmpFile(
    const char* pcBmpFile       //IN:BMPファイルの名前
)
{
    BOOL fRet = FALSE;
    pData* pDataCur = &BmpFileInfo;
    memset(pDataCur, 0, sizeof(pData));
    if (readAndAnaBmpFile(pcBmpFile, pDataCur)) {
        pDataCur->fBmpTrue = (16 <= pDataCur->
            w32bmpIh.wBitCount);  /*TrueColor Bitmap*/
        pDataCur->fBmpMono = (1 == pDataCur->
            w32bmpIh.wBitCount);  /*Mono color bitmap*/
        fRet = TRUE;
    }
    if (pDataCur->pbImgBuf != NULL)
        free(pDataCur->pbImgBuf);
    if (pDataCur->pxcPalette != NULL)
        free(pDataCur->pxcPalette);
    return fRet;
}
```

23　透明が表せるので重ね合わせが超簡単！GUI部品に使われる
圧縮しても画像が劣化しないPNG

　PNG形式は，圧縮による画質の劣化のない可逆圧縮を採用しています．さらに，透明もサポートされているので，GUIの部品を作るのに適しています．ただし，画像読み込みコードもそれなりに量があるので，メモリの少ないマイコンでは注意が必要です．

　図1にPNGファイルの構造を示します．PNGファイルはチャンクと呼ばれるデータ・ブロックの連続です．自由に拡張でき，アニメ機能を追加したAPNGも存在します．

　PNGファイルの解析はlibpngを使えば簡単に実装できます．libpngは下記URLより入手できます注1．

　http://www.libpng.org/pub/png/libpng.html

　リスト1にPNGファイルを読み込んで，メモリに展開するコードを示します．

矢野 越夫

図1　PNGファイルの構造

注1：各ライブラリの利用に関しては，ライセンスを確認すること．

リスト1　PNGファイルを読み込んでメモリに展開する（pngimg.c）

```
/*-----------------------------------------------*/
/*  ZHWIN:oxpngimg.c                             */
/*  PNG   :libpngを使いPNG画像データを取得する関数  */
/*                                      (c)OUK   */
/*  (1) May.30.2009 Original cording by Fujita   */
/*-----------------------------------------------*/
#include "OUKcom.h"
#include <stdio.h>
#include <stdlib.h>
#include <string.h>
#include "../libpng/png.h"

/*-----------------------------------------------*/
```

```
/* D:画像データ構造体                              */
/*-----------------------------------------------*/
typedef struct {
    unsigned char *data;        /* PNG 画像データ */
    unsigned long width;        /* PNG 画像の幅 */
    unsigned long height;       /* PNG 画像の高さ */
    unsigned long byte_per_pix;
                    /* PNG 1Pixelのbyte数 */
} OXpngImgData;

/*...............................................*/
/* s:PNGイメージ生成 内部関数                       */
/*...............................................*/
```

リスト1　PNGファイルを読み込んでメモリに展開する（pngimg.c）

```c
/*++ s1:PNGのカラー・タイプをRGBAに変換する */
static void _transformColorToRGBA(
    png_structp png, /* IN:PNG構造体 */
    png_infop info   /* IN:PNG情報構造体 */
)
{
    png_byte color_type = png_get_color_type(png,
                                             info);
    png_byte depth = png_get_bit_depth(png, info);

    if (color_type == PNG_COLOR_TYPE_PALETTE ||
        (color_type == PNG_COLOR_TYPE_GRAY && depth
                                           < 8) ||
        png_get_valid(png, info, PNG_INFO_tRNS)) {
        png_set_expand(png);
    }
    if (depth == 16) {
        png_set_strip_16(png);
    }
    if (color_type == PNG_COLOR_TYPE_GRAY ||
        color_type == PNG_COLOR_TYPE_GRAY_ALPHA) {
        png_set_gray_to_rgb(png);
    }
    if (color_type != PNG_COLOR_TYPE_GRAY_ALPHA &&
        color_type != PNG_COLOR_TYPE_RGB_ALPHA) {
            png_set_filler(png, 255, PNG_FILLER_AFTER);
    }
    png_set_bgr(png);
}

/*++ s2:PNGライブラリ警告関数 */
static void _warningFunction(png_structp png,
                             png_const_charp wrn_msg)
{
    printf("png warning!!!");
}

static OXpngImgData PngImgInfo; /* PNGファイルの情報 */

/*--------------------------------------------*/
/* 3:PNG画像から画像データを取得しImageDataを生成   */
/*--------------------------------------------*/
BOOL ReadPngFileCreateImgData(
                         /* TRUE:成功 FALSE:失敗 */
    const char *filename    /* IN:PNGファイル名 */
)
{
    FILE *fp;
    OXpngImgData* pngimage = &PngImgInfo;
                      /* IN:OXpngImgData構造体 */

    png_byte sig[8];
    png_structp pPng = 0;
    png_infop pInfo = 0;
    png_uint_32 width, height;
    png_uint_32 rowbyte;
    unsigned char *data = 0;
    unsigned char **row_pointer = 0;
    unsigned int i;
    BOOL fRet = FALSE;

    if ((fp = fopen(filename, "rb")) == NULL) {
                    //PNGファイルのオープン&読み込み準備
        goto done;
    }
    fread((void *)sig, 1, 8, fp); //PNG sign部分を読む
    if (png_sig_cmp(sig, 0, 8) != 0) {
        printf("File %s is not png format.¥n",
                                        filename);
        goto done;
    }
    //--- PNG読み込みに必要なデータ構造体を生成 ---
    pPng = png_create_read_struct(PNG_LIBPNG_VER_
                    STRING, NULL, NULL, NULL);
    if (pPng == NULL) {
        goto done;
    }
    pInfo = png_create_info_struct(pPng);
    if (pInfo == NULL) {
        goto done;
    }
    //-- もろもろ初期化 ---
    png_init_io(pPng, fp);
    png_set_error_fn(pPng, NULL, NULL, _
            warningFunction);    //エラー時実行関数セット
    png_set_sig_bytes(pPng, 8);
    png_read_info(pPng, pInfo);      //PNG情報を読んで
    _transformColorToRGBA(pPng, pInfo);
                    //PNGのカラー・タイプをRGBAに変換
    png_read_update_info(pPng, pInfo); //PNG情報更新

    //--- データの読み込み ---
    width = png_get_image_width(pPng, pInfo);   //幅
    height = png_get_image_height(pPng, pInfo); //高さ
    rowbyte = png_get_rowbytes(pPng, pInfo);
                                    //1行のバイト数
    data = (unsigned char *) malloc(rowbyte *
            Mheight);   //必要な画像イメージ・メモリを取得
    if (data == NULL) {
        goto done;
    }
    row_pointer = (unsigned char **)malloc(height *
        sizeof(unsigned char *));   //行先頭のポインタ配列
    if (row_pointer == NULL) {
        goto done;
    }
    for (i=0; i < height; i++) row_pointer[i] =
            &data[i * rowbyte];     //先頭ポインタをセット
    png_read_image(pPng, row_pointer);//イメージ取得開始
    png_read_end(pPng, NULL);                //終了
    //--- アプリケーションに渡すデータを準備 ---
    pngimage->width = width;
    pngimage->height = height;
    pngimage->data = data;
    pngimage->byte_per_pix = rowbyte / width;
    fRet = TRUE;
done:
    if (row_pointer) {
        free(row_pointer); row_pointer = 0;
    }
    if (pPng) {
        png_destroy_read_struct(&pPng, &pInfo, NULL);
    }
    if (fp) {
        fclose(fp);
    }
    return fRet;
}
```

24 超定番！圧縮率は高いけど画像は劣化する！JPEG

　JPEGはさまざまな種類が提案されています．その中でJFIF（JPEG File Interchange Format）がほぼ標準になっています．ほとんど写真専用のファイル形式で，非圧縮，可逆圧縮や透過度は適用されません．図1にファイル構造を示します．画質と圧縮率が相反関係で，用途に応じて選択できます．

　JPEG2000は透過度以外は実装されている万能形式ですが，Mac以外で表示できるソフトウェアが少なく，マイコン用にはハードルが高いです．

　JPEGファイルを読み書きするには，libjpegを使えばlibpng同様簡単に実現できます．libjpegは下記URLより入手できます．

```
http://gnuwin32.sourceforge.net/packages/jpeg.htm
```

　JPEGは種類も多く，例えば，JPEG ZRは透過度が使えたりします．

矢野 越夫

イメージ開始（SOI）
タイプ0のアプリケーション（APP0）
量子化テーブル定義（DQT）
フレーム・タイプ0開始（SOF0）
ハフマン法テーブル定義（DHT）
スキャン開始（SOS）
イメージ・データ
イメージ終了（EOI）

図1　JPEG（JFIF）ファイルの構造

Column・1　各種OSで各種画像ファイルを作成するプログラム

　OSが存在する場合は，大抵，画像ファイルを読み書きする方法が用意されています．

● Windows

　Windowsはさまざまなルーチンが用意されていて，組み込み用にも使えることになっています．リストAにC#でJPEGイメージを作成する例を，リストBに，VBでの例を示します．

● Android

　Androidは画像まわりが充実しています．いろいろな種類の画像が簡単に扱えるようになっています．リストCにpngファイルを出力するコードを示します．

矢野 越夫

リストA　C#でのJPEGファイル出力

```
Image img = Image.FromFile("test1.jpg");
```

リストB　Visual BasicでのJPEGファイル出力

```
Dim img As Image = Image.FromFile("test2.jpg")
```

リストC　AndroidでのPNGファイル出力

```
    FileOutputStream outF1 = new
FileOutputStream("test3.png");
    bmp8888.compress(CompressFormat.PNG, 100,
outF1);
    outF1.flush();
```

第5章 静止画像の圧縮技術

JPEG/TIFF/BMPなど

25 圧縮が必要な理由…
撮影直後のデータは超巨大！

● カメラ/イメージ・センサの取り込み単位「画素」

カメラのイメージ・センサは被写体の輝度や色情報を検出します．イメージ・センサには，物理的に一定の小面積をもった「画素」の板状の素子配列があり，画像入力は画素という単位で行われます．

● RGBカラー画像を効率よく取り込むためのくふう…カラー・フィルタの割り当て！モザイキング

特に色情報を検出するためには，波長の異なる3種類のカラー・フィルタ（R：Red，G：Green，B：Blue）によって振い分ける必要があります．各画素に対してどのようにして各色を取り込むかが問題になります．

RGBを3色とも別々に取り込むのが理想的ですが，各色をプリズムで分離して，3枚のイメージ・センサを設けて色ごとに検出する必要があることからサイズが大きくなりがちです．そこで考えられたのが，イメージ・センサは1枚しか設けない代わりに，画素単位でカラー・フィルタを3色のうち1色のみを適当に割り当て配置する（モザイキングと呼ぶ）方法です．1画素につき1色を取得し，未取得の色はその周辺画素で取得した同色から補間します（デモザイキングと呼ぶ）．モザイク配列を採用するとカメラをコンパクトに設計できます．

● 知っとかないと！標準カラー・フィルタ配列「ベイヤー・パターン」

カラー・フィルタ配列に関しては米コダック社のベイヤー氏が1976年に特許取得しており（米国特許3971065），図1(a)に示す配列がベイヤー・パターンと呼ばれ，標準的に使われています．

■ ダイナミック・レンジを広げるカラー・フィルタ配列

最近，低照度条件下における感度の改善を行い，光検出量のダイナミック・レンジを広げる技術が登場してきました．

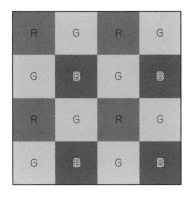
(a) ベイヤー・パターン

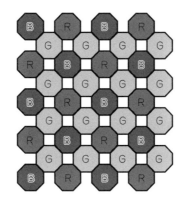
(b) 45°回転ハニカム構造パターン（富士フイルム）

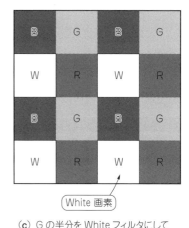
(c) Gの半分をWhiteフィルタにして光量を確保（東芝）

図1 RGBカラー画像を一つのイメージ・センサで撮影するにはカラー・フィルタを使う

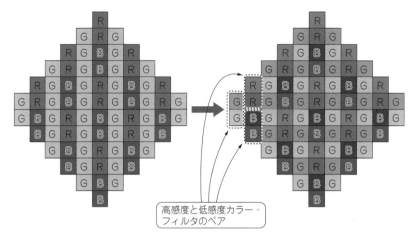

図2 高感度と低感度のフィルタを組み合わせて明るい画像も暗い画像も撮影できるようにする
富士フイルムのEXRカラー・フィルタ配列．ダイナミック・レンジを広くできる

● 高感度と低感度のフィルタ配列を組み合わせる

　富士フイルムはハニカム構造といって素子配列を45°回転させた方式をとっています［**図1**(**b**)］．
　最近さらに高感度と低感度のペア配列をもつEXRカラー・フィルタ配列を採用し（**図2**），両者の合成画像を得ることで広ダイナミック・レンジ化に対応しています[1]．

● W画素を使って光量アップ！

　RGB3色画素とは別に全可視光を検出するW（White）画素を導入して，高感度化をはかる**図1**(**c**)のようなフィルタ配列を東芝が開発しています[2]．従来GのフィルタはRとBの倍あるのですが，そのうちの半分をWにあてています．

● 番外編…前段の光学LPFをなくして画像を鮮明に

　フィルタの配列方式とは直接関係はないのですが，従来，モアレなどの減少を低減するために，光学ローパス・フィルタ（LPF）が素子の前面に設けられ，その結果画像がぼけます．画像を鮮明化するために，ローパス・フィルタをなくす技術も注目されつつあります[3]．

■ 撮影直後のRAWデータやRGB3原色データはデカい

　カメラのイメージ・センサによって取得された直後の画像データは，RGB3色のイメージ・センサのデバイス構造，特に画素のカラー・フィルタ配列構造に依存したモザイク状態になっています．そのため生の画像データを意味するRAWデータという言葉が使われます．
　RAWデータを取得後，欠損している色フィルタの値を補間するデモザイキングを行い，RGB3色すべてが整った状態にします[4]．
　デモザイキングはフィルムの現像に例えられます．RAWデータには，取得したデータの精度範囲が最終的に使われるものよりも広いという特徴があります．イメージ・センサの段階では14ビットの精度で検出され，ディスプレイで表示されるときには8ビットになります．フィルムの現像において画質を調整するように，オーバースペックのRAWデータを元に効果的に画質調整を行うこともできます．
　市販のデジタル・カメラは，RAWデータをデモザイキングし，さらに標準的な圧縮ファイル形式で画像データを出力しています．

▶ マイコンでデモザイキングするためのCソースもある

　RAWデータは前述のようにメーカ独自のフォーマットが採用されているため，一般には公開されていません．メーカが提供するビューワでデモザイクします．
　Adobe社のPhotoshopのような市販ツールには，Camera Rawというプラグイン機能があり，多くのカメラ・メーカの製品機種に対応しており，デモザイクしてくれます[5]．
　マイコンなどを使って独自にデモザイキング処理する必要があるプログラマには，Cのソースで提供される専用のデモザイキング・ツールがあります．Dave Coffin氏によって開発されたdcrawのソースが公開されています[6]．

外村 元伸

26 撮影画像を再現するのは簡単じゃない！
画像フォーマットの三つの課題

■画像を保存するときの課題

　イメージ・センサによって被写体画像を取得入力し，コンピュータに転送して適切な処理を施してディスプレイに表示するという一連の過程には，画像を（一時的に）保存して取り出すという作業が伴います．それで画像データという形で一定の取り決めを行って，保存するためのフォーマットが必要です．課題を次に示します．

● 課題1：イメージ・センサで撮影した生画像にはモザイクがかかっている

　前項で解説したようにイメージ・センサによって取得した直後の生画像は，モザイキングされていて不完全であるかもしれません．人間の目で見るにはちゃんと再現（デモザイキング）する必要があります．

● 課題2：カメラとディスプレイの表現能力の違いで再現できない

　ディスプレイ出力装置側では，カメラ入力側で取得されたデータによって被写体の状態を完全に再現できるとはかぎりません．カメラ入力側とディスプレイ出力側の間でデータの表現能力が必ずしも一致していないからです．

▶大きな違い…ダイナミック・レンジと非線形ガンマ曲線

　特に，データ検出精度（ダイナミック・レンジ）と一部非線形性を示すカーブ特性（ガンマ曲線と呼ばれる）において違いがあります．精度調整やガンマ補正を施して入力から出力側へなるべく忠実に変換可能な形でデータが移動できるようにしなければなりません．

● 課題3：データ量が大きくなり過ぎる

　画像データを扱うときのもう一つの大きな課題は，データ量が膨大になることです．そのため大容量のデータ量を圧縮する手段が必要になります．

外村 元伸

27 そのまま保存するか元に戻せるように圧縮するか
色データを損失なしで保存する二つの方法

● RGB3原色データなどの画素値を無損失で保存するには

　コンピュータの中で画像ファイルを扱うときに，イメージ・センサで入力されたときのRGB3原色の画素値を情報が無損失の状態で保存したい場合があります．

　無損失の状態を保つためには，画素値をそのままの状態で保存するか，圧縮しても元の画素情報を回復できる状態で保存する（可逆圧縮と呼ばれる）必要があります．元の情報が失われないので，ロスレス（lossless）ともいわれます．前者にはBMP（BITMAP），後者にはTIFF（Tagged Image File Format）という画像フォーマットがよく使われます．

▶BMP…ディスプレイ表示データをそのまま表す

　BMPはディスプレイで表示するときの画素の状態をストレートに表現できることから，画質調整時に確認のための一時的な保存のときに使います．Windowsでは標準的に使われる画像フォーマットです．

▶TIFF…ロスレス圧縮でコンパクトに

　TIFFは画像ファイルの先頭にタグと呼ばれる識別子が付けてあるので，さまざまな画像圧縮フォーマットを一緒に扱うこともできます．その中でも画像データを1列に並べ記号列データとして扱い，先頭から順番に圧縮符号化していくLZW[7][8]というロスレス圧縮法を用いています．

　LZWは，Ziv氏とLempel氏によって考案されたデータ圧縮アルゴリズムを，Welch氏がハードウェア向きに改良した方法で，3人の頭文字をとっています．

外村 元伸

28 色変換／幾何学変換／量子化／符号化圧縮／ファイル化
画像データ圧縮の基本5ステップ

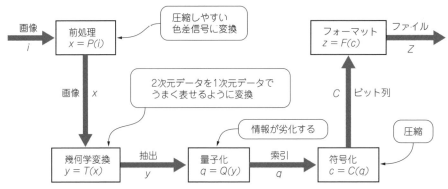

図1　画像圧縮の基本フロー

● ステップ1：RGB3原色を色差信号に変換

イメージ・センサから取得した直後の画像はRGB3原色のデータです．

最近のカメラは，単板のイメージ・センサの場合，モザイキングされたRAWデータか，内部回路でデモザイキングしたRGB3原色のデータ，あるいはYC_bC_r/YUV3色のデータへ色変換して出力しています．ここで，Yは輝度，C_b, C_rまたはU, Vは2種類の色差信号です．C_bC_rがNTSCで，YUVがPAL/SECAM方式です．NTSCおよびPAL/SECAMはテレビの転送で使われている方式です．

画像圧縮処理においては，データ変化量の大きい輝度信号Yと比較的変化量の少ない色差信号に分離することによって効率的に圧縮できるようRGB3原色iから色変換Pした画像データxを用います．

　色変換 $x = P(i)$
　i：RGB3原色

● ステップ2：平面情報を1次元データ列に反映するための幾何学変換

画像データは平面状に広がっていますので，テキスト・データの圧縮法（画像データを一定長の記号列データとして扱う）をライン上に適用しても，隣のライン上のデータとの繰り返し関係をうまく利用できません．

そこでもっと一般的な空間上の関係を利用したある幾何学的変換Tによって，散らばっているように見えているデータをあるライン上にデータが集まるようにします．

　幾何学変換 $y = T(x)$

裏返せば，データがほとんど乗っていないラインを見つければ，そのライン上のデータ表現を無視できます．つまり表現する成分数を落とせることになります．このような原理によってデータ圧縮する方法を変換符号化（Transform Coding）と呼んでいます．

● ステップ3：量子化…けっこうデータが失われる

色変換Pおよび変換Tによって，整数表現されていた入力画像は，計算上は実数表現になってしまいます．実数表現になると表現するけた数がかえって増えてしまうので，抽出段階で適当にしきい値を設けて整数化します．これが量子化Qと呼ばれる過程です．

　量子化 $q = Q(y)$

実数表現の量子化によって元の情報の厳密性が失われ，復元処理において一部の情報が損失した状態で行われることになります．そのためこのような圧縮法を非可逆圧縮と呼んでいます．犯罪の容疑者を手配する目的で，監視カメラの映像が一般公開されることがありますが，全体的に不鮮明なのは，カメラの解像度の影響以外にも，膨大な画像データの記録時において行われる高圧縮率処理の量子化で失われる影響が大きいと考えられます．

● ステップ4：符号化圧縮

量子化によって整数化してしまえば，単なる記号列を索引して，あとはテキスト・データ圧縮時に考案された符号化法Cが利用できます．

　テキスト・データ圧縮符号化 $c = C(q)$

● ステップ5：ファイル化のためのフォーマット処理

最後に，符号化したビット列をファイル化するためにフォーマット処理Fを施すことになります．

　ファイル・フォーマット処理 $z = F(c)$

外村 元伸

29 TIFFで使われてる定番圧縮
符号化圧縮の具体例…ロスレス圧縮LZW法

● ステップ解説！文字列に符号語を割り当ててみる

TIFFで使われているロスレスのLZW圧縮法を簡単に説明するために，文字列a-b-ab-ba-ba-aに対して符号語0000-0001-0010-0011-0011-0000を割り当ててみます．

▶ ステップ1…文字列aに対して符号語0000を出力

図1(a)で示すように，文字列を照合するための辞書を木の形で表現した辞書木にaとbを登録し，それぞれ0番と1番とします．符号語は，例えば4ビット長としておきます．

▶ ステップ2…文字列bに対して符号語0001を出力

最初は辞書には1文字しか登録されていないので，先頭から"ab"は，0番と1番の符号語の列"0000"と"0001"で出力されます．ここで，2文字"ab"が現れたことで，図1(b)に示すようにbがaにぶら下がる形で辞書に2番として登録されます．

▶ ステップ3…文字列abに対して符号語0010を出力

"abab"と進んだ段階で，"＊＊ab"は図1(c)に示すように2番の符号語"0010"として出力されます．"＊ba＊"が3番に登録されます．

▶ ステップ4…文字列baに対して符号語0011を出力

"＊＊＊＊ba"では，図1(d)に示すように3番符号語"0011"が出力され，"＊＊abb"が4番に登録されます．

▶ ステップ5…続けて文字列baに対して符号語0011を出力

"＊＊＊＊＊＊ba"では，図1(e)に示すように，また3番符号語"0011"が出力され，"＊＊＊＊bab"が5番に登録されます．

▶ ステップ6…文字列aに対して符号語0000を出力

"＊＊＊＊＊＊＊＊a"では，図1(f)に示すように0番符号語"0000"が出力され，"＊＊＊＊＊＊baa"が6番に登録されます．

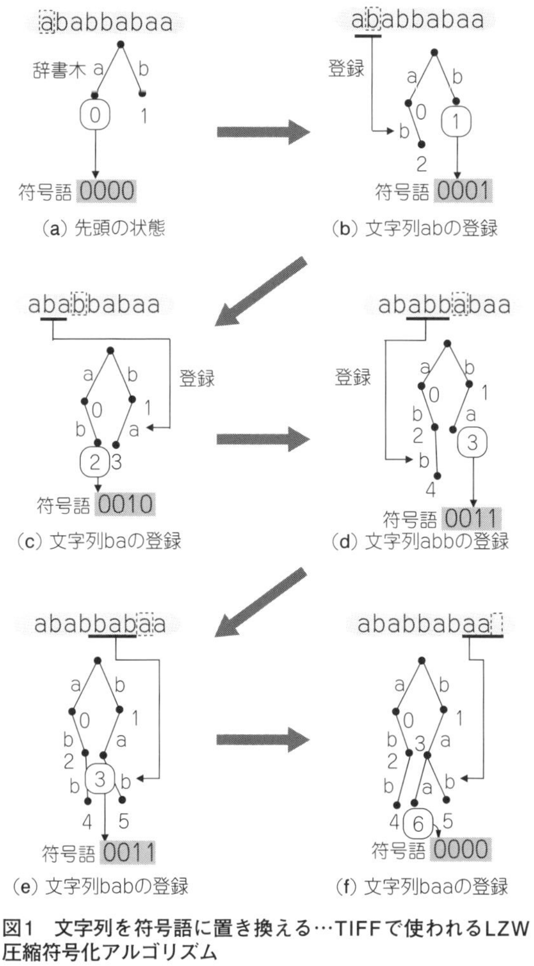

● 処理フロー＆ハードウェア

以上の処理フローを図2に示します．辞書登録を木上で増やしていくために，それまでの木に付加すると

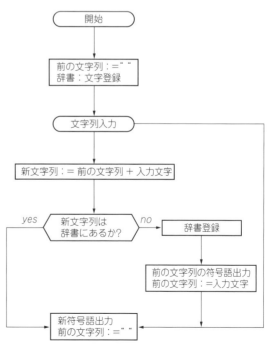

図1 文字列を符号語に置き換える…TIFFで使われるLZW圧縮符号化アルゴリズム

図2 LZW圧縮符号化アルゴリズムの処理フロー

いうイメージです．前の文字列に入力文字を加えて，新文字列とし，その文字列が辞書にあるか判断し，もしあれば新文字列に付けられた符号語を出力することになります．もしなければ新文字列を辞書に登録し，出力は前の文字列の符号語とし，1文字列からはじめ直すということを繰り返します．このフローをハードウェア構成で示すと図3のようになります．

外村 元伸

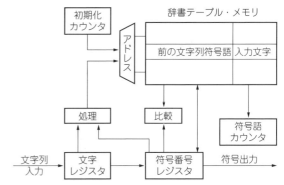

図3 LZW圧縮符号化を行うハードウェア構成

30 RGB3原色データなどを保存しておくときによく使われる ロスレス圧縮でコンパクトに！TIFFファイル

● ファイル・フォーマットの確認

　TIFFを手っ取り早く理解するために，拡張子が.tifまたは.tiffという画像ファイル・データの一例を図1に示します．バイナリ・エディタで確認します．画像ファイル・ヘッダの先頭8バイトはTIFFの属性を示すヘッダです．最初の2バイトで，バイトの並び順がIntelのリトル・エンディアンの場合は"4949"＝II，Motorolaのビッグ・エンディアンの場合は"4D4D"＝MMです．ここでは，リトル・エンディアンを仮定して説明します．

　次の2バイト0x002A（20）がTIFFであることを示します．その次の4バイトは，最初のImage File Directory（IFD）へのオフセットです．ファイルの先頭からのバイト数で数えます．したがって，TIFFファイルの開始位置はオフセット0です．例では0x00000008

ですから，バイト・アドレス0x08からIFDの領域になります．IFDの先頭4バイトは，DirectoryのEntry数，次からの12バイトずつがDirectory 0，Directory 1，…とEntry数分続きます．Entry数は0x16（22）です．Directory 0の内容は，最初の2バイトが，フィールドを識別するタグで，詳しくは参考文献[9]の仕様書のAppendix A: TIFF Tags Sorted by Number（p.117）を参照してください．0x00FE（254）はNewSubfileTypeとなっています（p.36参照）．Typeは0x04，Long（32ビット）です．値の数Nは1です．

● TIFFの歴史

　TIFFファイル・フォーマットに関する仕様書は参考文献（9）から入手できます．1992年6月3日付けのRevision 6.0がほぼ最終で，その後の若干の変更は，

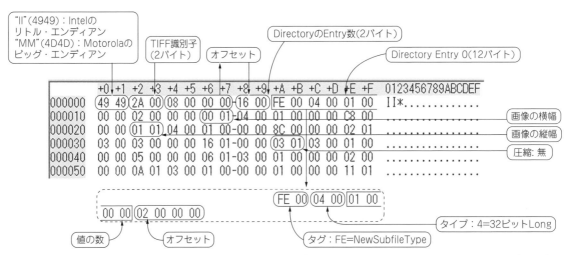

図1 ロスレス圧縮で情報を落とさない画像フォーマットTIFFのデータ例（さまざまな画像圧縮フォーマットを一緒に扱うこともできる）

Column・1 画像圧縮の基本！変換符号化…成分数を減らすことでデータ量を圧縮する

　バイナリ（1，0）または文字列の連なりになっているテキスト・データ（1次元）の場合は，繰り返しパターンをうまい具合に見つけることが圧縮の基本です．

　画像データの場合は2次元ですが，1次元的に並べることができるので，テキスト・データの場合に帰着できます．しかし，どのようにして1次元的にくまなく画像面を埋め尽くすようにたどるかは問題で，圧縮率がよくなるうまい方法が思いつきません．

　そこで考えられたのが，変換符号化（Transform Coding）と呼ばれる方法です．適当な変換，数学的には直交変換を施し，ゼロに近くなる成分を無視する（量子化）ことによって，元の表現よりも成分の数を減らすことができるので，その分が圧縮できます．

外村 元伸

Adobe社になったこととLZW圧縮のサポートが特許[7]ライセンス上の問題で，Part 1: BaselineからPart 2: Extensionsに変更になったことなどです．ただし，特許はUnisys社が保有していたのですが，その後2004年6月20日付けで失効しています．TIFFの記述はPart 1と2に分かれていて，Part 1がBaseline TIFFと呼ばれTIFFのコアとなる重要な部分です．

外村 元伸

31 DCT/ウェーブレット変換/重複双直交変換のイメージをつかむ
JPEGにみる圧縮符号化あれこれ

● JPEGの種類と圧縮符号化方式

　変換符号化方式の代表例としてJPEGと名の付いた3種類の圧縮フォーマットがあります．JPEGとはISOとITUの共同組織であるJoint Photographic Experts Groupが策定した画像圧縮フォーマットです．

　3種類のJPEGを策定された歴史的順番に示します．
　JPEG…変換として離散コサイン変換（DCT：Discrete Cosine Transform）を用いる
　JPEG2000…変換としてウェーブレット変換を用いる
　JPEG XR（eXtended Range）…変換として重複双直交変換（Lapped Biorthogonal Transform）を用いる

● 圧縮符号化その1…離散コサイン変換DCT

　図1(a)に示すように離散コサイン変換DCT（Discrete Cosine Transform）は，画像全体を8×8画素からなるブロックに分割し，各ブロック単位で圧縮します．

　そのため，復元するときにブロック境界で隣接ブロック間のつながりが多少不連続になって目立つことがあります．蚊が飛んでいるように見えるモスキート・ノイズなどです．

● 圧縮符号化その2…ウェーブレット変換

　図1(b)のウェーブレット変換は，画像全体を周波数成分に変換します．L：低周波数成分，H：高周波数成分とすると，水平と垂直でおのおの2分割して，四つの成分LL_1, LH_1, HL_1, HH_1ができるようにします．これらのうちLL_1成分のみをさらに4分割し，LL_2, LH_2, HL_2, HH_2とします．すると8個の成分ができることからオクターブ分割といいます．低周波数成分のLL_2に対してのみ，さらに4分割を階層的に続けていきます．階層的分割は所望の画像圧縮率が達成されるまで，あるいは見た目でひずみの影響が出る前まで行います．

　画像の復元時は，表示したいサイズに合わせて，視覚的に許容されるところまで段階的に階層分割を行うことで済ますことができます．

● 圧縮符号化その3…重複双直交変換

　JPEGの後継としてJPEG2000が策定されたわけですが，処理が重いということで，医療，衛星画像などを除いてなかなか普及していません．そういった中で，Microsoft社が独自に開発したHD Photoが図1(c)に示すJPEG XRとして国際標準化されました．圧縮率に対するひずみ性能ではJPEG2000には及ばないもののそれに近い性能をもっていながら処理量が軽いからです．ただし，普及に関しては今のところ未知数です．

　JPEGが採用する離散コサイン変換がブロック間の不連続性が問題なのに対して，JPEG XRが採用する重複双直交変換はブロック間を重複させるため不連続性が低減されます．これを実現させるために，図1(c)のように少々複雑ですが3段階の処理を行います．FCT（Forward Core Transform）という変換が使われます．4×4画素に対して，アダマール変換，スケーリング，回転，アダマール変換します．詳細の解説は割愛します．

　まず4×4ブロックすべてにFCTを行います．それ

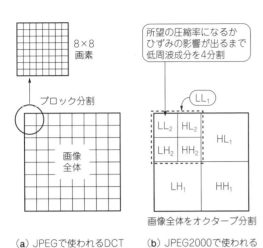
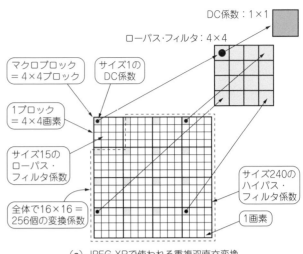

（a）JPEGで使われるDCT　（b）JPEG2000で使われるウェーブレット変換　（c）JPEG XRで使われる重複双直交変換

図1　JPEGで使われる圧縮符号化

それのブロックについてDC係数（直流成分）が合計16個出るので，これらを集めて再びFCTを行います．すると1個のDC係数が出力されます．これを次の量子化処理を経てハフマン符号で符号化します．

JPEGのファイル・フォーマットに関する仕様書は，参考文献（10）〜（12）で入手できます．

◆ **参考文献** ◆

(1) 富士フイルムのEXR CMOSセンサのウェブ・サイト．
http://finepix.com/exr_cmos/jp/index.html
(2) 東芝のCMOSセンサのウェブ・サイト．
http://www.toshiba.co.jp/rdc/rd/fields/07_t29.htm
(3) Pentaxのウェブ・サイト．
http://www.pentax.jp/japan/products/k-5-2/feature/07.html
(4) 外村 元伸；Bayerパターンの生データを使って効率よく画像処理を行う，Design Wave Magazine, pp. 35-52, Jan. 2007.
(5) Adobe社のウェブ・サイト．
http://www.adobe.com/jp/products/photoshop/extend.html
(6) Dave Coffin氏によって開発されたdcrawのウェブ・サイト．
http://www.cybercom.net/~dcoffin/dcraw/
(7) Welch, T.A.：High Speed Data Compression and Decompression Apparatus and Method, 米国特許 4,558,302, Dec. 10, 1985.
(8) Welch, T.A.：A Technique for High-Performance Data Compression, IEEE Computer, Vol. 17, No. 6, pp.8-19, 1984.
(9) TIFFファイル・フォーマットの仕様書．
http://partners.adobe.com/public/developer/en/tiff/TIFF6.pdf
(10) JPEGの仕様書．
http://www.w3.org/Graphics/JPEG/itu-t81.pdf
(11) JPEG2000の仕様書．
http://www.jpeg.org/public/fcd15444-1.pdf
(12) JPEG XRの仕様書．
http://www.itu.int/rec/T-REC-T.832-200903-S/en
(13) 小野 定康, 鈴木 純司；わかりやすいJPEG/MPEGの技術，オーム社，2001年．
(14) 小野 定康, 鈴木 純司；わかりやすいJPEG2000の技術，オーム社，2003年．
(15) 貴家 仁志, 村松 正吾；マルチメディア技術の基礎 DCT（離散コサイン変換）入門，JPEG/MPEGからウェーブレット，重複直交変換（LOT）まで，CQ出版社，1997年．
(16) 貴家 仁志；よくわかる動画・静止画の処理技術，ディジタル画像の基礎からJPEG2000・電子透かしまで，CQ出版社，2004年．
(17) 野水 泰之, 原 潤一；JPEG2000のすべて，静止画像符号化の集大成 JPEG2000の全編・完全解説，電波新聞社，2006年．
(18) 原 潤一, 小川 茂孝；新しい画像フォーマット JPEG XR, Interface, pp. 120-130, Feb. 2012.
(19) 半谷 精一郎, 杉山 賢二；JPEG・MPEG完全理解，コロナ社，2005年．

外村 元伸

第6章 動画像の圧縮技術

H.264/MPEG-4/MPEG-2/Motion JPEGなど

32 混乱しがち！フレーム間にまたがって圧縮してあるのがMPEG
主な動画像フォーマット

■ 動画フォーマットその1…動画をJPEG画像として圧縮！処理が軽いMotion JPEG

　動画を1フレームごとの静止画に分割すれば，それぞれJPEGで容易に圧縮することができます．そして，1枚1枚をパラパラとめくるように解凍表示することで簡単に動画像再生ができます．このようなJPEGベースの方式に従って作られた動画像の圧縮方式をMotion JPEG（M-JPEG）と呼んでいます．

　M-JPEGは静止画のフレームごとに圧縮するため圧縮率が低くなりますが，処理が簡単なのとフレームごとに簡単に切り出せるという利点があります．

● Motion JPEGの混乱…Windowsの.aviとApple社QuickTimeの.movに互換性がない！

　しかし，JPEGは静止画像を対象にして策定された画像圧縮フォーマットだったために，動画像への拡張時に混乱を起こしました．複数枚の静止画像に分割された動画像を一つのファイルにまとめるときに，各メーカがいくつもの亜流を作り出してしまったのです．

　QuickTimeという音楽，動画，静止画，テキストなどを扱うマルチメディア技術を開発していたApple社は，動画をM-JPEG AおよびBという二つのフォーマットに吸収しました[1]．M-JPEG AはJPEGで定義されたマーカを用いていますが，M-JPEG Bはそれらを用いていません．QuickTimeの最近のバージョンでは，M-JPEG AおよびBではない別の一つの記述にまとめ直してあります（拡張子.mov）[2]．

　Windowsはもう一つ別の記述OpenDML AVI M-JPEGを用いました（拡張子.avi）[3]．

　このような理由で，最近までは，Windowsの.aviとQuickTimeの.movという二つの拡張子のM-JPEGが存在しています．そこで，製品のカタログ仕様には，M-JPEGについてはMOVかAVIと区別して記述してあります．

▶ JPEG2000/JPEG XRにも動画規定がある

　JPEG2000やJPEG XRには，それぞれMotion JPEG2000（Part 3）[5]，Motion JPEG XR[6]という動画の規定があります．

■ 動画フォーマットその2…圧縮率が高い圧縮フォーマットMPEG

　一方，はじめから動画用の圧縮フォーマットとして策定されたMPEGがあります．MPEGはフレーム間の差分を利用しているため圧縮率が高い反面，1フレームを単独に切り出すことは簡単にはできません．また，処理も重くなります．

　MPEG-2がデジタル・テレビ用などに使われていますが，携帯機器などの低ビット・レート環境下でも使えるようにということで，MPEG-4が策定されました．

● 二つの呼び方MPEG-4 AVC/H.264

　しかし，ここでも一般のユーザには混乱を招くような呼び方がされました．ISOとITU-Tという二つの組織の共同で策定が進められ，同じものなのにそれぞれ別々の呼び方をしたのです．MPEG-2とH.262は同じものです．そして，ITU-TでH.263ができ，ISOがそれを改良してMPEG-4（Part 2：Visual）になりました．

　それからは共同の検討チームJVT（Joint Video Team）で進められたのですが，それぞれでMPEG-4 AVC（MPEG-4 Part 10 Advanced Video Coding）/H.264と同じ規格を二つの異なる名前で呼んでしまい，混乱を与える原因となっています．

■ 最近では…

● LSI設計の進化で，ユーザ的にはMPEG-4 AVC/H.264という呼び名で統一されつつある

　そこで開発側では，MPEG-2 → MPEG-4 → H.264という流れでとらえ，お互いのコミュニケーションにおいて規格の違いを混乱しないようにくふうしていました．

最近では，LSIの設計が進んで，MPEG-4やMPEG-4 AVC/H.264が製品に実装されるようになりました．それにつれて処理系の方も，他の方式フォーマットも構文解析によって含めることができるようになってきました．

MPEG-4 AVC/H.264（貨物列車に例えて）のコンテナ（AVI/MOV）に各方式を積み込むことができます．それで動画像フォーマットはMPEG-4 AVC/H.264に統合化（拡張子.aviは.movに吸収）されつつあります．

● JPEGの3次元（3D）画像への拡張

JPEGのもう一つの拡張として，3D（3次元画像）化があります．こちらの方はカメラ映像機器工業会（CIPA：Camera & Imaging Products Association）がマルチピクチャ・フォーマット（Multi-Picture Format）としてまとめています[4]．静止画には拡張子.mpoが使われています．動画には，動画の拡張子（.avi，.mov，.mp4など）が使われ，ファイルの中で3Dの区別ができるようになっています．

外村 元伸

33 .aviと.movでかなり構造が異なる JPEGベースの動画圧縮フォーマットMotion JPEG

● Motion JPEGその1…Windowsで使われていた.avi

Motion JPEGのAVIとMOVのそれぞれの内容例をバイナリ・エディタで見てみましょう．**図1**(a)に示すのはAVIのファイル内容です．

ファイルの先頭4バイトが"RIFF"（Resource Interchange File Format）です．

次の4バイトにファイル・サイズ0x00bf0a70が入っ

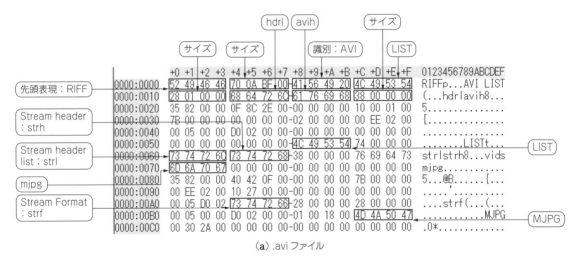

(a) .aviファイル

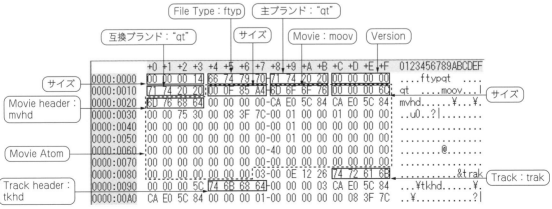

(b) .movファイル

図1 Motion JPEGのフォーマットは.aviと.movで違う

ています．

　その次の4バイトが"AVI"という識別です．

　その次からLISTという形で区切られたリスト情報が格納されています．LISTの直後の4バイトはサイズです．

　ヘッダ・リストは，avi header: avihとそのサイズです．

　次のLISTはStream header list: strlです．映像である"vids"や"mjpeg"であることが中に記述されています．

　もう一つのLISTはオーディオ用（"auds"）です．

● Motion JPEGその2…Apple社QuickTimeで使われていた.mov

　図1(b)に示すのはMOVのファイル内容例です．ファイル構成がAVIと違っています．

　各情報はアトム（Atom）と呼ぶ木構造のボックスで構成されています．特に，各アトムの先頭にバイト・サイズが入っているので注意が必要です．しかもQuickTimeはビッグ・エンディアン表記です．サイズ"00000014"はそのまま読んで0x14バイトです．

　サイズの次の4バイトにアトムのタイプ名です．最初のアトムはファイル・タイプ"ftyp"です．主ブランド名，互換ブランド名とも"qt"（QuickTime）です．

　Movie atom: moovが，まずそのMovie header atom：mvhdで，サイズ0x6Cです．

　次に，Track atom：trak，そのTrack header atom：tkhd, Edit atom：edtsと続きます．以下，Media atom：mdia，そのMedia header atom：mdhd, Media handler reference atom：hdlrです．そのあと，Media atom：minf，そのVideo media information header atom：vmhd, Data information atom：dinf, Data reference atom：dref, Sample table atom：stbl, Sample description atom：stsd, … と続きます．

〈外村 元伸〉

34 MPEG-2/MPEG-4/H.264の使い分け
MPEGの種類

　動画像用圧縮フォーマットのMPEGは，いくつもの部分（Part-2とPart-4および各Part）に分かれていて，また，その名称も同じものに二つの呼び方があるなど一般ユーザには混乱の元になっています．図1に一般的な呼び方の区別をまとめておきました．

● MPEG-4で用いる拡張子….mp4

　拡張子.mp4については，QuickTimeをベースにしたMPEG-4 AVC/H.264（MPEG-4 Part 14）の規格に基づくものです．製品の仕様書に○○規格準拠と書かれていても，○○規格の仕様書をよく見ないとわかりません．一度MPEG-4の最新の仕様書[7]を見ることをお勧めします．

● ハイビジョン用MPEG-4…AVCHD

　MPEG-4のソニーとパナソニックがMPEG-4に追加された機能（3Dとハイビジョン用）を用いて策定したAVCHD（Advanced Video Coding High Definition，拡張子.m2ts）には2種類あります．製品のカタログ仕様には，AVCHD：MPEG-4 AVC/H.264（AVCHD規格 Ver. 2.0準拠＜AVCHD Progressive＞），iFrame：MPEG-4 AVC/H.264（MPEG-4 AVCファイル規格準拠＜.mp4＞）などと記述されているのでわかりにくいです．

　Progressiveはプログレッシブ（順次走査），iFrameはインターレース（飛び越し）走査のことです．AVCHD規格 Ver. 2.0は，独自規格Ver. 1.0からAVCHD 3D/Progressiveなどが追加され業界標準規格にしてしまいました．

● さまざまな動画圧縮フォーマットは
　MPEG-4に収束されつつある

　これからも技術の進歩によって，図1に示したMPEGにも新しい機能が規格化されて追加されていきますが，MPEG-4を最終的な規格としてまとめていくという意向があり，符号化に関して基本的にはMPEG-4 Part 10に拡張項目として修正・追加されるようです．

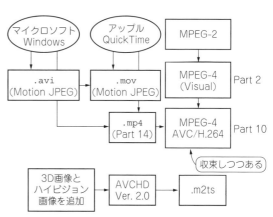

図1　さまざまな動画圧縮フォーマットがあるがMPEG-4に収束されつつある
正式にはISOとITU-Tで同じフォーマットでも呼び方が異なっているが，よく用いられている簡略的な表現を使用

Column・1　異なる動画像フォーマット変換時の問題

●動画は圧縮・解凍ソフト CODECを通したデータとして保管する

　動画像は，変換符号化方式，係数量子化後のテキスト符号化方式と保存するフォーマットなどを定義して，それらに従った手順（プログラム）によって圧縮コード化しファイルにします．また，圧縮保存されているファイルから動画像を再生するときは，その逆手順により，ファイルから情報を解凍（デコード）します．エンコード（Encode）およびデコード（Decode）するプログラムの対をコーデック（CODEC）といいます．そして，コンテナと呼ぶファイル容器に動画と音声およびそれらを同期させる情報や字幕など，もろもろのメタデータとともに格納して，映像を記録保管します．コンテナにもいくつか種類があるため，「コンテナAにCODEC X（の動画データ1）」，「コンテナBにCODEC Y」，「コンテナAにCODEC Y」のようにいろいろな組み合わせが考えられます．

●ファイルを解析して適切なCODECを呼び出せれば，いろんなフォーマットとして使える

　ファイル・フォーマットの種類がいくつもあるのでそれらに対応するCODECの種類もいくつもあります．図Aに示すように，コンテナBとは異なるコンテナAの映像ファイル・フォーマットがあるとします．将来的なことを考えて，コンテナAのファイルをコンテナBのファイルに変換して，一括で保管したいとします．

　一つの方法は，動画データ1をCODEC Xで解凍し，CODEC Yで圧縮して動画データ2を再作成することです．しかし，変換後の再生画像が劣化するという問題が起こります．動画ファイルBをデコードしたときに逆量子化による誤差があるからです（非可逆性）．

　変換ファイル動画Bを元の動画ファイルAよりも劣化させないためには，動画1のファイル・フォーマットXを格納できるコンテナを用いて，動画ファイルBの中に動画1のファイル・フォーマットXを埋め込みます．つまり，動画ファイルBを解析して，埋め込まれた動画のファイル・フォーマットを検出し，対応するCODECを起動できるようなしくみを作ります．最近のコンテナはこのような能力を備えたものになってきており，おのずとデファクト・スタンダードができていくものと思います．

外村 元伸

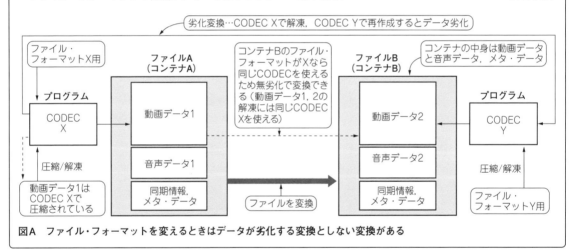

図A　ファイル・フォーマットを変えるときはデータが劣化する変換としない変換がある

別の新しいPartとして追加されることもありますが，大抵は範ちゅうが異なる項目になります．現在Part 28まであります．

◀ 項目32～34の参考文献 ▶

（1）Apple社のMotion JPEG資料．
　https://developer.apple.com/standards/qtff-2001.pdf

（2）Apple社QuickTimeの資料．
　http://developer.apple.com/library/mac/documentation/QuickTime/QTFF/qtff.pdf

（3）.aviファイルの資料．
　http://www.the-labs.com/Video/odmlff2-avidef.pdf

（4）カメラ映像機器工業会（CIPA）の3次元拡張対応JPEGの資料．
　http://www.cipa.jp/hyoujunka/kikaku/pdf/DC-007_J.pdf
　http://www.cipa.jp/hyoujunka/kikaku/pdf/DC-008-2010_J.pdf
　http://www.cipa.jp/hyoujunka/kikaku/pdf/DC-009-2010_J.pdf

（5）Motion JPEG2000（Part3）の動画フォーマット規定．

```
http://www.nhzjj.com/asp/admin/edit
or/newsfile/2010318161957321.pdf
```
(6) Motion JPEG XRの動画フォーマット規定．
```
http://www.itu.int/rec/T-REC-T.833-
201009-I/en
```
(7) MPEG-4の仕様書．
```
http://www.itu.int/rec/dologin_pub.
asp?lang=e&id=T-REC-H.264-201201-
I!!PDF-E&type=items
```

外村 元伸

35 1/100に縮めて14Mbps！
MPEGのビット・レート

● 圧縮前の1秒当たりのデータ量は1492Mビット

実際のフルハイビジョン（以降，フルHD）放送の情報量を求めて見ましょう．図1のように，フルHD画像は水平1920画素，垂直1080画素から成り立ち，その1画素はRGB3色がそれぞれ8ビットのデジタル信号になっています．この画像が1秒間に30フレーム来る訳ですから，1秒間当たりのデータ量は，

1920×1080×8×3（1画素3色）×30＝1492Mbps

となります．これだけの膨大なデータ量になると，例えばDVDの記録容量は4.7Gバイトですから，このままではわずか25秒しか録画できません．

● 1/100秒に圧縮！？

地上デジタル放送において，転送できる情報量は約17Mbpsです．これは，従来のアナログ放送のUHF帯を使用するための制約です．この17Mbpsは，映像や音声，データを含んでいますから，実際に映像の転送に使えるレートは14Mbpsくらいになってしまい，実際の情報量の1/100以下の伝送能力しかないことが分かります．この隔たりを埋めるのが圧縮技術です．

ちなみにワンセグ放送の映像転送レートは約128kbpsであり，フルHDの1/100以下です．そのため，画像そのものを縮小して情報量を削減した後で圧縮，伝送しています．

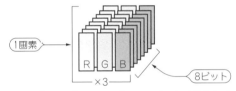

図1　テレビの1画素には24ビットのデータが使われる

清 恭二郎

36 Video-CDや家庭用ビデオ・カメラの技術
動画データの圧縮方法の移り変わり

ここでは動画像を扱う方式の代表的なものを挙げておきましょう．

● 320×240画素を1.5Mbpsで送るMPEG-1

MPEG-1は1988年に発足したMPEGが策定した最初の規格で，その後の動画圧縮の基礎を築きました．CD-ROMなどの蓄積メディアを想定して，320×240画素程度の比較的小さい画像で，1.5Mbps程度の転送レートを持ちます．放送規格のインターレースには対応していません．Video-CDに使われました．1992年に策定されました．

● JPEGと似たアルゴリズムのビデオ・カメラ用DV

DVは1994年に発表された規格で，テープ方式のSDTV用家庭用ビデオ・カメラとして広く用いられました．フレーム間予測を行わないため，静止画圧縮のJPEGとアルゴリズム的には似通ったものになっています．また，そのために圧縮効率は低く，情報量は25Mbpsです．

● DVDや地上波，衛星放送に利用されるMPEG-2

MPEG-2は蓄積メディアだけでなく，放送メディアでの使用を考慮した規格です．SDTVからHDTVにも適応し，インターレースや多チャネルにも対応したため，DVDや地上デジタル放送，衛星放送などに幅広く利用される結果となりました．1995年に策定されました．

● 移動体通信を想定しエラー耐性を高めたMPEG-4

MPEG-4は携帯電話用テレビ電話などを考慮して低レート転送を目的としています．移動体通信を想定したエラー耐性機能の強化も図られています．従来の圧縮方式

に加えてオブジェクト符号化も取り入れられました．

● ワンセグやiPodなど新分野で利用される H.264

H.264はITUとMPEG（ISO）が共同で標準化を行い，2003年に策定されました．基本の圧縮アルゴリズムは従来方式を踏襲してはいますが，さまざまな改良を加えて同一画質ならばMPEG-2の1/2の情報量で済むと言われています．ワンセグやiPodなど，新しい分野で採用されました．

清 恭二郎

37 エラー耐性を高めたり多重化の汎用性を高めたり
MPEG-2の特徴

MPEG-2とは，MPEG-1で確立した圧縮技術を用いて，より実用的になるように拡張した規格で，具体的に以下の特徴があります．

● 特徴1…インターレース・スキャンに対応

インターレース・スキャンは動画像を滑らかに見せるための手法で，時間軸上異なった2点でサンプリングされた2枚のフィールド（画像）を，1本おきに並べることによってフレームを構成させています．このとき動きのある画像の場合は2枚の画像がずれて存在することになり，空間的な相関性が薄れ，それがフレーム予測にも悪影響を与えることになります．

MPEG-2では，これに対応した符号化を行っています．図1にインターレース時のフレーム間予測，図2にDCTの方法を示しました．

図1のように，MPEG-2では各フィールドをそれぞれ独立のピクチャと見なして処理することができます．また，フィールド構造とフレーム構造をピクチャごとに選択できます．

図2ではDCTにおけるフレーム構造とフィールド構造の違いを図示しています．この場合，フレーム構造では16×16のマクロブロックを8×8のブロック構造に分けただけですが，フィールド構造ではそれぞれのフィールドに分けてマクロブロックを構成し，このことによりDCTブロック内での空間的相関性を高めて符号化効率を上げています．

● 特徴2…さまざまな画像フォーマットに対応

MPEG-1では1.5Mbps位までの小さい画像を対象にしていたのに対して，MPEG-2はHDTVを含めてさまざまな画像フォーマットに対応しており，それをプロファイルとレベルに区分けしています．表1に主な部分を表にしました．

ほかには，伝送時のエラーに対する耐性を上げたり，多チャネル対応のために多重化の汎用性を高めたり，デジタル放送に広く対応できる規格になりました．

清 恭二郎

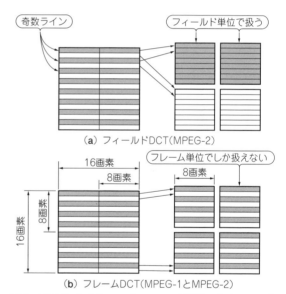

（a）フィールドDCT（MPEG-2）

（b）フレームDCT（MPEG-1とMPEG-2）

図2　MPEG-2ではDCTをフィールド単位で行えるため空間的相関性を高められる

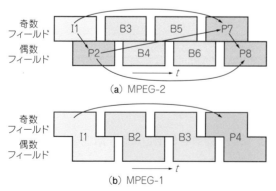

（a）MPEG-2

（b）MPEG-1

図1　MPEG-2ではフレーム間予測をフィールド単位で行える

表1　MPEG-2のプロファイルとレベル

レベル＼プロファイル	Simple (YUV420)	Main (YUV420)	High (YUV420, YUV422)
High (1920×1080画素)	−	MP@HL	HP@HL
Main (720×480)	SP@ML	MP@ML	HP@ML
Low (352×288)	−	MP@LL	−

38 空間方向，時間方向のムダをなくす
圧縮の際には画像データのどの部分を削るのか

写真1　静止画の中には細かい絵柄の部分とそうでない部分がある
冗長度が高い部分は圧縮に有利

(a) 過去の画像　　　　　　(b) 現在の画像

写真2　時間的な冗長性の有り無し…前後の絵の相関性が高いと圧縮に有利

映像の圧縮は次の三つの方法で行うのが基本です．

①画像の冗長さの削減
▶ 空間方向

映像は時間的に分解された複数の静止画から成り立っているため，その情報は空間方向と時間方向に分けられます．写真1に示すように，切り取られた一枚の静止画の中には，細かい絵柄の部分とそうでないところが存在します．この細かさを表すことを空間周波数と言い，細かい画像を空間周波数が高い，そうでない場合は空間周波数が低いと言います．

空間周波数が高い場合，つまり，細かい部分は隣接画素間での相関性が低く，冗長性が少ないと言えます．一方，空間周波数が低い場合は隣接画素間での相関性が非常に高くなって冗長性が上がり，圧縮にとって有利になると言えます．このように，空間情報は周波数軸に変換すると解析しやすくなります．

▶ 時間方向

時間方向に見てみましょう．写真2を見てみると，隣接する過去と現在の画像の間では，あまり変化のない部分と動きのために大きく変化している部分があることが分かります．また，画面全体も動いています．このような動きのために，同一画面内で冗長性の高い部分と低い部分が存在することになります．このような時間的な冗長性を利用することによっても圧縮が可能になります．これを動き補償フレーム間予測と呼んでいます．

②人間の視覚特性の利用

人間の視覚的な特徴を利用することも可能です．例えば，空間的に複雑な形状は違いが分かりにくいですし，また変化の大きいところではその誤差が分かりにくかったりします．図1は人間の視覚の空間周波数に対する感度を表したもので，高周波に行くに従って衰えているのが分かります．また，色情報は輝度情報に比べても検知能力が低くなります．さらに，人間は動きの速いものに対しては認識能力が下がっていることも分かっています．

③効率的な符号化

最後に効率的な符号化ですが，符号化とは得られた情報を，それぞれの規則に従ってデジタル・データに変換することを言います．この符号化を行う際，変換後の符号は，その発生確率において一様ではなく偏りがあることが分かっています．

例えて言えば，文章を書いたとき，「が」とか「は」は頻繁に使われますね．これが発生確率です．この性質はデジタル画像においても言えることなのです．通常固定長（8ビットとか）のデジタル信号も，その性質を利用して，確率の高い情報には短い符号を割り当てることによって効率の良い圧縮をすることができます．

清 恭二郎

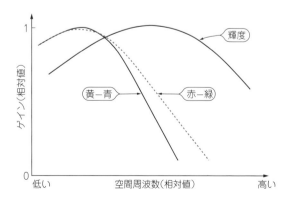

図1　視覚の空間周波数特性

39 過去だけじゃない！未来の画像も使ってデータ量を減らす
3種類のピクチャ・タイプ I/B/P

　MPEGにおける画像の構成を説明しましょう．図1は連続の画像を時系列的に並べたものです．これらはそれぞれ図のように3種類のピクチャ・タイプに分類されます．このピクチャ・タイプとは，圧縮符号化を効率的に行うために定義づけされたもので，それぞれI，P，Bピクチャと呼ばれます．

　連続画像は動き補償フレーム間予測をすることで効率的な圧縮が可能になります．実はこの3種類のピクチャ・タイプの違いは，圧縮符号化する上で，このフレーム間予測をどのように行うかを決めているのです．以下にその違いを説明します．

● フレーム内で符号化されたIピクチャ

　Intra Coded Pictureで，フレーム間予測を使わず，フレーム内だけで符号化を行います．ほかのフレームを参照しないため，圧縮効率は下がってしまいますが，独立で復号が可能なため，圧縮の際の基準画像となります．

● Iピクチャを使うPピクチャ

　Predictive Coded Pictureで，時間的に直前の参照画面を使って，時間軸上で前方向の動き予測をして圧縮符号化されます．Pピクチャ自身は，Iピクチャと同じように参照画面としても用いることができるため，直前の参照画面とは，IピクチャかPピクチャとなります．圧縮効率はIピクチャに比べてフレーム間予測を行っているために改善されます．しかし，復号するには過去にさかのぼって，最初に表れるIピクチャから復号しなければ自身を復号することはできません．

● 過去と未来の画像を使うBピクチャ

　Bidirectional Coded Pictureで，IピクチャかPピクチャの中から直前のフレームと直後のフレームを参照画面として圧縮符号化します．このため，双方向予測が可能になり，圧縮効率を一番高くすることができます．しかし，復号には過去の情報だけでなく未来の情報も必要になるため，先に未来の参照画面を復号しなければならず，自身の復号には遅延が生じてしまうという欠点もあります．

● MPEGはBピクチャを作り出すのに時間が必要

　図1にGOPと言う表現がありますが，これはGroup Of Pictureを表し，I，P，Bピクチャで構成されます．Iピクチャは基準フレームとしてGOP内で必ず1フレーム存在することにより，この単位で独立に復号することが可能になります．

　そのほかのピクチャ・タイプは予測を行うため，それぞれのフレーム単独では処理できず，ランダム・アクセスは，このGOPを一つの単位として処理することになります．

　図2にランダム・アクセスの処理例を示しました．早送り・巻き戻しは基本的にはIピクチャ単位で行います．任意の位置で停止・再生を行う場合，例えば図2のB7から再生する場合，I2，P5，P8と復号してから初めてB7が再生できます．逆再生の場合は，そのGOP内のすべての参照画面を復号しないと逆再生できません．

　このようにランダムなアクセスは可能ですが，処理が大変に煩雑になるため，機種によって対応が違ってくるでしょう．機種によっては1コマごとの戻り再生も可能だと思います．

清 恭二郎

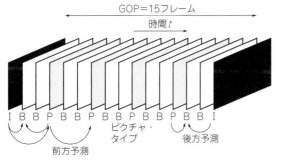

図1　GOPはI，B，Pピクチャから構成される

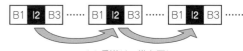
(a) 早送り・巻き戻し

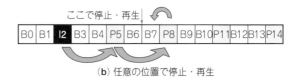
(b) 任意の位置で停止・再生

(c) 逆再生

図2　ランダム・アクセスの例

40 理解の鍵！ MPEGエンコード処理とデコード処理の流れ

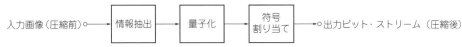

図1 画像圧縮のおおまかな流れ

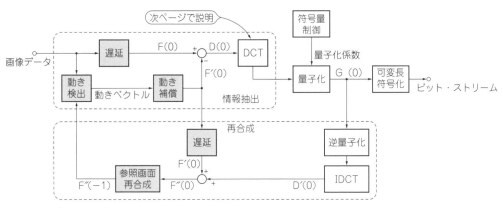

図2 映像データが圧縮されるまで

図1に圧縮符号化処理の流れを示しました．圧縮処理の流れは情報抽出→量子化→符号化の三つに分かれます．情報抽出によって時間的空間的な冗長性を解析して，浮き出てきた冗長性を量子化することによって省き，そして発生確率による最適化された符号割り当てを行います．

● MPEG-2へのエンコード

図2に画像圧縮のブロック図を示します．情報抽出の中で時間的冗長性の解析は動き補償フレーム予測が行い，空間的解析はDCTが行います．ピンク色の部分が動き補償フレーム予測処理の部分で，参照画像と現画像との間の動きを検出し，その動きを補償した後に現画像との差成分をDCT処理します．

Iピクチャは直接DCT処理されます．求められたDCT係数は，その発生符号量を符号量制御ブロックで制御されながら量子化されます．

量子化されたデータは，それがI，Pピクチャの場合はすぐに再合成（復号）され，メモリに蓄積されます．

これは参照画像として使われます．量子化されたデータはその発生確率に応じて可変長符号化されます．このとき，動きベクトルとかピクチャ・タイプなどは付帯情報として可変長符号化されます．

● MPEG-2を1枚1枚の画像にデコード

図3には復号化処理の流れを示しました．圧縮されたビデオ信号（ビット・ストリーム）は各種の付帯データと映像情報として入力されます．付帯データは各種の制御に使用され，映像情報を復号化していきます．

映像情報は逆量子化，逆DCTを行って画像，あるいは差分画像データに変換されます．Iピクチャの場合はそのまま画像になりますが，P，Bピクチャの場合にはあらかじめ蓄えられた参照画像を使って動き補償をして画像が復元されます．このとき，I，Pピクチャは次の参照画像になるため，出力されると同時にフレーム・メモリにも書き込まれます．

清 恭二郎

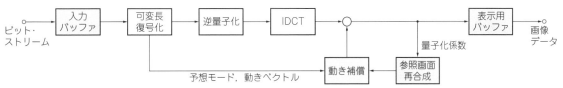

図3 圧縮データが復号されるまで

41 一つの画面を8×8のブロックごとに分割して処理する
空間領域の情報を周波数領域の情報に変換するDCT

　MPEGでは圧縮前の画像はYUV420のフォーマットを使用し，8×8画素を1ブロックとします．そして輝度信号の4ブロック（2×2）と色差信号（Cr，Cb）の2ブロックをまとめてマクロブロックと呼びます（図1）．
　DCT（Discrete Cosine Transform）は，このブロック単位で空間領域の情報を周波数領域の情報に変換する処理のことです．図2にDCTの基本的概念を示しました．ここでは4×4画素で説明していますが，実際には8×8画素単位で行います．4×4の画像を同じく4×4に離散的に分けられた2次元の周波数情報に変換されていることが分かります．このDCTで得られた値がDCT係数です．
　このDCT係数において，X軸は水平方向の画像情報が周波数分解された結果，Y軸は垂直方向が分解された結果を表し，右下に向かうに従って2次元の空間周波数成分が高くなって行くことが分かります．
　一番左上の情報はDC（直流）成分と呼ばれ，一番低い周波数を表し，そのほかをAC（交流）成分と呼びます．自然界の画像は，隣接する画素間で大きく値の異なる情報はあまり含まないため，DCT係数はDC成分付近に偏った傾向を示し，ブロック内を右下に行くに従ってDCT係数は小さく，あるいは0になってしまいます．
　人間の視覚特性は，空間周波数の低い情報に対してより検知能力が高く，高い周波数情報に対しての多少の劣化は許容できることが分かっています．このようなことから，DCT処理によって画像を周波数成分に分け，その周波数成分の一部を状況に応じて意図的に欠落させることによって圧縮できます．

　　　　　　　　　　　　　　　　　　　　　清 恭二郎

図1　マクロブロックの構成

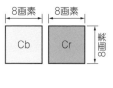

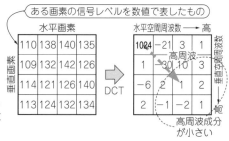

図2　DCT処理によって画像を周波数成分に分ける

42 人の視覚特性を利用
高い空間周波数情報を省く量子化

● 一律の係数で割る線形量子化

　DCT処理の後，得られたDCT係数は情報量の圧縮のために量子化されます．図1の量子化は，ブロック内のDCT係数を一律に10で割った例を表しています．この結果，ブロックの右下側の係数が0になってしまいました．これは，量子化によって高い空間周波数情報が省かれたことを意味します．そしてこの処理によってこのブロックの情報量が1/4に圧縮されたことが分かります．このように，全体を一律に割り算するような処理を線形量子化と呼ばれます．

● 任意の係数を割り当てる非線形量子化

　それに対して人間の視覚特性を利用してさらに圧縮効率を向上させるくふうが非線形量子化です．細かい絵柄は人間の視覚特性の点から検知され難いと述べました．この性質は，つまりDCT係数ブロックの右下側，つまり高い空間周波数側をより大きな値で割り算をしても構わない，との意味になります．
　実際のMPEG-2における標準的な値では，このようにDCTブロック内で高周波に行くに従って値が徐々に大きくなるようなマトリックスになっています．これを量子化マトリックスと言います．

　　　　　　　　　　　　　　　　　　　　　清 恭二郎

図1　量子化によって高い空間周波数情報が省かれる

43 画像の差分だけを伝送する動き補償フレーム予測
予測の腕の良し悪しでエンコーダ性能が決まる

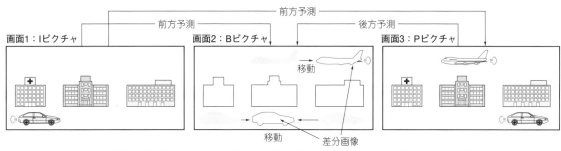

図1 動き補償フレーム予測は現画像と参照すべき画像との間で画像の動きを検出，その差分だけを伝送する

● MPEG圧縮は前後の画像が似ていることが前提

テレビ映像は一般的に30フレーム/sで構成されています．フレーム間における相関性は非常に高いと言え，動き補償フレーム予測により効率的に符号化することができます．

動き補償フレーム予測とは，現画像と参照すべき画像との間で画像の動きを検出して，その動きを考慮しながら参照画像との差分だけを伝送する手法です．

● 差分画像とベクトルを符号化して伝送するため情報を削減できる

図1に動き補償フレーム予測の概念を示しました．図中，画面1と画面2では，自動車が左から右へ移動しています．また，画面1にはなかった飛行機が画面2では現れました．このため，そのまま画面全体の差分をとっても効率的な圧縮ができないばかりか，情報量を増やしてしまう恐れもあります．

このような場合，動いた物体の方向と移動量（ベクトル）を求めることができれば，その情報を伝送することにより参照画像の情報から現画像を再生ができます．

もし物体そのものの形が時間的に変化している場合は，ベクトルだけでは現画像と予測画像で誤差が生じてしまいます．そこで，この現画像と予測結果との差を求めます．これが図中の差分画像です．

差分画像とベクトルを符号化して伝送することにより，情報量を大幅に削減できます．これが動き補償フレーム予測の技術です．この技術が可能になったことにより，動画像の圧縮符号化効率が飛躍的に向上します．

物体の動きベクトルを求める話をしてきました．では，どうやってその物体を検出するのでしょうか．実際には，動いている任意の物体を，背景と区別して動きベクトルを求めるのは難しいので，マクロブロックと呼ばれる16×16画素の小さな矩形ブロック単位で動き予測を行います．

現画像中のおのおののマクロブロックに対し，参照画像中の任意の位置から，同一サイズの矩形ブロックを探索し，その中から最も近いと判断されたブロックの位置と現画像との位置の差を動きとして，そのベクトルを伝送します．

この探索方法にはあまりにも膨大な計算が必要になるため，効果的な探索アルゴリズムを検討したり探索範囲を制限したりすることによって演算の最適化を行っています．

参照画像は予測に使われるのですから，過去の画像を参照して現在の画像を予測することになりますが，実際には過去の画像と未来の画像の二つの方向を用いることができます．これを双方向予測と言います．この場合，過去を参照することを前方予測，未来を参照することを後方予測と言います．後方予測をすることにより，例えば過去の参照画像には存在していない情報（物体）でも未来から予測することにより，より正確な予測が可能になります．

図の飛行機は，まさに後方予測をしなければ予測できない例です．また，前方予測と後方予測を排他的に使うのはなく，双方を同時に利用する方法も考え出されました．この場合，二つの予測結果を平均化させることにより最終的な予測値とし，両側の予測結果を平均化させることによって，ノイズの低減にも役立っています．

動き補償フレーム予測の概要を説明して来ましたが，この処理の結果は圧縮符号化の効率に多大な影響をもたらします．もし予測が正確に求められれば，それは情報量を大幅に減らすことができる一方，もし予測を外して情報量を増やしたら効率は下がってしまいます．ですから，予測技術は圧縮技術の重要なカギと言えます．

清 恭二郎

44 MPEG圧縮最後の処理
出現頻度の高いデータに短い符号を割り当てる可変長符号化

マクロブロック単位での画像情報や，マクロブロック単位でフレーム予測を行った後の差分情報は，DCT処理を行ってから量子化されます．前頁で詳しく説明しました．この量子化された情報は最後に可変長符号化を行うことによって圧縮符号化は完成します．

量子化された数値は，その値によって発生確率に差が出てきます．つまり，ある数値は頻繁に発生し，またあるものはあまり発生しないということが起こります．このとき，頻繁に発生する値に対しては短い符号，あまり頻度が高くない値に対しては長い符号を割り当てるエントロピー符号化をしています．これが可変長符号化です．

図1にこの符号化処理を示しました．実際のブロック・サイズは8×8画素ですが，ここでは4×4画素を例にして説明しましょう．量子化されたDCT係数は，図のようにジグザグスキャンすることによって低周波から高周波に向かって1次元に並べ直すことができます．

図下はAC成分を並べ直した結果です．量子化後の値は低周波側に集まり，高周波成分の多くが0になっているため，並べ直した後は0が連続したデータ列になりやすいことが分かります．

● 連続する同じ値の長さを符号化する

次に，Run-length（ランレングス）符号化を行います．これは特定の値が連続する場合，その長さを符号化することを示し，この場合には，図のように量子化後の値が連続して0になった個数（zero-run）とそれに続く非ゼロの値（level）を一組にした2次元情報にすることを言います．図中下の（run, level）において，（0, -2）とは，-2の前に0はなかった，また（2, -3）とは-3の値の前に0が2個あったという意味です．

● ハフマン・テーブルを用いて2次元情報を一つの符号に変換

さらに，この2次元情報を一つの符号に変換するのですが，このとき，その2次元情報の発生確率の差に応じて適応的に符号長を変えて符号化して圧縮効率を上げています．これを2次元可変長符号化（VLC；Variable length Coding）と呼びます．

run, level情報から符号化することは，実際にはテーブル参照によって行います．このテーブルはハフマン・テーブルと呼ばれます．表1にその一部を示しました．

図中「s」はlevelの符号を表し，0なら正，1なら負数を表します．従って図1の例の（0, -2）はテーブルから0100sであり，さらにlevelが負数なのでsが1となって，結果01001となりました．同じように（2, -3）は00000010111となります．このように発生確率の違いによって，ビット長が大きく変わってしまうことがよく分かります．結果として，生成された符号は図1下のVLCになりました．

このハフマン・テーブルは計113個のrun, levelの対にVLCが用意されており，それ以外の対に対してはVLCのescapeに続いてrunとLengthの固定長符号で符号化されることになります．また，符号化のブロック内で，ある非ゼロ量子化係数からブロックの最後まで'0'が続いた場合はeob（end of block）符号を割り当ててまとめてしまいます．

清 恭二郎

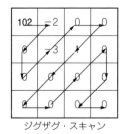

図1 量子化後のデータを並べ直した後は0が連続したデータ列になりやすい

表1 ハフマン・テーブルの抜粋

DCT係数のVLC	run	Level
10	eob	-
1s	0	1
011s	1	1
0100s	0	2
0101s	2	1
00101s	0	3
00111s	3	1
……		
0000001011s	2	3

45 ワンセグ放送に用いられているH.264

320×240画素で15フレーム/sと身軽

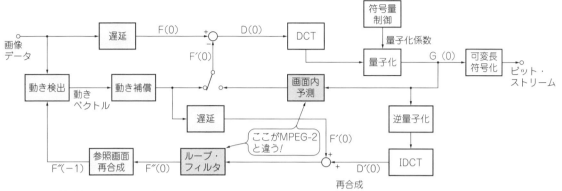

図1　H.264信号処理のブロック図

ワンセグ放送の仕様は以下のようになっています．

　画像サイズ：最大320（H）×240（V）画素
　フレーム・レート：15フレーム/s
　動画ビット・レート：128 kbps

圧縮前の情報量はハイビジョン映像の1/50以下となりますが，ビット・レートは1/100以下であることが分かります．そのため従来のMPEG-2では対応しきれなくなりました．そこで採用されたのがH.264（MPEG4 AVC）です．

H.264とは従来のMPEG-2に比べ2倍以上の圧縮効率を達成した技術で，図1がその全体のブロック図です．図から分かるように，圧縮符号化の基本構成は従来を踏襲しています．

● H.264ならではの技術

大きな違いはループ・フィルタ，画面内予測ですが，それ以外にも多くの新しい技術が導入されました．以下にその主な新技術について紹介します．

▶ 画面内予測

従来予測はフレーム間でだけ行っていましたが，H.264では同1画面内での予測を加えました．これは，画の空間的相関性を利用して，既に符号化を終了したブロックから現在の4×4画素値を予測するものです．

▶ ループ・フィルタ

デブロッキング・フィルタとも呼ばれ，圧縮特有のブロック・ノイズを抑制するものです．符号化のとき，参照画面のブロック・ノイズを抑制することで画質向上を図っています．

▶ フレーム間予測

フレーム間予測には二つの新技術が導入されました．一つはブロック・サイズを可変にしたことです．MPEG-2では16×16画素単位で予測を行っていましたが，16×16から4×4まで計7種類のブロック・サイズを適応的に選択できるようになりました．

もう一つは従来，参照画面は過去1枚，未来1枚からの参照だったのが，それぞれ複数枚選択できるようになったことです．

▶ 直交変換

従来は8×8画素ブロックをDCTしていましたが，H.264では大きく変わり，4×4で整数精度のDCTを用います．サイズを小さくすることによってモスキート・ノイズの抑制になり，整数精度の演算によって，デコーダごとのミスマッチを防げます．しかし，小さくすることによって分解能が下がって効率が悪くなるため，フレーム間予測を行わない場合はDCTのDC成分を16個まとめてさらにアダマール変換をすることにより空間周波数分解能を上げています．

▶ 可変長符号化

圧縮効率向上のため，二つの新しい符号化技術を導入しました．CAVLC（Context Adaptive Variable Length Coding）とCABAC（Context Adaptive Binary Arithmetic Coding）です．

CAVLCでは，複数のVLCテーブルを適応的に切り替えることによってより効率的な符号化を可能にしています．

CABACはさらに高効率化が図られていますが，演算量が多く，ワンセグでは使用されていません．

清 恭二郎

第7章 画像処理ライブラリあれこれ

libjpeg/SDL/Qtなど

46 組み込み向けオープン・ソース・ライブラリ
画像フォーマット操作/フォント表示/描画/ユーザ・インターフェースなど

　従来の単純なセグメント型液晶であれば，ライブラリを使わずにマイコンやロジックICで直接的に簡単に制御できます．しかし，JPEGやPNGで圧縮された画像ファイルを，マトリクス型液晶に表示するのは少々面倒です．そこで活躍するのが，各種の画像処理ライブラリです．

　本稿では，主に組み込み機器の開発に利用できる画像処理ライブラリを紹介します．画像処理は主に画像の表示と認識に大別されるため，ここでは主に表示系について述べます．

● オープン・ソースのメリット/デメリット

　画像表示のライブラリを選択する際には選考する基準として，機能面での差異はもちろん，オープン・ソースか商用かで判断が分かれます．製品用途では，以前は主に商用のものが広く採用されていましたが，LinuxやAndroidなどのオープン・ソースが認知されるようになり，それらで使われているオープン・ソースの画像処理ライブラリも積極的に利用されてきています．目的や環境で異なりますが，オープン・ソースと商用ライブラリの採用判断の目安となるそれぞれの特徴を表1に示します．

▶ オープン・ソースは入手コスト0で自由度が高い

　大学の研究室や個人的な開発ならば，入手コスト面で圧倒的にオープン・ソースに分があります．また，試作用途や，製品サイクルが長くターゲットCPUをずっと使うか不確定な場合，またはライブラリそのものの永続性が不安な場合に適します．ただし，何かあった場合には，自分でソース・コードを読むか，周りにそれを代替してくれる人か団体を見つける必要性があり，オープン・ソースならではの自助努力が求められます．逆に言えば，それさえ何とかできれば，これほど自由度の高いものはありません．

▶ スムーズに開発するなら商用ライブラリ

　製品開発では，商用ライブラリがターゲットCPUに対応しており，かつメーカやサードパーティが積極的に推奨している場合には，これを利用すればスムーズに開発できます．

● 代表的なオープン・ソースのライブラリ

　オープン・ソースの画像処理ライブラリは，著名なものからマイナーなものまでさまざまあります．よく利用されているライブラリを表2に示します．特定のCPUや環境によらずに利用できるオープン・ソースの画像処理ライブラリです．

　一覧にあげたライブラリは，役割や規模も異なります．たとえば，libpngは主にPNG画像のデコードを行うだけのシンプルなライブラリですが，GTK+はそれらを含む，画面を構成する部品を取り扱うUIライブラリです．Androidにいたっては，さらに上位の単なるライブラリ群ではなく，むしろOSという別のカテ

表1 オープン・ソースと商用ライブラリのメリット/デメリット

(a) オープン・ソース

メリット	・ソース・コードが公開されている． ・最初の開発が途絶えてもメンテナンスを引き継がれる可能性が高い． ・自分でもメンテナンスできる． ・自分の使いたいCPUに移植ができる． ・バグや不具合が出ても自分で修正できる． ・インターネット上で様々なノウハウが公開されている． ・機能改善やバージョン・アップのスピードが速い[注]． ・ライセンス費用が不要．
デメリット	・ソース・コードを読んだり改変ができないと不具合に対応できない． ・非開発部門からの信頼が低め．

注：プロジェクトによっては遅いものもある

(b) 商用ライブラリ

メリット	・導入から開発までサポートが受けられる． ・非開発部門からの信頼が高い．
デメリット	・ライセンス費用がかかる． ・特定のCPUしかサポートしない場合が多い． ・代理店が頻繁に変わったり開発元が無くなる可能性がある． ・機能改善やバージョンアップのスピードが遅い[注]．

注：製品によっては速いものもある

ゴリになります．

各ライブラリは目的に応じて，JPEGやPNGのようなラスタ・データのデコードを担うものや，freetypeのようにフォントを扱うもの，X Window Systemや Qt，GTK+のようにウインドウ表示やダイアログ，ボタンのように画面を構成するものまで，さまざまな目的で使用されます．

オープン・ソースのライブラリは，別のライブラリ

表2 代表的なオープン・ソースの画像処理ライブラリ
画像フォーマットやフォント，描画を扱うもの，さらに高機能なクロスプラットホームのものとウィンドウ・システムを扱うものがある

名称/特徴	備考
libpng 画像フォーマットPNGをデコード/エンコードする	PNGは圧縮による画質劣化のない可逆圧縮の画像フォーマット．C言語で記述されており，LinuxやWindows，Mac OS Xなど，さまざまなOSで利用できる．画像データの圧縮や伸張にzlibを用いているため，別途zlibライブラリが必要
libjpeg 画像フォーマットJPEGをデコード/エンコードする	圧縮による画質劣化を伴う不可逆圧縮の画像フォーマットJPEG用ライブラリ．可逆圧縮の画像も扱える．C言語で記述されており，LinuxやWindows，Mac OS Xなど，さまざまなOSで利用できる
libTiff 画像フォーマットTIFFをデコード/エンコードする	TIFFは1980年代からFAXやスキャナなどで利用されている画像フォーマット．C言語で記述されており，LinuxやWindows，Mac OS Xなど，さまざまなOSで利用できる
libwmf ベクタ・データ画像フォーマットWindows Meta Fileをビットマップ画像に変換する	Windows Meta File(WMF)は，マイクロソフトのベクタ・データ画像フォーマット．WMF画像をPNGやJPEG，PS，EPS，SVGに変換できる．PowerPointの図などをWMFで保存すれば，このライブラリで他の形式に変換できる．C言語で記述されており，LinuxやWindows，Mac OS Xなど，さまざまなOSで利用できる
libxpm XPM pixmapフォーマットを操作する	XPM pixmapフォーマットは初期のX Window Systemアプリケーションでよく用いられている．XPMは，Xプロトコルで規定されたモノクロXBMBitmapの拡張版として開発された
imlib libxpmの拡張版のライブラリ	内部でlibpngやlibjpegを呼び出すことで，さまざまな画像フォーマットを容易に扱える．GNOMEプロジェクトで管理されている
librsvg XMLで記述されたベクタ・データの記述言語SVGをレンダリングする	バックエンドとしてCairoを使用している．当初は，GNOMEプロジェクトで使用するために開発されたが，現在ではGNOMEプロジェクト以外にも，さまざまなアプリケーションで利用されている
IPL インテルがイメージ処理用に開発したライブラリ	Intel Image Procesing Libraryの略．単体で用いることもできるが，OpenCVの基礎的なイメージ構造体および低レベルAPIとして採用されているため，OpenCVとセットで使われることが多い

(a) 画像フォーマット操作用ライブラリ

名称/特徴	備考
freetype フォントのラスタライズを中心にしたフォント関連の操作ができるフォント・エンジンを実装したライブラリ	基本的にフォント・データのデコードのみであり，フォントの編集や追加などは行わない．対応フォント・フォーマットは，TTF(TrueTypeFont)や，TTC，OTF，FON，BDF，PFなどのさまざまなベクタ・フォントおよびビットマップ・フォント
Pango GTK+に多言語テキストを表示するためのライブラリ	内部でfreetypeを呼ぶことで，TrueTypeフォントをGTK+から容易に扱える

(b) フォント関連のライブラリ

名称/特徴	備考
DirectFB Linuxフレーム・バッファを操作するAPI	Linuxフレーム・バッファ自体は/dev/fb0のように抽象化されたデバイス・ファイルをmmapするとダイレクトに操作できるが，このAPIで容易にフレーム・バッファにアクセス可能となる．基本的な描画APIのほか，ウィンドウによる多層的な描画レイヤ構造，フォントの描画，入力デバイス，イベント機能などを備え，X Window Systemの多くの機能を代替できる．GPUに対応し，少ないフット・プリントで動く．冗長なX Window Systemのオーバヘッドを忌避して，基本レイヤとしてDirectFBを用いるケースも多い．Linuxのインストーラにもよく利用されている
Cairo 多種多様なデバイスで動作するベクトル・ベースの2Dグラフィック・ライブラリ	直線，矩形，円弧のほか，ベジェ曲線や文字の描画がアンチエイリアスのかかった綺麗な表示で行える．X Window SystemやMac OS XのQuartz，Win32 API(マイクロソフト)，汎用のイメージ・バッファ，PostScript，PDF，そしてSVGファイルをサポートする．実験的なバックエンドとしてOpenGLやBeOS，OS/2，DirectFBを含む．基本的には，ソフトウェアでレンダリングを行うが，ハードウェア・アクセラレーションも可能．当初は，X Window Systemの一部として開発が行われたが，後にX Window Systemに依存しない形でCairoとして独立したライブラリとなる

(c) 描画関連ライブラリ

表2 代表的なオープン・ソースの画像処理ライブラリ（続き）

名称／特徴	備考
SDL（Simple DirectMedia Layer） マルチメディア用レイヤを構成するAPI群	オーディオやキーボード，マウス，ジョイスティック，OpenGLによる3Dグラフィックや2Dのビデオ・フレーム・バッファを扱える．多くのゲームやMPEG再生ソフトウェア，エミュレータなどで使われている．LinuxやWindows，Mac OS X，FreeBSDやNetBSD，OS/2，SymbianOSなどで利用できる．C，C++以外に，Python，Ruby，Javaなどのプログラミング言語にも移植されている
Qt（Qt/Embedded，Qt on DirectFB） UI（User Interface）用ライブラリ&GUI（Graphical User Interface）ツール・キット	Linux，FreeBSDやNetBSDのようなUNIXライクなOS，WindowsやMac OS XなどOSを選ばずに統一的なC++コードでUIのプログラミングができる．当初Linuxではベースとなる描画システムに，X Window Systemを利用するQt/Xと，組み込みLinux向けにDirectFBを用いたQt/Embeddedのサブセットに分かれていた．現在では本家のQtの中でDirectFBをサポートしている．Qtのコンフィギュレーションでベースとなる描画システムをQt on DirectFBとしてビルドすれば，少ないフット・プリントとなる．商用ライセンスとオープン・ソース・ライセンス（GPLとLGPL）のデュアル・ライセンスがある
GTK+（GTK+ on DirectFB） UIライブラリ&GUIツール・キット	当初はグラフィック・ソフトウェアGIMPのために開発されたライブラリ．Linuxだけでなく，FreeBSDやNetBSDのようなUNIXライクなOSのほか，WindowsやMac OS Xにも移植されている．いずれも統一的なC++コードでUIを用いたプログラミングができる．C++だけでなくC言語からでもAPIを利用できる．ライセンスはLGPL．ベースとなる描画システムとしてX Window System以外にDirectFBも利用できるため，GTK on DirectFBとすれば少ないフット・プリントとなる
libflash GPLライセンスによるFlash互換のライブラリ	Adobe Flash（旧：Macromedia Flash）で作成されたSWFファイルを表示できる．HTML5以前の時代には，Flashでインタラクティブな画面を作成していたため，Flashの表示機能を搭載し，画面表示をFlashで行うという方法も見られた．ライセンスはGPL
Cocotron Mac OS XのObjective-Cによる開発環境Cocoaを他のOSでも利用できるようにするライブラリ	LinuxやWindowsで，Objective-Cを用いて，CocoaのAPIと互換でグラフィックやアプリケーションの記述ができる．Mac OS Xの開発者には便利
OpenGL/OpenGL ES 業界標準的な3Dグラフィック・ライブラリとサブセット	Silicon Graphics社が中心となって開発した．当初は同社のEWSで動くものであったが，主に3Dの機能が充実しておりオープンな仕様であったため，UNIX機やLinux，FreeBSDやNetBSD，Windows，Mac OS Xに移植された．対応するグラフィック・チップとライブラリがあれば，高速に3Dレンダリングを行える．組み込み向けサブセットのOpenGL ESは，ゲーム機やiPhone，iPad，Androidなどで採用されている
Microwindows（Nano-X） 小さなフット・プリントで動くオープン・ソースのウィンドウ・システム	少ないリソースで効率的に動くものとして開発された．ソース・コードの移植性も重視されており，さまざまなCPUに移植可能．APIはMicrosoftのWin32ライクなもの（Microwindows API），X Window Systemライクなもの（Nano-X API）がある．Microwindowsは小さく移植性が高いため，チップ・ベンダの評価ボードのサンプル・アプリケーションやインストーラなどにも利用されている．シンプルな実装であり，QtやGTK+のように複雑なGUIアプリケーションを記述できない
X Window System（Xlib） UNIX向けのウィンドウ・システム	1984年にMIT（マサチューセッツ工科大学）で開発され，最も古参の部類に入る．ネットワーク透過型のアーキテクチャや，自由度の高い設計により，LinuxやFreeBSD，NetBSDのようなUNIX系OSの標準的なウィンドウ・システムとして利用されている．機能が豊富なため多くのリソースを必要とするが，CPUパワーやRAMなどの水準が向上したため，組み込み用ウィンドウ・システム，描画システムの一つの選択肢となっている．DirectFBを用いた軽量なXサーバであるxdirectfbなどもある
Tcl/Tk 古くから存在するスクリプト言語とUIツール・キットのセット	1988年にスクリプト言語のTclが開発され，1990年にTclにUIツール・キットのTKがバンドルされた．当時は一部の愛好家にプロトタイプ・プログラミングのツールや，ユーティリティとして利用された．当時のコンピュータは処理速度が低いためスクリプト言語に不利であったことと，あまり発展性がないことから爆発的な普及には至らなかった
OpenMotif/Lesstiff X Window Systemに立体的なLook&Feelを統一的に追加するために開発されたプロジェクト	Open Software Foundation（OSF）により管理され，当初はOSF/Motifと称した．ウィンドウ枠やボタンをハイライトとシャドーで塗り分けて，描画オブジェクトの立体感を表現する技術や，ボタンを押下した際に反転させて凹んだように見える技術など，現在のウィンドウ・システムが持つ表現を普及させた．C言語の構造体と関数のポインタにより，擬似的に階層的なオブジェクト・クラスを継承できるAPIをC++以前の時代に実現し，GTK+やQt，MFCなど現在のGUIツール・キットの基礎を築いた．OSF/Motifは，オープン・ソースでなかったためMotifのクローンとしてLesstifが開発された．現在ではThe Open Groupの管理下でOpenMotifとしてオープン・ソースで公開され，Lesstifと同様にLinuxやFreeBSD，NetBSDなどで利用できる

(d) UIツールキット／ウィンドウ・システム関連

表2 代表的なオープン・ソースの画像処理ライブラリ（続き）

名称/特徴	備考
Webkit WebブラウザKonquerorのライブラリを元に，Apple社が中心となって開発を進めたWebブラウザのレイアウト・エンジン	Mac OS XのSafariや，iPhone，iPad，AndroidなどのWebブラウザやコンポーネントとして利用されている．Canvasでベクタ・データが描画できるHTML5をサポートしており，グラフィック・ライブラリという捉え方もできる．画面制御はWebkitとHTML5（Javascript）の表現のみで実現する組み込み向け，モバイル向けシステムも多数存在し，描画フレームワークを検討する際の一つの選択肢となった
Android 各種のオープン・ソース・ライブラリをJavaのクラス・ライブラリで統合したグラフィック・ライブラリ集	OSとしての基礎部分はLinuxカーネルが担い，OpenGLやfreetype，libpngなどのライブラリを利用できるため，ライブラリ集と見なせる．利点は統一的なAPIでJavaのクラス・ライブラリにアクセスできるプログラムの可読性と，他のAndroidエコシステムとのソフトウェアの流通性．ある程度のCPUリソースがあれば，Androidを移植して，リッチなグラフィック環境を整備する方法もある
OpenCV 主に画像認識を行うライブラリ	元々はインテルが開発したがオープン・ソース化され，現在はロボット開発を行うベンチャ企業のWillowGarageがプロジェクトを引き継いでいる．物体認識や顔認識などさまざまな認識が行える．基本的な線画やフォント等，2Dの描画機能も備える

(e) その他

を利用しているという特徴があります．オープン・ソースの世界では，同じような機能はすでにあるものをなるべく流用します．同レベルで競合する機能があった場合にも，オープン・ソースの力学で自然と統合されていきます．ライブラリの上位になると，自然と下位のライブラリを包含しているケースが増えます．そのため，下位のlibjpegやlibpngなどのライブラリはOSなしでマイコンにも移植できますが，Androidのように上位のものはOSが必須です．

山本 隆一郎

47 OSなしのマイコンでも使える！
JPEG エンコード/デコード定番ライブラリlibjpeg

● カラー・パターンをJPEG形式で保存してみる

libjpegを使用した簡単な例として，メモリ上にランダムなカラー・パターンを生成して，それをJPEG形式で保存するプログラムを紹介します．

実行結果を図1に示します．乱数で生成されたさまざまな色のラインが横50ピクセルごとに表示されます．

▶ libjpeg

libjpegはhttp://www.ijg.orgで配布されています．ここにあるjpegsrc.v9.tar.gzをソースからビルドしても良いですし，大抵のLinuxディストリビューションにはパッケージで存在します．Ubuntuでは以下のコマンドでインストールできます．

```
sudo apt-get install libjpeg-dev
```

▶ サンプル・プログラム

プログラムをリスト1に示します．ビルドは，libjpegをリンクできるように，-ljpegを追加してコンパイルします．

```
gcc -o testwritejpg testwritejpg.c -ljpeg
```

山本 隆一郎

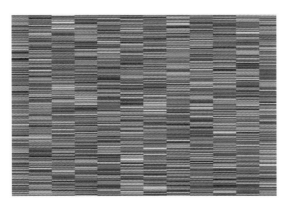

図1 libjpegで作成したテスト・パターン用JPEG生成プログラムの実行結果

リスト1　libjpegの使用例…カラー・パターンを生成してJPEGフォーマットで保存するプログラム（testwritejpg.c）

```
/*
 *  テスト用JPEGイメージデータの生成
 *  2012/12/20   Trust Technology Co., Ltd.
 */

#include <stdio.h>
#include <stdlib.h>
#include <jpeglib.h>

int main(int argc, char **argv){
    struct jpeg_compress_struct cinfo;
    struct jpeg_error_mgr jerr;
    JSAMPARRAY    image;
    char     *fname;
    int      width, height;
    int      w, h;
    FILE     *fp;
    int r = 0, g = 0, b = 0;

    if( argc == 4 ){
        fname = argv[1];
        width = atoi(argv[2]);
        height = atoi(argv[3]);
    }else{
        fprintf(stderr, "Usage: %s imagefile width
                            height.\n", argv[0]);
        return 1;
    }
    // JPEGオブジェクトの初期化
    cinfo.err = jpeg_std_error( &jerr );
    jpeg_create_compress( &cinfo );
    // 出力ファイルをオープン
    if( (fp = fopen(fname, "w")) == NULL ){
        fprintf(stderr, "can't open '%s'.\n",
                                        fname);
        exit(1);
    }
    jpeg_stdio_dest(&cinfo, fp);
    // JPEGのパラメータを設定

    cinfo.image_width = width;
    cinfo.image_height = height;
    cinfo.input_components = 3;
    cinfo.in_color_space = JCS_RGB;
    jpeg_set_defaults( &cinfo );
    jpeg_set_quality(&cinfo, 100, TRUE);
    // テスト用イメージ・データを生成する
    image = (JSAMPARRAY)malloc(sizeof(JSAMPROW) *
                                        height);
    for(h = 0 ; h < height; h++){
        image[h] = (JSAMPROW)malloc(sizeof(JSAMPLE)
                                    * 3 * width);
        for(w = 0 ; w < width; w++){
            if( w%50 == 0 ){
                r = rand();
                g = rand();
                b = rand();
            }
            image[h][3*w+0] =  r; // RED
            image[h][3*w+1] =  g; // GREEN
            image[h][3*w+2] =  b; // BLUE
        }
    }
    // JPEGデータ形式に圧縮を開始
    jpeg_start_compress(&cinfo, TRUE);
    jpeg_write_scanlines(&cinfo, image, height);
    // JPEGデータ形式の圧縮を完了
    jpeg_finish_compress(&cinfo);
    jpeg_destroy_compress(&cinfo);
    // イメージ用メモリの解放
    for(h = 0; h < height; h++)
        free(image[h]);
    free(image);
    // 出力ファイルをクローズ
    fclose(fp);

    return 0;
}
```

48 画像上で画像を動かすスプライト表示もバッチリ！
アニメーション表示用ライブラリSDL

● 背景と動くオブジェクトを描画してみる

　SDLを使用した簡単な例として，ゲームのような動きのある2Dイメージを表示してみます．画面上に宇宙の背景を表示して，その上にUFOの画像を表示してスプライト的に動かします．

　実行結果を図1に示します．UFOがフワフワと上下

図1　アニメーション表示ライブラリSDLでUFOを動かしてみた

リスト1　SDLを利用したUFO表示プログラム（sdlmoveufo.c）

```c
/*
 *  SDLで動くUFOを描画
 *  2012/12/20    Trust Technology Co., Ltd.
 */

#include <SDL/SDL_image.h>
#include <stdio.h>
#include <math.h>

SDL_Surface* screen = NULL;      // スクリーン
SDL_Surface* backimg = NULL;     // 背景イメージ
SDL_Surface* ufoimg = NULL;      // UFOのイメージ
int ux = 0;
int uy = 0;
// UFOを移動させる
void MoveUFO(void){
    static float rad = 0.0;
    uy = sin(rad)*100+200;
    rad+=0.1;
    ux++;
    if( ux > 600 )
        ux = 0;
}
// イメージの描画
void DrawImage(void)
{
    SDL_Rect destrect = { ux, uy };
    // 背景のイメージを描画
    SDL_BlitSurface(backimg, NULL, screen, NULL);
    // UFOのイメージを描画
    SDL_BlitSurface(ufoimg, NULL, screen, &destrect);
    // 画面を更新
    SDL_UpdateRect(screen, 0, 0, 0, 0);
}

// メイン
int main(int argc, char **argv){
    SDL_Event event;
    // SDLの初期化
    if( SDL_Init(SDL_INIT_VIDEO | SDL_INIT_AUDIO |
                        SDL_INIT_TIMER) < 0 ){
        fprintf(stderr, "ERROR: %s\n", SDL_
                                        GetError());
        return -1;
    }
    // 画面タイトルを変更
    SDL_WM_SetCaption("SDL Sample - Moving UFO -",
                                            NULL);
    // 画面を初期化
    if( (screen = SDL_SetVideoMode(600, 480, 32,
                        SDL_SWSURFACE)) == NULL ){
        fprintf(stderr, "ERROR: %s\n", SDL_
                                        GetError());
        SDL_Quit();
        return -1;
    }
    // 背景のイメージを読み込む
    if( (backimg = IMG_Load("background.png")) ==
                                            NULL ){
        fprintf(stderr, "ERROR: %s\n", SDL_
                                        GetError());
        SDL_Quit();
        return -1;
    }
    // UFOのイメージを読み込む
    if( (ufoimg = IMG_Load("ufo.png")) == NULL ){
        fprintf(stderr, "ERROR: %s\n", SDL_
                                        GetError());
        SDL_Quit();
        return -1;
    }
    double next_frame = SDL_GetTicks();
    double wait = 1000.0 / 30;

    // メイン・ループ
    int escape = 0;
    while(!escape){
        while( SDL_PollEvent(&event) ){
            if( (event.type == SDL_QUIT) ||
                (event.type == SDL_KEYUP && event.
                  key.keysym.sym == SDLK_ESCAPE) ){
                escape = 1;
                break;
            }
        }
        MoveUFO();
        if( SDL_GetTicks() < next_frame + wait )
            DrawImage();
        next_frame += wait;
        SDL_Delay(0);
    }
    // イメージを解放する
    SDL_FreeSurface(backimg);
    SDL_FreeSurface(ufoimg);
    // SDLを終了する
    SDL_Quit();
    return 0;
}
```

に波打ちながら移動します．UFOの画像は，背景を透過色にして作成しています．SDLのイメージ処理用APIのIMG_Load()は，PNGの透過色にも対応しているので，UFOの背景を除外したイメージだけがきれいに宇宙の背景の上に重なって表示されます．

▶ SDLの入手

　SDLはhttp://www.libsdl.org/で配布されています．ここにある"Download"から，SDL1.2のソース・コードを入手してビルドします．Ubuntuではパッケージも存在するので，以下のコマンドでSDL本体や関連するライブラリをインストールできます．

```
sudo apt-get install libsdl1.2-
dev libsdl-image1.2-dev libsdl-
ttf2.0-dev libsdl-mixer1.2-dev
libsdl-gfx1.2-dev
```

▶ サンプル・プログラム

　プログラムをリスト1に示します．
　ビルドは，libSDLとlibSDL_imageをリンクできるように，-lSDLと-lSDL_imageを追加してコンパイルします．

```
gcc -o sdltest sdltest.c -lSDL
-lSDL_image
```

山本　隆一郎

49 ボタンなどがそろっていてLinuxで使える
GUI作成ライブラリQt

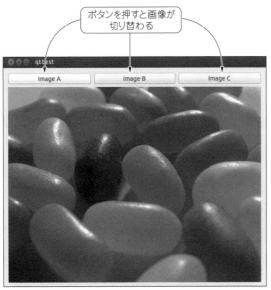

図1 GUI作成ライブラリQtで作成した簡易イメージ・ビューアの実行結果

● 用意されている部品で簡単に画像ビューアを作れる

Qtを使用した簡単な例として，ボタンを押すと，そのボタンに応じた画像を表示する簡易イメージ・ビューアを作成します．QtのUI部品を用いて画面を作成し，そこに画像を表示してみます．

実行結果を図1に示します．ボタン1，2，3に応じて，それぞれ異なる画像が表示されます．

▶ Qtの入手

Qtはhttp://qt-project.org/で配布されています．このサイトから各プラットホームのソースやバイナリをダウンロードしてビルドします．Linuxでは，各ディストリビューションにあるバイナリ・パッケージを使用するのがお手軽です．Ubuntuでは以下のコマンドでインストールできます．

```
sudo apt-get install libqt4-
webkit libqt4-dev qt4-dev-tools
qt4-doc
```

リスト1 イメージ・ビューアのプログラム（imageviewer.cpp）

```cpp
/*
 *  QTでイメージを表示
 *  ImageVewer クラス
 *  2012/12/20    Trust Technology Co., Ltd.
 */

#include "imageviewer.h"
#include <stdio.h>
#include <QApplication>
#include <QGridLayout>
#include <QVBoxLayout>
#include <QHBoxLayout>
#include <QPushButton>
#include <QLabel>
#include <QImage>

// イメージ・ビューアの画面を作成
ImageViewer::ImageViewer( QWidget *parent )
    : QMainWindow( parent )
{
    // 画面を構成するWidgetを作成する
    window = new QWidget;
    mainlayout = new QVBoxLayout;
    sublayout = new QHBoxLayout;
    button1 = new QPushButton("Image A");
    button2 = new QPushButton("Image B");
    button3 = new QPushButton("Image C");
    label = new QLabel;
    // ボタンのclickedシグナルをスロットに接続する
    QObject::connect(button1, SIGNAL(clicked()),
                     this, SLOT(OnBtn1Clicked()));
    QObject::connect(button2, SIGNAL(clicked()),
                     this, SLOT(OnBtn2Clicked()));
    QObject::connect(button3, SIGNAL(clicked()),
                     this, SLOT(OnBtn3Clicked()));
    // 画面レイアウトを行う
    sublayout->addWidget(button1);
    sublayout->addWidget(button2);
    sublayout->addWidget(button3);
    mainlayout->addLayout(sublayout);
    mainlayout->addWidget(label);
    window->setLayout(mainlayout);
    // 画面を表示する
    window->show();
}
// 指定されたファイルのイメージをロード
void ImageViewer::LoadImage(const char *imgname){
    QImage *image = new QImage;
    image->load(imgname);
    label->setPixmap(QPixmap::fromImage(*image));
    delete image;
}

// ボタン1が押された場合のイベント処理
void ImageViewer::OnBtn1Clicked(){
    LoadImage("image1.png");
}
// ボタン2が押された場合のイベント処理
void ImageViewer::OnBtn2Clicked(){
    LoadImage("image2.png");
}
// ボタン3が押された場合のイベント処理
void ImageViewer::OnBtn3Clicked(){
    LoadImage("image3.png");
}
```

リスト2　イメージ・ビューアのヘッダ・ファイル（`imageviewer.h`）

```c
/*
 *   QTでイメージを表示
 *   ImageVewerクラスのヘッダ
 *   2012/12/20    Trust Technology Co., Ltd.
 */
#ifndef IMAGEVIEWER_h
#define IMAGEVIEWER_h

#include <stdio.h>
#include <QApplication>
#include <QMainWindow>
#include <QGridLayout>
#include <QVBoxLayout>
#include <QHBoxLayout>
#include <QPushButton>
#include <QLabel>
#include <QImage>

// イメージ・ビューアのクラス
class ImageViewer : public QMainWindow
{
    Q_OBJECT
public:
    ImageViewer( QWidget *parent = 0 );
private slots:
    void OnBtn1Clicked();
    void OnBtn2Clicked();
    void OnBtn3Clicked();
private:
    void LoadImage(const char *imgname);
    QWidget     *window;
    QVBoxLayout *mainlayout;
    QHBoxLayout *sublayout;
    QPushButton *button1;
    QPushButton *button2;
    QPushButton *button3;
    QLabel      *label;
};
```

▶ サンプル・プログラム

用意されているUI部品のレイアウトWidgetとPush Button, Labelで画面を作成します．イメージ・ビューアのプログラムを**リスト1**，ヘッダ・ファイルを**リスト2**，メイン・プログラムを**リスト3**に示します．

ビルドはqmakeを使用します．**リスト1**〜**リスト3**の`imageviewer.cpp`, `imageviewer.h`, `main.cpp`を同じディレクトリに配置し，以下のようにqmakeコマンドでプロジェクトのMakefileを作成してから，ビルドします．

```
qmake -project
qmake
make
```

リスト3　実行用のメイン・プログラム（`main.cpp`）

```c
/*
 *   QTでイメージを表示
 *   main関数
 *   2012/12/20    Trust Technology Co., Ltd.
 */
#include "imageviewer.h"
#include <QApplication>

// メイン
int main(int argc, char** argv) {

    QApplication app(argc, argv);
    ImageViewer imgviewer;
    return app.exec();
}
```

山本　隆一郎

第8章 画像処理ライブラリOpenCVの基礎知識

フィルタ/画像変換/数値演算/特徴検出/機械学習など

50 2500以上のアルゴリズムを試せる！
OpenCVによって提供されている処理あれこれ

　OpenCV（Open Source Computer Vision）ライブラリは，もともとインテルにより開発・公開されたオープン・ソースです．現在ではitseez社が開発を引き継いでいます．

　OpenCVライブラリは，基本的な画像処理や数値演算，USBカメラからの画像入力・表示などの機能を備えます．少ないコードで基本的なフィルタ処理を簡単に試せるので，画像処理アルゴリズムの開発や評価に最適です．

　OpenCVでは新旧含め，2500以上ものアルゴリズムを提供しています．その主な処理には**表1**のようなものがあります．

● フィルタ
　例えば**図1**のようなフィルタが提供されています．

図1の［］内は使用した関数名です．

● 直線抽出（ハフ変換）［houghlines.cpp］
　直線抽出は画像の中から直線らしい部分を抽出（ハフ変換）し，直線部分を描画します（**図2**）．
　多少複雑な処理ですがOpenCVのダウンロードしたファイルのSampleフォルダ内に画像処理のサンプル・プログラムが格納されており，プログラム処理の参考になるかと思います．

● 領域の除去修正［inpaint.cpp］
　削除する領域を指定し，領域周辺の画像を使って，指定領域の画像を修復します（**図3**）．

表1 OpenCVによって提供されている主な処理

分　類	処　理
フィルタ処理	平滑化（平均，ガウシアン，メディアン，バイラテラル），二値化（単純平均，大津，適応的二値化），任意カーネル・フィルタ，ソーベル，Canny，Scharr，ラプラシアン，モルフォロジ（膨張，収縮，オープニング，クロージング，トップ・ハット，ブラック・ハット），ガウシアン・ピラミッド
画像変換	カラー変換（RGB⇔モノクロ，RGB⇔CIE XYZ，RGB⇔YCrCb，RGB⇔HSV，RGB⇔HLS，RGB⇔CIE L*，a*，b*，RGB⇔CIE L*，u*，v*，Bayer⇒RGB），画像修復，積分画像，輪郭までの距離，セグメンテーション（watershed，grabcut），左右・上下反転，LUT，チャンネル合成・分離
画像取り込み・表示	画像表示ウィンドウ作成，画像表示，カメラ・キャプチャ
ヒストグラム	ヒストグラム取得，バック・プロジェクション，ヒストグラムの比較，ヒストグラム均一化
行列，数値演算	和，差，積，内積，外積，逆行列，疑似逆行列，転置，絶対値ノルム，絶対差分値ノルム，相対差分値ノルム，正規化，主成分分析，行列式，固有値，固有ベクトル，マハラノビス距離，最大・最小値，平均，標準偏差，離散コサイン変換，行列の「和，差，積」
幾何変換	拡大縮小（ニアレスト・ネイバー，バイリニア，バイ・キュービック，Lanczos），アフィン変換，透視変換
構造解析，形状ディスクリプタ	モーメント，Huモーメント，輪郭抽出，折れ線の近似，周囲長，曲線長さ，外接矩形，傾いた外接矩形，外接円，輪郭内面積，凸包，楕円近似，直線近似，輪郭判定，形状比較，点と輪郭の関係
物体，特徴検出	画像ブロックの固有値，固有ベクトル，Harrisエッジ検出器，勾配行列の最小固有値，コーナー位置の高精度化，特徴的なコーナー検出，ハフ変換（直線，円），テンプレート・マッチング（SSD，相関，正規化相関），FAST，SIFT，SURF，ランダム・ツリー，k-means
機械学習	ベイズ分類器，K-近傍法，サポート・ベクタ・マシン，決定木，ブースティング，ランダム・ツリー，EMアルゴリズム，ニューラル・ネットワーク
GPU処理	行列演算，要素ごとの演算，画像処理，物体検出，特徴検出，カメラ・キャリブレーション，三次元再構成
そのほか	キャリブレーション（チェス・ボード，サークル・グリッド），オプティカル・フロー，モーション履歴画像，モーション履歴画像勾配，モーション方向，「物体中心，サイズ，姿勢」取得，カルマン・フィルタ，動画ファイル読み込み，動画ファイル保存

（a）Before：オリジナル画像

（b）After1：メディアン・フィルタ[medianBlur]

（c）After2：ガウシアン・フィルタ[gaussianBlur]

（d）After3：クロージング[morphologyEx]

（e）After4：二値化[threshold]

（f）After5：Cannyエッジ検出[Canny]

図1　OpenCVライブラリにある主なフィルタ処理

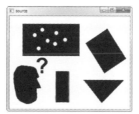
（a）Before：元画像

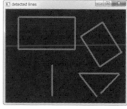
（b）After：ハフ変換結果

図2　直線が抽出できる

● 離散フーリエ変換 [dft.cpp]

画像データを二次元離散フーリエ変換（DFT）した結果を表示します（**図4**）．

● 輪郭抽出 [contours2.cpp]

画像の輪郭を抽出し，一番外側の輪郭（Level.1），その一つ内側の輪郭（Level.2），さらにその内側の輪郭（Level.3）と，画像の外側から順に輪郭を描画しています（**図5**）．

この処理のメインとなっているのはfind Contours関数で，輪郭情報を取得しています．輪郭情報から，輪郭の周囲長，面積，輪郭領域の幅と高さ（フィレ径）などを求める関数も用意されています．それぞれ，arcLength，contourArea，boundingRect関数となります．

安川 章

（a）Before：オリジナル画像

（b）After1：領域指定

（c）After2：修正画像

図3　領域の除去・修正

（a）Before：元画像

（b）After：周波数の高いところが残った

図4　離散フーリエ変換

 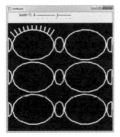  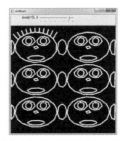

(a) Before：元画像処理対象　　(b) After1：輪郭検出Level.1　　(c) After2：輪郭検出Level.2　　(d) After3：輪郭検出Level.3

図5　輪郭抽出の効果

51 例えるなら図書館の書籍のようなもの！皆で便利に使い回そう
OpenCVのライブラリ構造

数値演算や画像処理など汎用的な処理は，毎回，プログラムを作るのは保守性も悪くなり非常に非効率です．この汎用的な処理を，複数のプログラムから使えるように機能をまとめたものがライブラリです．また，既存のライブラリを使うと，自分でプログラムを作ることなく高機能な処理を取り込め，コード量も減らせるので効率的です（図1）．

● ライブラリの構成

ライブラリは，
(1) ヘッダ・ファイル（*.h または *.hpp）
(2) ライブラリ・ファイル（*.lib）
(3) DLLファイル（*.dll）
の三つからなります．

例えるなら，「図書館（ライブラリ）の中にOpenCVの本のコーナーがあり，このコーナーには機能ごとにまとめられた本（モジュール）がある．本の中には，それぞれの処理の目次（ヘッダ・ファイル）と，より詳細な処理（ライブラリ・ファイル，DLLファイル）が記載されている．ユーザは必要に応じた本を参照すればよい」という感じでしょう（図2）．

▶ (1) ヘッダ・ファイルの参照

各モジュールを参照するには，Visual Studio では，ヘッダ・ファイルの場所をプロジェクトのプロパティより，「構成プロパティ」→「C/C++」→「全般」→「追加のインクルードディレクトリ」に設定し，プログラム・コード中で下記のように記載します．

```
#include <opencv2/core/core.hpp>
```

▶ (2) ライブラリ・ファイルの参照

ライブラリ・ファイルの場所をプロジェクトのプロパティより，「構成プロパティ」→「リンカー」→「全般」→「追加のライブラリディレクトリ」に設定し，必要なライブラリ・ファイルをプログラム・コード中に，

```
#pragma comment(lib, "opencv_core246.lib")
```

のように記載します．なお，ライブラリ・ファイルの参照には別の方法もあります．

▶ (3) DLLファイルの参照

DLLファイルはプログラム実行時に必要で，実行ファイル（*.exe）から参照できる場所にDLLファイ

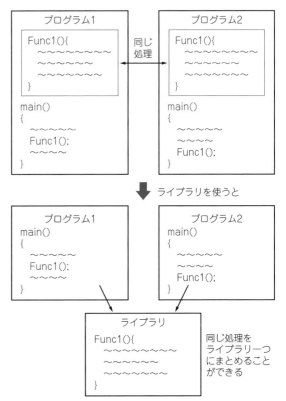

図1　異なるプログラムごとに同じ処理を書くのは面倒，同じ処理はライブラリとして共有する

ルを配置する必要があります．実行ファイル（*.exe）から参照できる場所とは，
- 実行ファイル（*.exe）と同じフォルダ
- カレント・ディレクトリ
- システム・ディレクトリ（c:¥Windows¥System32など）
- 環境変数PATHに列挙されているディレクトリ

などで，OpenCVでは，DLLファイルが格納されているディレクトリを環境変数PATHに設定するのが一般的です．

● ライブラリあれこれ

OpenCVの構成はバージョンにより若干異なりますが，表1のようになっています．ごく基本的な画像処理ではopencv_core，opencv_imgproc，opencv_highguiの三つのモジュール（ヘッダ・ファイル，ライブラリ・ファイル，DLLファイル）を用います．

ライブラリを自分でコンパイルすることで，IPP（Intel Integrated Performance Primitives：イメージ処理，信号処理，JPEGコーディング，ビデオ・コーディングなどマルチ・メディア・ライブラリ）やTBB（Intel Threading Building Blocks：インテルが公開しているC++テンプレート・ライブラリ），CUDA（Compute Unified Device Architecture：NVIDIAが提供するGPU向けのC言語の統合開発環境），OpenCLなどに

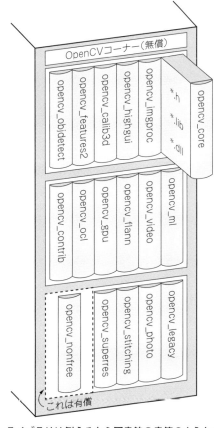

図2　ライブラリは例えるなら図書館の書籍のようなもの
もくじがヘッダ，詳細情報がライブラリ・ファイルとDLLファイル

表1　OpenCVのライブラリ構成

モジュール名	処　理
opencv_core	画像，行列のメモリ管理など
opencv_imgproc	画像処理（フィルタ，膨張/収縮，色変換など）
opencv_highgui	画像ファイルの読み込み/保存，画像の表示，USBカメラからの画像入力，動画保存など
opencv_calib3d	カメラ・キャリブレーション，ステレオ対応点探索，3次元データ処理の基本処理
openc_features2d	パテント・フリーな局所特徴量（BRIEFおよびORB）
opencv_nonfree	フリーではない処理（SIFTおよびSURF）
opencv_objdetect	オブジェクト検出（顔検出や人検出など）
opencv_ml	統計的機械学習モデル（SVM，ブースティングなど）
opencv_video	モーション解析およびオブジェクト・トラッキング
opencv_flann	the Fast Library for Approximate Nearest Neighbors（FLANN 1.5）および，そのOpenCVラッパー
opencv_gpu	CUDAにより高速化された処理
opencv_ocl	OpenCLにより高速化された処理
opencv_contrib	提供されたコードのうち，未成熟なもの
opencv_legacy	旧バージョンの互換性のために残っている，サポートされなくなったコード
opencv_photo	「computational photography」分野のサポート，Inpaintやノイズ除去
opencv_stitching	複数枚画像からのパノラマ画像生成
opencv_superres	超解像処理

も対応可能となります．

● 開発環境や処理によってファイルが異なる

ライブラリ・ファイルおよびDLLファイルはOpenCVのバージョン，Release向け，Debug向けによりファイルが異なります．

▶ opencv_coreモジュールの例
```
core.hpp（C++用），core_c.h（C言語用），
opencv_core246.lib
            （Ver.2.4.6のRelease用），
opencv_core246d.lib
            （Ver.2.4.6のDebug用），
opencv_core246.dll
            （Ver.2.4.6のRelease用），
opencv_core246d.dll
            （Ver.2.4.6のDebug用）
```

▶ opencv_imgprocモジュールの例
```
imgproc.hpp（C++用），
imgproc_c.h（C言語用），
opencv_imgproc246.lib
            （Ver.2.4.6のRelease用），
opencv_imgproc246d.lib
            （Ver.2.4.6のDebug用），
opencv_imgproc246.dll
            （Ver.2.4.6のRelease用），
opencv_imgproc246d.dll
            （Ver.2.4.6のDebug用）
```

〈安川 章〉

52 プログラム公開の際には要チェック
OpenCVのライセンス

OpenCVは修正BSDライセンスに基づき，商用/非商用問わず，ソース・コードを公開することなく，無償で使用することが可能です．ただし，IPPやTBBなどのライブラリを使う場合には，それぞれのライセンスに従ってください．

OpenCVを使ったプログラムを公開するには，配布されているOpenCVのdocフォルダ内に格納されているlicense.txtのライセンス条項を表示する必要があります．

一部の処理アルゴリズム（SIFTやSURF）では特許が取られていることもあり，以前は敬遠される面もあったのですが，Ver.2.4よりモジュールが分けられ，下記ファイルを明示的に参照しない限りOpenCVから使用されることはなくなりました．

```
nonfrees.hpp
opencv_nonfree***.lib
opencv_nonfree***.dll
（***の部分にはOpenCVのバージョン番号が入る）
```

〈安川 章〉

53 CでもC++でもOK
OpenCVによる画像取り込みと明るさ/コントラスト変更のプログラム

リスト1　C言語による画像の読み込みプログラム例

```
#include "opencv2/opencv.hpp"

int main(int argc, char ** argv)
{
    // 画像ファイルの読み込み
    IplImage* src = cvLoadImage("text.bmp ",
    CV_LOAD_IMAGE_ANYDEPTH |
    CV_LOAD_IMAGE_ANYCOLOR);

    // フィルタ処理後の画像格納用メモリの確保
    IplImage* dst = cvCreateImage(
    cvGetSize(src), src->depth, src->nChannels);

    // フィルタ処理(ガウシアン・フィルタの例)
    cvSmooth(src, dst, CV_GAUSSIAN, 5);

    // 画像表示ウィンドの作成
    cvNamedWindow("src");
    cvNamedWindow("dst");

    // 処理前の表示
    cvShowImage("src", src);
    // 処理後の表示
    cvShowImage("dst", dst);

    // キー入力待ち
    cvWaitKey(0);

    // メモリの解放
    cvReleaseImage(&src);
    cvReleaseImage(&dst);

    // ウィンドウの破棄
    cvDestroyAllWindows();
}
```

リスト2　C++言語による画像の読み込みプログラム例

```
#include "opencv2/opencv.hpp"

int main(int argc, char ** argv)
{
    // 画像ファイルの読み込み
    cv::Mat src = cv::imread("text.bmp ", -1);
    // フィルタ処理後の画像格納用(メモリを確保する必要がない)
    cv::Mat dst;
    // フィルタ処理(ガウシアン・フィルタの例)
    cv::GaussianBlur(src, dst, cv::Size(5, 5), 0);

    // 画像表示ウィンドの作成
    cv::namedWindow("src");
    cv::namedWindow("dst");

    // 処理前の表示
    cv::imshow("src", src);
    // 処理後の表示
    cv::imshow("dst", dst);

    // キー入力待ち
    cv::waitKey(0);

    // srcおよびdstの解放の必要がない

    // ウィンドウの破棄
    cv::destroyAllWindows();
}
```

　OpenCV Ver2.0の登場により，従来のプログラムではC言語対応の小文字のcvで始まる関数を使っていたのに対し，Ver.2.0以降ではC++対応（C++インターフェースという）となり，cvという名前空間の付いた関数を使用するようになりました（Ver.2.0以降でもC言語の関数を使用できる）．二値化関数の例を挙げると，

```
[C言語]  cvThreshold
[C++]    cv::threshold
```

となります．

● **C++だとメモリ管理が楽ちん**

　C言語では画像データを`IplImage`構造体，行列を`CvMat`構造体により扱っていたのに対し，C++インターフェースでは画像データと行列の扱いが統合され，`cv::Mat`クラスとなりました．`cv::Mat`クラスの最大の特徴は，メモリの管理を`cv::Mat`クラスが行うため，メモリの解放を明示的に行う必要がありません．また，関数処理後のデータを格納する変数も，明示的にメモリを確保する必要がなく，自動でメモリの確保を行ってくれます．

　リスト1にC言語による画像処理のプログラム例を示します．

　リスト1と同等の処理をC++インターフェースにて記載すると**リスト2**のようになります．**リスト2**ではC++の関数であることを明示的にするため，C++の全関数に`cv::`を付けましたが，`using namespace`を使うことで省略することも可能です．さらに，`namedWindow`や`destroyAllWindows`も省略可能なので，最小コードは**リスト3**のようになります．

　このように，C++インターフェースではC言語のコードと比べて，かなりソース・コードを短くすることができます．また，メモリ・リークの心配もないので，自分でメモリを管理する必要がない限り，C++インターフェースを用いることが推奨とされています．

● **簡単な画像処理の例**

　`cv::Mat`クラスは画像データおよび行列が統合されたことから，画像データをそのまま行列のように扱

リスト3　リスト2を最小のプログラムとしてみた

```
#include "opencv2/opencv.hpp"

using namespace cv;

int main(int argc, char ** argv)
{
    // 画像ファイルの読み込み
    Mat src = imread("text.bmp", -1);

    // フィルタ処理後の画像格納用(メモリを確保する必要がない)
    Mat dst;
    // フィルタ処理(ガウシアン・フィルタの例)
    GaussianBlur(src, dst, Size(5, 5), 0);

    // 処理前の表示
    imshow("src", src);
    // 処理後の表示
    imshow("dst", dst);

    // キー入力待ち
    waitKey(0);
}
```

リスト4　画像の明度やコントラストを変更するプログラム例

```
#include "opencv2/opencv.hpp"

using namespace cv;

int main(int argc, char ** argv)
{
    // 画像ファイルの読み込み
    Mat src1 = imread("mandrill.jpg", -1);
    Mat src2 = imread("sample.jpg", -1);
    // フィルタ処理後の画像格納用
    Mat dst1, dst2, dst2;

    // 画像の明暗を上げる
    dst1 = src1 + 100;
    // 画像のコントラストを上げる
    dst2 = src1 * 1.5;
    // 画像間差分
    dst3 = src1 - src2;

    // 画像の表示
    imshow("src1", src1);
    imshow("src2", src2);

    imshow("dst1", dst1);
    imshow("dst2", dst2);
    imshow("dst3", dst3);

    // キー入力待ち
    waitKey(0);
}
```

（a）画像1　　　　　　　（b）画像2

（c）画像1の明度up　　　（d）画像1のコントラストup

（e）画像間差分
（画像1－画像2）

図1　画像の明るさ調整，コントラスト調整，差分取得の例

うこともできます．
　リスト4のサンプルでは，画像の明るさ，コントラストの調整，および画像間差分の処理を行っています．実行結果を図1に示します．
　画像の明るさやコントラストの調整により画像の輝度値が255を超える場合は，cv::Matクラスが，255になるように調整します（データが8ビットの場合）．同じように画像間差分で輝度値が負になる場合は0となります（データがunsignedの場合）．

安川 章

54 変数/色データ/メモリへの格納方法など
OpenCVにおける画像データの扱い

表1　CとC++による変数の違い

項目	IplImage	cv::Mat
画像の幅	width	cols
画像の高さ	height	rows
画像1行あたりのバイト数	widthStep	step
1ピクセルあたりのビット数	depth	depth()
チャネル数	nChannels	channels()
画像の種類	—	type()
画像データのポインタ	imageData	data

図2　cv::MatのdataをWindows関数で表示した例（画像の幅が257の場合）

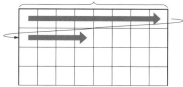

図1
画像データはメモリ領域の左上から格納される

（a）左上からスキャンされメモリに取り込まれる

（b）画像の左上からB，G，Rの順に格納されていく

● 変数

　画像データはC言語ではIplImage構造体，C++インターフェースではcv::Matクラスを用いますが，それぞれ，同じようなメンバ変数（関数）が用意されています（**表1**）．

● 色データ

　OpenCVではRGBの値が各8ビットのカラー画像（24ビット・カラー）の場合，「8ビット3チャネル」と表現されます．同じように透過率aを含めたRGBAの値が各8ビットのカラー画像（32ビット・カラー）の場合は「8ビット4チャネル」となります．

● メモリへの格納方法

　画像データは画像の左上を基準（原点）とし［**図1**(a)］，順にポインタ（imageDataまたはdata）で示されたメモリに格納されています［**図1**(b)］．カラー画像（8ビット3チャネル）の場合，画像の左上からB，G，R，B，G，R…の順で格納されています．

　画像1行当たりのバイト数は，IplImageのwidthStepでは4の倍数になるように調整されますが，cv::Matのstepは4の倍数には調整されません．

　Windowsにおいて，画像を表示するには画像1行当たりのバイト数を4の倍数に調整する必要があります．画像の幅（cols）が4の倍数とならない場合，cv::Matのdataのポインタをそのまま使って，OpenCVの関数（cv::imshow）を使わずWindowsの関数で画像を表示しようとすると，画像が斜めに崩れてしまいます（**図2**）．

　これを回避するには，画像データ格納用のメモリの幅が4の倍数バイトになるように調整されたメモリへ，画像を1行ずつ格納し直す必要があるため，IplImageを使った方が有利な場合もあります．

◆ 参考文献 ◆
(1) Junichi IDO (idojun) ほか；OpenCV.jp．
　　http://opencv.jp/
(2) OpenCVのウェブ・サイト．
　　http://opencv.org/
(3) OpenCVの解凍フォルダ\opencv\build\docs内に格納されたPDFファイル（opencv_tutorials.pdf，opencv2refman.pdf）

安川 章

第9章 超定番！画像処理ライブラリOpenCVを試す

パターン・マッチング/背景差分法/特徴点追跡法など

55 Windows/Linux/Mac/Android/iOS…どんなPCでもスマホでも使える
OpenCVの入手先

● コンピュータ・ビジョンの定番

OpenCVは，オープン・ソースのコンピュータ・ビジョン・ライブラリ（Open Source Computer Vision Library）です．WindowsやLinux, Mac OS X，Android, iOSで利用できる3次元画像処理の定番です．

OpenCVは，opencv.org（http://opencv.org/）で公開されています．ダウンロードへのリンクやドキュメント類，サポート・ページへのリンクがあります．

入手の際には，sourceforgeなどのホームページからダウンロードします（図1）．2014年末のバージョンは2.4.10で，過去のバージョンは［Browse All Files］からダウンロードできます．2015年には，新しいバー

ジョン3.0がリリースされます．

本章では，opencv-2.4.10を使って解説を進めます．これ以外のバージョンの場合，opencv-2.○.△の○.△の部分で置き換えてください．

● バージョンがちょくちょく変わる

OpenCVは，Gary Bradski[1]率いるチームによって1999年からIntelで開発されました．ベータ版シリーズのリリースのあと，バージョン1.0が2006年に公開されました．2009年に2回目の主要なリリースが行われ，新しいC++のインターフェースで重要な変更がありOpenCVバージョン2になりました．バージョン2は，2009年から2014年のあいだに2.0, 2.1, 2.2, 2.3, 2.4とたびたび更新され，2.4.11を最後に，2015年からさらに新しいバージョン3へと進化します．

◆ 参考文献 ◆

(1) Cary Bradski, Adrian Kaehler : Learning OpenCV, O' Reilly 2008, 日本語訳本，松田晃一 訳：詳解OpenCV コンピュータビジョンライブラリを使った画像処理・認識，オライリー・ジャパン 2009.

図1 画像処理の超定番ライブラリOpenCVの入手方法
http://sourceforge.net/projects/opencvlibrary/ などから入手できる

外村 元伸

56 Windowsパソコンの例
OpenCVのインストール

OpenCVは，図1に示すように，MicrosoftのC言語プログラミング開発ツールVisual C++などを利用してOpenCVのライブラリを用いて書いたプログラムをコンパイルする必要があります．USB接続のカメラなどを用いた画像取得操作のコードも簡単に書けます．

opencv-2.4.10.exeをダウンロードしたら，実行してファイル展開します．opencvというフォルダができるので，フォルダ名をOpenCV2.4.10に変更して，Cドライブのもとにおきます．移動でもコピーでも構いません．

図2に示すように，システムのプロパティ画面にて，Windowsの環境変数Pathを設定します．［コントロールパネル］→［システムとセキュリティ］→［システム］→［詳細設定］→［環境変数］→［システム環境変数］からPathを選んで［編集］をクリックします．システム変数の編集ウィンドウにて次の内容を追記します．

```
;C:¥OpenCV2.4.10¥build¥x64¥vc12¥bin;
```

OpenCVのライブラリが呼び出され，実行されるときにリンクされるバイナリ形式のライブラリ（dll）がbinフォルダに格納されています．その格納場所へ誘導するパスの設定です．OpenCV2.4.10フォルダの中にbuildフォルダがあり，x64は64ビット（x86は32ビット）のOS用で，vc12はVisual C++のバージョンの区別です．

このとき，既存のPathの内容を消さないように慎重に追加作業してください．万が一誤って消してしまったときのために，追加前の内容をバックアップしておきましょう．

外村 元伸

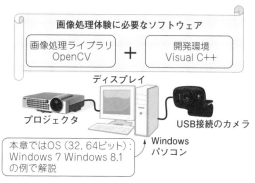

図1　WindowsパソコンでOpenCVライブラリを用いた画像処理を試したいときの実験構成の例

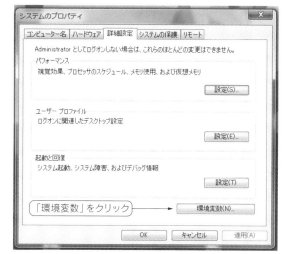

（a）システムのプロパティ

図2　Pathの設定

（b）環境変数

（c）システム変数の編集

57　Windowsパソコンで改造したり存分に試したり
OpenCVのアプリ作りに便利！Visual Studio

OpenCVライブラリを用いた3次元画像処理プログラムをオブジェクト指向のC言語であるC++で作成してコンパイル（ビルド）するために，Microsoftから無償で入手できるVisual Studio Express 2013 Update 4を準備します．

これの前バージョンは，Visual Studio Express 2012 Update 4ですが，Express 2012はExpress 2013に集約されたので，そのダウンロード・ページを見つけにくい状態になっています．もう一つ前のバージョンであるExpress 2010の方が2013の前バージョンとしてダウンロードしやすくなっています．

すでに有償版，無償版にかかわらずVisual Studioを使っている方は，2010版以降ならそれを使ってもらっても，本章の説明上の問題はありません．これから始める方には，ここで説明する無償版のVisual StudioExpress 2013 Update 4をダウンロードすることをお勧めします．

● 2013のインストール

　Visual Studio Express 2013で検索して**図1**に示すようなMicrosoftのダウンロード・ページを見つけてください．Express 2013には用途や開発環境によって使い分けられるようにいくつかの版が用意されています．ここではそのうちExpress 2010でも使えるように，Express 2013 with Update 4 for Windows Desktopを用いた場合を説明します．これを選択すると，**図2**に示すような表示になるので，「今すぐインストール」をクリックします．そうすると，**図3**に示すように，Microsoftのアカウントにサインインすることを求めてきます．すでにこのアカウントを持っている方は，アカウントとパスワードを入力してサインインしてください．まだ持っていない方は，新規登録してからサインインしてください．

● 過去バージョンのインストール

　Visual Studioの過去のバージョンをインストールしたい方は，**図4(a)**に示すような各バージョンのページを見つけます．Visual Studio 2010 Expressの場合は，Express 2013のページの下の方にあります．

　Visual Studio Express 2012 Update 4の場合は，Visual Studio Express 2012 for Windows Desktopで検索すると見つけやすくなります．無償版の有効期限は，30日間なので，もっと長期間利用する方は，ヘルプ・メニューから［製品の登録］を選択し，指示に従って製品登録してください．無償版が無期限で使用できるようになります．

▶ 本章で対象とするソフトウェア・バージョン

　表1に本解説で対象とする内容の有効範囲をまとめ

図1　Visual Studioのダウンロード・ページ

図2　Visual Studioのインストール・ページ

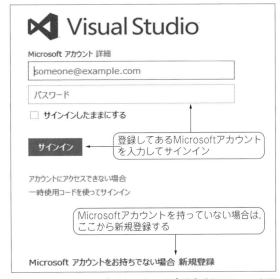

図3　Visual StudioをインストールするためにMicrosoftアカウントを入力してサインイン

図4　Visual Studioの過去のバージョン（Visual Studio Express 2012 Update 4, Visual Studio 2010 Express）をインストールする場合

表1 解説内容の有効範囲

項　目	対応可能	本章解説時に利用した環境
OpenCVのバージョン	opencv-2.○.△（2.3以降）	opencv-2.4.10.exe
Visual Studioの製品名（バージョン）	2010（vc10）/2012（vc11）/2013（vc12）	Express 2013 for Windows Desktop
ビルド（32/64ビット）Debug/Release	x86（32ビット）/x64（64ビット）Debug/Release	x64 Debug
OS	Windows 7/Windows 8.1	x64 Debug

ておきます．opencv-2.○.△のバージョンについてはすでに説明したように，opencv-2.4.10の4.10の部分を○.△で置き換えてください．ただし，2.3以降です．

Visual Studioのバージョンは，製品名が2010（vc10），2012（vc11），2013（vc12）です．カッコ内は，プロジェクトの中で扱われるバージョンの記述名です．

プロジェクトは，アプリケーション・プログラム構成全体を管理するために使われる呼び名です．製品名の番号とバージョンの記述名がずれていることに気をつけてください．

Visual Studioで新規プロジェクトを作成する際に

は，32ビット・マシンがデフォルトの設定になっています．筆者パソコンは64ビット・マシンだったので追加の設定も説明します．

Visual Studioのプロジェクトでは，プログラムのリリース・バージョンとデバッグ・バージョンがあり，別の構成を設定できます．本章ではデバッグ・バージョンで解説を行います．ただし，Releaseも記述名の1文字の違いを除いて同じです．つまり，.libの記述名において，¥Debug¥xxxd.libに対して¥Release¥xxx.libという違いがあります．

OSについては，Windows 7とWindows 8.1の両方とも動作します．

外村 元伸

58 画像処理アプリをサッと作るために
OpenCVのひな形プロジェクトの作成法

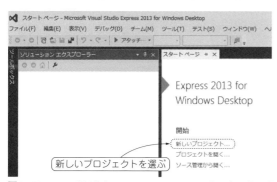

図1　Express 2013 for Windows Desktopのスタート・ページ

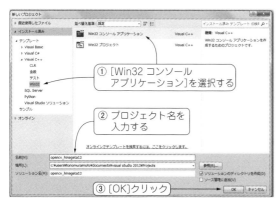

図2　新しいプロジェクトを作成

● 新規プロジェクト作成

OpenCVのひな形プロジェクトを作成します．Visual Studioを起動すると，図1のようにスタートページが表示されますので，［新しいプロジェクト…］を選択します．あるいは，メニュー欄から，［ファイル］→［新規作成］→［プロジェクト］を選択して，新規プロジェクトを作成します．

「新しいプロジェクト」画面では，図2のように［Win32］，①［Win32コンソールアプリケーション］と選択して，②プロジェクト名，例えばopencv_hinagata12と入力します．12はv12の意味です．最後に，③［OK］をクリックします．

「Win32アプリケーション ウィザード」画面になっ

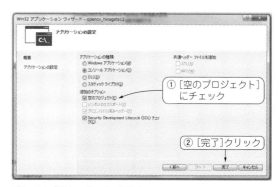

図3　アプリケーションの設定

たら，[次へ>]をクリックすると，図3のような画面になります．そこで，①[空のプロジェクト]にチェックを入れます．②[完了]をクリックします．新規プロジェクトが作成され，32ビット用のアプリケーション・プロジェクトが作成されます．64ビット用のアプリケーション・プロジェクトを作成する場合は，さらに図4のような画面で追加の設定を行います．つまり，[ビルド]→[構成マネージャー]を選択します．

図5(a)のように「構成マネージャー」において「アクティブソリューション構成」の画面になります．[プラットホーム]のWin32の[<新規作成>...]を選択します．そうすると，図5(b)に示すような「新しいプロジェクトプラットホーム」になり，[新しいプラットホーム]は，[x64]を，[設定のコピー元]は[Win32]を選び，[OK]をクリックします．

● OpenCV用ディレクトリ

さて，ここからOpenCVのプログラム構成に関するプロジェクトの設定になります．図6にOpenCVのファイル構成と内容が示してあります．これらファイル

(a) 構成マネージャー

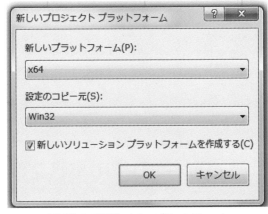

(b) 新しいプロジェクト・プラットフォーム

図5 [構成マネージャー]→[プラットフォーム]→[<新規作成…>]を選択

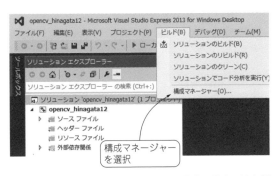

図4 64ビットのアプリケーションを作成する場合の追加設定：[ビルド]→[構成マネージャー]を選択する

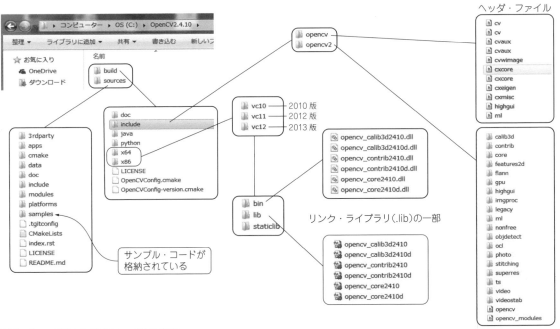

図6 OpenCV2.4.10のファイルの内容

内容を参照するために，主に二つの設定を行う必要があります．

▶1：ヘッダ・ファイル格納ディレクトリ

一つ目は，OpenCVのヘッダ情報を参照するために，それらが格納されているファイルの場所（ディレクトリ）を示すように，インクルード・ディレクトリの設定を行います．

図7に示すように，［プロジェクト］→［プロパティ］を選択し，プロパティ・ページへ進みます（図8）．

［構成プロパティ］→［C/C++］→［全般］→［追加のインクルード ディレクトリ］の欄を選び，編集モードにして，インクルード・パス「C:¥OpenCV2.4.10¥build¥include」を設定します（図8）．

▶2：ライブラリ本体格納ディレクトリ

二つ目は，OpenCVのライブラリへリンクするために，それらが格納されているディレクトリを示すように，パスの設定を行います．

プロパティ ページの［リンカー］→［全般］→［追加のライブラリディレクトリ］の欄を選び，編集モードにして，ライブラリ・パス「C:¥OpenCV2.4.10¥build¥x64¥vc12¥lib」を設定します（図9）．さらに，［構成プロパティ］→［リンカー］→［入力］→［追加の依存ファイル］の欄を選び，編集モードにして，追加ライブラリ名を入力します（図10，図11）．ここでは，アプリケーションで使うライブラリを入力します．主なサンプル・プログラムで使うライブラリについて，図12に示してありますので，必要なライブラリを適宜入力してください．

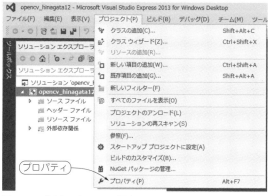

図7　アプリケーションの設定

図8　インクルード・パスの設定

図9　ライブラリ・パスの設定

図10　ライブラリ名の設定

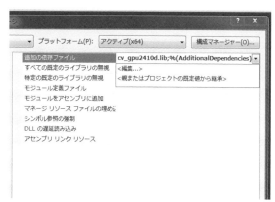

図11　ライブラリ名設定のための編集作業

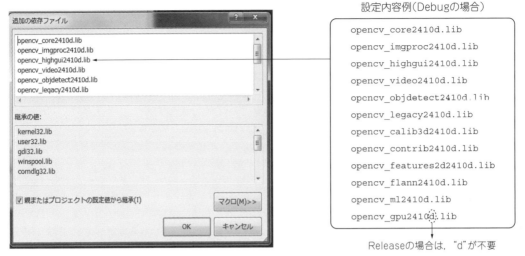

設定内容例（Debugの場合）

```
opencv_core2410d.lib
opencv_imgproc2410d.lib
opencv_highgui2410d.lib
opencv_video2410d.lib
opencv_objdetect2410d.lib
opencv_legacy2410d.lib
opencv_calib3d2410d.lib
opencv_contrib2410d.lib
opencv_features2d2410d.lib
opencv_flann2410d.lib
opencv_ml2410d.lib
opencv_gpu2410d.lib
```

Releaseの場合は，"d"が不要

図12　ライブラリ名の入力例

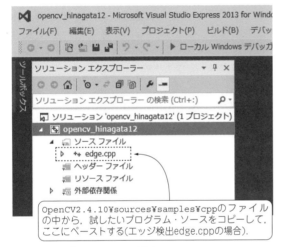

図13　プログラム・ソースの設定

● 動作確認

最後に，OpenCV2.4.10¥sources¥samples¥cppの中からサンプル・プログラムを見つけ，例えばエッジ検出edge.cppをコピーして，ソリューションのソース・ファイルの中にドロップ（ペースト）します（**図13**）．

［ビルド］→［ソリューションのビルド］を選択し，edge.cppをコンパイルします．その結果が正常終了すれば，プロジェクト内に**図14**に示すようなファイルが生成されます．［x64］→［Debug］→［opencv_hinagata.exe］とたどり，エッジ検出したい画像（煙突）を用意し，opencv_hinagata.exeにドラッグ＆ドロップします．結果は**図15**に示すようになります．以上で，OpenCV2.4.10のひな形プロジェクトが完成

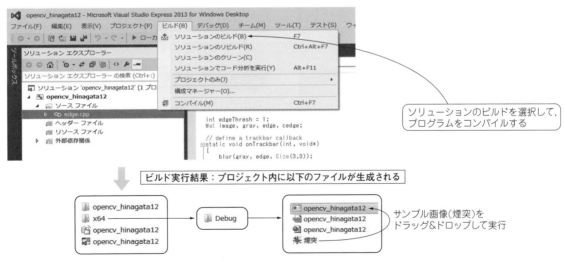

図14　サンプル・プログラムのコンパイルとその生成ファイル内容

しました．
　このプロジェクトをもとにして，別のサンプル・プログラム○○○.cppを試すときは，edge.cppを削除して，○○○.cppに入れ替えればよいです．新しくプログラムを開発するときは，edge.cppなどをベースに書き換えればよいでしょう．

外村 元伸

図15　OpenCVのエッジ検出サンプル・プログラムを原画像（煙突）に対して実行　　（a）原画像　　（b）エッジ検出（edge.exe）の実行結果

59 画像の明暗を自在にコントロール
ヒストグラムによる輝度調整

● 強度レベルの頻度分布を表す棒グラフ

　ヒストグラム（histogram）は，画像の特徴を捉えるための，画像全体または一部の強度レベルの頻度分布です．比較の対象となる画像領域における画素の頻度分布を見ることで，類似の画像を同一視できます．

　出現する画素強度の頻度の割合に応じて重みづけて符号化することで画像を圧縮できます．区別可能な色に対して，それぞれ画素数を数えて画像の領域分割をします．明るさやコントラスト補正をするために，画像全体または部分の強度の頻度分布を求め，強調した

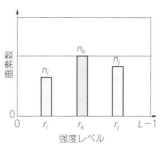

図1　ヒストグラムは頻度分布を表す棒グラフ

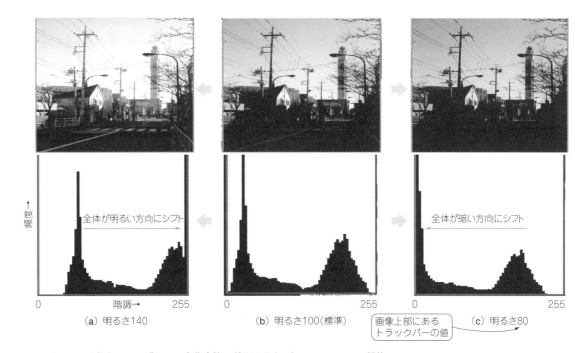

（a）明るさ140　　（b）明るさ100（標準）　　画像上部にあるトラックバーの値　　（c）明るさ80

図2　明るさの調整とヒストグラムの変化変換に使用した行列はsRGB/HDTV規格

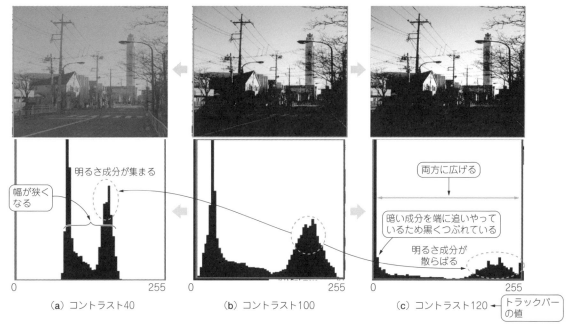

図3 コントラストの調整とヒストグラムの変化

い部分の分布を変更するときなどに用います．ヒストグラムの画素数カウント法は，画像処理のためのデータ量や計算量の削減に役立ちます．

ヒストグラムは垂直に立つ帆柱という意味のギリシャ語が語源で，いわゆる頻度分布を表す棒グラフのことです．ディジタル画像処理において，画素の強度レベルのヒストグラムは，画像の特徴を捉えるために非常に重要な役割を果たします．強度のレベル分けがL段階（$[0, L-1]$）で，k番目の強度値をr_k（定義域），強度r_kをもつ画素数をn_k（値域）とするとき，離散関数$h(r_k) = n_k$のグラフ表示がヒストグラムです（図1）．画像全体の画素数Nで正規化したヒストグラム$p(r_k) = n_k/N$も使われます．正規化ヒストグラムのすべての要素の和は，$(n_0 + n_1 + \cdots + n_{L-1})/N = 1$になります．

● OpenCVで実験！

OpenCVサンプル・プログラムdemhist.cppをコンパイルし，実行ファイルdemhist.exeを作成し，画像をdemhist.exeにドラッグ＆ドロップして実行した結果を図2と図3に示します．明るさ（brightness）とコントラスト（contrast）を調節することができます．両者は似ているようですが次のような違いがあります．明るさはヒストグラムの定義域を明るい側か暗い側にシフトさせます．それに対してコントラストは定義域の幅を縮小または拡大します．

サンプルの中のフォルダ名tutorial_codeの中のフォルダ名Histograms_Matchingの中に，EqualizeHist_Demo.cppがあります．これは画像のヒストグラムを分析し，グラフの高さを揃えるプログラムです．コンパイルして実行してみましょう．全体的にコントラストがなくなった画像が得られます（図4）．そのはずです．コントラストは明るさの最大値と最小値の幅の大きさで決まる量だからです．これ

図4 ヒストグラムの等質化によってコントラストがなくなった画像

を確かめるために，EqualizeHist_Demoの実行結果の画像をdemhist.exeで計算してみます．すると全域にわたって高低の少ないグラフになっていることがわかります．

▶ OpenCVで使われるヒストグラム計算関数
　…calcHist()
▶ OpenCVで使われるヒストグラム均一化関数
　…equalizeHist()

外村 元伸

60 画像の輪郭を得るために
基本の前処理…フィルタ

　ここで説明する3種類のフィルタSobel（ソーベル），Laplace（ラプラス），Canny（キャニー）は，画像の輪郭（エッジ）を得るために用います（**図1**）．基本的には隣接画素の輝度値との差分を求めます．一般に画像の方向によらない不変量をもつ作用素（フィルタ）の方がよいのですが，輪郭の細かさと計算量などとの兼ね合いで，適当なフィルタを選択します．

　輪郭を得ることは重要ですが，輪郭が求められたからといって画像内容の抽出がすぐにできるわけではないので，画像の前処理としての位置づけで使われます．

　任意に重み付けされたフィルタは，それぞれ特徴をもっており，画像の平滑化，ノイズ除去，ボケの除去，先鋭度の調節などといった使い道があります．

● Sobelフィルタ/Laplaceフィルタの処理
　画像処理の基本に各種フィルタ処理があります．**図2**に示すように，左上の隅を座標の原点とする画像の任意座標位置(x, y)の画素を$f(x, y)$とするとき，画素$f(x, y)$の近傍に3×3行列のマスクをかぶせることにします．そうすると，マスク位置の3×3個の画素は，

(a) 原画像

(b) Sobel

(c) Laplace

(d) Canny　エッジが細かく検出されている

図1　画像の輪郭を得るために用いるフィルタ

$f(x-1, y-1)$	$f(x, y-1)$	$f(x+1, y-1)$
$f(x-1, y)$	$f(x, y)$	$f(x+1, y)$
$f(x-1, y+1)$	$f(x, y+1)$	$f(x+1, y+1)$

$w(-1, -1)$	$w(0, -1)$	$w(+1, -1)$
$w(-1, 0)$	$w(0, 0)$	$w(+1, 0)$
$w(-1, +1)$	$w(0, +1)$	$w(+1, +1)$

マスク位置の画素　　　　　　マスク配列の重み係数

図2　一定数の画素に対して重み係数を振り分けるフィルタ処理

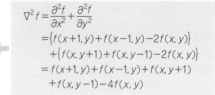

図3　各種フィルタの係数
係数によって画像の平滑化，ノイズ除去，ボケの除去，先鋭度の調節が行われる

(a) Sobel 作用素… x方向
(b) Sobel 作用素… y方向
(c) Laplace 作用素

$f(x-1, y-1)$, $f(x, y-1)$, …, $f(x+1, y+1)$ となります．

3×3個のマスク配列 (i, j) $(i = -1, 0, +1 ; j = -1, 0, +1)$ に対して重みづけ $w(i, j)$ をして，重み係数としてマスク位置の各画素に掛け，それらの総和を計算します．これがフィルタ処理です．一般に，マスク配列の大きさや重み係数は，いろいろなパターンがあります．ここでは，3×3行列のマスクの代表的な例を用いて説明します．

図3に示すように，Sobel作用素のマスク配列の内容は，x方向とy方向でちょうど90°回転して同じものとなっています．数学的には，1回の微分（離散量では差分）をとっています．画像の方向によって影響を受けるので，もう1回微分して，2回の微分をとれば，方向の影響を受けないLaplace作用素となります．

● Cannyフィルタの処理

図1を見てもわかるようにSobel，Laplace，Cannyの順にエッジ検出が細かくなっていきます．つまりCannyのエッジ検出器が，一般的に優れていると言えるでしょう．しかし，そのアルゴリズムは非常に複雑なので，ここでは詳細な説明は省き，どのようにして導き出されたかだけの要点を述べます．

次のような条件を満たすように数学的に形式化し，これらの最適解を数値的に求めたのです．
(1) 誤検出率が低いこと．真のエッジに近いこと
(2) 真のエッジにできるだけ近い位置にあるように局所化されていること
(3) 真のエッジ点に対して一つだけを検出すること

そしてCannyのエッジ検出アルゴリズムをまとめると，
(1) 入力画像をガウシアン（Gaussian）フィルタでスムーズ化する，つまりボカすこと
(2) 画像の勾配強度と傾きを求める
(3) 勾配強度をもつ画像に対して極大化しない点の抑制をかける（エッジを細める）
(4) エッジを検出してつなげるために，両側にしきいを設けて連結処理を行う

● OpenCVで実験！

OpenCVのサンプルの中のフォルダ¥tutorial_code¥ImgTransの中に，`Sobel_Demo.cpp`，`Laplace_Demo.cpp`，`CannyDetector_Demo.cpp`が格納されているので，それぞれコンパイルし実行ファイルを作成します．フィルタ処理をしたい画像を用意し，実行ファイルにドラッグ&ドロップすることで処理結果が得られます．トラックバーの操作で抽出の調節ができます．

▶ OpenCVのゾーベル・フィルタ関数…`Sobel()`
▶ OpenCVのラプラス・フィルタ関数…`Laplace()`
▶ OpenCVのキャニー・フィルタ均一化関数…`Canny()`

外村 元伸

61 画像の雰囲気をまず知る
特徴点の抽出

(a) 原画像

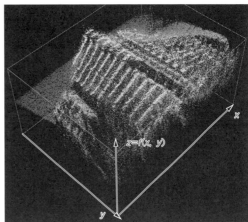

(b) 輝度値をz軸（高さ）で表現した図

図1 特徴点を抽出する一つの方法…画像の輝度値を取得

● できること

物体認識や3次元形状復元では，特徴となる点を抽出することが基本になります．また，2枚の静止画間の対応関係を求めるとき，動く物体を追跡するときには，特徴となる点と点を結びつける（対応付ける，英語ではimage registrationがよく使われる）ことが一つの手段になります．

したがって特徴点は，コンピュータ・ビジョンにおける画像処理の中で使われる重要かつ基本的な概念です．英語ではinterest points，keypoints，feature pointsなどといくつかの言葉が使われますが，日本語ではこの特徴点という言葉が使われます．

実際にどのようにして特徴点を見つけたらよいのでしょうか．精度のよい対応を求めるためには，やはり周囲に比べて変化が顕著な点，角（corner），線の交わりなどを選ぶことでしょう[1]．

● 処理の内容

画像処理において特徴となる点を見つけることが重要なことは，誰が考えても明らかです．では特徴点とは，どのような性質をもつものと考えればよいのでしょうか．まず，図1を見てください．図1(a)の原画像は，(x, y)座標値をもつ画素(x, y)が2次元平面上において輝度値$f(x, y)$で表現されています．そこで輝度値$f(x, y)$を高さ$z = f(x, y)$とみなして表現することを考えてみます．つまり3次元空間座標系xyzで表現することを試みます．図1(a)の原画像について，3次元空間上で表現したものが図1(b)です．これを見て

(a) 楕円型　　(b) 双極型　　(c) 放物型

図2 図1で抽出した値に形状フィルタをかけると特徴点が抽出しやすくなる

もらうとわかると思いますが，周囲の輝度値に比べて顕著に異なる画素の輝度値が，異なる高さで現れている様子が見て取れます．

特徴点抽出をもう少し形式的に考えるために，輝度値の高さで表現された3次元画像を曲面として捉えます．数学の世界では微分幾何学という分野で，図2のような曲面の分類が行われています．いずれも特徴点の定義の候補となります．特徴点を画像の方向によらない不変量とするため，微分の微分，つまり2回微分をとります．画像は離散値であるため，微分は差分で置き換えられます．

● OpenCVで実験！
▶ 輝度分布が変化する場所をとらえるサンプル

ここで紹介するのは，Harris作用素と呼ばれているものです．Harris作用素は画像の輝度値分布に大きな凹凸のある点（勾配は小さいが，勾配がいろいろな方向に広がっている点）を選んでいます．数学的に定義された微分式で表現されますが，ここでは示さず要点だけを述べます．画像のxとy方向のそれぞれに対し

（a）原画像

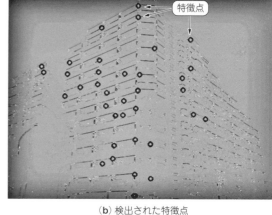
（b）検出された特徴点

図3　Harris作用素によって抽出された特徴点

て標準偏差σのガウス分布による平滑化を行って，この量によって定義される2×2行列に基づいた量を計算します．

OpenCVのサンプルの中のフォルダ¥tutorial_code¥TrackingMotionの中に，cornerHarris_Demo.cppというサンプルがあります．コンパイルして実行ファイルcornerHarris_Demo.exeを作成し，試してみてください．

検出された特徴点（corners）が表示されます（図3）．検出数のしきい値をトラック・バー操作で変えてやると，特徴点の表示数が変化します．

▶ 2枚の画像を特徴点どうしで比較

図4は2枚の類似画像を使って，match_simpleというサンプル・プログラムを実行したものです．2画像間の同じ特徴点同士が線で対応付けられています．中には間違って対応付けられている特徴点があります．

この処理は例えばステレオ・カメラにおいて，左右のカメラ画像から，同じ対象物を見つけるときに使います．

▶ OpenCVのHarris作用素処理関数　…cornerHarris()

外村 元伸

図4　2枚の画像を並べて特徴点を対応付け
左右のカメラ画像から同じ対象物を見つけるときに使う

62 長さや角度の検出に
線の検出

線の検出技術は，ノイズを含む，あるいは物体の輪郭が途切れ途切れの画像において，幾何学的に定義された連続線分（直線，円，楕円，ポリゴンなど）要素の認識に使われます．

直線を検出できると，例えばステレオ・カメラを用いて，建物などの3次元構造物のモデル化が可能です（図1）．直線の長さの計測ができます．

円が求まると，例えば魚眼レンズで撮影された画像

の半径が計測できます（図2）．

楕円は円形物を斜めに撮影したときの投影形に多いです．対象物を斜めから撮影していることが分かります．円形の交通標識の検出などに応用できます（図3）．

また，名刺などのカードをカメラで撮影し，カードの枠を検出することで，形状補正ができます．閉じた線分図形として物を検出すれば，物の個数がカウントできます．

（a）原画像

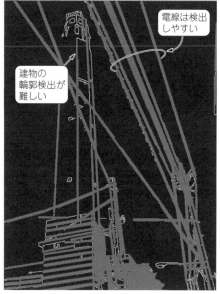
（b）直線検出画像

図1　ハフ変換による直線の検出結果

● 処理の内容

　画像処理において，途切れのない線分を抽出することはノイズの影響を受けやすいので，なかなかできないものです．たいていは点の連なりとして抽出されます．そこで，これら点の連なりを結んで線分とする方法が使われます．

▶ 最小2乗法

　よく使われる方法に，直線とデータ点の集合との距離が最小になるように直線を求める最小2乗法があります．

　最小2乗法によって確かに直線が確定しますが，中には直線との距離が大きな点も存在し，直線の成分とは考えにくいので，そのような点は排除しなければなりません．

▶ ハフ変換

　別の観点から考えられたハフ（Hough）変換と呼ばれる方法もあります．図4に示すように，点列$P_i(x_i, y_i)$を通る直線は，その直線に垂直かつxy座標系の原点を通る直線，つまり，

$$\rho = x_i \cos\theta + y_i \sin\theta$$

で表すことができます．ここでρは点列$P_i(x_i, y_i)$を通る直線におろした垂線の長さ，θはその垂線がx軸の正の方向となす角度です．幾何学ではHesseの標準形と呼ばれています．一つの点$P_i(x_i, y_i)$を通る直線は無数にあります．それで図4(b)に示すようにθをパラメータとして点(x_i, y_i)におけるρの値を求めたグ

（a）交通標識の円形検出

（b）魚眼レンズで撮影した円形輪郭画像の円の半径の計測

図2　ハフ変換による円の検出結果

ラフを描くと，P_iの曲線が得られます．同じ直線上にある他の点$P_j(x_j, y_j)$についても同様の曲線グラフを描くと，一つの点(θ_i, ρ_i)で交わることがわかります．つまり，点列$P_i(x_i, y_i)$を通る直線が点(θ_i, ρ_i)で表せることがわかります．

　この原理を用いて，途切れた点の列として得られる直線を求めるアルゴリズムがハフ変換です．ハフ変換の具体的なアルゴリズムは，$\theta\rho$平面において，まず，画像の任意の画素P_iについて，θ値に対して適当な間隔でρの値を計算します．ρ値も適当に離散化します．すると離散化された点列(θ_i, ρ_i)が得られるので，これを投票というかたちで(θ_i, ρ_i)の箱の中に入れます．同様に，他の任意画素P_jについても投票を行います．そうすると投票数が極端に多い箱(θ_k, ρ_k)が見つかります．この箱について元のxy直線の式に戻してやれば，直線が抽出されたことになります．

● OpenCVで実験！

　サンプルに`houghlines.cpp`がありますので，それをコンパイルし，実行ファイル`houghlines.exe`を作成します．直線成分を求めたい画像ファイルをドラッグ＆ドロップすれば，図1に示すような直線成分を検出した画像が得られます．

　円（`/tutorial_code/ImgTrans/HoughCircle_Demo.cpp`）や楕円（サンプル`fitellipse.cpp`）の例もあります（図2，図3）．

▶ OpenCVのhough（線形）処理関数
　…`houghLines()`
▶ OpenCVのhough（円）処理関数
　…`houghCircles()`

外村 元伸

（a）原画像　　　　　　　　　（b）検出画像

図3　ハフ変換による楕円の検出結果
OpenCVのサンプル・プログラムで実験！

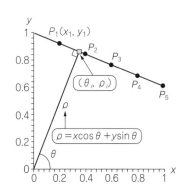
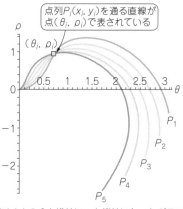

（a）画像のxy平面上に特徴点$P_1 \sim P_5$が並んでいる　　（b）（a）のθを横軸にρを縦軸にとったグラフ

図4　途切れた点の列として得られる直線を求めるアルゴリズムがハフ変換

63 複雑な形を探したいときに
探し物を発見する…パターン・マッチング

面(テンプレート)画像を用いて行うパターン・マッチング法は,画像処理入門において基本ですが,テンプレート画像と比較の対象となる入力画像が厳密に同じ条件を保つことは現実的に不可能なので,大抵はそのままの形では使うことができません.テンプレート画像を入力画像の条件に合うように変形する操作が必要です.

変形操作の方法はいろいろと提案されています.したがってテンプレート画像自体は,いろいろな形に変形操作され使われることが多いです.純粋なテンプレート・マッチングの応用を敢えてあげるなら,画像の一部分が取り出されているときに,それをテンプレートにして,元の画像のどこにあったものなのかを見つけるような場合には有効でしょう.

● OpenCVで実験!

テンプレートと呼ばれる抽出したい画像パターンのマスクを目的画像に重ねながら比較・走査する方法は,単純でわかりやすいのですが,一般に抽出対象となる画像部分はテンプレートの大きさ,方向(特に3次元の回転),明るさなどに依存するので,使い方が限定されます.

OpenCVのサンプルの中に,フォルダ名tutorial_codeがあり,その中のフォルダ名Histograms_Matchingの中に,MatchTemplate_Demo.cppというプログラムがあります.

このサンプル・プログラムではMatchTemplate()という関数を使っています.

MatchTemplate_Demo.cppをコンパイルし,実行ファイルMatchTemplate_Demo.exeを作成します.このサンプルの詳細については,以下を参照してください.

```
http://opencv.itseez.com/doc/tutorials/imgproc/histograms/template_matching/template_matching.html
```

まず,テンプレート画像Tと,そのテンプレート画像にマッチさせたい入力画像Iを準備します(**図1**).このテンプレート画像TをMatchTemplate_Demo.exeにドラッグ&ドロップします.そうすると図2のような結果が表示されます.なお,図1の入力画像Iと図2の入力画像Iは異なります.したがって図2において,図1のテンプレート画像Tに完全にマッチする部分はありません.これは実際の運用においても,用意しているテンプレート画像Tに完全にマッチする入力画像Iなどありえないからです.

6種類の評価方法がトラック・バーを移動することによって試せるようになっています.具体的な評価式を**表1**に示します.

図1 テンプレート・マッチングの準備

表1 OpenCVのサンプルの中の MatchTemplate_Demo.cpp**に用いられているテンプレート・マッチングの評価式**

評価式番号	マッチング方法名	評価式	
0	TM SQDIFF (デフォルト)	$\sum_{x',y'}[T(x',y')-I(x+x',y+y')]^2$	元画像とテンプレートの差をとっているだけ
1	TM SQDIFF NORMED	$\dfrac{\sum_{x',y'}[T(x',y')-I(x+x',y+y')]^2}{\sqrt{\sum_{x',y'}T(x',y')^2 \cdot \sum_{x',y'}I(x+x',y+y')^2}}$	上記式をノーマライズしている
2	TM CCORR	$\sum_{x',y'}[T(x',y')\cdot I(x+x',y+y')]$	元画像とテンプレートとの掛け算
3	TM CCORR NORMED	$\dfrac{\sum_{x',y'}[T(x',y')\cdot I(x+x',y+y')]}{\sqrt{\sum_{x',y'}T(x',y')^2 \cdot \sum_{x',y'}I(x+x',y+y')^2}}$	マッチしやすいように正規化(ノーマライズ)している
4	TM COEFF	$\sum_{x',y'}[T'(x',y')\cdot I'(x+x',y+y')]$ $T'(x',y') = T(x',y') - 1/(w\cdot h)\cdot \sum_{x'',y''}T(x'',y'')$ $I'(x+x',y+y')$ $= I(x+x',y+y') - 1/(w\cdot h)\cdot \sum_{x'',y''}T(x+x'',y+y'')$	テンプレート画像内の平均をとってその差をみる
5	TM COEFF NORMED	$\dfrac{\sum_{x',y'}[T'(x',y')\cdot I'(x+x',y+y')]}{\sqrt{\sum_{x',y'}T'(x',y')^2 \cdot \sum_{x',y'}I'(x+x',y+y')^2}}$	

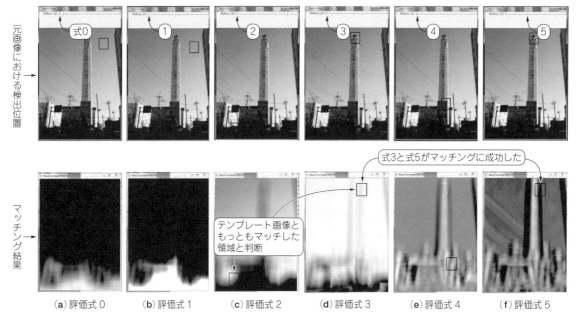

図2 テンプレート・マッチング結果
表1に示した6種類の評価式の比較

　図2のように，最もマッチした領域が四角形で囲まれています．result windowの表示は，マッチ評価式の値$R(x, y)$です．四角形の左上隅が明るいほどマッチしていることを示しています（図2からは分かりづらいものの，サンプルを実行すると分かる）．ただし，0番と1番の評価式については，表示の明暗が逆になっています．

　例に用いた図2の結果を見ると，3番と5番の評価式しかマッチに成功していません．それはテンプレート画像と入力画像が少し違っているものを用いたからだと考えられます．3番の評価式が相関係数と呼ばれる式で，係数が1に近いほど一致している度合いが強いことを示しています．5番の評価式は，3番の式を平均値からの差の表現に変形したもので，本質的には同じです．両式とも入力画像の変形にテンプレート画像があまり依存しない評価式だからです．

外村 元伸

64 静止している背景画像に対して何か動く物体を見つけるときに
侵入物を見つける…背景差分法

　カメラの配置が固定されているときに，静止している背景画像に対して，何か動く物体を検出したい場合に使います．たとえば監視カメラで，侵入者，侵入物の検出，あるいは物の持ち去りの検出に使います．

　よく，カメラでシャッタを一定時間，開いたままにして，人や物の動きの流れを見る方法があります．これを動線分析といいますが，このような場合にも応用されます．動線データはマーケティング，交通流量，作業効率の分析などで使われています．逆に動いた物だけを消して，静止している背景画像だけを残して撮影したい場合にも使えます．屋外における監視カメラ利用では，照明の変動が影響を与えるので，一定フレーム数前の平均画像を背景画像とする方法も使われます．

　背景差分法による動体検出の例を図1に示します．

● 処理の内容

　静止している背景画像を考えようとしても，実際にはむずかしい問題があります．照明などのちょっとした変動で輝度値が変わってしまい，静止していなければならない背景が動いたように判定されてしまうからです．そこで変動量に幅をもたせて，その許容範囲内では動きがなかったものとします．

　一般に，照明などの変動において，色の変化よりも輝度の変化量の方が大きいと考えられます．そこで，図2に示すように，変動量の許容範囲を回転楕円体で表現し，長軸半径に輝度差の許容量aを，単軸半径に

(a) 元画像　画像に動きがない
(b) 元画像と元画像の差分検出結果　完全に一致
(c) 侵入物あり　侵入物
(d) 元画像と侵入物ありの画像の差分検出結果　元画像との不一致部分

図1　背景差分法による動体検出の例

色差の許容量 s を割当てます．背景となる画素は，静止しているときの画像を用いるか，ゆっくりと変動している場合は，現在のフレーム画像から何フレーム分かをさかのぼり，その期間の平均をとり背景画像とするとよいでしょう．そのようにして決まった注目する位置の背景画素のRGB値を $Q(r_q, g_q, b_q)$ とします．そしてこの背景画像に対して動きを検出したい画像の同じ位置のRGB値を $P(r_p, g_p, b_p)$ とします．まず，回転楕円体の軸が基準の座標系 xyz になるように，座標回転（座標変換）します．回転した座標系の P と Q の座標値を $P(x_p, y_p, z_p)$，$Q(x_q, y_q, z_q)$ とすると，許容範囲の境界の回転楕円体の式は，

$$\frac{(x_p-x_q)^2}{a^2}+\frac{(y_p-y_q)^2+(z_p-z_q)^2}{s^2}\leq 1$$

ですから，左辺の値を計算して1以下ならば，許容範囲内にあることになり，静止していることに，1より大きければ許容範囲外にあることになり動いたとみなし，動きが検出できたことになります．

RGB表色系からXYZ表色系に変換してから，許容範囲の回転楕円体モデルを使った方が，式の表現が簡単になりますので，どちらの方が計算量が少なくなる

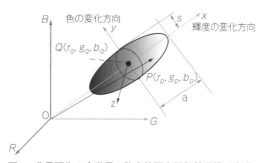

図2　背景画像の変動量の許容範囲を回転楕円体で表現

のかの判断は，読者にまかせます．

● OpenCVで実験！

OpenCVのサンプルには，`segment_objects.cpp`があります．`segment_objects.cpp`をコンパイルし，実行ファイル`segment_objects.exe`を作成します．USBカメラをパソコンに接続し，`segment_objects.exe`をクリックします．USBカメラから取得した映像が表示ウィンドウ画面に表示されます．videoとラベル付けられたウィンドウがカメラ入力された映像で，segmentedとラベル付けられ

リスト1　背景差分法の処理プログラム
OpenCV.orgからダウンロードできるsegment_objects.cppの引用

```cpp
int main(int argc, char** argv)
{
    VideoCapture cap;            ← カメラ画像入力
    bool update_bg_model = true;

    help();

    if( argc < 2 )
        cap.open(0);
    else
        cap.open(std::string(argv[1]));

    if( !cap.isOpened() )
    {
        printf("\nCan not open camera or video file\n");
        return -1;
    }

    Mat tmp_frame, bgmask, out_frame;

    cap >> tmp_frame;
    if(!tmp_frame.data)
    {
        printf("can not read data from the video source\n");
        return -1;
    }

    namedWindow("video", 1);
    namedWindow("segmented", 1);

    BackgroundSubtractorMOG bgsubtractor;
    bgsubtractor.noiseSigma = 10;

    for(;;)
    {
        cap >> tmp_frame;                    ┐ 背景画像と入力画
        if( !tmp_frame.data )                │ 像との一致を見る
            break;
        bgsubtractor(tmp_frame, bgmask, update_
                                 bg_model ? -1 : 0);
        //CvMat _bgmask = bgmask;
        //cvSegmentFGMask(&_bgmask);
        refineSegments(tmp_frame, bgmask, out_
                                             frame);
        imshow("video", tmp_frame);
        imshow("segmented", out_frame);
        int keycode = waitKey(30);      ┐ 不一致部の輪郭を
        if( keycode == 27 )             │ 抽出し，描画する
            break;
        if( keycode == ' ' )            ┐ 背景画像を更新
        {
            update_bg_model = !update_bg_model;
            printf("Learn background is in state =
                             %d\n",update_bg_model);
        }
    }
    return 0;
}
```

たウィンドウが背景差分を検出した部分を表示します．静止している背景が黒く表示されます（**図1**）．リスト1に背景差分法の処理部分を示します．bgsubtractor()関数で元画像と比較し，refineSegments関数で不一致部の輪郭を抽出しています．

外村 元伸

65 特定の人物や物を追跡するときに
獲物を追跡…特徴点追跡法

　検出の対象物がカメラ画像の中で相対的に移動していくような状況下で，対象物を追跡するために使われます．たとえば撮影方向の移動やズームができる監視カメラにおいて，特定人物や物を追跡する場合，振動しているカメラの映像のブレを除き安定化する場合，背景よりも動体に焦点を合わせてブレないように撮影したい場合，車載のカメラで交通標識を認識したい場合に有効です．

　ステレオ・カメラによる物体の距離測定に，あるいは異なる斜め方向から撮影した構造物体の2（複数）枚の写真から，同じ特徴点を用いて3次元構造の復元にも応用できます．物体の時間的移動量から速度も求められます．

● OpenCVで実験！

　カメラ自体も移動する場合は，動体を検出する際に背景差分法を使うことができません．そこで使われるのが特徴点に注目して，同一の特徴点を検出しながら追跡する方法です．

　特徴点追跡法は，1980年代の初めにLucasとKanade（金出）（1981）によって提案されたアルゴリズムが有名です．後にTomasiとKanade（1991）によって改良されたので，KLT追跡法と呼ばれています．OpenCVのライブラリには，Bouguetによって計算効率をよくしたものが実現されています．

　OpenCVのサンプルにはlkdemo.cppがあります．lkdemo.cppをコンパイルし，実行ファイルlkdemo.exeを作成します．このプログラムではcalcOpticalFlowPyrLK()関数でKLT追跡法を実装しています．

　USBカメラをパソコンに接続し，lkdemo.exeをクリックします．USBカメラから取得した映像が表示ウィンドウ画面に表示されます．表示ウィンドウ上でマウス・クリックすることで特徴点を指定できます．キーボードのrキーを押すと，特徴点を自動で見つけることができます．nキーで背景を消すことができます．

(a) 追跡開始　　(b) カメラを左方向へ移動　　(c) さらに左方向へ移動

図1　特徴点追跡の実行例　　(d) 逆(右)方向へ移動　　(e) 右方向へ移動中

　特徴点追跡の実行例を**図1**に示します．特徴点を指定または自動で見つけて追跡を開始し，カメラの撮影方向を移動していくと，特徴点も追随していくことがわかります．中には追跡に失敗して，特徴点が消失するものもありますが，ほとんどの特徴点は正しく追随していきます．

● 特徴点追跡法のしくみ

　KLT特徴点追跡法のアルゴリズムを**図2**で説明します．ある特徴点を含む部分の画像ウィンドウ W_1 に注目します．カメラの移動によって特徴点の位置が (d_x, dy) ぶん移動し，特徴点を含む部分の画像ウィンドウ W_2 になったとします．W_2 のサイズは W_1 と同じで W とします．このとき同じ特徴点を追跡しようとしているので，画像ウィンドウ W_1 と W_2 のあいだには強い類似性の相関がなければなりません．それを評価するために，画像ウィンドウ W_1，W_2 内の画素の輝度値をそれぞれ I_1，I_2 とするとき，

$$\sum_{x \in W}\sum_{y \in W}\left[I_2(x+d_x, y+d_y) - I_1(x,y)\right]^2$$

> ここでは説明を簡単にするために輝度の積分の式で示しただけ．KLTは実際にはもっと複雑

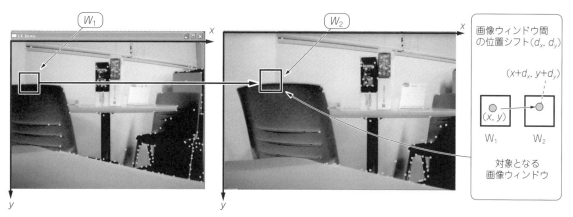

図2　KLT特徴点追跡法のアルゴリズム

の値が最小となるときの画像ウィンドウW_2に，W_1と同じ特徴点が含まれているということになります．上式はテンプレート・マッチングの式です．しかし，実際のKLTで使われている式は，画像ウィンドウが移動していくと，画像が変形を受けるため，変形を考慮した複雑なものになっています[10]．そのため計算量が多く，一般に重いアルゴリズムとして知られており，ハードウェア化が必要です．

外村 元伸

66 高解像度画像の生成や測距に 位相限定相関法

● 1画素の1/10の精度で位置ずれがわかる

1画素の幅よりも狭いサブピクセルの精度（1/10程度）で位置のずれが求められることから，低解像度画像から高解像度画像を生成する超解像処理に利用が期待されています．

計測分野，たとえば車載のステレオ・カメラによる対象物体までの距離測定に応用しようという試みがあります．

左右のステレオ・カメラによって撮影される対象物の視差を，画像のステレオ・マッチングによって求めるのですが，距離測定は三角測量の原理に基づいているため，車載では左右のカメラ間隔が広く取れないので，サブピクセル精度の視差測定が要求されるからです．

位相限定相関法は，フーリエ変換/逆変換の計算が必要なため，計算量が膨大になります．利用にあたってはハードウェア化が必須です．

● OpenCVで実験！

位相限定相関法（Phase Only Correlation）は，図1に示すように，画像をフーリエ変換し，周波数空間で解析します．OpenCVのサンプルにdft.cppという離散フーリエ変換（DFT）のプログラムがあるので，コンパイルして実行ファイルdft.exeを作成します．このプログラムではdft()関数を利用しています．

サブウィンドウ内の類似画像$f_1(x, y)$と$f_2(x, y)$をdft.exeにドラッグ＆ドロップします．すると周波数空間(ω_x, ω_y)に変換された画像$F_1(\omega_x, \omega_y)$と$F_2(\omega_x, \omega_y)$が得られます．

今，元の画像$f_1(x, y)$とその類似画像$f_2(x, y)$間の位置のずれ（シフト量）を$(\Delta x, \Delta y)$とします．図2に示すように，

$$f_2(x, y) = f_1(x + \Delta x, y + \Delta y) \quad \cdots\cdots (1)$$

なる関係があります．式(1)をフーリエ変換すると，

$$F_2(\omega_x, \omega_y) = F_1(\omega_x, \omega_y) e^{j(\omega_x \Delta x, \omega_y \Delta y)} \quad \cdots\cdots (2)$$

となります．これはフーリエ・シフト定理と呼ばれて

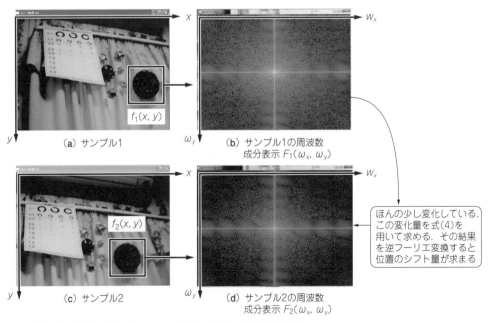

（a）サンプル1　　（b）サンプル1の周波数成分表示 $F_1(\omega_x, \omega_y)$

（c）サンプル2　　（d）サンプル2の周波数成分表示 $F_2(\omega_x, \omega_y)$

ほんの少し変化している．この変化量を式(4)を用いて求める．その結果を逆フーリエ変換すると位置のシフト量が求まる

図1　位相限定相関法は画像をフーリエ変換し周波数空間で解析する

います．この式(2)を用いて，複素共役F^*を両辺に掛けると，右辺が絶対値，

$$F_1 F_1^* = |F_2 F_1^*| \quad \cdots\cdots\cdots\cdots (3)$$

となるので，式(3)で割ると以下のような式が導かれます．

$$\frac{F_2(\omega_x, \omega_y) F_1^*(\omega_x, \omega_y)}{|F_2(\omega_x, \omega_y) F_1^*(\omega_x, \omega_y)|} = e^{j(\omega_x \Delta x, \omega_y \Delta y)} \quad \cdots\cdots (4)$$

式(4)をきちんと理解するのは難しいのですが，右辺にはシフト量($\Delta x, \Delta y$)という位相のみで表現された式が得られているので，左辺を計算すると($\Delta x, \Delta y$)が求められることだけでも理解してください．左辺がちょうど相関関係になっており，右辺の位相のみで表現されることから位相限定相関法と呼ばれています．

実際には上式を逆フーリエ変換して元の画像空間に戻してやります．右辺は数学的には，デルタ関数と呼ばれているシフト位置($\Delta x, \Delta y$)のみに値をもつ表現になります．現実的な計算では，近似計算で求めます．そうすると，**図2**の右上に示すような鋭いピーク値をもつ曲面が現れるので，その位置をシフト量($\Delta x, \Delta y$)として読み取ればよいわけです．これが位相限定相関法を用いるとサブピクセル精度で求められる理由です．

OpenCVのサンプルには，残念ながら位相限定相関法のプログラムがありませんので，離散フーリエ変換(dft)のみしか試せませんでしたが，位相限定相関法とはだいたいこんなものであるということはご理解いただけたでしょうか．

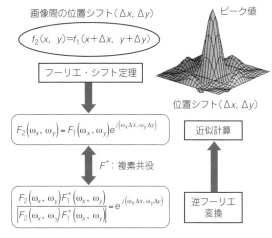

図2 位相限定相関法の計算式

◆ 参考文献 ◆

(1) Cary Bradski, Adrian Kaebler：Learning OpenCV, Computer Vision with the OpenCV Libraly, O'Reilly 2008（日本語訳本，松田 晃一 訳：詳解OpenCV－コンピュータライブラリを使った画像処理・認識，オライリー・ジャパン 2009）．
(2) 永田雅人：実践OpenCV，映像処理&解析，2009年，㈱カットシステム．
(3) 奈良先端科学技術大学院大学編：OpenCVプログラミングブック，2007年，第2版 2009年，㈱マイナビ．
(4) 北山洋幸：OpenCVで始める簡単動画プログラミング，2010年，㈱カットシステム．
(5) 北山洋幸：C#とOpenCVの融合プログラミング，ライブラリのラッパーDLLを利用する，2010，㈱カットシステム．
(6) 谷尻豊寿：Essential OpenCV Programming with Visual C++ 2008, 2009年，㈱カットシステム．
(7) Robert Lagani re: OpenCV 2 Computer Vision Application Programming Cookbook, Packt Publishing, 2011.
(8) OpenCV 2プログラミング制作チーム：OpenCV 2プログラミングブック，2011年，㈱マイナビ．
(9) 金澤 靖，金谷 健一：コンピュータビジョンのための画像の特徴点の抽出，電子情報通信学会誌，pp.1043～1048, Vol.87, No.12, 2004.
(10) KLT: An Implementation of the Kanade-Lucas-Tomasi Feature Tracker.
http://www.ces.clemson.edu/~stb/klt/

外村 元伸

第10章 画像伝送のためのケーブルやコネクタ

HDMIやDVI/SDIから光まで

67 フル・ハイビジョンも映像の著作権保護もバッチリ！ テレビ向け定番ビデオ規格…HDMI

● 基本情報

- データ伝送レート：最大18Gbps
- 標準規格が策定された時期：2002年
- 現在の最新バージョン：2.0
- 使用される製品：テレビなどの映像機器など

● 特徴

　HDMIはディジタル・テレビと周辺機器をつなぐインターフェースです．コネクタを**写真1**に示します．テレビやDVDプレーヤなどに標準実装されています．規格の改定によりBlu-ray/DVDプレーヤやゲーム機，パソコン，ディジタル・カメラなどにも搭載されるようになってきています．HDMIの主な特徴を次に示します．

- 最大18Gbpsまで伝送でき，テレビとパソコンの両方の映像フォーマットに対応できる
- テレビ分野，パソコン分野，ディジタル・カメラ分野，印刷分野などで標準とされている色空間に対応している
- 16ビット（RGB3色で48ビット）の色深度（ディープ・カラー）に対応し，65536階調までの色を表現できる
- L-PCM，Compressed Audio，DVD Audio，Super Audio CD，Direct Stream Transport，High Bit Rate Audio等の音声フォーマットに対応するとともに，最大32の音声チャネル，最大1536kHzの音

写真1
HDMIコネクタにはさまざまな大きさが用意されている

タイプA スタンダード・コネクタ
タイプD モバイル機器向けコネクタ
タイプC 小型機器向けコネクタ

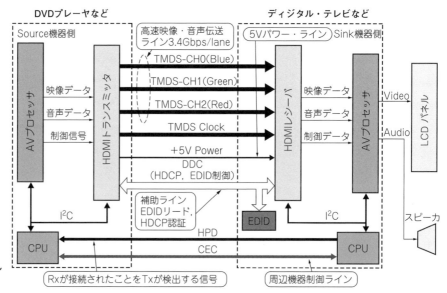

図1
HDMIでディジタル・テレビに映像を送るしくみ

声周波数
- HDCP（High-bandwidth Digital Content Protection）によるコンテンツ保護機能に対応する
- テレビやDVDプレーヤ，STB，AVアンプなどでコマンドをやりとりするプロトコルCECが用意されている．各メーカでは○○リンクという名称で呼ばれることが多い
- 映像や音声を伝送する高速差動ラインであるTMDSを採用する（DVIでも使われている伝送技術）．図1のようにデータ・ラインは，データ用3レーン＋クロック用1レーンの4レーンある

▶ 規格の入手方法…規格書はHDMIメンバ契約後に入手できます．旧規格書（HDMI 1.3aと1.4の一部）は下記webサイトで登録を行うと閲覧できます．
`http://www.hdmi.org/manufacturer/specifi-cation.aspx`

長野 英生

68 4K2K/60fpsを20Gbps超で！映像と音声を1本のケーブルで送れる パソコン・モニタ向け規格…DisplayPort

● 基本情報
- データ伝送レート：最大32.4Gbps
- 標準規格が策定された時期：2006年
- 現在の最新バージョン：1.3
- 使用される製品：パソコン・モニタなど

● 特徴
DisplayPortはパソコンとモニタをつなぐビデオ・インターフェースです．VESAにて標準化された規格です．HDMIと同じく映像と音声を伝送できます．コネクタを写真1に示します．

対応する映像フォーマットや色空間，色深度などの基本的な項目はHDMIと同じですが，伝送レートが32.4Gbps（HBR3：8.1Gbps/lane×4レーン時）と高速なため，HDMI対応のものに加えて，5K3K（5120×2880），60Hz，24ビット・カラーの映像フォーマットや，4K2K（3840×2160），120Hz，24ビット・カラーの映像フォーマットにも非圧縮で対応できます．著作権保護機能も，HDMIと同様にHDCPに対応します．HDMIが持つCEC機能は持っていません．

図1にDisplayPortの信号構成を示し，DisplayPort特有の機能について説明します．

● データをパケットにして送信
ストリーム・データの伝送にマイクロ・パケット方式を採用しています．Main Linkの1レーンあたり1.62Gbps（RGB），2.7Gbps（HBR），5.4Gbps（HBR2），8.10Gbps（HBR3）の4種類のビット・レートからいずれかを選択し，データをパケット化して伝送します．

また本方式により，複数のモニタをデイジ・チェーンで接続して，異なる映像を表示させるマルチストリ

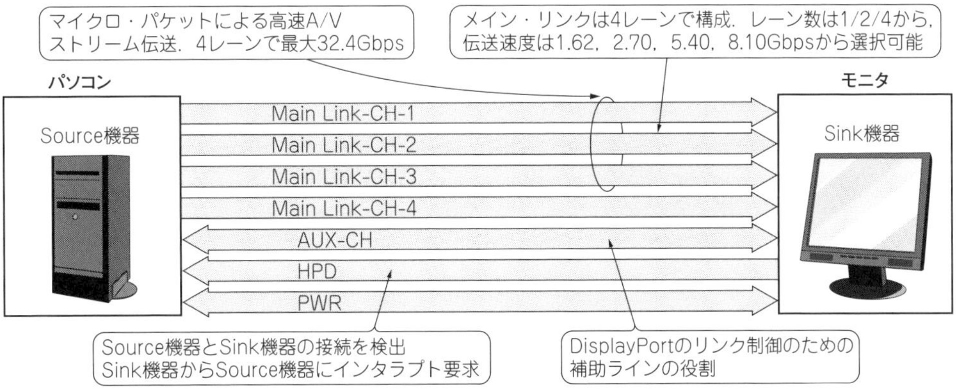

写真1　DisplayPortのコネクタ

図1　DisplayPortでパソコンからモニタに映像を送るしくみ

ーム伝送ができます．最大64個の異なるストリームを送れます．

● 映像・音声を伝送する高速差動レーンの高速化技術

Main Linkとは映像・音声を伝送する高速差動レーンのことです．8.10Gbps/laneという高速性能を実現するために，次の技術が使われています．

- プリエンファシス
- AC結合
- エンベデッド・クロック方式

● DisplayPartの動作を裏で支えるAUX-CH

AUX-CH（Auxiliary Channel）は，リンク制御のための補助ラインの役割を持ちます．Source機器とSink機器のリンクの確立や，リンクの維持・管理，EDID（機器情報などの情報）のリードなどを担当します．

AUX-CHも差動伝送ですが，双方向，半二重通信ができます．

▶ 規格の入手方法…VESA 会員以外でも承認済みの規格書であれば，有償（一部無償）で入手できます．
　http://www.vesa.org/

長野 英生

69 画像もデータも伝送速度10Gbpsで！電力供給もOK パソコンと周辺機器をつなぐ！Thunderbolt Technology

Thunderbolt Technology（以下Thunderbolt）は，パソコンと周辺機器間をケーブルで接続して10Gビット/秒（以下bps）で伝送します．データと画像を送ることを想定しており，データ伝送はPCI Expressに，画像伝送はDisplayPortに対応しています．2011年2月24日（米国時間）発表のApple MacBook Proに突然搭載されました．

● コネクタの外観

Thunderboltは写真1に示すように，Mini Display Port互換のコネクタを使用します．コネクタをDisplayPortと共用することで，コストや実装スペースを削減しています．接続するケーブルにより物理層が切り替わり，Thunderboltとして動作したり，DisplayPortとして動作したりします．

■ 物理層のテクノロジ

● 送受信それぞれ2レーンずつ！4組の差動信号で10Gbps

データ・レートは10.3125Gbpsです．図1に示すよ

(a) パソコンの裏面

(b) ケーブル側（住友電気工業）

写真1　ThunderboltのコネクタはMini DisplayPortと同じ

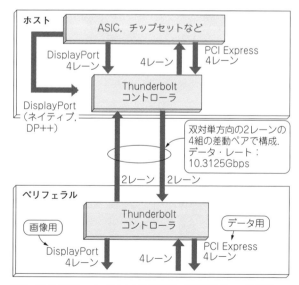

図1　送受信2レーンずつ！4組の差動ペアで10Gbpsを伝送
データはPCI Expressと，画像はDisplayPortとつなぐことを想定している

うに，ホストからデバイスの向きにデータを転送するダウン・リンクと，逆方向のアップ・リンクが独立した双対単方向伝送の2レーンの，4組の差動ペアで構成されています．

符号化技術は64ビットを66ビットにして送る64B66Bです．64ビット（8バイト）のデータの先頭にデータ・パケットなのかリンク・コントロール・パケットなのかの識別子を2ビット追加し，一つのパケットとして送信します．

● 10Wの電力を供給可能！

伝送距離は，銅線ケーブルで3mまで，AOC（Active Optical Cable；アクティブ光ケーブル）を使用すれば10m以上延ばすことが可能です．また，銅線ケーブルは10Wまでの電力を供給可能なので，この範囲のデバイスであればACアダプタや電源が不要です．

● データはPCI Express，画像はDisplayPortでつなげる

画像も転送できるThunderboltは，データと画像に一つずつプロトコルを対応しています．データ用プロトコルとしてPCI Express（2.0），画像用プロトコル

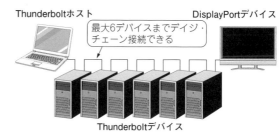

図2　数珠つなぎで1台のパソコンから最大7台の装置にデータを伝送できる
最終段はディスプレイなどのDisplayPortのシンク機器となる

としてDisplayPort（1.2a）が選ばれています．

理由は両者ともさまざまなプロトコルに橋渡しできるからです．例えばPCI Expressでは，USBやEthernet，SATAなどへ変換ができます．

● 最大6デバイスをデイジ・チェーン接続できる

Thunderboltリピータ・ポートを持つ2ポート・デバイスを縦続接続（デイジ・チェーン）して，最大6デバイス（7ホップ）接続し，最後にDisplayPortシンク機器を接続できます（図2）．ThunderboltのDisplayPort

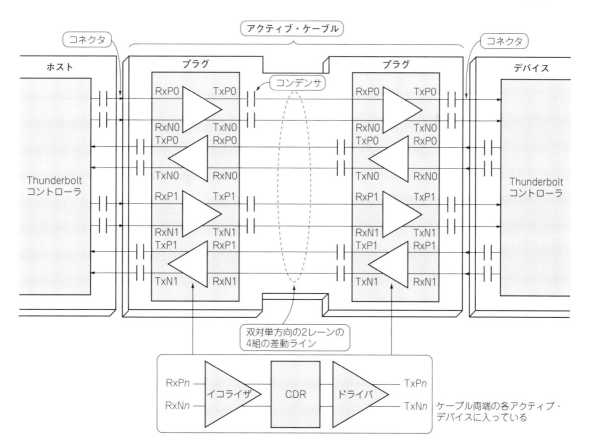

図3　プラグ内にイコライザ回路を内蔵しているのでケーブル伝送は保証される

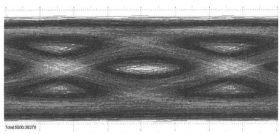

(a) アイ・パターンが開いていない　　　　　　　　(b) イコライザで波形をちゃんとする

図4　イコライザのはたらき…高周波が減衰して閉じてしまったアイ・パターンをもう一度開かせる

はHDMIに切り替えられるDP++モードをサポートしているのでHDMIシンク機器も接続できます．

■Thunderboltケーブルの特徴…回路内蔵で伝送が保証されている

● コネクタに伝送用回路を内蔵！アクティブ・ケーブルのメリット

図3のようにすべてのケーブルの両端プラグ内には，イコライザやリクロッカの回路を内蔵するアクティブ・ケーブルです．10Gbpsという高速の信号を，銅線ケーブルでは3m，光ケーブルでは10m以上伝送できます．アクティブ・ケーブルで使われているイコライザのはたらきを図4に示します．

これらのケーブルは，Foxconn，住友電気工業，Belkinなどが製造・販売しています．住友電気工業製はアマゾンでも購入可能です．最高30mまで延ばすことが可能なアクティブ光ケーブルも住友電気工業が出荷しています．

アクティブ化にはいくつかのメリットがあります．ここでは，主要な二つを紹介します．

▶ ① クロストークの低減と高速差動信号伝送を両立できる

高速差動信号伝送では，信号振幅の大きなトランスミッタ（Tx）からの送信信号に対し，レシーバ（Rx）への受信信号は，特に高周波信号が減衰して振幅が小さくなります．受信側のイコライザ回路でブーストすれば改善できますが，同時にクロストークなどのノイズも増幅してしまいます．プラグ内やコネクタ内およびコネクタ直下では配線が近接するために，クロストークが発生しやすくなります．

ケーブルのプラグ内でイコライズ，リクロックすることで，クロストークの影響を抑えながら高速差動信号をきちんと伝送できます．

▶ ② 電気⇔光の変更が簡単！

リクロッカの先に電気⇔光変換回路を配置すれば，アクティブ光ケーブルを実現できます．つまり，リク

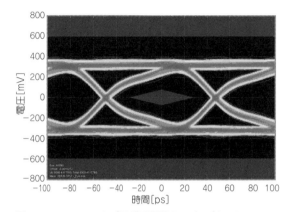

図5　Thunderboltのプラグ受信端のアイ・パターン
ThunderboltコントローラICとプラグ受信端の伝送でアイ・パターンを守るだけで10Gbps伝送できる．16GHz帯域のDSA71604C型ディジタル・シリアル・アナライザ（テクトロニクス）で測定

ロッカ間を接続する方式にとらわれません．

● ケーブル伝送は保証されているので考えなくてよくなる

早期に発売されたケーブルは，カナダSemtech Gennum社（旧Gennum）のコネクタ内蔵型10Gbpsトランシーバ・チップ GN2033を採用しています．GN2033の仕様入手には同社と機密保持契約が必要ですが，同様な製品としてテキサス・インスツルメンツ社DS100TB211や，インターシル社ISL37231などがあり，両製品ともブロック図を含むデータシートを入手可能です．

アクティブ・ケーブルを使用した結果，セット・メーカが押さえるべき10Gbpsの伝送はThunderboltコントローラ⇔コネクタ（レセプタクル）間のみとなります．つまり，ケーブルという伝送路を考えずに済みます．

図5はThunderboltコントローラの送信信号をプラグ内のリピータ受信端位置で受けた波形です．接続された相手側のThunderboltコントローラ受信端も等価になります．

畑山 仁

70 フルHDもOK！パソコン・モニタ用インターフェースDVI

HDMIにも使われている物理層TMDSが高速伝送のキモ

■DVIの特徴

●アナログVGAでは画質とコンテンツ保護が課題に

DVI（Digital Visual Interface）は1999年にリリースされたパソコン-モニタ間のディジタル・インターフェースです．それまではVGA（Video Graphics Array）が使われてきましたが，伝送方式にアナログを使っているため，高速になると画質の問題が生じる可能性があることと，ディジタル・インターフェースに比べてコンテンツ保護が不十分でした．

DVIはこれらの問題を解決するために開発されました．次に特徴を示します．

表1　DVIが対応する映像フォーマット．フル・ハイビジョン映像（1920×1080P）も伝送できる！

テレビ用フォーマット		パソコン用フォーマット	
名　称	総画素数	名　称	総画素数
フルHD	1920×1080P	UXGA	1600×1200
HD	1280×720P	WSXGA	1680×1050
SD	720×480P	SXGA	1280×1024
※Pはプログレッシブを表す		WXGA	1280×768
		XGA	1024×768
		SVGA	800×600
		VGA	640×480

▶ ① 4.95Gbpsまで伝送できる！フルHDもOK

ピクセル・クロック周波数で最高165MHzまで，伝送バンド幅で4.95Gbpsまでサポートしています．表1に示すようにUXGA（1600×1200）やフルHD（1920×1080P）にも対応できます．

▶ ② 非圧縮RGBディジタル映像を伝送することも可能

DVIは，RGBの非圧縮データを送ることができます．高解像度ディスプレイで，タイム・ラグの違和感なく伝送できます．

▶ ③ コンテンツ保護としてHDCPにも対応可能

▶ ④ アナログとディジタルを一つのコネクタで伝送可能

DVIは写真1のようにTMDSのディジタル信号以外にアナログ信号も同時に送れるようにコネクタに工夫がされています．

▶ ⑤ TMDS
（Transition Minimized Differential Signaling）

DVIでは後述のTMDS技術を採用することで，4.95Gbpsの高速ディジタル伝送を実現しています．

●DVIの課題：テレビに使うにはちょい足りない…

DVIは従来のアナログ・ビデオ・インターフェースをディジタル化してフルHDも対応できるようにした規格ですが，次のような問題点がありました．これらの問題点がHDMIやDisplayPortの開発につながりま

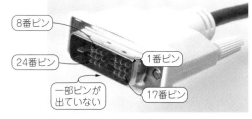

(a) ケーブル（シングル・リンク）

(b) ケーブル（デュアル・リンク）

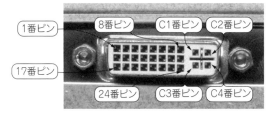

(c) コネクタ（DVI-I，アナログ共用）

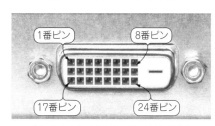

(d) コネクタ（DVI-D，ディジタル専用）

写真1　最高4.95Gbps！パソコンモニタ用DVIのコネクタ

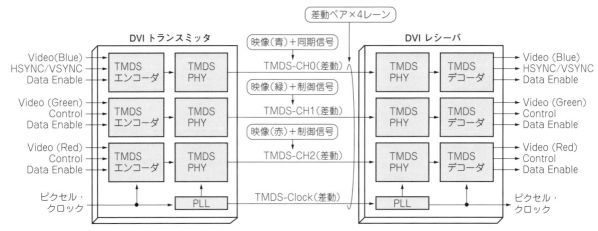

図1　データ3レーン＆クロック1レーン…4組の差動ペアで4.95Gbps高速伝送を実現

した．
① 音声やパケット・データを送ることができない．
② コネクタのサイズが大きく装置を設計するときに不便．
③ テレビの映像フォーマットである YC_bC_r（YP_bP_r）をサポートしていない．
④ テレビ周辺のAV機器を制御できない．
⑤ 規格がバージョン1.0のままで更新されない．

■物理層の基本技術TMDS

● 1/0の遷移を減らしてクロック成分を抽出しやすく

TMDSはSiliconImage社が開発した高速データ伝送技術であり，DVIとHDMIの両方で使われています．8ビットのRGB映像信号を10ビット化（8B10B変換）することで，データの'1'と'0'の遷移を最小化し，高周波成分を抑えることができます．これはアクティブ・ビデオ期間だけでなく，ブランキング期間も適用されます．ブランキング期間は映像データが送られないため，'1'と'0'の遷移を増やしています．

● データ3レーン＆クロック1レーン！4組の差動ペア

TMDSは図1に示すように差動ペアが4レーンあります．このうち3レーンがデータ用，1レーンがクロック用になります．TMDSの1クロック周期内にTMDSのデータは10ビット・シリアライズされています．すなわち，10：1のパラレル-シリアル変換されてTMDSデ

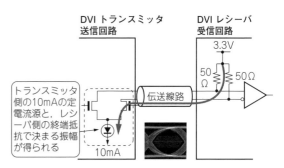

図2　伝送方式…トランスミッタ側からの10mAの電流とレシーバ側の50Ωの終端抵抗から振幅が得られる

ータ・ラインが作られています．

● 受信端で500mV_P-P振幅！10mA×50Ω終端

DVIの送受信部の等価回路を図2に示します．DVIではトランスミッタ側に10mAの定電流源があり，受信側に3.3V基準で50Ωの終端抵抗があります．この電流と抵抗の積でDC的には500mVの振幅がレシーバ端で得られます．

◆ 参考文献 ◆
(1) 長嶋 毅；第2章 HDMI＆DVIの仕様と汎用DVIボードによるDVI出力実験，Interface，2011年9月号，pp.40-57，CQ出版社．

長野 英生

71 SDとHD, テレビ向けとパソコン向けを整理する
映像インターフェースの種類

表1 映像インターフェース

信号名	種類	用途	映像信号	解像度	音声同時伝送
コンポジット	アナログ	テレビなど	アナログ放送	SD	不可(別途音声ケーブル要)
S映像	アナログ	S-VHSなど	Y/C	SD	不可(別途音声ケーブル要)
コンポーネント	アナログ	DVD, ゲーム機, テレビなど	YC_bC_r	FHD	不可(別途音声ケーブル要)
D端子(コンポーネント)	アナログ	DVD, ゲーム機, テレビなど	YC_bC_r	FHD	不可(別途音声ケーブル要)
VGA	アナログ	パソコン, モニタなど	RGB	FHD	不可(別途音声ケーブル要)
DVI	ディジタル	パソコン, モニタなど	RGB	FHD	不可(別途音声ケーブル要)
HDMI	ディジタル	DVD, ゲーム機, テレビなど	YC_bC_r, RGBなど	4K2K	可能
DisplayPort	ディジタル	パソコン, モニタなど	YC_bC_r, RGBなど	5K3K	可能

　映像機器には多数のインターフェースがあります．昨今HDMIやDisplayPortなどのディジタル・インターフェースの普及が進んでいますが，アナログ映像インターフェースも，レガシ・インターフェースとして，依然家電製品に搭載されています．

● 映像インターフェースの比較

　ここで解説するアナログとディジタル・インターフェースの比較を表1にまとめました．
　コンポジットは輝度と色差が1本の信号に重畳されており，映像はSD（標準画質）までしか対応していません．S映像はコンポジットの画質問題を改善するため，輝度と色差を分けましたがHD（高精細画質）までは対応していません．コンポーネントYP_bP_rはさらに画質改善するために，Y, P_b, P_rをおのおの別の信号線に分けました．これによりHDまで対応しました．YP_bP_rでは3本のケーブルが必要でしたが，それを1本にまとめたのがD端子です．VGAはパソコンとモニタのインターフェースでRGBで伝送します．
　これらのアナログ・インターフェースは，アナログのため画質劣化の可能性があること，音声は別ケーブルが必要であることから，HDMIやDisplayPortなどのディジタル・インターフェースに置き換わりつつあります．

長野 英生

72 昔からテレビに付いている黄色いコネクタ
定番アナログ映像信号…コンポジット信号

● 輝度とカラーを1本の信号に重畳したコンポジット

　コンポジット信号（Composite / CVBS：Composite Video Blanking, and Sync）は，CRT（Cathode Ray Tube：ブラウン管）テレビから使用されてきた方式です．輝度信号と色信号が一つの信号に重畳されています．日本ではコンポジット信号をAM変調して各家庭に地上波アナログ放送として配信してきました．
　コンポジット信号はSD信号にのみ対応しており，HD信号には対応していません．また，重畳された信号は輝度信号と色信号に完全には分離することができないため，残留成分がノイズとなってしまうなど，画質を損なうことがあります．また，コンポジット信号は映像のみのため，別途音声ケーブルが必要になります（図1）．

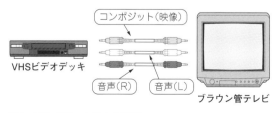

図1　コンポジットによる接続
映像用に1本，音声用に2本の合計3本のケーブルが必要

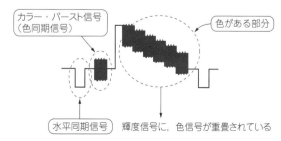

図2　コンポジットの信号波形

コンポジット信号の波形を図2に示します．この波形は1走査線分の波形を示しています．最初に水平同期信号（Hsync）があり，その後カラー・バースト信号が続きます．カラー・バーストは8〜12サイクル分の正弦波であり，テレビ側で色信号の位相を抽出するための基準信号です．そのあと輝度信号上には色信号成分が重畳され，カラー信号が構成されます．

長野 英生

73 輝度と色をアナログで伝える…S映像信号
S-VHSのビデオでも使われてる輝度信号と色信号を分離した方式

　S映像（S端子）は，コンポジット信号の輝度信号（同期信号も重畳）と色信号を分離（SeparateのS）して伝送する方式です．S端子のピン配置を図1に示します．

　画質はコンポジットと同様でSDまでです．Y（輝度）とC（色）が最初から分離されているため，コンポジット映像信号の混合方式より画質が良好です．Sビデオもコンポジットと同じように，別途音声ケーブルが必要になります．S-VHS方式のビデオ・デッキで搭載が開始されましたが，その後，コンポーネントやHDMIの普及により，S映像は下火になってきました．

　S映像の信号波形を図2に示します．この波形も1走査線分の波形を示しています．コンポジット信号は，輝度信号に色信号が重畳されていましたが，S端子では図2(a)の輝度信号（Y）と図2(b)の色信号（C）と分離された2本の信号線で構成されます．S映像も映像のみ送信するため，別途音声ケーブルが必要です．

長野 英生

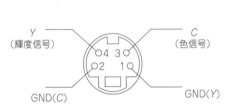

図1　S端子のピン配置

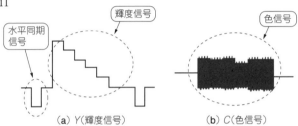

図2　S映像の信号波形

74 フルハイビジョン対応のアナログ信号…コンポーネント
色差信号YP_bP_rで色を細やかに！

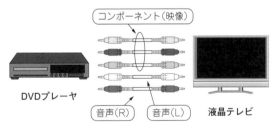

図1　コンポーネントによる接続．映像用に3本，音声用に2本の合計5本のケーブルが必要

　コンポーネントは，S端子の色信号（C）を色差信号のP_b（C_b），P_r（C_r）に分離して伝送することでさらに画質向上を図ったものです．コンポジットでは1本の信号線に輝度と色信号が重畳されていましたが，コンポーネントは輝度，色差信号を分けて送るため，画質が向上します．

　コンポジット，S端子はSDまでしか対応していませんでしたが，コンポーネントはHDまで対応していま

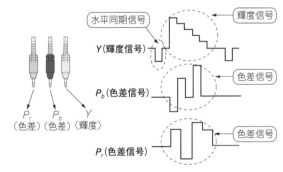

図2　コンポーネントの信号波形

す．そのため，DVDからHDコンテンツをテレビに伝送することが可能になりました．ただし，コンポーネントもコンポジットやS端子同様，別途音声ケーブルが必要になるため，音声（L/R）ケーブルを合わせると，合計5本もケーブルが必要になります（図1）．

　コンポーネント信号の波形を図2に示します．この

波形も1走査線分の波形を示しています．図2の通り，輝度信号（Y）と色差信号（P_b, P_r）の3本の信号線で構成されます．

長野 英生

75　3本のコンポーネント信号が1本のケーブルで！ハイビジョン画像にも使える…D端子

コンポーネント信号は，映像だけで3本のケーブルが必要でした．また，コンポジットやS映像同様，別途音声ケーブルが必要でした．このようなコンポーネントにおける映像のケーブルの煩雑さを解消するために，YP_bP_rを1本のケーブルにまとめたものがD端子です（図1）．図2にD端子のピン配置を示します．

D端子は，D1からD5まで種類があり，D1，D2が標準（SD）画質で，D3，D4がハイビジョン（HD）画質，D5がフルハイビジョン（フルHD）画質に対応しています（表1）．また，D端子には識別端子があり，その電圧によって送信機が送信する映像フォーマットの走査線本数，インターレース／プログレッシブ，画角を受信機で識別することができるようになりました．

長野 英生

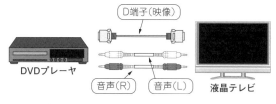

図1　D端子による接続．映像用に1本，音声用に2本の合計3本のケーブルが必要

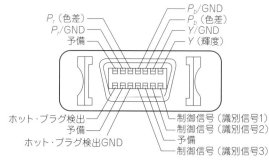

図2　D端子のピン配置図

表1　D端子規格と対応映像フォーマット

D端子規格	480i	480p	1080i	720p	1080p
D1	○	—	—	—	—
D2	○	○	—	—	—
D3	○	○	○	—	—
D4	○	○	○	○	—
D5	○	○	○	○	○

76　RGBを使う15ピンの定番コネクタ　パソコン用アナログ映像規格…VGA

VGA（Video Graphics Array）はパソコンとモニタとのアナログ・インターフェースです．VGAではRGB方式を採用しています．

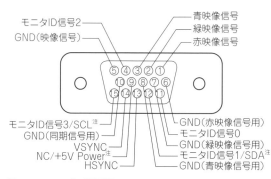

図1　VGAのピン配置図
注：ピン配置は，左側はレガシVGAに，右側はVESA, DDC/E-DDC（Host）に基づく

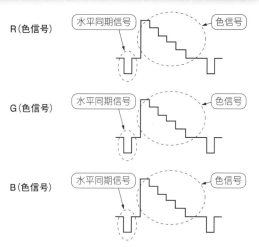

図2　VGA信号の映像信号波形

コネクタは15ピンで，RGBビデオ信号，HSYNCとVSYCの同期信号，DDC（Display Data Channel）であるSDAとSCL，そのほかID信号で構成されます（図1）．DDCにより送信機が受信機がサポートするフォーマットを確認して最適なフォーマットで送信機に映像を送ることが可能です．VGA信号の1走査線ぶんのRGBビデオ信号波形を図2に示します．VGAもほかのアナログ端子同じように，別途，音声ケーブルが必要になります．近年はパソコンとモニタのインターフェースは，HDMIやDisplayPortなどのデジタル信号へ移行しつつあります．

長野 英生

77 モバイル向けや車載向けもある HDMIコネクタ&ケーブルあれこれ

● コネクタの基本仕様

- ピン数：19ピン
- 信号方式：TMDS（Transition Minimized Differential Signaling）
- 高速信号伝送ライン：Clock Line×1レーン，Data Line ×3レーン（Data_0/1/2）
- 最大伝送速度：10.2Gbps（最大340MHz/CLK動作時）

● 5種類（タイプA~E）のコネクタがある

HDMIでは，使用目的に応じて規格化されたタイプA~Eの5種類のコネクタがあります（図1）．

▶ タイプA：スタンダード・タイプ

タイプAは，Ver1.0策定時に規格化されたスタンダード・タイプのコネクタです．据え置き型の映像機器（TV，Blu-rayプレーヤ，セット・トップ・ボックスなど）に幅広く使用されています．さまざまな搭載環境に対応するため，セット側基板に対して水平方向に搭載するライト・アングル・タイプや，垂直方向に搭載するバーティカル・タイプのものなどがあります．後者は前者に比べると基板占有面積を低減できます．また，セット側シャーシとの固定および接触保持により，シールド・カバーの変形を抑え，こじり強度とシールド性を高めたフランジ付きタイプの品もあります．

▶ タイプB：DVIデュアル・リンクと互換性を持つ

HDMIはパソコン用のDVI（Digital Video Interface）をベースに，同じTMDS方式を採用し，さらに著作権保護規格のHDCP（High-bandwidth Digital Content Protection）と音声にも対応した規格です．

DVIはシングル・リンクの最大伝送速度が1.65Gbpsであり，それ以上の帯域にはデュアル・リンクで対応しています．HDMI規格策定当初はDVIとの置き換えを想定し，DVIデュアル・リンクと互換性のあるタイプBも設定されました．

HDMIリリース当時はフルHD（1080p）に非対応でした．その後，Ver1.3でDeep Colorに対応し，帯域が3.4Gbpsまで上がったことにより，HDMIのTx（トランスミッタ）とRx（レシーバ）のICが3.4Gbpsまでシングル・リンクで対応できるようになったため，タイプAのコネクタが使用可能となりました．そのため，実質的にタイプBコネクタは市場に供給されず，現在に至ります．

▶ タイプC：小型映像機器向けの小型タイプ

タイプCは，Ver1.3で策定されたミニ・サイズで「Mini HDMI」とも呼ばれています．ディジタル・カメラやディジタル・ビデオ・カメラなどの小型映像機器に使用されます．接点部は0.4mmピッチの1列配列で，タイプAに比べて基板占有面積を低減しています．

▶ タイプD：モバイル機器向けの超小型タイプ

2009年5月に策定されたVer1.4で規格化された超小型タイプで，「Micro HDMI」とも呼ばれます．ディジタル・カメラや携帯電話，スマートフォンなどのモバイル機器に使用されます．接点部は2列千鳥配列の0.4mmピッチで，タイプCと比べて約40%も基板占有面積を低減しています．

用途がモバイル機器という性質上，このタイプには，プラグ挿入時のこじり強度やプラグ・ケーブル引っ張り試験の項目が仕様に追加されました．また，コネクタ自体の機械的強度も重要になっています．

▶ タイプE：車載用ディジタル映像機器向けタイプ

タイプDと同じく2009年5月策定のVer1.4で規格化されました．車載用ディジタル映像機器への使用を目的としています．車内でBlu-rayなどのディジタル・コンテンツを再生・出力するためには，HDCPに対応したインターフェースが必要です．前述のようにHDMIはHDCPへ対応しており，HDMIが搭載された映像機器で撮った映像を車内モニタへ出力する用途にも使用できます．

タイプEは，車載機器に要求される過酷な環境下での使用を十分考慮された堅牢な形状となっており，車載専用の仕様で規定されています．具体的には，相手プラグと長い嵌合長を確保し，メカニカル・ロック構

注：本項目は，執筆した2011年6月時点の情報です．規格はその後，アップデートされており，伝送レートなども変更されています．

タイプ	タイプA：スタンダード	タイプC：小型映像機器向け
外形寸法	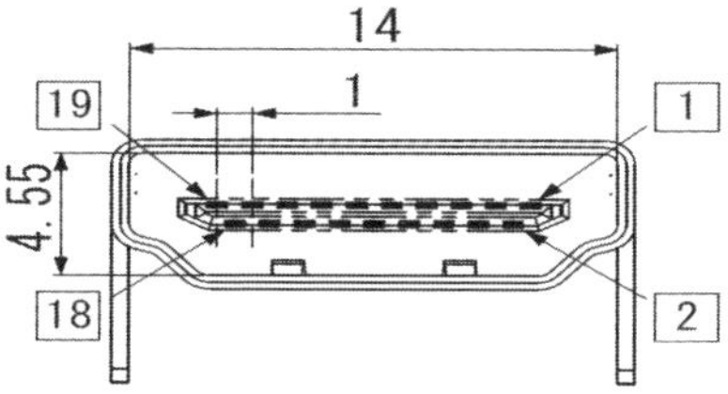 14／4.55／19／1／18／2	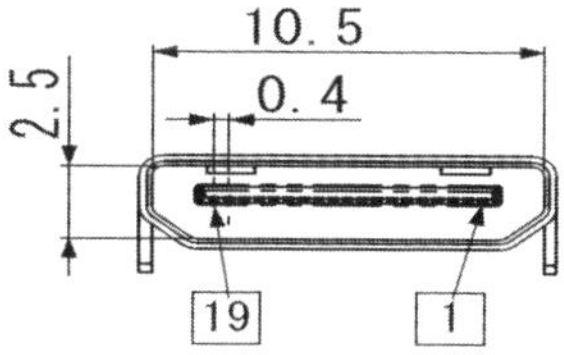 10.5／2.5／0.4／19／1
端子ピッチ	1 mm × 2列	0.4 mm × 1列
ピン番号	信号名	
1	TMDS Data_2（＋）	TMDS Data_2 Shield GND
2	TMDS Data_2 Shield GND	TMDS Data_2（＋）
3	TMDS Data_2（－）	TMDS Data_2（－）
4	TMDS Data_1（＋）	TMDS Data_1 Shield GND
5	TMDS Data_1 Shield GND	TMDS Data_1（＋）
6	TMDS Data_1（－）	TMDS Data_1（－）
7	TMDS Data_0（＋）	TMDS Data_0 Shield GND
8	TMDS Data_0 Shield GND	TMDS Data_0（＋）
9	TMDS Data_0（－）	TMDS Data_0（－）
10	TMDS Clock（＋）	TMDS Clock Shield GND
11	TMDS Clock Shield GND	TMDS Clock（＋）
12	TMDS Clock（－）	TMDS Clock（－）
13	CEC	DDC/CEC GND
14	Utility	CEC
15	SCL	SCL
16	SDA	SDA
17	DDC/CEC GND	Utility
18	＋5V	＋5V
19	Hot Plug Detect	Hot Plug Detect
基板側のコネクタ（レセプタクル）	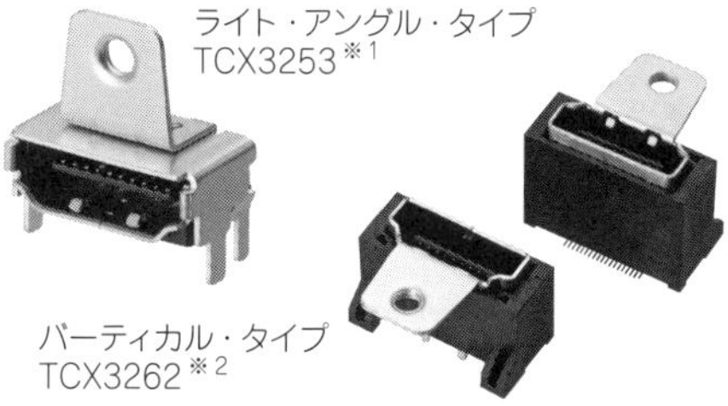 ライト・アングル・タイプ TCX3253[※1]／バーティカル・タイプ TCX3262[※2]	 TCX3281[※3]
ケーブル側のコネクタ（プラグ）		

[※1] フランジ付きのタイプ．シールド・カバーから形成される4本のスルーホール端子の幅を広く設定することによって基板への実装強度を高め，シールド・カバー底面を切り欠くことなくスルーホール端子を形成し，こじり強度を向上している．また，この2重側壁構造は基板実装時のフラックスやはんだの進入を防止する効果もある

[※2] ボディと一体となったハウジングをシールド・カバー外周に形成することによって変形を防ぐ．また両側面に三角形状のリブを配置し，シールド・カバーが変形しやすくこじり強度が弱いというバーティカル・タイプの弱点を補っている

[※3] EMI性能向上に特化している．実装基板面からのスタンド・オフ量を確保し，セット側シャーシとの接触用バネをシールド・カバーの上下に設けている．2重側壁構造によってシールド・カバーはスタンド・オフ量を自在に設定でき，スルーホール端子と接触用バネを一体化してセット側とのシールド性を確保している

図1　HDMIコネクタのいろいろ

タイプ	タイプD：モバイル機器向け	タイプE：車載用ディジタル映像機器向け
外形寸法	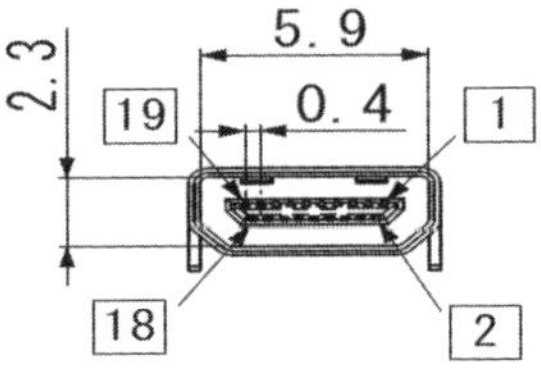 5.9 × 2.3、0.4ピッチ	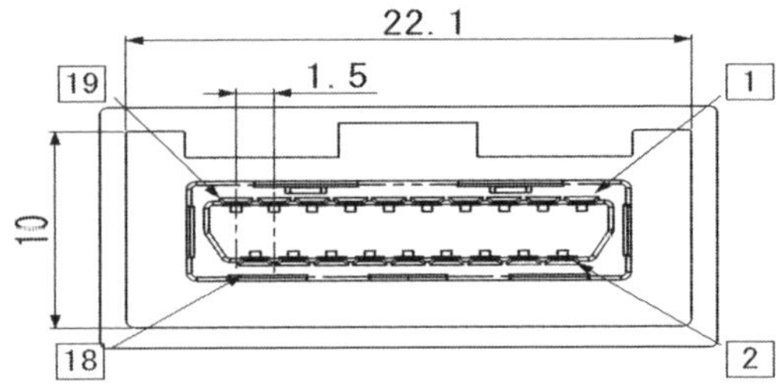 22.1 × 10、1.5ピッチ
端子ピッチ	0.4 mm × 2列	1.5 mm × 2列
ピン番号	信号名	
1	Hot Plug Detect	TMDS Data_2（＋）
2	Utility	TMDS Data_2 Shield GND
3	TMDS Data_2（＋）	TMDS Data_2（－）
4	TMDS Data_2 Shield GND	TMDS Data_1（＋）
5	TMDS Data_2（－）	TMDS Data_1 Shield GND
6	TMDS Data_1（＋）	TMDS Data_1（－）
7	TMDS Data_1 Shield GND	TMDS Data_0（＋）
8	TMDS Data_1（－）	TMDS Data_0 Shield GND
9	TMDS Data_0（＋）	TMDS Data_0（－）
10	TMDS Data_0 Shield GND	TMDS Clock（＋）
11	TMDS Data_0（－）	TMDS Clock Shield GND
12	TMDS Clock（＋）	TMDS Clock（－）
13	TMDS Clock Shield GND	CEC
14	TMDS Clock（－）	Utility
15	CEC	SCL
16	DDC/CEC GND	SDA
17	SCL	DDC/CEC GND
18	SDA	＋5V
19	＋5V	Hot Plug Detect
基板側のコネクタ（レセプタクル）	 TCX3290	 TCX3407[※4]
ケーブル側のコネクタ（プラグ）		

※4　車載環境下でも安定した性能を維持するため，1.5mmピッチ2列配列のスルーホール端子構造としている．ハウジングの外周には基板へ実装するスルーホール端子を持ち，実装状態に合わせてネジ止めの有無や位置を選択可能なアウターシェルを設け，耐振動性，耐衝撃性，シールド性をより高めている

図1　HDMIコネクタのいろいろ（つづき）

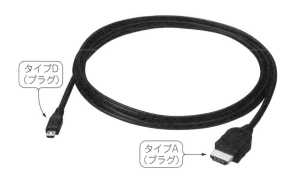

写真1 HDMIタイプA（プラグ）とタイプD（プラグ）のケーブル

写真2 HDMIタイプA（レセプタクル）とタイプE（プラグ）のリレー・ケーブル

造により実際の車内で発生しうる振動や衝撃環境条件下でも安定したコンタクトの接触性を確保します．コネクタ内部にはシェル構造を設け，プラグ側シェルとの確実な接触を確保して，EMI性能を向上させています．

写真1と写真2に，いろいろなタイプへの変換ケーブルを示します．

● HDMIコネクタに要求される伝送特性

前述した機械的強度やシールド性能に加えて，高速ディジタル信号をスムーズに伝送させるために，各タイプのコネクタのSパラメータ（クロストークなど）やインピーダンスなどの伝送特性も非常に重要になります．

中でもインピーダンスは非常に重要な伝送特性であり，コネクタ部インピーダンスは全高速信号ラインで差動100Ω±15Ωと規定されています．伝送経路内でインピーダンス不整合が起きると入力信号の反射が発生し，伝送信号が劣化すると，EMI性能にも悪影響を及ぼします．インピーダンスはコネクタ内部のコンタクト幅や形状，絶縁体（樹脂）との空間バランスを最適化してコントロールする必要があります．さらにHDMIコネクタの開発では，各タイプのコネクタで規定されたサイズや形状の中でインピーダンス・コントロール，機械的／電気的性能，量産性，コスト・パフォーマンスを総合的に考慮した構造設計が課題となっています．

● HDMIプラグ・ケーブル

Ver1.4からは対応伝送速度の差異やHEAC（HDMI Ethernet and Audio return Channel）の有無，車載用の全5種類のカテゴリが設けられ，タイプA～Eそれぞれのプラグ・ケーブルがその仕様に応じて，その中にカテゴライズされています．

各ケーブルは該当するカテゴリの仕様に準じた認証試験（コンプライアンス・テスト）をHDMI LLCが承認する測定機関（ATC: Authorized Test Center）で実施し，それに合格しなければHDMIと銘打って市場に出荷することは認められていません．この認証制度によって，市場にリリースされる機器の特性や相互接続性の信頼性が保証されているのです．

HDMIケーブルの認証を取得するためには，仕様で要求されているさまざまな伝送特性を満足させなければなりません．要求される代表的な伝送特性として下記の項目が挙げられます．

▶ 差動インピーダンス

各伝送経路部分のインピーダンスを時間で規定した項目です．コネクタ・プラグ嵌合部とプラグ内配線部は100Ω±15Ω，コード部は100Ω±10Ωとして規定されています（図2）．コネクタと同じように，インピーダンスの不整合は信号劣化やEMI性能悪化の原因となります．プラグ・ケーブル内のケーブルとコンタクトの接続部で，特に加工上のばらつきが起きやすく，インピーダンスの不整合やばらつきが顕著です．接続方法やケーブル芯線処理などの設定には，このインピーダンス特性を確保しつつ，生産性も十分に考慮されていなければなりません．

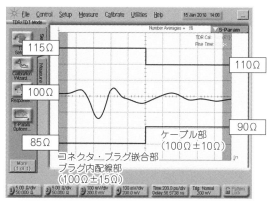

図2 各伝送路経路におけるインピーダンス

▶ 減衰（Attenuation）

信号振幅の減衰量を周波数で規定した項目です．減衰量は，ケーブル長や使用するケーブルの芯線径（例：AWG♯30），芯線被覆に使用される誘電体の材料特性に大きく左右されます．高速信号を効率良く伝送させるには，これらの特性に十分に配慮し，適切なケーブルを選定します．

▶ クロストーク（Crosstalk）

隣接信号ラインからの漏れ信号（＝ノイズ）レベルを周波数で規定した項目です．HDMIでは遠端におけるクロストーク（＝Far End Crosstalk）が規定されています．プラグ内の伝送線路間距離を最適化し，差動結合のバランスを崩さないことが，クロストークの抑制には重要です．

クロストーク特性は，セット機器における信号伝送時のジッタ（ひいてはBER）へ影響を与える特性の一つなので，十分に留意すべきです．

▶ アイ・パターン（TMDS Eye Diagram）

HDMI信号をケーブルに伝送し，出力端で規定されたマスクに掛からない信号波形かどうかを評価する項

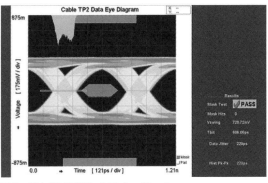

図3 出力端で計測したアイ・パターン

目です（**図3**）．前述したインピーダンスや減衰，信号遅延差（Skew）特性が複合的に影響する項目であり，各伝送特性を最適化することが重要です．

機器の性能を十分に発揮させるためには，伝送特性が仕様を満足し，かつ，EMI性能にも十分に配慮したコネクタ・ケーブルを選定することが大切です．

小林 秀人

78 最大10.8Gbps！ DisplayPortコネクタ＆ケーブルあれこれ

DisplayPortは業界規格団体のVESA（Video Electronics Standard Association）内において，パソコン・メーカとグラフィックスLSIメーカを中心に策定された，パソコン周辺機器用の映像伝送規格です．

2006年5月に初めてDisplayPort Standard Ver1.0が公開され，現在（2011年6月執筆時）はVer1.2になります．規格策定に至った背景の一つに，現在パソコンで使用されているレガシ・インターフェースが抱える問題があります．前述したHDMI規格の登場により，DVIは規格改訂が行われていないため，コネクタ・サイズが大きく，モニタ内部でLVDSへ変換する必要があるうえ，モニタ回路設計が複雑となります．一方，VGA（Video Graphics Array）コネクタはアナログ伝送のため，画質・著作権保護の観点から廃止の方向にあります．上記の問題を解決すべく策定されたのがこのDisplayPortです．

● 基本仕様

- ピン数：20ピン
- 信号方式：クロック重畳式の8b/10bを採用．前述のDVIやHDMIで採用されているクロック・ライン独立のTMDS信号方式と比較して不要輻射を低減している．高速信号伝送ラインはML_0～3の全4レーン
- 最大伝送速度：21.6Gbps（High Bit Rate 2）

● コネクタ・タイプ

各タイプの形状とPCBレイアウトを**図1**に示します．

実装部の端子レイアウトとそれに伴う伝送特性への影響を配慮して，ピン・アサインはコネクタ・タイプ別に設定されており，ソース機器側（Downstream Port Side）とシンク機器側（Upstream Port Side）では異なっています．

▶ スタンダード・タイプ

DisplayPort Standard Ver1.0策定当初から規格化されている最も一般的なタイプです．現在パソコンで使用されているレガシ・インターフェースのDVIやVGAコネクタに比べて大幅に小型化されています．

接点部は2列千鳥の1mmピッチ配列となっており，DisplayPort Standardに推奨の基板フット・パターンが規定されています．また，ケーブル抜け防止のためのラッチ構造がオプションで認められており，プラグ・ケーブルの抜け防止も考慮されています．

シールド性とこじり強度を向上させたフランジ付きタイプもあります．

▶ ミニ・コネクタ・タイプ

DisplayPort Ver1.2で新たに追加された小型タイプです．

注：本項目は，執筆した2011年6月時点の情報です．規格はその後，アップデートされており，伝送レートなども変更されています．

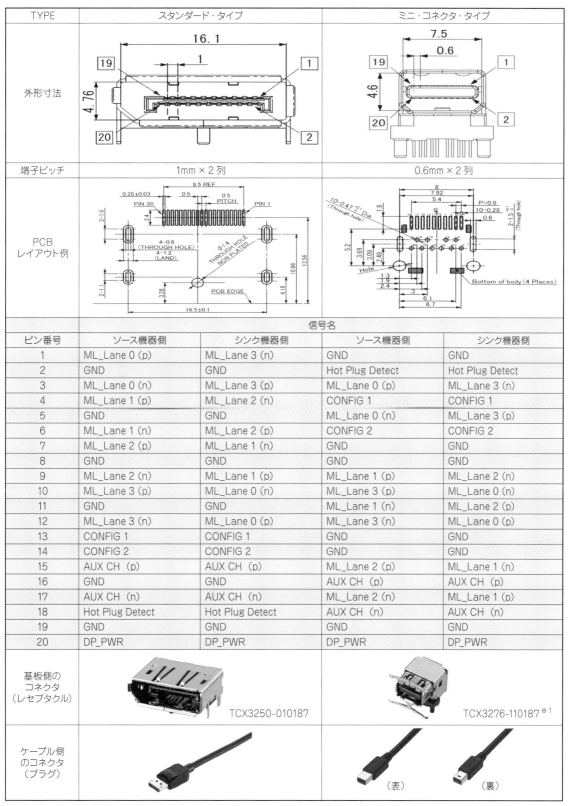

TYPE	スタンダード・タイプ		ミニ・コネクタ・タイプ	
外形寸法				
端子ピッチ	1mm × 2列		0.6mm × 2列	
PCBレイアウト例				
	信号名			
ピン番号	ソース機器側	シンク機器側	ソース機器側	シンク機器側
1	ML_Lane 0 (p)	ML_Lane 3 (n)	GND	GND
2	GND	GND	Hot Plug Detect	Hot Plug Detect
3	ML_Lane 0 (n)	ML_Lane 3 (p)	ML_Lane 0 (p)	ML_Lane 3 (n)
4	ML_Lane 1 (p)	ML_Lane 2 (n)	CONFIG 1	CONFIG 1
5	GND	GND	ML_Lane 0 (n)	ML_Lane 3 (p)
6	ML_Lane 1 (n)	ML_Lane 2 (p)	CONFIG 2	CONFIG 2
7	ML_Lane 2 (p)	ML_Lane 1 (n)	GND	GND
8	GND	GND	GND	GND
9	ML_Lane 2 (n)	ML_Lane 1 (p)	ML_Lane 1 (p)	ML_Lane 2 (n)
10	ML_Lane 3 (p)	ML_Lane 0 (n)	ML_Lane 3 (n)	ML_Lane 0 (p)
11	GND	GND	ML_Lane 1 (n)	ML_Lane 2 (p)
12	ML_Lane 3 (n)	ML_Lane 0 (p)	ML_Lane 3 (p)	ML_Lane 0 (n)
13	CONFIG 1	CONFIG 1	GND	GND
14	CONFIG 2	CONFIG 2	GND	GND
15	AUX CH (p)	AUX CH (p)	ML_Lane 2 (p)	ML_Lane 1 (n)
16	GND	GND	AUX CH (p)	AUX CH (p)
17	AUX CH (n)	AUX CH (n)	ML_Lane 2 (n)	ML_Lane 1 (p)
18	Hot Plug Detect	Hot Plug Detect	AUX CH (n)	AUX CH (n)
19	GND	GND	GND	GND
20	DP_PWR	DP_PWR	DP_PWR	DP_PWR
基板側のコネクタ（レセプタクル）	TCX3250-010187		TCX3276-110187 [※1]	
ケーブル側のコネクタ（プラグ）			（表）　（裏）	

※1 EMI 性能を向上させたタイプ．カバーの上下にバネ構造を設け，セット側シャーシとの接触を確保している．カバー外周にはアウターシェルを持ち，こじり強度にも配慮している

図1　DisplayPortコネクタのいろいろ

写真1　DisplayPortケーブル

写真2　DisplayPort-miniDisplayPortケーブル

接点部は2列平行の0.6mmピッチ配列です．基板実装部はSMT（Surface Mounting Technology；表面実装技術）とスルーホールを併用する構造であり，実装強度が向上しています．Ver1.2のリリース以降，薄型ノート・パソコンや複数コネクタが搭載されるグラフィックス・カードへの採用が始まっています．

● DisplayPortコネクタに要求される伝送特性

基本的にはHDMIコネクタと同じく，インピーダンスやSパラメータといった高周波特性に関連する仕様が定義されており，より高速な信号を扱うDisplayPortコネクタでは，各特性項目で厳しい性能が要求されています．インピーダンスは，HDMIで100Ω±15Ωに対しDisplayPortでは100Ω±10Ω，Far End Crosstalkは，HDMIで上限-20dBに対し，DisplayPortは上限-26dBになっています．

なお，HDMIとDisplayPortでは，伝送特性の測定方法（校正方法，試験冶具の性能など）が異なるため，一概に上記の数値だけでは比較はできません．しかし，一般的に転送レートが高くなるほど，コネクタに要求される伝送特性も厳しくなります（1レーン当たり，HDMI Ver 1.4ではMax. 3.4Gbpsに対してDisplayPort Reduce Bit Rateは1.62Gbps, High Bit Rateは2.7Gbps, High Bit Rate2は5.4Gbpsである）．

● DisplayPort プラグ・ケーブル

DisplayPort Standardにはプラグ・ケーブルの種類としてDP to DP（DPはDisplayPortの略）とMiniDP to DP, MiniDP to MiniDPなどが規定されています（**写真1**, **写真2**）．DisplayPortケーブルでは，伝送レートにより［High Bit Rate］と［Reduce Bit Rate］の2種類の規格値が定義されており，所望するケーブル長と使用する伝送スピードに合わせ，どちらの規格値へ準拠させるかを選択できます．要求される伝送特性項目はHDMIより多く，より厳しい規格値となっています．

HDMI規格になく，DisplayPort規格にのみ規定された伝送特性項目として下記が挙げられます．

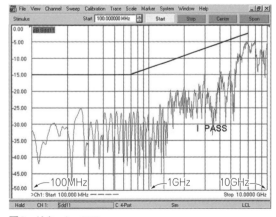

図2　リターン・ロス

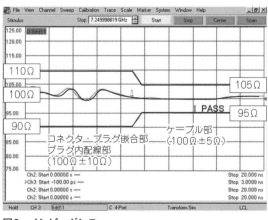

図3　インピーダンス

▶ Return Loss

信号入力側の反射レベルを周波数ドメインで規定した項目です．

▶ Near End Crosstalk

近端（信号入力側）隣接信号ラインからの漏れ信号（ノイズ）レベルを周波数ドメインで規定した項目です．差動インピーダンスでは，コネクタ・プラグ嵌合部とプラグ内配線部は100Ω±10Ω（スタンダード・タイプ・コネクタの場合），ケーブル部は100Ω±5Ωと，HDMIに比べて規格値が±5Ω厳しくなっており，信号ラインのインピーダンス・コントロールをより慎重に行う必要があります．

測定データの1例として，ホシデンのDPコネクタとDP to DPケーブルを組み合わせた状態のReturn Loss（図2）とインピーダンス（図3）の測定結果を示します．ケーブル認証システムは前述したHDMIと同じ形式です．そして，VESAが承認する認証機関（ATC）でDisplayPort Standardで各タイプに要求された仕様に準じた認証試験に合格すると［DP Certified］のロゴの使用が許され，特性準拠と相互接続性（Interoperability）保証の証とされます[注1]．

〈小林 秀人〉

注1：DP Certifiedのロゴ使用法は，将来変更される可能性がある．

Column・1　高速伝送ではコネクタ周りの基板パターンが重要

　高速伝送コネクタを実装する基板の配線パターンも伝送特性に大きく影響します．

　例えばSMT（表面実装）では，信号線同士が隣接するために，クロストークが大きくなる傾向があり，信号用トレースを引き回す層を変えるなどの工夫が必要です．層を変えるためのスルーホールを，コネクタの実装パターン付近に極力配置することで，スルーホールによるインピーダンスの乱れを実装用パッドの容量成分に埋もれさせ，インピーダンス不整合によるReturn Lossを低減できます．

　つまり，選定したコネクタのインピーダンスやクロストークなどの伝送特性を十分に発揮させるには，基板の配線パターンの伝送特性にも十分配慮する必要があります．

　また高速ディジタル信号伝送では，デバイス間の相互接続性も重要です．そのため，各規格に基づいた認証試験に合格する必要があります．必要な測定器や独自開発の治具（各測定器メーカでも標準とされている）を組み合わせた最新規格に準拠した製品評価の設備が必要になります．

　　　　　　　　　　　＊　　　＊　　　＊

　今回取り上げたHDMIやDisplayPortコネクタを筆頭とする高速伝送コネクタは，今後もさまざまな機器で使用され，信号の高速化により，今以上に伝送特性や高周波特性が重要視されていくものと予想されます．

　規格値の厳格化や新しい高速伝送規格への対応には，各伝送特性項目の正確な評価や解析による各種特性の把握，得られた情報を設計・生産工程へフィードバックすることが必要不可欠です．また，これらの高速伝送コネクタ・プラグ・ケーブルをセット機器で使用する際は，さまざまなコネクタ・タイプの特徴やコネクタ・プラグ・ケーブルが持つ伝送特性，EMI性能を十分に検証したうえで選定します．

〈小林 秀人〉

79 Camera Link/GigE Vision/CoaXPress/USB3.0を比較する
産業用カメラのインターフェース

■伝送速度や伝送距離，ケーブルに特徴がある

現在普及している産業用カメラ（マシン・ビジョン）インタフェースには，Camera Link, GigE Vision, CoaXPress, USB 3.0があります．機能別の比較を表1に示します．

Camera Linkは専用ケーブルを利用し，最大伝送速度は6Gbpsです．GigE VisionはEthernetケーブルを使う点が大きな特徴であり，伝送可能な最大距離は100mです．

CoaXPressは同軸ケーブルを利用し，最大伝送速度は25Gbpsで，伝送可能な最大距離は130mです．最も高速，かつ長距離のカメラと処理装置を接続できます．USB 3.0は一般に使われているものと同一なので低コストで最大伝送速度5Gbpsを利用できます．このほかに伝送路として光伝送を用いるOpt-C : Link（アバールデータ）などのメーカ独自規格も利用されつつあります．

〈松原 真秀〉

表1 マシン・ビジョンで使われるカメラ・インターフェース規格

名称	Camera Link	GigE Vision	CoaXPress	USB 3.0
単一速度[注12][Gbps]	2〜[注1]	1	1.25〜6.25	5
最大速度[Gbps]	6[注2]	2〜[注3]	25[注4]	5
コスト	中	中	中	低
複雑さ	低	高	中	中
ケーブル	専用	Ethernet (Cat-6)	同軸	専用
最大長[m]	5〜10	100	40〜130	3
データ保全性	なし	CRC再送	CRC多数決	CRC再送
固定遅延トリガ[注5]	あり	なし	あり	なし
電源供給[W]	4[注6]	15[注7]	13[注8]	4.5[注9]
プラグ&プレイ	なし	あり[注10]	あり	あり
GenICam準拠	あり[注11]	あり	あり	あり

注1： CameraLink Base，1ケーブルを使用
注2： CameraLink Full，2ケーブルを使用
注3： GigE 2ケーブルを使用
注4： CoaXPress同軸 4ケーブルを使用
注5： 露光制御信号などの即時送出の有無
注6： CameraLink 4W/12V，PoCL（Power Over Camera Link）を使用
注7： GigE 15W/48Vを使用．対応HUBなどが必要
注8： CoaXPress 13W/24V，PoCXPを使用
注9： USB 3.0 4.5W/5Vを使用
注10： IPアドレス設定が必須
注11： GenICam CLProtocol/GenCP ミドルウェアが必須
注12： ケーブル1本あたりの速度

80 100m超を6.250Gbpsで伝送できる
同軸ケーブルを使うカメラ・インターフェースCoaXPress

■データだけでなく電力も伝送できる最新規格

CoaXPressは，カメラと画像取り込みボード（フレーム・グラバ）を同軸ケーブル1本で接続し，100m超，6.250Gbpsで伝送できます．フルカラーHDの90fpsの高速画像転送を行う場合，24V/13Wの電源供給，双方向汎用I/Oイベントとカメラ制御，さらに40m超のケーブルで実現できます．

仕様を表1に示します．2010年12月に国際規格が制定された比較的新しいインターフェース規格で，日本インダストリアル・イメージング協会（JIIA）より規格書が無料で入手できます．ロゴを使用する際にはJIIAによる認定が必要です．

表1 CoaXPressは6.250Gbpsで伝送できる

項目	仕様
接続形態	カメラとフレーム・グラバにて1対1接続
画像転送帯	1.250/2.500/3.125/5.000/6.250 Gbps
制御帯域	20.8333 Mbps 固定遅延 3.4μs，ジッタ ±4ns
伝送路拡張性	N本ケーブルで可変マルチリンク
最大伝送速度	25Gbps （4本構成の場合）
最大伝送距離	100m程度（伝送速度2.5Gbpsにて）
最大供給電力	24V，13W/ケーブル，75Ω PoCXP (Power Over CoaXPress)を使用
ソフトウェア規格	統一カメラ・インターフェースGenICam (Generic Interface for Camera)

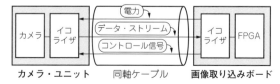

図1 CoaXPressのハードウェア構成

● 仕様

図1にCoaXPressのハードウェア構成を示します．同軸ケーブル1本でデータ・ストリームとコントロール信号，電力を伝送できます．

▶ 物理層

ケーブル・ドライバと，ケーブル・レシーバ（イコライザ）による自動信号調整機能と電源供給，8b10bシリアル・プロトコルが規定されています．シリアル・プロトコルは，8ビット・データを10ビットに符号化し，10ビット中3ビットを'0'と'1'の不連続データに符号化し，同一配線でデータとクロックを取り出します．

▶ データ・リンク層

同軸ケーブルに流れる信号は8B10B高速シリアル方式です．データ・リンク層を図2に示します．Kコードと呼ばれるテーブルを用いてパケット・ヘッダとマーカを構成し，画像データ，コントロール信号，I/Oイベントなどを送信または識別します．ペイロード・サイズでエンコード/デコードを行います．

▶ トランスポート層

トランスポート層では，カメラとフレーム・グラバ間のリンク・アグリゲーションと可変ビット・レートのハンドシェイクを行います．設定はアプリケーション層から自由に変更できます．

▶ アプリケーション層

アプリケーション層では，カメラ制御の方法が二つ用意されています．

一つ目はカメラ・レジスタ・アドレス指定の制御です．トランスポート・レイヤでのシリアル通信機能を隠ぺいし，レジスタ・アドレス/制御種別（読み出し，書き込み）/データなどをパケット形式に整えてカメ

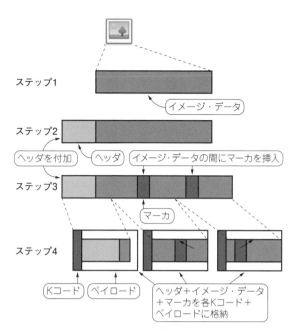

図2　CoaXPressのデータ・リンク層

ラへ発行します．カメラ側でパケット形式からレジスタ・アドレスなどにデコードします．

二つ目は産業カメラ制御向けのソフトウェア標準規格GenICam API（Application Programming Interface）/SFNC（Standard Feature Naming Convention）を用いた機能名による制御です．これにより物理的なインタフェース規格ごとの差異やカメラ・ベンダごとの命名規則を統一化し，各ベンダや各製品シリーズに依存せずカメラを制御できます．

〈松原　真秀〉

81 最高1.25Gバイト/s！150m先のパソコンに伝送できる
光によるカメラ・インターフェース Opt-C:Link

■ 光伝送で複数のパソコンに画像を分配して処理できる

画像データを処理用のパソコンへストレスなく送ることが産業用カメラの課題となっています．各メーカが次世代のカメラ・インターフェースを提唱していますが，ここでは光伝送を行うOpt-C:Link（アバールデータ）を紹介します．光を使用すると高速伝送ができ，ノイズ耐性が向上します．Opt-C:LinkとCamera Linkの比較を表1に示します．Opt-C:Linkの伝送できる最長のケーブル長は150m，1秒間の最大伝送量は1.25Gバイトです．

Opt-C:Linkはカメラと画像取り込みボード間で画像取り込み，トリガ制御，カメラ設定のほか，図1の

表1　光伝送のOpt-C:Linkと銅線を用いるCamera Linkとの比較

項　目	Opt-C:Link	Camera Link
ケーブル媒体	光	銅線
ケーブル長	150m以下	10m以下
ケーブルのノイズ耐性	高い	低い
1秒間の最大伝送量[注]	1.25Gバイト/s (6.25Gbps×2チャネル)	850Mバイト/s (80ビット/85MHz)
エラー検出	CRC	なし
画像分配，グラバ間通信	あり	なし
Power Over（電力重畳）	なし	あり

注：周波数×データ数による理論値であり実効レートを示すものではない

ように画像を複数のボードに分配したり，ボード間での通信も光伝送で行います．これにより，複数台のパソコンで処理を分散でき，パソコン間の同期も容易にできるため，全体の処理を高速にできます．

村田 英孝

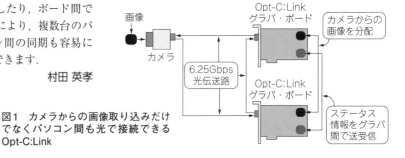

図1　カメラからの画像取り込みだけでなくパソコン間も光で接続できる Opt-C:Link

82　伝送距離50m，10本の差動データ線
パラレル・データの接続コネクタ Dサブ25ピン

ビデオ・データをパラレル接続する際のコネクタや電気的特性について説明します．

● ディジタル・コンポジット信号

SMPTE 244Mで規定されているディジタル信号はパラレル・ディジタル方式で，接続コネクタはDサブ25ピン（**写真1**）が使用されます．データとクロックは差動伝送で，データ10ビットとクロックにそれぞれのリターンが用意されています．これに加えてグラウンド線2本とケーブル・シールドで構成されています（**表1**）．

差動信号ペアのインピーダンスは110Ωとなっています．伝送距離は，50m程度を目安としており，ケーブルによる減衰を補償するイコライザを受信機側に設置することで，さらに伝送距離を伸ばすことができます．

写真1　Dサブ25ピン・コネクタ

● SDTVディジタル・コンポーネント信号

SMPTE 125Mで規定されているディジタル信号は，パラレル・ディジタル方式です．接続コネクタは，ディジタル・コンポジット信号と同じDサブ25ピンが使用されています．

各ビットのデータ伝送レートが27Mbpsと2倍近く高い以外は，電気的特性，ピン配置，伝送路インピーダンスなどもディジタル・コンポジット信号と同一です．

矢野 浩二

表1　パラレル・ディジタル信号のピン配置

ピン番号	信号線	ピン番号	信号線
1	クロック	14	クロック・リターン
2	システム・グラウンド	15	システム・グラウンド
3	データ9（MSB）	16	データ9 リターン
4	データ8	17	データ8 リターン
5	データ7	18	データ7 リターン
6	データ6	19	データ6 リターン
7	データ5	20	データ5 リターン
8	データ4	21	データ4 リターン
9	データ3	22	データ3 リターン
10	データ2	23	データ2 リターン
11	データ1	24	データ1 リターン
12	データ0（LSB）	25	データ0 リターン
13	ケーブル・シールド		

83　放送局で活躍，同軸ケーブル利用
シリアル・ディジタル・ビデオ信号 SDIのインターフェース

10ビットまたは8ビットのパラレル・データをシリアル・データに変換したビデオ信号は，通称SDI（Serial Digital Interface）と呼ばれています（8ビットのパラレル・データは下位2ビットに'0'を追加して10ビット・データとしてシリアル化する）．

SDI信号は，10ビットのディジタル・データを単に10倍のビットレートで伝送するだけではありません．

シリアル・データを生成する際，DC成分を極力減らし，'0'/'1'の変化をなるべく多くするためスクランブルをかけて送信しています．

受信側では，この'0'/'1'の変化からクロックを再現するため，データ線とクロック線の2本を必要としません．1本の同軸ケーブルにサンプリング周波数の10倍のビットレートでデータ伝送することで，10ビ

表1 コンポジット信号のSDIのライン・ナンバID

b_9	b_8	b_7 b_6 b_5 b_4 b_3	b_2	b_1	b_0	
b_8の反転	b_7〜b_0の偶数パリティ	0　　：使用しない	"0	0	0"	：ライン1〜263フィールド1
		1〜30：フィールドごとのライン番号 1〜30 または 264〜293	"0	0	1"	：ライン264〜525フィールド2
			"0	1	0"	：ライン1〜263フィールド3
		31　　：31 または 294ライン以上	"0	1	1"	：ライン264〜525フィールド4

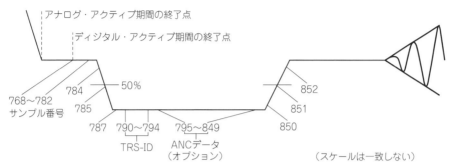

図1　水平同期信号とANCデータ挿入位置（SMPTE 244Mより）

ットのビデオ・データとクロック成分を伝送できます．

● コンポジット信号シリアル・ディジタル・インターフェース

コンポジット信号のSDIに関する規定は，SMPTE 259M Annex Aに記載されています．

ディジタル・コンポジット信号のSDIには，水平ブランキング期間にTRS-ID（Timing Reference Signal Identification）とライン・ナンバIDを挿入します．TRS-Dは，ディジタル・コンポーネント信号にもありましたが，挿入位置とデータ構造が異なります．

具体的には，TRS-IDは，ディジタル水平ブランキング期間の途中にあるサンプル番号790から3FFh，000h，000h，000hを挿入します．コンポーネント信号のTRS挿入位置は，有効映像期間の終了直後に挿入しています．また，コンポーネント信号では4ワード目がF，V，Hのビットを含むXYZワードでしたが，コンポジット信号では000hとなっています．

ライン・ナンバIDは，表1のとおりですが，サンプル番号794に挿入します（図1）．ライン・ナンバIDは，4フィールド・シーケンスの識別と各フィールドの開始から30ラインまでの番号を示します．

そのほか水平同期信号や垂直同期信号のシンクチップ（最低レベル）部は，オプションでANC（ANCillary）データと呼ばれる補助データを多重することができます．代表的なANCデータに，音声データがあります．ここにパケット化した音声データを多重することで，SDIは1本のケーブル上にディジタル・ビデオ信号と音声データやそのほかの補助データも同時に伝送することができます．

● SDTVシリアル・ディジタル・インターフェース（SD-SDI）

SDTVコンポーネント・ビデオ信号のシリアル・デ

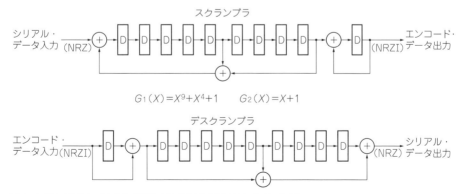

図2　NRZIスクランブルの生成回路と生成多項式（SMPTE 259Mより）

図3 ワード多重データ（BTA S-004より）

ータ（SD-SDI：Standard Definition Serial Digital Interface）規格は，SMPTE 259Mで規定されています．パラレル・インターフェースは，10ビットと8ビットのどちらを用いてもよかったのですが，シリアル・インターフェースでは，10ビットのみの規定となっています．

8ビット・パラレル・データからシリアル・データを生成する場合は，下位2ビットに'0'を追加します．ここで注意すべき点は，10ビットのTRSは3FFh，000h，000hですが，8ビットから10ビットに拡張した際は3FCh，000h，000hになります．受信側で3FChを受信した際もTRSとして検知しなければなりません．

SDIの伝送には，クロックを独立して伝送しないため，受信側でデータの'0'／'1'変化からクロックを再生する必要があります．この'0'と'1'の変化が多ければ多いほどPLL回路が安定し，再生クロックも安定します．なるべく'0'と'1'の連続を防ぐために，'1'が連続する3FFhや'0'が続く000hは，TRSなどブランキング期間のごく限られた場合のみ使用され，有効映像期間では使用できません．

しかし，これだけでは，'0'と'1'の連続出現を抑えるのが難しく，PLL回路が安定しません．そこでさらにスクランブルをかけて'0'と'1'の変化を作り出します．このスクランブルのための生成多項式と生成回路は，図2のようになります．なお，このときSDIは10ビット・データのうち下位ビット（LSB）から先にシリアル・データ化します．

スクランブルされたシリアル・データは，受信機側で'0'と'1'の極性を考慮しなくてよいように，入力NRZ（Non Return to Zero）からNRZI（Non Return to Zero Inverted）へ変換します．

NRZとは，'0'（Lレベル）と'1'（Hレベル）でデジタル情報を表しますが，NRZIは，入力が'0'のとき前の値をそのまま出力し，入力が'1'のとき前の値を反転して出力する方式です．これによって受信機側は，データに変化があれば'1'，変化がなければ'0'というように，入力データの極性にとらわれずにNRZデータを再生できます．

● HDTVシリアル・ディジタル・インターフェース（HD-SDI）

HDTVのシリアル・ディジタル・インターフェース（HD-SDI）もSDTVのシリアル・ディジタル・インターフェース（SD-SDI）のように10ビットで構成されており，8ビットの場合は下位2ビットに'0'を追加します．

やはり10ビットのTRSは3FFh，000h，000hですが，8ビットから10ビットに拡張した際は3FCh，000h，000hになりますので，3FChを受信した際も3FFhとして検知しなければなりません．

また，HD-SDIではRGB4：4：4を伝送することはできず（デュアルリンクなどビットレートがさらに高いSDI方式の場合はRGB4：4：4の規格も存在する），YC_BC_R4：2：2のみの規定です．

YCBCR4：2：2信号をシリアル化するに当たって，まず最初にYデータ系列とC_B/C_Rデータ系列それぞれについて，EAV直後にライン番号コードを2ワードぶん挿入します．つづいて伝送エラー検出用にCRCコードを2ワードぶん挿入します．

詳細は省略しますが，Yデータ系列やC_B/C_Rデータ系列それぞれの空いているブランキング期間にパケット化された補助データ（アンシラリ・データ）を挿入することができます（図3）．

C_B/C_Rデータ系列の水平ブランキング期間には，オーディオ・データを多重することができ，48kHzのサンプリング周波数であれば，最大16チャネルの非圧縮音声信号を多重することができます．そのほか，Yデータ系列にはタイム・コードなど，オーディオ・データ以外の補助データを多重することができます．

次に，Yデータ系列とC_B/C_Rデータ系列を時分割多重するのですが，SDTVと同じようにC_B，Y，C_R，Yの順番に10ビットで1系統のデータ列を生成します．これをLSBからシリアル化し，SDTVと同じNRZI変換を施します．

こうしてHD-SDIのデータレートは，74.25MHzのデータ2系列を時分割多重し，シリアル・データ変換するので，1080/Iの場合は1.485［Gb/s］，または1.485G/1.001［Gb/s］となります．

矢野 浩二

第11章 ビデオ信号の種類

テレビ/パソコン/放送局…用途によってさまざま

84 コストや速度，距離の要求から進化を続ける
機器間インターフェースによる分類

通常，ビデオ信号規格は，伝送するインターフェースごとに規格化されていることが多いので，ビデオ信号インターフェースを理解することは，ビデオ信号規格を理解することにつながります．

表1に，おもなビデオ信号インターフェースをまとめました．

● ビデオ信号の目的に応じて決められる

通常，ビデオ信号インターフェースは，使用されるビデオ信号の目的に応じて決められます．

例えば，放送局内やロケ，中継現場などでは，ビデオ信号を数十メートル，ときには数百メートルの距離で引き回す必要があります．このような場合では，強固な端子や劣化の少ない太めのケーブルを使用したり，ケーブル伝送による信号減衰を補償したりします．

一方，家庭用機器では，通常はビデオ信号を引き回すのも数メートル程度です．家庭で太いケーブルを何本も引き回すのも大変ですし，ケーブルにある程度の力が加わった際には，安全のために端子から抜けてけがを防ぐ必要もあります．

● デジタル化が進む

テレビ放送のデジタル化が決まって以来，放送局のデジタル化は急速に進みました．また，DVDやブルーレイ・ディスクといったデジタル・メディアが家庭にも広く普及し，HDMI（High-Definition Multimedia Interface）などによるデジタル接続が進んできています．

1990年代中頃までは，放送局でもまだアナログ・コンポジットに対応した機器が多く存在していました．今では不思議かもしれませんが，放送局内でのテレビ

表1 おもなビデオ信号用インターフェースの分類

信号の種別	ビデオ信号インターフェース			おもな規格	おもな用途
	信号の形態	色信号形式	端子名称		
デジタル信号	コンポーネント信号	YC_BC_R	HDMI	HDMI	ブルーレイ・ディスクなど
			IEEE1394	IEEE 1394	ビデオ・カメラなど
			BNC	SMPTE 259M，292M	業務用SDI機器
		RGB	HDMI	HDMI	ブルーレイ・ディスクなど
			DVI-D	DDWG DVI	パソコンなど
			DisplayPort	VESA DisplayPort	パソコンなど
			BNC	SMPTE 292M	業務用SDI機器
アナログ信号	コンポジット信号	NTSC，PAL，SECAM	ピン・ジャック		VHSなど
			S端子	JEITA CP-1203A	S-VHSなど
			BNC	SMPTE 170M	業務用機器
	コンポーネント信号	YC_BC_R	ピン・ジャック		DVDなど
			D端子	JEITA CP-4120A	デジタル・チューナなど
			BNC	EBU N-10，SMPTE 274M	業務用機器
		RGB	VGA	VESA NAVI	パソコンなど
			DVI-A	DDWG DVI	パソコンなど
			BNC	SMPTE 253M，274M	業務用機器

番組の撮影から編集，送出の直前まで，機器間を結ぶインターフェースはすべてNTSC（National Television System Committee）信号で行われていました．

家庭用機器でもVHS（Video Home System）やゲーム機とテレビとの接続は，NTSC信号で接続されていました．現在でも，NTSC信号に対応した機器は数多くあります．

デジタル放送に完全移行した現在では，放送局内のビデオ信号は，非圧縮ビデオ信号であるSDI（Serial Digital Interface）が多く，放送電波送出の段階でMPEG（Moving Picture Expert Group）フォーマットの信号に圧縮されます．

〈矢野 浩二〉

85 ハイビジョンから一昔前のアナログ放送まで
解像度による分類

ビデオ信号を解像度で分類すると表1のようになります．アナログ・ビデオ信号の場合，厳密に解像度の定義が規格化されているわけではありませんが，デジタル信号の場合に置き換えて解像度（画素数）を記述しています．

● HDTV

デジタル放送の特徴でもある高画質ビデオ信号は，日本ではハイビジョンと呼ばれ，諸外国ではHDTV（High Definition TeleVision）と呼ばれています．画面の縦横比（アスペクト比）は16：9で，従来のテレビに比べて横長になっているのが特徴です．NHKを中心として開発した日本発のビデオ信号方式です．

HDTVは，国際的に合意がとられる際に有効走査線数が1035本から1080本になるなど若干の修正がされています．1080本にした場合，1画素の縦横比が1：1の正方画素となります．コンピュータでの画像処理などを行う際，縦横比を変換する必要がなくなるなどの理由です．

アナログ放送では，世界的にみると走査線数が525本の方式と625本の方式が存在していますが，HDTVの総走査線数は1125本，有効走査線数は1080本として国際的に統一されました．

また，HDTVには，有効走査線数1080本の方式以外に，総走査線数750本，有効走査線数720本でフレーム周波数を2倍にした方式もあります．こちらはフレーム周波数が高い利点を生かして，動きの激しいスポーツ番組などで使用されることが多いようです．

日本の地上デジタル放送でのHDTV番組は，解像度1920×1080で放送されているように思われますが，実は放送の段階で1440×1080と横方向に圧縮して放送しています．これは，放送波のビット・レート（情報量）を少なくするためで，圧縮された映像はテレビ受信機で横方向に拡張され，1920×1080で表示しています．

一方，ビット・レートが地上デジタル放送より多く確保できるBSデジタル放送では，解像度1920×1080で放送されているため，地上デジタル放送に比べて若干画質が良くなっていると言えます．

● 超高精細度

さて，アナログ放送の停波によりデジタル化が一段落したわけですが，NHKなどではさらに次の高画質放送について研究されています．超高精細度テレビ放送と呼ばれ，スーパーハイビジョンの愛称で知られて

表1 解像度による分類

用途	名称	解像度	アスペクト比
テレビ放送	低解像度テレビ（ワンセグ）	320×240, 320×180	4：3, 16：9
	標準精細度テレビ（SDTV）	720×487, 720×576	4：3
	高精細度テレビ（HDTV）	1920×1080, 1280×720	16：9
	超高精細度テレ（UHDTV）	3840×2160, 7680×4320	16：9
映画	2K	2048×1080	
	4K	4096×2160	
コンピュータ	VGA	640×480	4：3
	SVGA	800×600	4：3
	XGA	1024×768	4：3
	WXGA	1365×768	16：9
	SXGA	1280×1024	5：4
	UXGA	1600×1200	4：3
	WUXGA	1920×1200	16：10

います．

諸外国では，UHDTV（Ultra High Definition TeleVision）と呼び，日本からの提案についてさまざまな検討を開始しています．スーパーハイビジョンの解像度は，HDTVの4倍（3840×2160）と16倍（7680×4320）が提案されています．

現在は，放送に耐えうる高圧縮技術の研究も行われており，2020年にBSを使用した試験放送開始を目指しているようです．

● SDTV

一昔前の標準画質と言われるSDTV（Standard Definition TeleVision）は，アスペクト比（画面の縦横比）が4：3のビデオ信号です．

ハイビジョン放送に比べて解像度が低いぶん，同時に3番組を1チャネルの周波数帯域で放送することができます．世界的に見ると，走査線数が525本でフレーム周波数が約30Hzの方式と，625本でフレーム周波数が25Hzの2方式に分けられます．

● デジタル・シネマ

以前，映画といえばフィルム撮影／フィルム上映でしたが，最近ではビデオ撮影／ビデオ上映が増えてきており，デジタル・シネマと呼ばれています．

デジタル・シネマでは，解像度1920×1080のHDTVや，2048×1080と若干水平方向に広げた方式を使用しています．2048×1080方式は，水平方向の解像度が2048なので"2K"と呼び，HDTVと区別していま

す．一部の映画では試験的に，スーパーハイビジョン並みの解像度"4K（4096×2160）"で制作されるものも出始めています．

● コンピュータ・ディスプレイ

コンピュータなどで扱われているビデオ信号は，テレビ放送に使用されている解像度と異なる場合がほとんどです．**表1**にあげたコンピュータ・ディスプレイの解像度は，ごく一般的に使用されている解像度ですが，このほかにもたくさんの解像度の規定があります．

コンピュータとディスプレイは通常，1対1でケーブル接続され，クローズした環境で使用されます．そのため，技術の進歩に応じて比較的容易に解像度を上げていくことができ，結果としてさまざまな解像度のビデオ信号が存在します．テレビ放送のように電波の伝送帯域の制限や古いテレビとのコンパチビリティといった制限があまりありません．

コンピュータ・ディスプレイの解像度とテレビの解像度は異なることが多いのですが，最近では，どちらにも対応した製品も登場しています．これは，デジタル技術の進歩によって，解像度の変換が容易にそして高画質にできるようになったためです．そのためテレビとコンピュータ・ディスプレイの境界線がなくなりつつあり，テレビなのにコンピュータのビデオ信号を入力できたり，コンピュータ・ディスプレイなのにテレビ・チューナが搭載されている製品も珍しくありません．

矢野 浩二

86 ゲーム機やテレビ，ビデオなどの黄色いコネクタでつながる
アナログ・コンポジット信号

● 目的

アナログ・テレビ放送で使用されているビデオ信号方式NTSC，PAL，SECAMは，コンポジット・ビデオ信号と呼ばれています．

"コンポジット（composite）"とは，日本語で「複合の」という意味に相当します．「コンポジット・ビデオ信号」とは，「一つの信号にいくつかの情報が複合された映像信号」という意味になります．

コンポジットの対義語として使われる言葉は"コンポーネント（component）"で「要素ごとの」という意味に相当します．「コンポーネント・ビデオ信号」とは，「要素ごとに分けられた映像信号」という意味になります．

コンポジット信号は，輝度信号，二つの色差信号（クロマ信号），水平同期信号，垂直同期信号，カラー・バースト信号を一つの信号に複合したビデオ信号です．これらの信号をケーブル1本または1チャネル（周波数帯域6MHz）で伝送することが，コンポジット信号の目的です．

コンポジット信号の歴史は，白黒テレビ放送の開始までさかのぼります．走査線数やフィールド周波数など白黒テレビ放送用に決められた基本的なパラメータは，カラー・テレビ放送になっても継続して使用されています．

カラー・テレビ放送を開始するに当たっては，白黒テレビ受像機に悪影響を与えないように，放送方式が慎重に検討されました．カラー・テレビ放送は，カラー・テレビで受信するとカラーで表示でき，白黒テレビで受信すると白黒で表示できるような方式を実現しています（**図1**）．これをコンパチビリティといい，今でも新しいビデオ信号システムを考えるうえで一つの重要な要素となっています．

カラー・テレビ放送は，白黒放送とカラー放送のコ

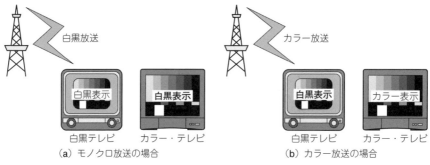

図1 白黒放送とカラー放送のコンパチビリティ

ンパチビリティを実現するために，カラー信号の情報量をできるだけ少なくして，しかも白黒テレビの受信を妨げないようにカラー信号を多重しています．このカラー信号の情報量削減技術が，YC_BC_R 4：2：2方式の原点ですし，カラー信号の直角2相変調はデジタル変調PSK技術の原点でもあります．

このようにコンポジット信号の技術は，現在のデジタル放送にも生かされています．ビデオ信号処理技術が目指すことは，昔も今も高画質／狭帯域に変わりありません．コンポジット信号を理解しておくことで，最新のデジタル・ビデオ技術の理解も早まります．

● 規格

それぞれのビデオ信号を規定している規格とその特徴について紹介します．ここであげているビデオ信号規格は，スタジオ規格と呼ばれ，放送局内などの業務用機器を対象としているものです．

アナログ・コンポジット信号のうちNTSC信号に関する規格は，半世紀以上使われているビデオ信号であるだけに，歴史上いくつかの変遷があります．現在では，SMPTE（Society of Motion Picture and Television Engineers）で規定されている170Mを指すのが最もスタンダードです（厳密にNTSCとSMPTE 170Mを区別する場合もある）．

SMPTE 170Mは，放送局などにおけるアナログ・コンポジット信号のスタジオ規格として制定され，最近では2004年に改訂されています．アナログ・コンポジット信号に対応した業務用機器は，ビデオ信号の品質維持のため，この規格に準拠した仕様で設計されています．

NTSC信号は，一つのアナログ信号に白黒映像信号（輝度信号），水平同期信号，垂直同期信号に加えて，色相と飽和度を表す信号が含まれています．後で詳しく説明しますが，水平／垂直同期信号は，輝度信号と時間分割で多重し，色相／飽和度は，輝度信号に周波数多重しています．

また，NTSC信号の走査方式はインターレース（飛び越し走査）で，2フィールドで1フレームの映像を構成しています．フレーム周波数は約29.97Hzですので，フィールド周波数は2倍の約59.94Hzになります．画面の縦横比（アスペクト比）は，横4に対して縦3になっています．

国際規格であるITU-Rでは，アナログ・コンポジット信号規格は，BT.470で規定されています．BT.470では，NTSC信号のほか，PAL信号やSECAM信号も規定しています．

矢野 浩二

87 輝度と色を分けて伝送する アナログ・コンポーネント信号

● 目的

コンポーネント信号の目的は，コンポジット信号の欠点をなくすことにあります．

▶ コンポジット信号は色と輝度を完全には分離できない

コンポジット信号は，伝送や記録するにあたって非常に効率のよいビデオ信号です．しかし，輝度信号と色信号が周波数インターリーブされているため正確に分離できないことや，色信号が正弦波の位相で表されるためSC/Hなどの位相管理が難しいことから高画質化が難しくなっています．また，カラー・フレームという概念が存在し，フレームごとの編集ができないなど取り扱いのうえでも煩わしいところがありました．

▶ RGBやYC_BC_Rのまま扱う

そこで，テレビ放送向け業務用機器では，RGBやYC_BC_Rのまま扱うことができるアナログ・コンポーネント信号が提案されました．アナログ・コンポーネント信号は，RGBかYC_BC_Rを3本のケーブルで伝送する場合と，さらに同期信号伝送用にもう1本使用して，4本のケーブルで伝送する場合があります．

第11章 ビデオ信号の種類

▶ 3本ないし4本のケーブル特性をそろえる

複数のケーブルで一つのビデオ信号を伝送するので，ケーブルの長さの違いや特性の違いによって色ずれが発生することがあります．そのためケーブルを長距離にわたって引き回す際には，3本ないし4本のケーブル長の特性をそろえる必要があり，コンポジット信号に比べて設置の手間がかかります．

しかしアナログ信号の場合，一度劣化した信号は元に戻すことができませんので，画質劣化をできるだけ避けたい業務用機器では，コンポーネント信号が多く使われるようになりました．

▶ YC_BC_RはRGBの2/3の情報量

コンポーネント信号を扱うとしても，可能な限り伝送する周波数帯域を制限することで，ビデオ信号全体の情報量を減らすに越したことはありません．コンポジット信号を開発したときには，人の目は輝度に対して識別能力は高いが，色に対する識別能力はやや低い性質をもつということがわかっていました．

そこで，RGB信号を輝度信号と色差信号に変換し，色差信号C_BC_Rの周波数帯域を輝度信号に比べて半分にします．ビデオ信号全体の情報量はRGB信号の2/3に削減できますので，一般的にアナログ・コンポーネント信号の記録系や回線系などでは，YC_BC_R信号が扱われます．

▶ 色情報を削りたくないときはRGB

RGB信号は，色の3原色をそのままビデオ信号として扱っていますので，それぞれの周波数帯域を3本とも同じにする必要があります．最も高画質が期待できます．通常，色の解像度を落としたくない場合や周波数帯域の制限を受けない機器間接続などで使用されています．

また，走査線数525本や625本のコンポーネント信号を，同じくコンポーネント信号である高精細テレビ方式（HDTV）と区別するときは，SDTV（Standard Definition TeleVision）と呼んでいます．

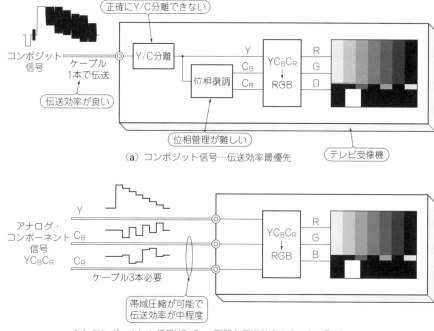

(a) コンポジット信号…伝送効率最優先

(b) コンポーネント信号YC_BC_R…画質と伝送効率の良いとこ取り

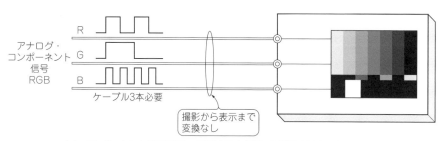

(c) コンポーネント信号RGB…画質は最良だが，伝送効率は良くない

図1　コンポジット信号とコンポーネント信号，テレビ受像機の中での信号処理の違い

テレビ受像機の中でのコンポジット信号とコンポーネント信号の処理の違いについて，図1にまとめておきます．

● 規格

走査線数525本のRGBアナログ・コンポーネント信号規格は，SMPTE 253Mで規定されています．SMPTE 253Mでは，RGBの色度点とガンマ特性，輝度方程式は，NTSC信号と同じ値になっています．そのため放送局内では，アナログ・コンポーネント信号で高画質なビデオ信号処理が行え，電波で送信する際に容易にNTSC信号に変換して放送できます．

一方，YC_BC_Rのアナログ・コンポーネント信号には，明確な標準規格がありません．ソニーのベータカムやパナソニックのMⅡなどアナログ・コンポーネント信号に対応した機器がありますが，メーカによって電圧値などの違いが見られるため，これらの振幅の信号には互換性がありません．

最近では，デジタル機器が普及してきているため，アナログ信号でのインターフェースも一般的にデジタル規格のITU-R BT.601で規定されているパラメータ（RGBの色度点，輝度方程式，色差信号の正規化係数など）を使用します．なお，ITU-R BT.601にもアナログ電圧値に関する規定がないため，電圧値はPAL圏のEBU規格N10を用います．

矢野 浩二

88 いまのテレビ放送の基礎！知っておきたい
アナログHDTV信号

● 目的

HDTV（High Definition TeleVision）信号の目的は，高品位テレビを実現することです．画素を高精細にすることでテレビの大型化が進んでも，画素の荒さが見えにくく，縦横比16：9の横長テレビとすることで，臨場感が増すという特徴があります．

SDTVとHDTVの比較を図1に示します．

日本では「ハイビジョン」（NHKが商標権をもつ）として知られています．ARIB規格では高精細度テレビジョンとも呼ばれていますが，国際的にはHDTVと呼ぶのが一般的です．

HDTVのフォーマットには，いくつかの種類があります．大きく分けて，走査線数1125本，1250本，750本の3種類です．

▶ 走査線数1125本

走査線数1125本のフォーマットには，映像ライン数が1035本のフォーマットと映像ラインが1080本のフォーマットがあります．

1035フォーマットは，日本が最初に提案したHDTVフォーマットで，ARIB規格BTA S-001およびSMPTE 240M，ITU-RのBT.709 PART1に規定されています．

1035フォーマットは，日本でBSを使用したアナログHDTV放送（MUSE）で試験放送されていましたが，BSのデジタル放送への移行に伴って，すでに停波しています．

1080フォーマットは，日本やアメリカなどのデジタル放送で使用されているフォーマットです．HDTVとして，世界的に合意のとれた，最も普及しているフォーマットでもあります．デジタル化した際，1画素の縦横比が1：1のスクウェア・ピクセルになるという特徴があります．

1035フォーマットと1080フォーマットでは，映像ライン数が異なりますが，どちらもアスペクト比は16：9です．1080フォーマットにしか対応していない機器に1035フォーマットを入力すると縦横比が正しく再現できず，縦に縮んだ映像になる場合もあるので，コンテンツが混在している場合はコンバータを通すなどの対応が必要になります．

▶ 走査線数1250本

走査線数1250本のフォーマットは，映像ライン数1152本，フィールド周波数50Hzです．これは，ヨー

(a) SDTV

走査線数　＝525本
アスペクト比＝4：3

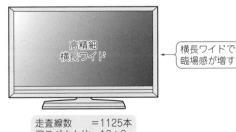

(b) HDTV

走査線数　＝1125本
アスペクト比＝16：9

図1
SDTVとHDTVの比較

表1　アナログHDTVフォーマットと対応規格

走査線数	映像ライン数	フレーム周波数[Hz]	フィールド周波数[Hz]	走査方式	ARIB BTA S-001	ITU-R BT.709 PART1	ITU-R BT.709 PART2	SMPTE 240M	SMPTE 274M	SMPTE 296M
1125	1035	30	60	インターレース(I)	○	○		○		
1125	1035	29.97	59.94	インターレース(I)		○		○		
1250	1152	25	50	インターレース(I)		○				
1125	1080	60	−	プログレッシブ(P)			○		○	
1125	1080	59.94	−	プログレッシブ(P)	○		○		○	
1125	1080	50	−	プログレッシブ(P)					○	
1125	1080	30	60	インターレース(I)	○		○		○	
1125	1080	29.97	59.94	インターレース(I)	○		○		○	
1125	1080	25	50	インターレース(I)			○		○	
1125	1080	30	−	セグメント・フレーム(PsF)			○		○	
1125	1080	29.97	−	セグメント・フレーム(PsF)			○		○	
1125	1080	25	−	セグメント・フレーム(PsF)			○		○	
1125	1080	24	−	セグメント・フレーム(PsF)			○		○	
1125	1080	23.98	−	セグメント・フレーム(PsF)			○		○	
750	720	60	−	プログレッシブ(P)						○
750	720	59.94	−	プログレッシブ(P)						○
750	720	50	−	プログレッシブ(P)						○

ロッパからの提案によるもので，走査線数や映像ライン数はPALのちょうど2倍になっています．当初，ヨーロッパではHDTVに対しての関心は弱く，のちに1080フォーマットで世界的に統一されたことから，走査線数1250本に対応した機器は，ほとんど発売されていません．

▶ 走査線数750本

走査線数750本のフォーマットは，もともとコンピュータ業界からの提案によるもので，プログレッシブのみの規定です．

1フレームの画素数を減らして，フレーム周波数を上げたプログレッシブ方式にすることで動画解像度を上げたものです．テレビ放送では，動きの激しいスポーツ番組などに向いています．

● 規格

アナログHDTV信号の規格は，日本国内のARIB規格ではBTA S-001で規定されています．国際規格ITU-RではBT.709，アメリカSMPTEでは274Mで規定されています．それぞれの規格を眺めると，規定されているフォーマットが少しずつ違うことがわかります．

ARIB規格BTA S-001は，日本国内のテレビ放送において使用されるべきビデオ・フォーマットのみを規定しており，ITUやSMPTEに比べてフォーマットの数は少なくなっています．具体的には，走査線数1125本のフォーマットに限り，フィールド周波数60Hz（59.94Hzも含む）のインターレースおよびフレーム周波数60Hz（59.94Hzも含む）のプログレッシブを規定しています．有効映像ライン数については，1035本のフォーマットと1080本のフォーマットが規定されています．

ITU-R BT.709は，パート1とパート2に分かれています．パート1では，1フレームの走査線数が1125本で有効映像ライン数が1035本のフォーマットと，1フレームの走査線数が1250本で有効映像ライン数が1152本のフォーマットが規定されています．パート2は，1997年に走査線数1125本で有効映像ライン数1080本のフォーマットが規定されています．

SMPTE規格は，その目的がテレビ規格に限らず映画規格も含まれることから，274Mには放送に使用されるフィールド周波数60Hz/59.94Hzのほかに，映画撮影用のフレーム周波数24Hzも含まれています．また，PAL圏のフィールド周波数50Hzなども取り入れています．

現状のHDTVで使用されているフォーマットは，大きく分けて，SMPTE 274Mで規定さている1080フォーマットとSMPTE 296Mで規定されている720フォーマットです．これらの規格には，表1に示したとおり，さらにたくさんのフレーム周波数が規定されています．これらのHDTVフォーマットの呼びかたは規格によって異なりますが，本書ではSMPTE 274Mにならった呼びかた（映像水平画素数は表記していない）で次のように表記します．

映像ライン数
フレーム/フィールド周波数
走査方式：I，P，PsF

アナログHDTV信号には，RGB信号とYCBCR信号がありますが，いずれもコンポーネント信号です．BTA S-001では，アナログHDTV信号を扱ううえで，RGB信号とYCBCR信号に優位性を付けておらず，用途によって使用者が選択できます．そのためアナログHDTV信号に対応した業務用機器は，RGBとYCBCRのどちらにも対応した製品が多いようです．

BTA S-001は，これまで3回の改訂を実施しています．A改訂でフィールド周波数60Hzに加え59.94Hzが追加され，B改訂で映像ライン数1035本のフォーマットに加え1080本のフォーマットが追加されました．

2009年7月にはC改訂となり，有効映像ライン数が1080本でフレーム周波数60Hzのプログレッシブ方式（1080/60/P，1080/59.94/P）が追加されています．

これは，次世代の放送方式として検討されているフォーマットの一つで，2011年7月で終了するアナログBS放送の空いた周波数帯域にて，今後の放送を検討しているフォーマットです．

このビデオ・フォーマットは，フレーム周波数が現行のハイビジョン放送に対して2倍となるため，非圧縮の場合，現行ハイビジョンの2倍の周波数帯域が必要となります．そのぶん，1080フォーマットの高精細とフレームレート60Hzの滑らかな動きが得られます．

1080/60/Pや1080/59.94/Pのアナログ信号規格は，SMPTE 274MやITU-R BT.709では，すでに規定されているものです．

矢野 浩二

89 局内既存のアナログ放送システムを生かすために
デジタル・コンポジット信号

● 目的

デジタル・コンポジット信号の目的は，これまで多くの機器がアナログのNTSC信号用であった放送局内において，D-A変換するだけでNTSC対応機器へ接続できますから，必要な部分のみをデジタル化するなど，比較的ローコストで高品位なビデオ信号管理が実現できることです．

放送局やプロダクションなどにおけるビデオ信号のデジタル化は，1980年代から始まっています．そのなかの一つのフォーマットであるデジタル・コンポジット信号は，その名のとおり，NTSCなどのコンポジット信号をほぼそのままデジタル化したビデオ信号です（図1）．

RGB3原色の色度座標や輝度方程式，色差信号の振幅制限，直角2相変調，水平/垂直同期信号など，NTSCのままアナログ信号をデジタル化したビデオ信号です．デジタル・データ上で調整や編集などを行うことで，劣化の少ない信号処理が可能です．また，デジタル・データなので'0'と'1'を正しく判定できさえすれば，伝送による画質劣化も発生しません．

一方，信号処理を行う過程では，NTSC信号が抱えている問題をそのまま引き継いでいます．特にY/C分離の際に生ずるクロス・カラーやドット妨害が画質低下を引き起こしますし，編集作業におけるカラー・フレームの問題も発生します．

● 規格

SMPTE 170Mで規定されているNTSC信号をデジタル化したパラレル・インターフェースは，SMPTE 244Mで規定されています．

ARIBではTR-B5でデジタル・コンポジット信号の運用上の基準を定めています．理想的な状態で規格化されているSMPTE 244Mに対して，多少ばらつきのあるビデオ信号でも機器接続に問題がないようにARIBで運用上の基準として作成しています．

また，SMPTE 244M上で規定されているのは，ツ

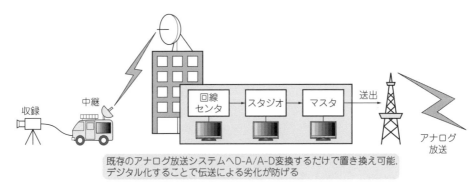

図1 放送局内でのビデオ信号の流れ

イスト・ケーブルを12ペア複合したパラレル・デジタル・インターフェースです．パラレル・デジタル・インターフェースは，信号間の到達時間のばらつきやインピーダンス整合の難しさから，長距離伝送に向かず50m程度の伝送距離を想定しています．

受信側にケーブルによる減衰を補償するイコライザを12ペア設けることで，伝送距離を延ばすことができますが，コストが割に合わないため，通常はシリアル・デジタル信号で伝送することが多いようです．シリアル・デジタル信号の場合，イコライザが1個で済み200〜300m程度まで伝送可能です．

デジタル・コンポジット信号は，放送局内やプロダクションなどでは，D2フォーマットと呼ばれることがあります．本来のD2とはデジタル・コンポジットのVTR機器を指す呼称ですが，便宜上デジタル・コンポジット信号を指すことも多いようです．

矢野 浩二

90 SD-SDI信号と言えばこれ
デジタル・コンポーネント信号

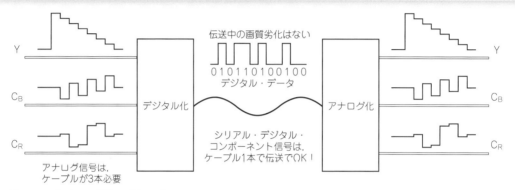

図1　コンポーネント信号のデジタル化

● 目的

コンポジット・ビデオ信号は，これまで画質改善に向けてさまざまな取り組みがなされてきました．しかし，3次元YC分離など高度なデジタル信号処理を施しても，同じ走査線数のコンポーネント・ビデオ信号の画質に追いつくことはできませんでした．そのため，放送用ビデオ信号のなかでも画質が最優先される素材については，コンポーネント信号を使用しています．

▶ YC_BC_Rはビット・レートを抑えられる

コンポーネント信号をデジタル化することにより，ビデオ信号処理や伝送による画質劣化を抑えることができます（図1）．

コンポーネント信号の方式には，RGB信号とYC_BC_R信号があります．RGB信号に比べてYC_BC_R信号は色差信号C_BC_Rの周波数帯域をそれぞれ1/2にしても画質劣化がわかりにくいことから，デジタル・データのビットレートを抑えることができます．そのため，YC_BC_R信号はVTRなどの記録系や中継回線系に多く使用されています．

▶ YC_BC_Rは圧縮にも適する

YC_BC_R信号は，色差信号の周波数帯域を1/2に制限できるだけでなく，デジタル・データ圧縮にも適しています．家庭用ビデオ・カメラのDVで採用されたモーションJPEG，DVDやデジタル放送で採用されたMPEG，ワンセグ放送で使用されているH.264など圧縮デジタル・ビデオ信号は，YC_BC_Rを採用しています．

▶ SDIの伝送ケーブルは1本

またアナログ・コンポーネント信号は，特性がそろった等長のケーブルを3本も使用する必要があり，取り扱いの面で煩わしさがありました．

そこで，早くからデジタル・コンポーネント・ビデオ信号は，一つのデジタル・データ列として時間多重したシリアル・デジタル・インターフェース（SDI）が普及しています．SDIは，75Ωの同軸ケーブル1本でデジタル・コンポーネント信号を数百メートル伝送できます．

HDTVのSDIと区別するために走査線数525本，625本のSDIをSD-SDIと呼んでいます．

家庭用機器間の非圧縮デジタル・インターフェースであるHDMIも，デジタル・コンポーネント信号のインターフェースです．HDMIは，コンポーネント信号の3本をそれぞれにシリアル・データ化しており，シリアル・インターフェースを複数本束ねた構造になっています．

表1 ITU-R BT.601の基本パラメータ（4:2:2, 13.5MHzの場合）

パラメータ	525ライン	625ライン
1ラインのサンプル数　輝度信号（Y）	858	864
1ラインのサンプル数　色差信号（C_B, C_R）	429	432
輝度信号（Y）のサンプリング周波数	13.5 MHz	
色差信号（C_B, C_R）のサンプリング周波数	6.75 MHz	
有効映像サンプル数　輝度信号（Y）	720	
有効映像サンプル数　色差信号（C_B, C_R）	360	

● 規格

　走査線数525本からなるアナログ・コンポーネント信号の機器間インターフェースに関する明確な規格がないのに対して，デジタル・コンポーネント信号インターフェースは，ITU-R BT.601やSMPTE 125Mできちんと規格化されています．さらにシリアル・デジタル信号インターフェース（SD-SDI）についても，ITU-R BT.656やSMPTE 259Mで規定されています．

　SMPTE 125Mでは，走査線数525本でYC_BC_R 4:2:2のフォーマットについてのみ規定しています．ITU-R BT.601では，これに加えて走査線数625本のフォーマットも規定されているほか，YC_BC_R 4:2:2とRGB 4:4:4や横長16:9のフォーマットも規定されています．

　ITU-R BT.601によると525フォーマットおよび625フォーマットの違いは，1フレームの走査線数と1ラインの総サンプル数くらいです（**表1**）．サンプリング周波数，ビデオ・レベルに対するデジタル・データ，1ライン中の有効映像サンプル数など多くの共通点があります．

　色再現範囲を示す*x-y*色度座標値は，525フォーマットと625フォーマットで多少異なりますが，ガンマ補正や輝度方程式，色差信号の方程式は，両システムでともに同じ値を使用しています．また，どちらの規格も量子化精度8ビットと10ビットの規定があり，それぞれのコンパチビリティを考慮しています．

矢野 浩二

91　HD-SDI信号と言えばこれ　デジタルHDTV信号

● 目的

　デジタルHDTV信号の目的は，現在デジタル放送で使用されているHDTV信号をフルデジタルで画質劣化なく記録/伝送することです．

　業務用機器に限らず家庭用機器でもフルHD対応と呼ばれる機器が増えており，これからのビデオ信号の本命ともいえます．

　HDTV信号のデジタル化も日本が先行して開発を行っています．1998年の長野オリンピックでは，デジタルHDTV信号による本格的な運用が行われています．その後，日本でのデジタル放送にHDTVを採用したこと，BS，地上波とデジタル放送の開始スケジュールが決まったことで，放送局内におけるHDTV信号のデジタル化が一気に進みました．

　放送局内では，デジタルHDTV信号もシリアル・デジタル信号で扱われており，HD-SDIと呼ばれています．HD-SDIも75Ωの同軸ケーブルで接続され，100m以上の伝送が可能です．

　家庭用機器では，HDMIなどでデジタルHDTVの非圧縮データを伝送することができます．

● 規格

　日本でのデジタルHDTV信号のスタジオ規格は，ARIBによるBTA S-002とS-004で規定されています．S-002は，パラレル・デジタル・インターフェース規格で，S-004は，シリアル・デジタル・インターフェース規格（HD-SDI）となっています．

　パラレル・デジタル・インターフェース規格S-002では，アナログRGB信号およびYC_BC_R信号のサンプリングに関する規定や8ビットと10ビットの量子化に関する規定，タイミング基準コード（EAV，SAV），フレーム構造，そして機器間をパラレル・デジタル接続するための電気的特性，コネクタ形状などが規定されています．

　シリアル・デジタル・インターフェース規格S-004ではRGB信号を扱っておらず，YC_BC_R信号のシリアル・デジタル化についてのみ規定しています．量子化精度8ビットの場合は，下位2ビットに'0'を追加して10ビットのシリアル・データとします．また，SD-SDIではオプション機能であった誤り検出符号も必須事項として規定されています．そのほか，HD-SDIの電気信号インターフェースに加えて光信号インターフェースも規定しています．

表1 デジタルHDTV信号規格の対応

走査線数	映像ライン数	フレーム周波数[Hz]	フィールド周波数[Hz]	走査方式	ARIB BTA S-002	ITU-R BT.709 PART1	ITU-R BT.709 PART2	SMPTE 240M	SMPTE 274M	SMPTE 296M
1125	1035	30	60	インターレース(I)	○	○		○		
		29.97	59.94			○		○		
1250	1152	25	50	インターレース(I)		○				
1125	1080	60	–	プログレッシブ(P)	○		○		○	
		59.94	–		○		○		○	
		50	–						○	
		30	60	インターレース(I)	○		○		○	
		29.97	59.94		○		○		○	
		25	50						○	
		30	–	プログレッシブ(P)					○	
		29.97	–						○	
		25	–						○	
		24	–				○		○	
		23.98	–				○		○	
		30	–	セグメント・フレーム(PsF)					○	
		29.97	–						○	
		25	–						○	
		24	–				○		○	
		23.98	–				○		○	
750	720	60	–	プログレッシブ(P)						○
		59.94	–							○
		50	–							○
		30	–							○
		29.97	–							○
		25	–							○
		24	–							○
		23.98	–							○

ITU-Rでは，HDTV信号のデジタル・インターフェース規格として，BT.1120で規定されています．BT.1120では，パラレル・デジタル・インターフェースとシリアル・デジタル・インターフェースが規定されています．BT.1120では，BTA S-002とS-004に相当する内容が一つの規格になっています．

SMPTEでは，274MにアナログHDTV信号の規定に加えて，パラレル・デジタル・インターフェース規格も規定されています．274Mでは，BTA S-001とS-002に相当する内容が一つの規格になっています．HD-SDIは，SMPTE 292で規定されており，BTA S-004に相当する内容になっています．

なお，ITU-R BT.709とSMPTE 274M，292では，アナログ信号規格と同様にさまざまなフレーム周波数が規定されていますが，ARIB規格では，日本のテレビ放送で使用されるべきフレーム周波数のみの規定となっています(**表1**)．

それぞれのHDTVパラレル・デジタル・インターフェース規格には，機器間接続のための電気的特性やコネクタが規定されています．実際は，RGBまたはYCの各ビットを差動伝送するために93ピンと多ピン・コネクタを使用しており，あまり経済的とは言えません．

HD-SDIに対応した機器が普及するまでの間，一部では使用されていたようですが，現在ではHD-SDIで扱うことが一般的になっています．

矢野 浩二

第12章 ディジタル・ビデオ信号ができるまで

サンプリング/量子化/同期など

92 一定間隔で値を取り込む
ステップ1…サンプリング

　サンプリング（sampling）とは，時間的に連続したアナログ信号を，一定の間隔で取り込む操作です．サンプリングする時間間隔の逆数を，サンプリング周波数と呼びます．

　サンプリング周波数は，元のアナログ信号に含まれる上限周波数の2倍以上が必要です．これをナイキスト周波数と呼び，ナイキスト周波数を越えるサンプリング周波数があれば，理論的にデジタル信号から元のアナログ信号が再生できます．

● コンポジット信号のサンプリング

　デジタル・コンポジット信号は，SMPTE 244Mで規定されており，基本的にNTSC信号をそのままサンプリングしてデジタル・データを生成しています．このときのサンプリング周波数は，カラー・サブキャリア周波数 f_{SC} の4倍に等しく，$4f_{SC}$ と呼ばれています．

　カラー・サブキャリア周波数は，$f_{SC} = 3.579545$ MHz ですから，サンプリング周波数は，$4f_{SC} = 14.31818$ MHz となります．

　サンプリングするためのクロックはカラー・バースト信号から生成しますが，サンプル・ポイントは図1のように，カラー・バースト信号から33°ずれた＋I，＋Q，－I，－Qの位相でサンプリングします．

　NTSC信号のカラー・バースト信号のサイクルは，1ライン当たり455/2サイクルですから，1ライン当たりのサンプル数は，4倍した910サンプルとなります．

　SMPTE 170Mでは，NTSC信号の周波数帯域に上限を設けていませんが，放送する際のビデオ信号帯域を4.2MHzに制限しています．NTSC信号の周波数帯域を4.2MHzとすると，サンプリングに最低限必要なナイキスト周波数は8.4MHz以上ですから，14.31818…MHzでのサンプリングは十分に余裕があるといえます．

● SDTVコンポーネント信号のサンプリング

　コンポーネント・ビデオ信号のサンプリング周波数は，525フォーマットと625フォーマットのライン周波数の整数倍に等しい基準周波数3.375MHzをベースに決められています．輝度信号Yは，基準周波数の4倍

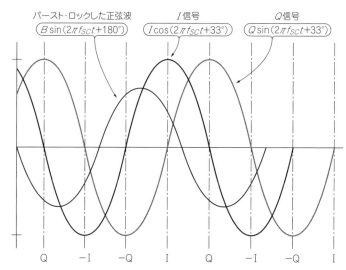

図1　NTSC信号をデジタル化する際のサンプル・ポイント（SMPTE 244Mより）

図2 4:2:2のサンプリング構造

である13.5MHzに選ばれています．色差信号C_BとC_Rは，基準周波数の2倍の6.75MHzとなっています．このようなサンプリング形式を基準周波数の倍率からとって「4:2:2」と呼びます．

輝度信号Yにおける1ラインのサンプル数は858サンプルで，そのうち有効映像サンプル数は720サンプルとなっています．

色差信号C_BC_Rは，輝度信号Yのサンプリング周波数の1/2なので，1ラインのサンプル数も1/2の429サンプル，有効映像サンプル数は360サンプルとなります．色差信号C_BC_Rの各サンプリング・ポイントは，図2のように輝度信号Yの偶数番号サンプルのサンプル・ポイントと一致します．

● HDTV信号のサンプリング

HDTV信号のサンプリング周波数は，74.250MHzが基準となっています．RGB信号は，それぞれ74.250MHzでサンプリングし，YC_BC_R信号は輝度信号Yを74.250MHzで，色差信号C_BC_Rを1/2の37.125MHzでサンプリングします．

これらのサンプリング周波数はフィールド周波数が60Hzちょうどの場合であり，フィールド周波数59.94Hzの場合は，それぞれのサンプリング周波数を1/1.001倍した値になります．

SDTVの場合，サンプリング周波数の表現として基準周波数の倍率からYC_BC_R4:2:2と呼んでいますが，HDTVの場合も引き続き周波数帯域の比率を表す方法として4を基準にYC_BC_R4:2:2やRGB4:4:4と呼ばれています．

RGB信号や輝度信号Yにおける1ラインのサンプル数は2200サンプルで，そのうち有効映像サンプル数は1920サンプルとなっています．色差信号C_BC_Rは輝度信号Yのサンプリング周波数の1/2なので，1ラインのサンプル数は1100サンプルで，有効映像サンプル数は960サンプルとなります．色差信号C_BC_Rの各サンプリング・ポイントは，輝度信号Yの偶数番号のサンプル・ポイントと一致します．

YC_BC_R信号のサンプル・データは，デジタル・データとして伝送される際は，輝度信号Yと時分割多重された色差信号C_BC_Rの二つの信号からなります．これら二つのビデオ・データのクロック周波数は，74.25MHzか74.25MHz/1.001で伝送されます．

RGB信号のサンプリング・データは，デジタル・データとして伝送される際は，R，G，Bの三つの信号からなります．これら三つのパラレル・ビデオ・データのクロック周波数は，74.25MHzか74.25MHz/1.001で伝送されます．

YC_BC_R信号の色差信号C_BC_Rは，デジタル化される際のサンプリング周波数が輝度信号の半分であることから，サンプリングされるアナログ周波数帯域も半分になります．デジタル信号でC_BC_R信号の周波数帯域は15MHzなのに対して，アナログ信号でC_BC_R信号の周波数帯域は30MHzとなっています．アナログ信号をデジタル化する際は，プリフィルタでC_B，C_Rの周波数帯域を15MHzに制限する必要があります．

矢野　浩二

93 連続アナログ信号を離散値に ステップ2…量子化

量子化とは，連続した信号を一定の間隔で四捨五入して，離散値で表す処理のことです．量子化するレベルをどれだけ細かくするかを2のn乗で表し，n［ビット］と呼びます．通常のビデオ信号では，8ビットや10ビットが多く使われます．8ビットの場合はビデオ信号レベル全体を256のレベルで表現し，10ビットの場合はビデオ信号レベル全体を1024のレベルで表現できます．

● コンポジット信号のビデオ・レベルと量子化

サンプリングされたコンポジット信号を量子化する精度は，8ビットと10ビットが規定されていて，図1のようになります．

SMPTE 244Mではセットアップ7.5%付きでのレベルを規定していますが，日本ではセットアップがないので，ブランキング・レベルと黒レベルが同じ値となります．量子化精度10ビットの場合，黒レベルが0F0h，白レベルが320h，シンクチップ・レベルが010hとなります．

また，000h〜003hと3FC〜3FFhは，保護されたレベルとなっていて，有効ビデオ信号中に含まれてはいけません．この保護されたレベルは，後述するシリ

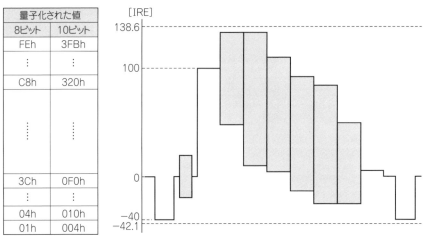

図1 アナログ信号レベルと量子化されたデジタル信号値との関係（SMPTE 244Mより）

アル・デジタル信号に変換した際にTRSやADFといった特別な意味を示します．

● **SDTVコンポーネント信号のビデオ・レベルと量子化**

サンプリングされたコンポーネント信号を量子化する場合，SMPTE 125Mでは**図2**のようになり，8ビットと10ビットで規定されています．

輝度信号Yは，黒レベルが64（040h）で白100％レベルが940（3ACh）となり，877の量子化レベルで表現されます．

一方，色差信号$C_B C_R$は，0％レベルを512（200h）として64（040h）から960（3C0h）まで，897の量子化レベルで表現されます．輝度信号Yと色差信号$C_B C_R$の量子化レベルは異なっていますので，色空間の変換などのデジタル信号処理を行う際は，それぞれの量子化レベルを正規化する必要があります．

輝度信号Yと色差信号$C_B C_R$ともに，0（000h）から3（003h）までと1020（3FCh）から1023（3FFh）までの間は，後述するタイミング基準信号などに割り当て

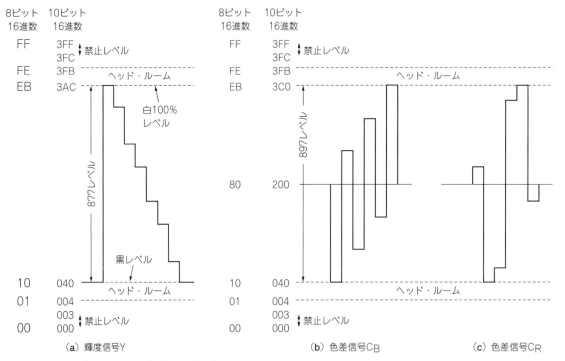

(a) 輝度信号Y　　(b) 色差信号C_B　　(c) 色差信号C_R

図2 SDTVコンポーネント・ビデオ信号の量子化レベル

られているので，映像データ中に存在することはできません．それ以外のレベルはヘッド・ルームとして確保されており，映像データがヘッド・ルーム上に存在しても伝送規格上の問題は起きませんが，機器によっては100%を越えるデータをクリッピングすることも考えられますので，特殊な場合を除いては使用を控えるべきです．

量子化精度が8ビットの場合は，10ビットの規定値から上位8ビットを使用します．

● HDTVのビデオ・レベルと量子化

サンプリングされたHDTVデータを量子化する場合，SDTVと同じように8ビットと10ビットの規定があります．

アナログ・レベルに対する量子化レベルの関係も，図2に示したSDTVと同じ割り当てになっています．RGB信号は，SDTVの輝度信号Yと同じ割り当てです．

矢野 浩二

94　1本の水平線の始まりを示す ステップ3…水平同期

デジタル信号とアナログ信号では，水平基準位置が異なります．アナログ信号は水平同期信号の立ち下がりや立ち上がりの50%レベルが水平基準位置ですが，デジタル信号の場合は，水平ブランキング期間の開始が水平基準位置となります．

また，デジタル信号のサンプル番号は，映像期間の開始を0サンプルとし，水平ブランキングの終了でサンプル番号が終わります．

● コンポジット信号の水平同期信号とサンプル番号

デジタル・コンポジット信号の水平ブランキング期間は，図1のようにアナログ信号に比べて若干短くなっています．アナログ信号の場合，有効ビデオ信号とブランキング・レベルの50%ポイントから水平ブランキング期間としていますが，デジタル信号ではブランキング・レベルの期間のみ水平ブランキング期間としています．

具体的には，アナログ信号の水平ブランキング期間10.7μsに対して，デジタル信号の水平ブランキング期間は142サンプル（1サンプル約69.8ns）で約9.92μsとなっています．

1ラインの有効ビデオ・データは，768サンプルです．サンプル番号は，有効ビデオ・データの開始点をサンプル番号0として，有効ビデオ・データの終了点をサンプル番号767とします．サンプル番号768〜909の142サンプルは，デジタル・ブランキング期間に割り当てられ，水平同期信号やカラー・バースト信号がサンプリングされます．

また，アナログ信号では，水平基準位置を水平同期信号の立ち下がり50%の位置としていますが，デジタル信号では，I軸，Q軸でサンプリングしているため，立ち下がり50%の位置とサンプリング・ポイントの位置は一致しません．デジタル信号の場合は通常，水平ブランキング期間の開始点，すなわちサンプル番号768を1ラインの開始点として考えます．

● SDTVコンポーネント信号の水平同期信号とサンプル番号

輝度信号Yのサンプリング周波数は13.5MHzで，1ラインあたりのサンプル数は858サンプルです．色差信号$C_B C_R$のサンプリング周波数は輝度信号の1/2で6.75MHz，1ラインあたりのサンプル数は429サンプルです．

図2に示すように輝度信号Yは，有効映像の開始をサンプル番号0としてカウントアップしていきます．色差信号$C_B C_R$も有効映像の開始をサンプル番号0と

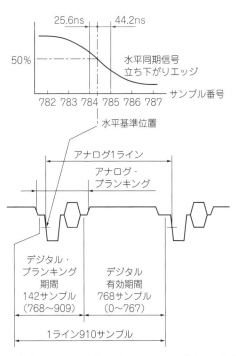

図1　デジタル・コンポジット信号のアナログ水平同期信号とディジタル・サンプルの関係

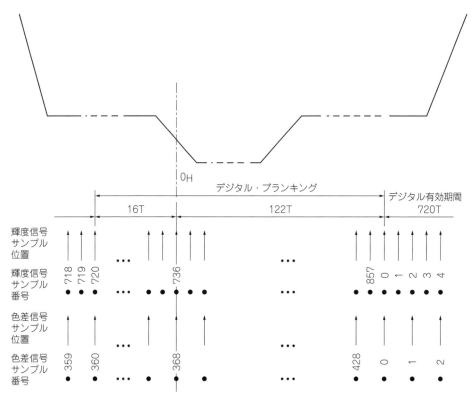

図2　SDTVのアナログ信号とサンプル番号の関係（SMPTE 125Mより）

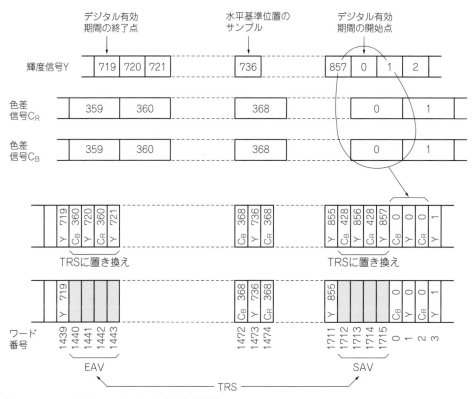

図3　SDTVのデジタル・データの時分割多重構造（SMPTE 125Mより）

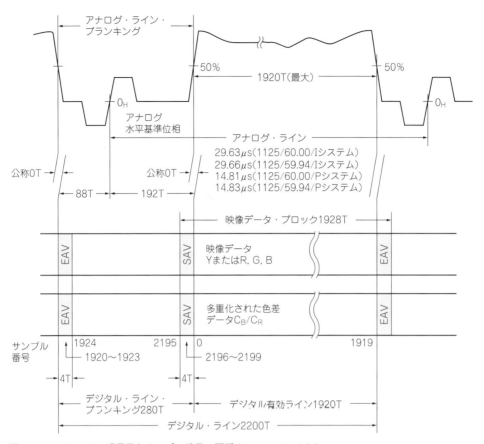

図4 HDTVのアナログ信号とサンプル番号の関係（BTA S-002より）

して，輝度信号の偶数サンプル番号ごとにカウントアップしていきます．輝度信号の有効映像サンプル数は720サンプルなので，サンプル番号720から857サンプルまでは，デジタル水平ブランキング期間になります．

また，アナログ信号の水平基準位置は，デジタル信号のサンプル番号736に相当しますが，デジタル・ビデオ信号の場合，水平ブランキングの開始であるサンプル番号720をデジタル・ラインの基準位置としています．

YC_BC_R信号のサンプル・データは，パラレル・データとして伝送される際，図3のようにデジタル有効映像期間の開始点（サンプル番号0）からC_B，Y，C_R，Yの順に時分割多重されます．時分割多重された1ラインのサンプル数は，輝度信号Yと色差信号C_BC_Rを足した1716サンプルで，そのうち有効映像データのサンプル数は1440サンプルに相当します．

時分割多重されたデジタル・データ8ビットまたは10ビットの各ビットのビットレートは，27Mbpsに相当し，デジタル・データとともに伝送されるクロック周波数は27MHzで伝送されます．

また，時分割多重されたデジタル・ビデオ信号は，有効映像期間の終了直後の4サンプルをEAV（End of Active Video）に置き換え，映像の開始直前の4サンプルをSAV（Start of Active Video）に置き換えます．EAV，SAVは，あとで詳しく説明しますが，デジタル・ビデオ信号の同期信号データです．また，EAVとSAVを合わせてTRS（Timing Reference Signal）と呼びます．

● HDTVの水平同期信号とサンプル番号

HDTVのフォーマットのうち1080/60/Iでは，輝度信号YやRGBのサンプリング周波数は74.250MHz，1ラインあたりのサンプル数は2200サンプルです．色差信号C_BC_Rのサンプリング周波数は，輝度信号の1/2で37.125MHz，1ラインあたりのサンプル数は1100サンプルです．

一方，フィールド周波数が60/1.001のフォーマット1080/59.94/Iでは，サンプル数は1080/60/Iと変わらないのですが，輝度信号YやRGBのサンプリング周波数は74.250/1.001MHz，色差信号C_BC_Rのサンプリング周波数は，輝度信号の1/2で37.125/1.001MHzとなります．

図4に示すように輝度信号Yは，有効映像の開始をサンプル番号0としてカウントアップしていきます．色差信号C_BC_Rも有効映像の開始をサンプル番号0と

表1 TRSデータのビット割り当て（SMPTE 125Mより）

ビット	ワード番号 1440 / 1712	ワード番号 1441 / 1713	ワード番号 1442 / 1714	ワード番号 1443 / 1715	備考
9	1	0	0	1	固定値
8	1	0	0	F	F=0 フィールド1 F=1 フィールド2
7	1	0	0	V	V=0 有効ビデオ期間 V=1 垂直ブランキング期間
6	1	0	0	H	H=1 EAV H=0 SAV
5	1	0	0	P3	プロテクション・ビット
4	1	0	0	P2	
3	1	0	0	P1	
2	1	0	0	P0	
1	1	0	0	0	
0	1	0	0	0	

＊：ワード番号はSDTVコンポーネント信号の場合を示す

(a) SAV, EAV のビット割り当て

ビット	9	8	7	6	5	4	3	2	1	0
名称		F	V	H	P3	P2	P1	P0		
割り当て	1	0	0	0	0	0	0	0	0	0
	1	0	0	1	1	1	0	1	0	0
	1	0	1	0	1	0	1	1	0	0
	1	0	1	1	0	1	1	0	0	0
	1	1	0	0	0	1	1	1	0	0
	1	1	0	1	1	0	1	0	0	0
	1	1	1	0	1	1	0	0	0	0
	1	1	1	1	0	0	0	1	0	0

(b) プロテクション・ビットの割り当て

してカウントアップしていきますが，色差信号系列は，C_B，C_R，C_B，C_Rの順に時間多重されたものをカウントアップしていきます．輝度信号の有効映像サンプル数は1920サンプルなので，サンプル番号1920から2199サンプルまではデジタル水平ブランキング期間になります．

また，デジタル・ビデオ信号の場合，水平ブランキングの開始であるサンプル番号1920をデジタル・ラインの基準位置としており，アナログ信号の水平基準位置と88サンプルぶん異なります．

Yデータ系列と時間多重されたC_BC_Rデータ系列，およびRGBデータ系列には，それぞれ有効映像期間の終了直後の4サンプルにEAVを，映像の開始直前の4サンプルにSAVを乗せます．

また，ARIBやSMPTEなどの規格上では，映像データ開始点の立ち上がり50％のレベルがサンプル番号0，および映像データ終了点の立ち下がり50％のレベルがサンプル番号1919となっていますが，その直前／直後にEAV/SAVがあるため，50％以下に変移するデータを乗せることができません．実際には，サンプル番号0を映像データの立ち上がり開始点とし，サンプル番号1919で映像データの立ち下がり終了点として設計するのが一般的です．

● タイミング基準信号（TRS）

デジタル・コンポーネント・ビデオ信号で同期信号に相当するデータは，タイミング基準信号TRS（Timing Reference Signal）と呼ばれ，SDTVとHDTVともに同じルールでデジタル信号に多重します．TRSは，アナログ・ビデオ信号の水平同期信号や垂直同期信号のような一定の時間幅をもつ負極性パルスや3値同期信号とは異なります．

TRSは1ライン中の2カ所に存在し，それぞれEAV（End of Active Video），SAV（Start of Active Video）

と呼びます．有効映像期間が終了した直後のサンプルから連続した4サンプルをEAV，有効映像期間の直前の4サンプルをSAVと呼びます．

表1に示すようにEAV，SAVとも10ビットの場合は3FFh，000h，000h，XYZhで構成され，8ビットの場合は上位8ビットを使用します．ここで，XYZhは，EAV，SAVの識別，垂直ブランキングの識別，フィールド識別の3ビットに加え，誤り訂正符号4ビットを付加したデータになっています．

誤り訂正機能は，XYZhサンプルの単一ビットの誤り訂正機能と一定範囲の多重ビットのエラー検出機能を備えます．

矢野 浩二

95 次の画像の始まりを示す ステップ4…垂直同期

アナログ・ビデオ信号の場合，インターレースを実現するため（第1フィールドの走査線の間を第2フィールドが走査できるように），第2フィールドの垂直同期信号は1/2ラインぶんずれた位置にあります．

デジタル・コンポジット信号以外のデジタル・ビデオ信号は，TRSによって水平/垂直同期信号を生成するため，特に垂直同期信号の開始を1/2ラインぶんずらす必要がありません．そのため，特に第2フィールドにおいてフィールドの開始点などがアナログ信号とデジタル信号で相違があります．

● デジタル・コンポジット信号の垂直同期とデジタル・フィールド

デジタル・コンポジット信号の垂直同期信号は，図1のようにNTSC信号と同じ構造をしていますが，垂直ブランキング期間の定義が異なっています．

第1フィールドにおけるデジタル信号の垂直ブランキング期間の開始点は，アナログ信号での525ラインの一部から始まっています．これは，アナログ信号の水平同期信号の基準位置とデジタル信号の水平ブランキング期間の開始点が異なることによります．

また，アナログ信号の垂直ブランキング期間は20ラインまでですが，デジタル信号の場合は9ラインまでとなっており，10ライン目からアクティブ・ラインとなっています．

第2フィールドの垂直同期信号は，NTSC信号と同様に，インターレースを実現するために，1/2ラインぶんのずれを設けてあります．しかし，デジタル信号の垂直ブランキング期間は，263ラインの途中から272ラインの終わりまでで9.5ラインぶんとなり，第1フィールドと定義が異なります．

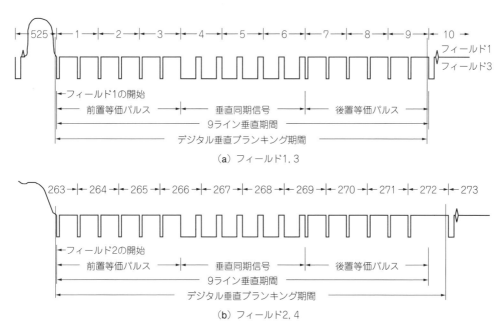

図1　デジタル・コンポジット信号の垂直同期信号（SMPTE 244Mより）

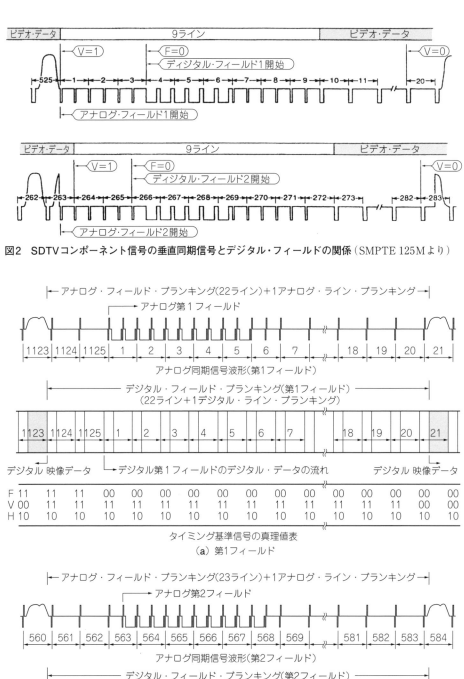

図2 SDTVコンポーネント信号の垂直同期信号とデジタル・フィールドの関係（SMPTE 125Mより）

図3 HDTVの垂直同期信号とデジタル・フィールドの関係（1080/Iの場合，BTA S-002より）

● SDTVコンポーネント信号の垂直同期と
デジタル・フィールド

アナログSDTVコンポーネント信号の垂直同期信号とデジタルSDTVコンポーネント信号の関係を図2に示します．アナログ信号の垂直同期信号期間は，前後の3ラインの等価パルスを含めて9ラインで構成されています．ライン番号1からライン番号9までがデジタル垂直同期期間です．

アナログ信号とデジタル信号を比較した際，デジタル信号では，垂直ブランキング期間の開始点はライン番号1および264の最初で，終了はそれぞれライン番号19および282の最後までとなります．フィールドの切り替わり点は，ライン番号4の最初と266の最初になります．

アナログ信号がインターレースを実現するときに，垂直同期信号の開始点を1/2ラインぶんずらしていますが，デジタル信号は水平ブランキングにあるTRS中のFビットとVビットで垂直同期を表しているので，1/2ラインずらすことはしません．

● HDTVの垂直同期とデジタル・フィールド

1080フォーマットのアナログHDTV信号の垂直同期信号とデジタルHDTV信号の関係を図3に示します．デジタル信号では，垂直同期信号というものはなく，TRS中のFビットがフィールド1およびフィールド2を示し，Vビットが垂直ブランキング期間を示します．

フィールド1は1ラインから始まりアナログHDTV信号と同一ですが，フィールド2は564ラインから開始します．アナログHDTV信号では，563ラインの後半が第2フィールドの開始点となっています．

垂直ブランキング期間は，1124ラインから20ラインまでと，561ラインから583ラインまでで，アナログ信号と同一です．

矢野 浩二

96 どんな形で次の装置に送り出すか
ステップ5…フレーム構造

デジタル・ビデオ信号の同期情報TRSのうちF，V，Hの各ビットの値を元に各ビデオ信号のフレーム構造を示します．

● デジタル・コンポジット信号のフレーム構造

デジタル・コンポジット信号のフレーム構造は，アナログ信号のフレーム構造と異なります．

NTSC信号は1ラインから20ラインまでが垂直ブランキング期間ですが，デジタル信号では図1のように9ラインまでとなります．第2フィールドの垂直ブランキング期間についても同様に短くなっています．また，水平ブランキング期間もNTSCより若干短くなります．

● SDTVコンポーネント信号のフレーム構造

525ライン・コンポーネント信号のフレーム構造を図2に示します．

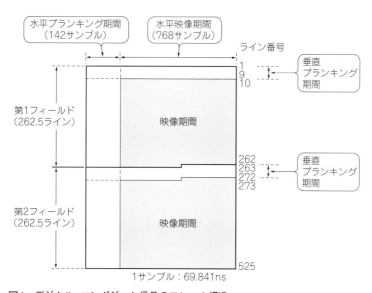

図1　デジタル・コンポジット信号のフレーム構造

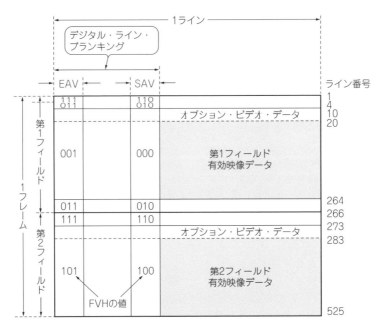

図2　SDTVコンポーネント信号のフレーム構造（SMPTE 125Mより）

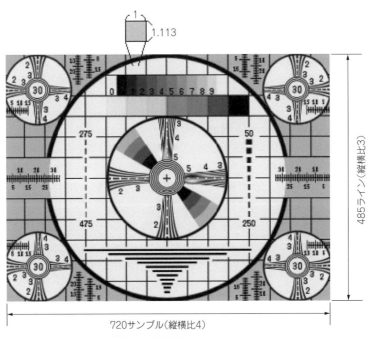

図3　525フォーマットのピクセル縦横比

　映像開始ライン（V＝0となるライン）は，フィールド1で20ライン，フィールド2で283ラインとなっていますが，一部の機器ではフィールド1で10ラインから20ラインの間，フィールド2で273ラインから283ラインの間で，映像の開始（V＝0）となっているものもあります．

　総走査線数525ラインのうち有効映像ライン数は485ラインで，有効映像サンプル数は720サンプルです．ライン数とサンプル数の比は，テレビの縦横比4：3に一致しません（**図3**）．このずれは，各画素（ピクセル）の縦横比を変えることで吸収します．横720サンプルに対して4：3になるには540ライン必要ですので，ピクセルの形が縦長になっていることがわかります．

　625フォーマットでは，1ラインのサンプル数は

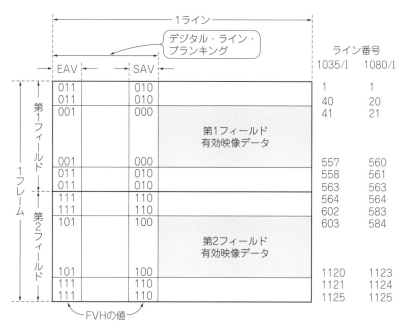

図4 デジタルHDTV信号のフレーム構造（1035/Iと1080/Iの場合：BTA S-002より）

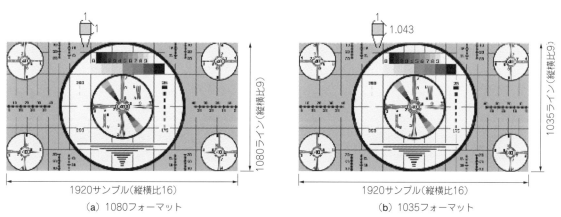

図5 1080フォーマットと1035フォーマットのピクセル縦横比の違い

1728サンプルで，有効映像サンプルは525フォーマットと同様に720サンプルです．総走査線数は625ラインで，有効映像ライン数は576ラインです．やはり縦横比は4：3になりません．625フォーマットの場合は，ピクセルの縦横比を横長にすることで4：3を実現しています．

● デジタルHDTV信号のフレーム構造

デジタルHDTV信号のフレーム構造を図4に示します．

当初のHDTVフォーマットは，日本が提案した映像ライン数1035本のフォーマットと，ヨーロッパが提案した映像ライン数1152本のフォーマットが規定されていました．HDTVのデジタル化を考えると1ラインの有効ビデオ・サンプル数1920に対して，1035ライン，1152ラインともにアスペクト比16：9のテレビで表示させると，1画素の縦横比が1：1のスクウェア・ピクセルになりません．

今後普及するであろうコンピュータによるデジタル映像処理のことを踏まえると，スクウェア・ピクセルが望ましいとの提案がありました．映像ライン数を1080本にすることでスクウェア・ピクセルを保ったHDTVフォーマットが提案され，世界的に統一されるようになりました（図5）．

矢野 浩二

第13章 アナログ・ビデオ信号の規格

ディジタル・ビデオ信号のベース！知っておきたい

97 カメラで捉えた明るさや色の情報を電気信号に
光-電気変換

ビデオ信号はカメラで捉えた明るさや色の情報を電気信号に変換したものです．具体的なビデオ信号の解説に入るまえに，ビデオ信号から見た「色」について触れ，色の情報をビデオ信号に変換するしくみを見ていくことにします．

● ビデオ信号の目的

ビデオ信号の目的は，2次元平面上の像を光の波長情報として捉え，何らかの電気信号に変換して，離れた場所で2次元平面上に像を再現することです．

2次元平面上における光の波長情報は，カメラのプリズムによって赤（Red；R），緑（Green；G），青（Blue；B）に分離されてから電気信号に変換されます．この電気信号がビデオ信号です．

さらにビデオ信号は，伝送経路に合わせた信号形態（NTSCやYC$_B$C$_R$，ディジタル・データなど）に変換され，離れた場所へ伝送されます．

ビデオ信号を受信したテレビやディスプレイでは，再びR，G，Bの電気信号へ戻し，液晶画面などに像を再現します（図1）．

● 色の正体

我々が日常知覚できる光は，電磁波のうちのほんの一部の波長で，可視光線と呼ばれています．電磁波は波長の違いでさまざまな種類に分けられます．波長の短い電磁波には，紫外線やX線などがあり，波長の長い電磁波には，赤外線や放送に使用されているUHF（極超短波），VHF（超短波）などがあります．

可視光線の範囲を波長で表すと380nmから780nmまでで，人は波長の違いを色として認識しています．可視光線は，波長の短いほうから，紫，青，緑，黄，橙，赤へと連続的に変化し，これをスペクトルと呼びます．

通常，人が知覚している像は，さまざまな波長の組み合わせでできており，この波長ごとの強弱をスペクトル分布と呼んでいます．

例えばスペクトル分布が，波長の長い光が多い場合は赤っぽく知覚されますし，波長の短い光が多い場合は青っぽく知覚されます．スペクトル分布が一様なときは白っぽく知覚されます．

● 光の3原色

人が色を知覚する際，目の中の知覚細胞が光を電気に変えて脳へ伝達しています．目の中の網膜には，可視光線のうち長波長の光に反応する細胞，中波長に反応する細胞，短波長に反応する細胞があることがわかっています．それぞれ，L錐体，M錐体，S錐体と呼ばれ，人はこれらの細胞の反応度合いで色を知覚しています．

長波長とは赤い光，中波長とは緑の光，短波長とは青の光に相当します．逆に人の目は，三つの細胞が最も反応する波長の光を選定して，その光の混合であらゆる色を表現できるわけです．この波長の光が，赤，緑，青で，人が色を知覚するための最も基本的な色であり，光の3原色と呼ばれます．

● ビデオ信号は加法混色を応用してあらゆる色を表現する

あらゆる色は，赤，緑，青の混合で再現できることをグラスマン（Hermann Gunther Grassmann, 1809〜1877）が，19世紀中頃に実験で確かめています．この実験は，ある波長の色を，赤，緑，青の光強度を調節して，まったく同じに見える組み合わせを作り出すものです．これが，色の加法混色と呼ばれるものです．ビデオ信号は，この加法混色を応用したもので，カラー・テレビの原理にもなっています．

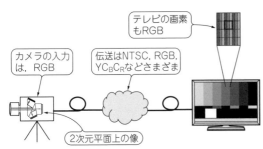

図1 ビデオ信号の生成／伝送と画像の再生

加法混色とは，赤，緑，青の光を混ぜ合わせて，あらゆる色を作り出すのですが，実際のテレビをルーペなどで拡大してみると，画素ごとに赤，緑，青が独立して並んでいるだけで，グラスマンの実験のように重ね合わせて合成した混色とは異なります．これは，通常のテレビ視聴環境では，赤，緑，青の画素が認識できないほど小さいため，目の中で混色が起きていると考えます．厳密にはこれを，並置加法混色と呼びますが，一般のビデオ信号解説書では，特に区別せず加法混色として扱っています．

矢野 浩二

98 あらゆる波長の光を2次元平面に表現
色を数値化する①…NTSC信号

● 色を表現できる範囲がわかる

色を数値化する方法としてxy色度図があります．これはあらゆる波長の色を2次元平面上に表したものです．図1のグラフの馬蹄形の曲線部分は，光の波長を短いほうから結んでおり，最も彩度が高い色を表しています．この曲線から中心に向かって彩度が下がっていきます．

ビデオ信号では，赤，緑，青の3点をこのxy色度図の座標で決めることによって，この3点を結んだ三角形の中が，そのビデオ信号で扱うことのできる範囲（色域）になります．

それでは具体的に現在よく使われているビデオ信号ごとに，どのような色度座標を定めているのかを見ていきます．

図1は，SMPTE 170Mで規定されている色度座標と1953年にNTSCによって規定された色度座標を示しています．それぞれの座標値は表1のとおりです．SMPTE 170Mに比べてNTSC 1953は，色の再現範囲が格段に広い領域をもっており，優れているように見えます．しかし実際のテレビでは，NTSC 1953の範囲まで色再現性が得られず，1987年にSMPTEによって実際の蛍光体が発色できる範囲に修正しています．SMPTE 170Mの色域は，SMPTE-Cセットとして知られています．

矢野 浩二

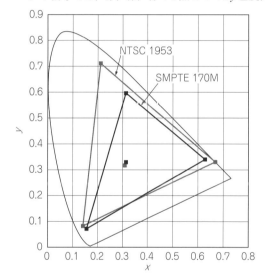

図1　SMPTE 170MとNTSC 1953の色度座標

表1　SMPTE 170MとNTSC 1953の色度座標値

項目	SMPTE 170M		NTSC 1953	
	x	y	x	y
緑（G）	0.31	0.595	0.21	0.71
青（B）	0.155	0.07	0.14	0.08
赤（R）	0.63	0.34	0.67	0.33
白	0.3127	0.329	0.310	0.316
	D65		イルミナントC	

99 ITU-R BT.601の色度座標値
色を数値化する②…SDTV信号

表1にITU-R BT.601で規定されている色度座標値を示します．NTSC圏で使用される525ライン・システムでは，D65の白色点を含めて，SMPTE 170M（NTSC）と同一です．PAL圏で使用さる625ライン・システムでは，PALの色度座標と同一です．コンポーネント信号の測色パラメータは，ITU-R BT.601で規定されていることから，「601のカラリメトリ（colorimetry）」と呼ばれることがあります．

日本では，独自に白色点を9300Kとしており，D65（6500K）に比べて青みがかった白になっています．

表1　ITU-R BT.601の色度座標値

項目	525システム		625システム	
	x	y	x	y
緑（G）	0.310	0.595	0.290	0.600
青（B）	0.155	0.070	0.150	0.060
赤（R）	0.630	0.340	0.640	0.330
白	0.3127	0.3290	0.3127	0.3290
	D65		D65	

矢野 浩二

100 ITU-R BT.709の色度座標値
色を数値化する③…HDTV信号

　アナログHDTVの色度座標値は，**表1**のように1035フォーマットと1080フォーマットで異なります．日本が当初提案していた1035フォーマットは，SMPTE 170Mと同じ色度座標値を使用していました．その後，1080フォーマットで世界的な合意をするに当たって，色度座標も見直され，ほぼPAL信号と同じ色度座標値になっています．
　ARIBでは，これらの差は許容される程度とされており，相互の運用は可能となっています．1080フォーマットで使用されている色度座標値と輝度方程式を含めた測色パラメータ（カラリメトリ）は，ITU-R BT.709で規定されていることから「709のカラリメトリ」と呼ぶことがあります．BT.709には，1035フォーマットの測色パラメータも含まれていますが，通常は709のカラリメトリというと1080フォーマットの測色パラメータを指します．
　白色点の色温度は1035フォーマット，1080フォーマットともに6500K（D65）になっています．SDTVでは，日本独自に白色点の色温度9300Kとしていましたが，HDTVでは国際標準のD65に合わせています．

矢野 浩二

表1　HDTVの色度座標値

項目	103システム		1080システム	
	x	y	x	y
緑（G）	0.310	0.595	0.300	0.600
青（B）	0.155	0.070	0.150	0.060
赤（R）	0.630	0.340	0.640	0.330
白	0.3127	0.3290	0.3127	0.3290
	D65		D65	

101 ブラウン管テレビの発光強度は非直線だった
ディスプレイのガンマ特性

　通常，ブラウン管テレビへ入力する電気信号を直線的に変化させた際，ブラウン管テレビの発光強度特性は直線的に変化せず，非直線な特性をもっています．そこでNTSCでは，標準的なテレビの電気－光特性を規定しており，これを一般的にガンマ特性（γ）と呼んでいます．
　SMPTE 170Mでは，基準ディスプレイのガンマ特性を次式で規定しています．

$$L_T = [(V_R + 0.099)/1.099]^{(1/0.4500)}$$
$$0.0182 \leq V_R \leq 1$$
$$L_T = V_R/4.500$$
$$0 \leq V_R < 0.0182$$

L_T：基準白色の光出力
V_R：基準白色のビデオ信号レベル

　上式のようなガンマ特性は，$1/0.45 = 2.2$のカーブをもつことから「ガンマ2.2の特性」と呼んで，事実上テレビの標準的な値になっています（実際のディスプレイは見かけ上のコントラストを上げるため少し高い値になっている）．
　テレビで映像を再現する際は，このガンマ特性を逆補正して，リニアな特性で発光させる必要があり，これをガンマ補正と呼んでいます．

矢野 浩二

102 台数の少ないカメラ側でテレビの特性を補う
カメラのガンマ特性

　ガンマ補正はテレビ側で行わず，カメラなどの送信側で補正を行っています．ガンマ補正回路を設けることによるテレビ側のコストアップを避け，絶対数の少ないカメラ側で補正することにしています．
　カメラ側では，テレビ側のガンマ特性を補うため，次式のガンマ補正をかけます．

$$V_C = 1.099 \times L_C^{0.4500} - 0.099$$
$$0.018 \leq L_C \leq 1$$
$$V_C = 4.500 \times L_C$$
$$0 \leq L_C < 0.018$$

V_C：基準白色のビデオ信号出力レベル
L_C：基準白色の光入力

具体的なガンマ補正の方法を図1を使用して説明します．まず，カメラ側で，暗いほうのレベルを持ち上げた図1の特性で光情報を電気信号へ変換します．テレビ側のガンマ特性は破線のようになりますので，結果的に，テレビ上ではカメラの光入力とディスプレイの光出力が直線的に再現されます．

カメラへの光入力は，内部のプリズムによってR, G, B成分に分解されます．分解されたR, G, Bそれぞれに CCDなどの撮像素子が用意され，光強度に応じて電気信号を出力します．このときR, G, Bそれぞれにガンマ補正が加えられます．ガンマ補正されたRGB信号をSMPTE 170Mでは，R′, G′, B′としていますが，本書では多くのビデオ信号解説書に合わせてR, G, Bをガンマ補正されたビデオ信号としています．

ガンマ特性および補正について，現在テレビ放送で使われているビデオ信号では，すべて同じ特性で決められています．唯一，HDTVの1035フォーマットが

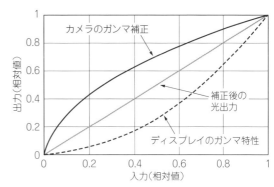

図1　ガンマ特性とガンマ補正

異なる特性で，ガイドラインとしての記述がありますが，その差はごくわずかです．

矢野　浩二

103 ビデオ信号の情報量を減らすために
テレビ信号の輝度/色差を求める①…NTSC信号

ビデオ信号は，3原色RGBを電気信号に変換して伝送することもでき，実際にコンピュータなどのビデオ信号にはRGB信号が使用されています．

しかし，テレビ放送を考えた場合，限られた電波の周波数を有効に使用するため，RGB信号をいくつかの変換を通して情報量を削減しています．

ここでは，ビデオ信号の情報量を削減するために用いられる輝度/色差信号の導きかたについて説明します．

● 白黒ビデオ信号の生成式

白黒テレビ放送に使用されるビデオ信号には，輝度成分すなわち明るさの成分しかありません．カラー・テレビ放送を実現するには，ビデオ信号としてRGB 3原色の情報を何らかの形で伝送する必要があります．また，カラー放送を実施するに当たって，白黒テレビ放送とのコンパチビリティを保つ必要もあります．

そのためには，まずこのR, G, Bから輝度成分を取り出し，白黒ビデオ信号を生成する必要があります．色の成分は，何らかの方法で輝度成分に多重してやればよいのです．そこで，実験によってR, G, Bから輝度成分を求める式が導き出されました．これを輝度方程式と呼びます．ガンマ変換されたRGB信号から輝度信号Yを求める輝度方程式は，次式で表されます．

$Y = 0.587G + 0.114B + 0.299R$
Y：Y信号の強さ
G：G信号の強さ
B：B信号の強さ
R：R信号の強さ

● 色差信号の生成式

RGB信号から輝度信号を取り除いた信号は，次の式で表され，これを色差信号と呼びます．

$G - Y = 0.413G - 0.114B - 0.299R$
$B - Y = -0.587G + 0.886B - 0.299R$
$R - Y = -0.587G - 0.114B + 0.701R$

輝度信号Yと色差信号を合わせて四つの方程式が生成されました．このうち三つの方程式があれば，これらの方程式を解いてRGB信号に戻すことができます．白黒ビデオ信号とのコンパチビリティを保つためには輝度信号Yは必須ですから，$R-Y$, $B-Y$, $G-Y$のうち二つを選択します．

輝度方程式に着目すると輝度信号Yは，Gの成分が約6割を占めており，輝度信号とG信号は似たような特性をもちます．そこで$G-Y$を省き，$R-Y$と$B-Y$を選択することになりました．

矢野　浩二

104 NTSCと同じ変換式
テレビ信号の輝度/色差を求める②…SDTV信号

SDTVコンポーネント信号を輝度/色差信号で扱う場合も，RGBの3原色信号から輝度信号と色差信号を求めます．

輝度方程式は，ITU-R BT.601にてNTSCやPALと同じ値で規定され，NTSCやPALへのコンポジット信号へ容易に変換できるよう考慮されています．

輝度信号と色差信号の方程式は，次のとおりです．

$$Y = 0.587G + 0.114B + 0.299R$$
$$B - Y = -0.587G + 0.886B - 0.299R$$
$$R - Y = -0.587G - 0.114B + 0.701R$$

矢野 浩二

105 ITU-R BT.709による輝度と色差の変換式
テレビ信号の輝度/色差を求める③…HDTV信号

HDTV信号は，NTSCやSDTVコンポーネント信号に対して，RGBの色度座標と輝度方程式からなるカラリメトリがITU-R BT.709で見直されています．輝度/色差信号で扱う場合は，1080フォーマット信号で，下記の輝度方程式によって輝度信号Yが導き出されます．

$$Y = 0.2126R + 0.7152G + 0.0722B$$

色差信号$B-Y$，$R-Y$は次式となります．

$$B - Y = -0.2126R - 0.7152G + 0.9278B$$
$$R - Y = 0.7874R - 0.7152G - 0.0722B$$

一方，1035フォーマットでは，下記の輝度方程式による輝度信号Yが導き出されます．

$$Y = 0.212R + 0.701G + 0.087B$$

色差信号$B-Y$，$R-Y$は，

$$B - Y = -0.212R - 0.701G + 0.913B$$
$$R - Y = 0.788R - 0.701G - 0.087B$$

となります．

矢野 浩二

106 B-Y/R-Y, U/V, P_B/P_R, C_B/C_Rなど人によって呼び方が異なる
色差信号の呼び方

色差信号を表す呼称は，
 $B-Y$, $R-Y$
 $b-y$, $r-y$
 U, V
 P_B, P_R
 C_B, C_R
など，参照する規格によっていくつかあります．

$B-Y$，$R-Y$は式が表すとおり，Blue信号，Red信号から輝度信号Yを引いた色差信号です．

$b-y$，$r-y$は，SMPTE 170Mで規定されていて，$B-Y$を1/2.032倍，$R-Y$を1/1.14倍して振幅を制限した色差信号です．U，VはPAL圏で使用される呼称で，SMPTE 170Mの$b-y$，$r-y$に相当します．

一方，P_B，P_RとC_B，C_Rには，明確な違いは見あたりません．例えば，HDTVの映像フォーマット規格を参照してみると，国際規格であるITU-Rとヨーロッパ規格であるEBUではC_B，C_Rが使用され，アメリカ規格であるSMPTEではアナログ信号にP_B，P_R，ディジタル信号にC_B，C_Rが使用されています．

また，日本規格のEIAJでは，家庭用機器で扱われるD端子やコンポーネント端子についてP_B，P_Rを使用しています．業務用機器を規定しているARIBでは，HDTVの映像フォーマットを規定しているBTA S-001BでP_B，P_Rを使用していましたが，2010年の改訂版S-001Cでは，国際規格のITU-Rに合わせてC_B，C_Rに変更しています．

矢野 浩二

107 アナログ回路の負荷を減らすくふう
色差信号の振幅制限①…NTSC信号

輝度/色差信号に変換されたビデオ信号について，輝度信号の振幅が0から1までの値を取るとしたとき，色差信号の値は0を中心に±の値を取ります．しかし，色差信号は単に±の値を取るだけでなく，ピーク・ツー・ピークの振幅が輝度信号に対して大幅に大きくなってしまいます．

そこで，ビデオ信号の目的に応じて，色差信号の振幅を正規化しています．

NTSC信号は，輝度信号Yに色差信号$B-Y$, $R-Y$を周波数多重することで生成されます．

このときR，G，Bをそれぞれ0.0%から100.0%まで変化させたとき，すなわち輝度/色差信号の方程式にRGBの値をそれぞれ0.000から1.000まで変化させることを考えます．すると輝度信号Yは，輝度方程式より0.000～1.000の間で変化します．一方，$B-Y$は-0.886～+0.886，$R-Y$は-0.701～+0.701まで変化します．輝度信号の振幅を100%とすると$B-Y$, $R-Y$それぞれの振幅は，177.2%と140.2%と，大幅に輝度信号の振幅より大きくなってしまいます．

この大振幅を輝度信号にそのまま周波数多重した場

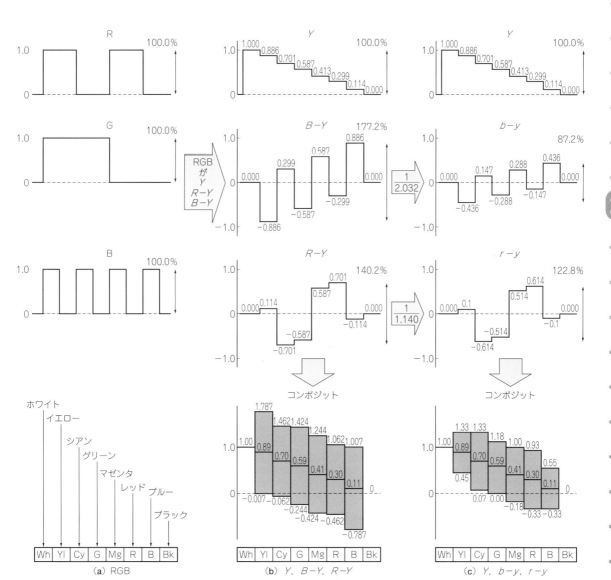

図1 NTSC信号100%カラー・バーの信号振幅

合，図1(b)の一番下に示した179IREにも及ぶコンポジット信号になってしまいます．これでは，電波として送出する変調器が過変調を起こしてしまい，正しく送出できないことがわかりました．

そこで，$B-Y$を$1/2.032$倍し，$R-Y$を$1/1.140$倍して，色差信号の振幅を輝度信号の120%程度に抑えています．SMPTE 170Mでは，振幅制限した色差信号を$b-y$，$r-y$で表しており，次式のようになります．

$$b-y = (B-Y) \times 1/2.032$$
$$= -0.289G + 0.436B - 0.147R$$
$$r-y = (R-Y) \times 1/1.140$$
$$= -0.515G - 0.100B + 0.615R$$

飽和度100%のカラー・バーを$b-y$，$r-y$で波形表示すると，振幅は，図1(c)のようになります．このときのコンポジット信号の振幅は，133IREの振幅になります．

矢野 浩二

108 原点からの距離や位相で色差信号を表す
色差信号を一つの信号に合成する直角2相変調

次に，振幅制限された二つの色差信号$b-y$，$r-y$を一つの信号に合成することを考えます．

ある特定周波数の正弦波（キャリア）を考え，$b-y$，$r-y$の振幅値をキャリアの振幅と位相で表すことにします．こうすることで，一つのキャリアで二つの信号を伝送できます．

具体的には，図1のように横軸を$b-y$とし，直交する縦軸を$r-y$とする直交座標を考えます．$b-y$と$r-y$で表されている二つの色差信号振幅は，原点からの距離と位相に変換して考えることができます．原点からの距離をキャリアの振幅，位相をキャリアの位相とすることで，一つのキャリアで二つの色差信号を表すことができます．

これを直角2相変調と呼び，色差信号のキャリアをカラー・サブキャリア（色副搬送波）と呼びます．直角2相変調された色信号（クロマ信号）は次式で表されます．

$$C = (b-y)\sin 2\pi f_{SC}t + (r-y)\cos 2\pi f_{SC}t$$
C：直角2相変調された色信号（クロマ信号）
f_{SC}：カラー・サブキャリア周波数
（3.579545MHz）

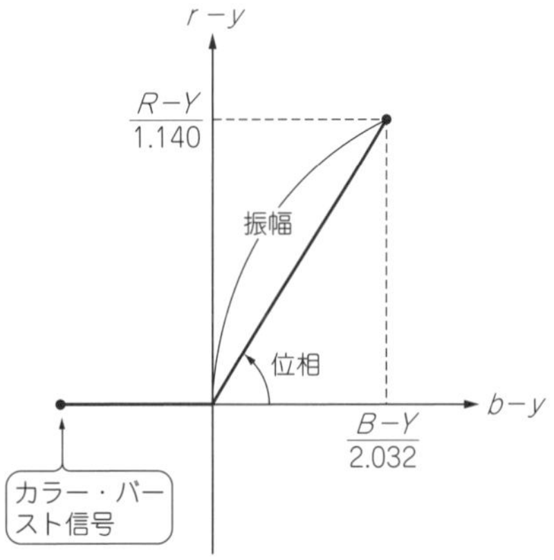

$b-y$を横軸，$r-y$を縦軸にとることで，原点からの距離は，色信号の飽和度（色の濃さ）を表し，位相は色信号の色相（色あい）を表します．要するに，上式で表される色信号Cは，振幅値で色の飽和度を表し，位相で色相を表します．

そこで，ビデオ信号の色成分を管理/調整するときには，この直交座標表示がよく使われ，ベクトル表示と呼びます（図2）．ベクトル表示は通常，R，G，Bのほか，Magenta，Cyan，Yellowに相当する目盛りがふられています．

カメラでカラー・チャートなどを撮影してベクトル表示した際，各色のベクトルが原点とそれぞれの色目盛りの直線上にあれば，色相が正しいことになります．

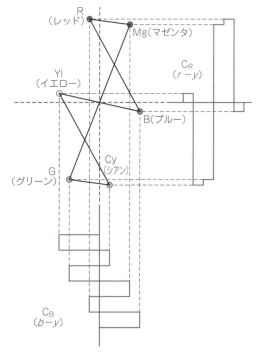

図1　直角2相変調の原理

図2　ベクトル表示の原理

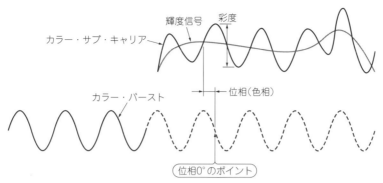

図3 カラー・バースト信号とカラー・サブキャリア信号

回転方向にずれているときは，色相がずれていることになります．また，ベクトル表示の中心は無彩色を表すので，白や黒を撮影したときにベクトル波形は中心に集まります．もし中心からずれているときは，白や黒に色が付いていることを示し，ホワイト・バランスやブラック・バランスがずれている状態です．

前述のとおりNTSC信号では，色相をカラー・サブキャリアの位相で表しますが，位相を表すには基準が必要です．あとで詳しく説明しますが，この基準位相は，水平同期信号にあるカラー・バースト信号です．カラー・バースト信号の位相は180°とされており，ちょうど$-(b-y)$方向で，振幅は40IREです．図3のように，カラー・バースト信号を基準としたクロマ信号の位相差が色相になります．ベクトル表示では，中心から左に75%まで伸びている輝線がカラー・バースト信号を表しています（写真1）．

矢野 浩二

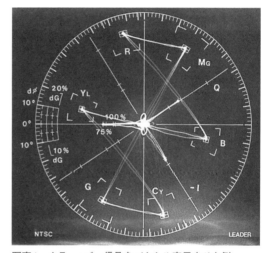

写真1 カラー・バー信号をベクトル表示させた例
中心から左に75%のスケールまで伸びている波形がカラー・バースト

109 周波数が高い信号は輝度のみ伝送し情報量を減らす
眼の分解能に合わせ色情報量を調整したI/Q信号

人の色に対する視覚を調査したところ，色の点を小さくしていくと，やがて色を識別できなくなり，明るさ（グレー）のみの点として感じることがわかりました．ビデオ信号において小さい点とは，周波数が高い成分を意味しますので，周波数が高い信号は色差信号については伝送せず，輝度信号のみを伝送すればよいといえます．

さらに，肌色に近い色については色の識別能力が高いのですが，青緑に近い色については肌色ほどの識別能力はないということもわかりました．そこで，$b-y$，$r-y$の直交軸に対して位相を33°回転した軸を考えます．$r-y$軸から33°回転した軸は肌色に相当し，I軸と呼びます．I軸に直交する青緑に近い軸をQ軸と呼びます（図1）．

▶I信号には1.5MHzぶんを，Q信号には0.5MHzぶんの周波数帯域を割り当てる

I軸およびQ軸に変換された$r-y$信号，$b-y$信号は，それぞれI信号，Q信号と呼ばれ，それぞれ次式で表されます．

$$I = -(b-y)\sin 33° + (r-y)\cos 33°$$
$$= -0.268(B-Y) + 0.736(R-Y)$$
$$Q = (b-y)\cos 33° + (r-y)\sin 33°$$
$$= 0.413(B-Y) + 0.478(R-Y)$$

肌色に相当し，色の識別能力が高いI信号については1.5MHzぶんの周波数帯域を割り当て，Q信号については0.5MHzの周波数帯域として，色信号の情報量を減らしています．輝度信号Yの周波数帯域は，通常4.2MHzですから，いかに色（クロマ）信号の情報を

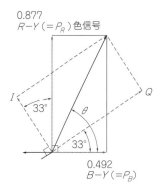

図1　I軸とQ軸

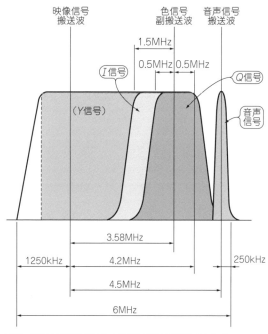

図2　NTSC信号のテレビ放送の周波数スペクトル

圧縮しているかがうかがえます．

I信号とQ信号を使用して直角2相変調すると，色差信号は次式で表されます．

$C = Q\sin(2\pi f_{SC}t + 33°) + I\cos(2\pi f_{SC}t + 33°)$

C：直角2相変調された色差信号
f_{SC}：カラー・サブキャリア周波数

輝度と色差信号を合成したNTSC信号は，セットアップが0％の場合，次式で表されます．

$N = Y + 0.4921(B-Y)\sin 2\pi f_{SC}t$
$\quad + 0.8773(R-Y)\cos 2\pi f_{SC}t$
$\quad = Y + Q\sin(2\pi f_{SC}t + 33°)$
$\quad + I\cos(2\pi f_{SC}t + 33°)$

また，輝度信号に色差信号を合成したNTSC信号の周波数分布は，図2のようになります．テレビ放送の場合，映像だけでなく音声も必要ですから，4.5MHzでFM変調をかけた音声信号も付加して電波を送出します．NTSCビデオ信号とFM音声信号を含めたテレビ放送1チャネル当たりの周波数帯域は6MHzです．

矢野 浩二

110　NTSC信号のような面倒さはない
色差信号の振幅制限②…SDTV信号

NTSC信号は過変調を防ぐために，$R-Y$，$B-Y$の振幅を制限していましたが，コンポーネント信号でも色差信号の振幅制限があります．

コンポーネント信号の場合は，3本とも別々に伝送しますので，輝度信号とクロマ信号の加算はありません．それぞれの最大振幅を統一して，同じ特性の伝送路で送受信できるようにすることが目的です．

NTSC信号と同様に，輝度/色差信号の方程式にRGBをそれぞれ0.000～1.000まで可変したとき，輝度信号Yは0.000～1.000の間に収まりますが，$B-Y$は-0.886～$+0.886$で，$R-Y$は-0.701～$+0.701$となります．そこで，$B-Y$，$R-Y$が-0.5000～$+0.5000$になるように，$B-Y$に$1/1.772$，$R-Y$に$1/1.402$の係数をかけて正規化します．

この正規化された色差信号をC_B，C_Rと呼びます．振幅を正規化した色差信号C_BC_R信号は，以下のよう

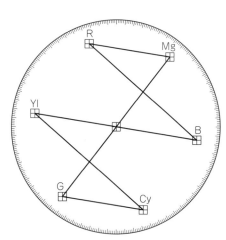

図1　コンポーネント信号のベクトル表示
（100％カラー・バー）

になります.

$C_B = (B-Y) \times 1/1.772$
　　$= -0.331G + 0.500B - 0.169R$
$C_R = (R-Y) \times 1/1.402$
　　$= -0.419G - 0.081B + 0.500R$
C_B：C_B信号の強さ
C_R：C_R信号の強さ

また，コンポーネント信号では，直角2相変調をしませんが，クロマ信号を管理/調整する際は，NTSC信号と同様にベクトル表示を使います．コンポーネント信号のベクトル表示は，横軸にC_B，縦軸にC_Rをとった直交座標で表します．SDTVコンポーネント信号のベクトル表示の例を図1に示します.

矢野 浩二

111 SDTV信号とやっていることは同じ
色差信号の振幅制限③…HDTV信号

HDTVはコンポーネント信号なので，輝度信号とクロマ信号の加算はありません．SDTVコンポーネント信号と同様に，それぞれの最大振幅を統一して，同じ特性の伝送路で送受信できるように$B-Y$, $R-Y$の振幅を制限することを考えます.

HDTV1080フォーマットの輝度/色差信号方程式にRGBをそれぞれ0.000～1.000まで可変したとき，やはり輝度信号Yは0.000～1.000の間に収まりますが，$B-Y$は-0.886～$+0.886$, $R-Y$は-0.701～$+0.701$となります．そこで，$B-Y$, $R-Y$が-0.5000～$+0.5000$になるように，$B-Y$に$1/1.8556$, $R-Y$に$1/1.5748$の係数をかけて正規化します．

この正規化された色差信号をC_B, C_Rと呼びます．振幅を正規化した色差信号$C_B C_R$は，次のようになります.

$C_B = (B-Y)/1.8556$
　　$= -0.1146R - 0.3854G + 0.5000B$
$C_R = (R-Y)/1.5748$
　　$= 0.5000R - 0.4542G - 0.0458B$

HDTV1035フォーマットでは，$B-Y$に$1/1.826$, $R-Y$に$1/1.576$の係数をかけて正規化します．振幅を正規化した色差信号$C_B C_R$は，以下のようになります.

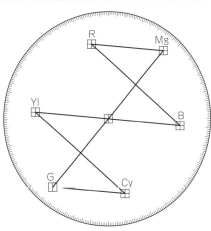

図1　HDTV1080フォーマットのベクトル表示
（100％カラー・バー）

$C_B = (B-Y)/1.826$
　　$= -0.1161R - 0.3839G + 0.5000B$
$C_R = (R-Y)/1.576$
　　$= 0.5000R - 0.4448G - 0.0552B$

1080フォーマットの色差信号C_B, C_Rを用いたベクトル表示は，図1のようになります.

矢野 浩二

112 140IREを1.0V_{P-P}とする 信号レベルを電圧に①…NTSC信号

ここまでで,ビデオ信号の原型がほぼできあがりました.次は,ビデオ信号を電気信号として扱うために,レベルを電圧値に換算します.

● NTSC信号の振幅を表すIREと電圧の関係

NTSC信号では,振幅を表す単位にIREを使用します(IREの語源は"Institute of Radio Engineers").

図1のように黒レベルを0IREとして,白100%のレベルを+100IREとします.また,同期信号のレベルは,黒レベルより低い-40IREです.カラー・サブキャリアの基準位相となるカラー・バースト信号のレベルは,黒レベルに対して±20IREの正弦波です.これにカラー・サブキャリア信号の最大振幅を加えると,NTSC信号の最大振幅は,-40IREから133.3IREとなります.一方,クロマ信号は,黒レベルより低いレベルになることもあり,その最大は-33.3IREです.

NTSC信号を電気信号として扱う際は,IREを電圧値に換算する必要があります.電圧値で表す場合,白100%と同期信号を合わせた140IREを1.0V_{P-P}としています.黒レベルを0mVとしたとき,白100%は714mVで,同期信号は-286mVということになります.

● 日本と米国ではビデオ・レベルに差が出ることも

一方,SMPTE 170Mを参照すると,NTSC信号の最大振幅は-40IRE～130.8IREとなっており,前記の値とは若干違う値が規定されています(図2).その理由は,SMPTE 170Mでは,黒レベルを7.5IREとしていることによります.

この7.5IREをセットアップと呼び,同期信号レベルと映像信号の黒レベルに差を設けて,受信機で分離しやすいようにしています.

セットアップ7.5IRE付きのNTSC信号は,黒レベルから白100%までが92.5IREですし,クロマ信号の最大値は130.8IREで,最低値は-23.3IREとなります.

このセットアップはアメリカなどで使用されており,日本方式ではセットアップはありません.SMPTE 170Mは,基本的にセットアップ7.5IREで説明されています.ビデオ・レベルのダイナミック・レンジに差が出てきますので,参照するときは注意が必要です.

矢野 浩二

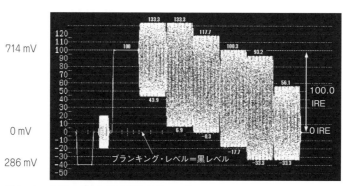

図1 セットアップなしの100%カラー・バー

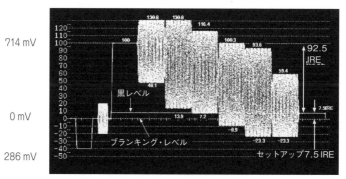

図2 セットアップ7.5IRE付きの100%カラー・バー

113 SMPTEやARIBで規格されていない 信号レベルを電圧に②…SDTV信号

　SDTVのYC_BC_Rコンポーネント信号に関する規格は，SMPTEやARIBにありません．ヨーロッパのEBU規格では，N10で規定されています．YC_BC_Rコンポーネント信号は，PAL圏の信号レベルとも互換がとれるようにN10に合わせるのが一般的です．N10では，PAL信号と同様に白100%の輝度信号レベルが700mVで，同期信号レベルが300mVです．色差信号については，0mVを中心に－350mV～＋350mVとなっています（図1）．

　ただし，実際の機器では，N10に合致していない場合もあります．「ベータカム」では白100%のレベルを714mV，同期信号レベルを－286mVとして，NTSC信号と互換をとっています．

　SDTVコンポーネント・ビデオ信号の波形表示は，通常Y，C_B，C_Rを並べて表示します．C_B，C_Rのアナログ電圧値は，0Vを中心に±350mVですが，波形表示の際は，0Vの位置を輝度信号Yの350mVの位置にオフセットさせて表示します．これは，波形モニタの限られた表示スペースを最大限に使用できるようにしたためです．

矢野　浩二

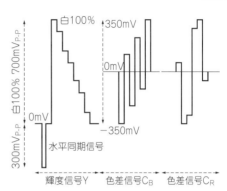

図1　YC_BC_Rコンポーネント信号の波形表示
（100%カラー・バー）

114 世界統一基準…黒0mV 白700mV 信号レベルを電圧に③…HDTV信号

　アナログHDTV信号は，SDTVコンポーネント信号と違って，ビデオ・レベルに関して明確に規格化されています．機器ごとにレベルが異なるということもなく，世界統一的に，輝度信号Yの黒レベルは0mVで，白100%が700mVです．正規化された色差信号の振幅は，0mVを中心に－350mV～350mVです（図1）．

　また，RGB信号の場合，R，G，BともにYと同じで，黒レベルが0mVで，100%レベルが700mVです（図2）．

矢野　浩二

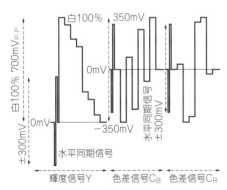

図1　HDTVのアナログYC_BC_R信号波形
（1080i/59.94，100%カラー・バー）

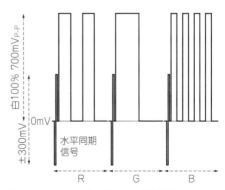

図2　HDTVのアナログRGB信号波形
（1080i/59.94，100%カラー・バー）

115 周波数①…NTSC
ライン/カラー・サブキャリア/フレーム周波数はこうして定まった

カラー・テレビ放送を開始するに当たって，白黒テレビ放送とのコンパチビリティを保ちながら，輝度信号にクロマ信号を多重する必要があります．そこで，クロマ信号の搬送波（キャリア）であるカラー・サブキャリアの周波数は，以下の点を考慮して決められました．

(1) 電波で送信する際に音声信号に干渉しないこと
(2) 輝度信号とクロマ信号が分離しやすいこと
(3) 白黒テレビで受信した際に色信号が目立たないこと

輝度信号の周波数スペクトルの詳細を確認すると，図1のようにライン周波数の整数倍ごとにエネルギーが高く，ライン周波数に対して1/2の整数倍ごとにエネルギーが小さくなることがわかります．しかも，周波数が高くなるにつれて輝度信号の情報量も少なくなっていきます．そこで，カラー・サブキャリアの周波数は，輝度信号に対してやや高い周波数で，ライン周波数に対して1/2の整数倍に選択します．

また，カラー・サブキャリア周波数は，音声キャリア周波数4.5MHzとのビート干渉を防ぐため，ライン周波数は音声キャリア周波数に対して整数分の1の関係を保つ必要もありました．当時，音声のキャリア周波数4.5MHzは変更することができませんでしたので，結果的に白黒テレビが引き込める範囲で，ライン周波数を変更することになりました．ライン周波数を音声のキャリア周波数4.5MHzに対して286分の1にして，カラー・サブキャリア周波数は，ライン周波数に対して455倍の2分の1としました．

こうすることによって，図1のように輝度信号の周波数スペクトルの間にクロマ信号の周波数スペクトルを挿入することができます．これを周波数インターリーブと言います．周波数インターリーブのためにライン周波数を変更した結果，フィールド周波数が59.94Hzになり，フレーム周波数が29.97Hzになりました．

ライン周波数：
$$f_H = 4.5\mathrm{MHz}/286 = 15.734266\cdots\mathrm{kHz}$$
カラー・サブキャリア周波数：
$$f_{SC} = f_H \times 455/2 = 3.579545\cdots\mathrm{MHz}$$
フィールド周波数：
$$f_V = f_H \div 525/2 = 59.940059\cdots\mathrm{Hz}$$
フレーム周波数：
$$f_F = f_H/2 = 29.970029\cdots\mathrm{Hz}$$

矢野 浩二

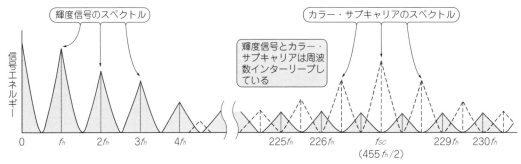

図1 輝度信号の周波数スペクトルとカラー・サブキャリアのスペクトル

116 周波数②…SDTV
NTSC信号との互換性を持たせるためフィールド周波数は59.94Hz

　SDTVコンポーネント信号の周波数に関するパラメータは，カラー・サブキャリア周波数の規定がないだけで，フレーム周波数，フィールド周波数，ライン周波数を以下に示します．

　ライン周波数：
$$f_H = 4.5\text{MHz}/286 = 15.734266\cdots\text{kHz}$$
　フィールド周波数：
$$f_V = f_H \div 525/2 = 59.940060\cdots\text{Hz}$$
　フレーム周波数：
$$f_F = f_H/2 = 29.970030\cdots\text{Hz}$$

　これらの周波数パラメータは，NTSC信号と同一です．コンポーネント信号そのものにはカラー・サブキャリア信号がないので，フィールド周波数を59.94Hzにする必要はありません．しかし，最終的にNTSC信号にエンコードしてテレビ放送に使用される場合は，周波数変換などが必要ないように，はじめから59.94Hzで扱われています．

　また，有効映像部分の周波数帯域は，ITU-R BT.601ではデジタル信号も扱っていることから，輝度信号は5.75MHz，色差信号は半分の3.375MHz，EBU N10ではデジタル信号の規定がないため，特に制限しないとなっています．NTSC信号では，輝度信号が4.2MHz，I信号1.5MHz，Q信号が0.5MHzでしたから，放送局などのスタジオ内ではより高い周波数帯域を使用できるようになっています．

矢野 浩二

Column・1　フィールド周波数59.94Hzの問題点

　カラー放送を開始する際，NTSC信号のフィールド周波数は，60Hzから59.94Hzとなりました．この半端な値も当時は，それほど問題にならなかったのでしょうが，後にいくつかの問題を引き起こしました．代表的なものに，タイム・コードの問題とデジタル化した音声信号との同期関係の問題があげられます．

　タイム・コードは，フレームごとにカウントアップして映像信号に時間情報を付加するもので，主に編集の際に使用されます．フレームごとに時間情報を付加するので，フレーム周波数が30Hzであれば30フレームで1秒に相当し，実放送での時間の管理にも使用できます．

　一方，フレーム周波数が29.94002994…Hzの場合，長時間の収録ではタイム・コードと実放送時間にずれが出てきます．このずれは，1時間あたり約108フレーム（3.6秒）の遅れ誤差となります．2時間番組では，その2倍となりますから，このずれを無視することはできません．

　そこで，フレーム周波数が29.97Hzの場合のタイム・コードは，ずれが大きくならないように補正が必要になります．この補正は，一定の時間ごとにカウントアップしないフレームを設けて対応します．カウントアップされなかったフレームは，ドロップ・フレームと呼ばれています．

　また近年，ビデオ信号と音声信号が一つのデジタル信号に多重して扱われることが多くなっています．通常，放送局のクロックはルビジウムなどの高精度な発振器から生成されているため，ビデオ信号のサンプリング周波数と音声信号のサンプリング周波数は，きちんと同期している必要性があります．

　放送局内で扱われている音声のサンプリング周波数は，通常48kHzです．1フィールドが60Hzの場合，1フレーム期間に相当する音声サンプリング・データ数は1600サンプルになります．一方，1フィールド59.94Hzの場合，1フレーム期間内に相当する音声のサンプリング・データ数は1601.6サンプルとなり割り切れません．5フレームで8008サンプルとなり，ようやく割り切れるようになります．

　ビデオ信号をデジタル化した場合，ビデオ・データの空いた時間に音声データを挿入します．60Hzの場合は1フレームで1600サンプルぶんのデータを管理すればよいのですが，59.94Hzの場合は5フレームで8008サンプルのデータを管理するため制御が必要になります．

　また，音声クロックは，映像クロックを基準にPLL回路で生成することが多いのですが，一般的にPLL回路の安定度は二つの信号の比較周波数で決まります．1フィールド60Hzの場合，比較周波数が割合高く設定できて安定度が良いのですが，1フィールド59.94Hzの場合は比較周波数が低くなり，安定に保つことが難しくなります．また，比較周波数が低い場合，信号を入力してからPLLが安定するまでにかかる時間も長くなってしまいます．

矢野 浩二

117 周波数③…HDTV
PAL/NTSCとの互換性をもたせたりプログレッシブに対応したりするため複雑に

　HDTVのフレーム/フィールド周波数に関する規定は，少し複雑です．
　ARIB BTA-S001Cにおいては，フィールド周波数が60Hz，59.94Hzのインターレース方式（60/I，59.94/I）に加えて，フレーム周波数が60Hz，59.94Hzのプログレッシブ方式（60/P，59.94/P）の4方式が規定されています．
　一方，SMPTE 274MやITU-R BT.709では，PAL圏向けにフィールド周波数50Hzのインターレース方式（50/I），フレーム周波数50Hzのプログレッシブ方式（50/P）が加えられています．また，HDTVは映画での利用も提案されており，フィルムの秒当たりのコマ数と同じ，フレーム周波数24Hzのプログレッシブ方式（24/P）とテレビ放送のフレーム周波数と整数関係にある23.98Hz（23.98/P）が規定されています．
　さらに，同じ周波数帯域で伝送できるフレーム周波数30Hz，29.97Hz，25Hzのプログレッシブ方式（30/P，29.97/P，25/P）も加えられました．ただし，30/P，29.97/P，25/P，24/P，23.98/Pは，モニタで表示した場合にちらつきが大きく実用的でないため，アナログ・インターフェースは規定されていません．これらをアナログ信号で使用する際は，1フレームの映像を2フィールドに分けて伝送するセグメント・フレーム（PsF；Progressive Segmented Frame）という形で規定されています．
　また，アナログHDTV信号の有効映像部分における公称周波数帯域は，YC_BC_R，RGBとも30MHzです．60/P，59.94/P，50/Pのフォーマットに限り，公称周波数帯域は2倍の60MHzとなります．
　C_BC_Rの周波数帯域は，デジタル化される際，データ量を削減するために，輝度信号Yの周波数帯域の半分となります．デジタル信号からアナログ信号に戻されたC_BC_R信号の周波数帯域は，通常，アナログ信号規格の公称周波数帯域をもっておらず，その半分となります（デュアルリンクなどHDTVのデジタル伝送を複数用いた場合を除く）．

〈矢野 浩二〉

118 周波数④…白黒放送
フレーム周波数30Hz/ライン周波数15.75kHzとシンプル

　白黒放送の各周波数パラメータは，下記のとおりでした．

> フレーム周波数：$f_F = 30 = 30$Hz
> フィールド周波数：$f_V = f_F \times 2 = 60$Hz
> ライン周波数：$f_H = f_F \times 525 = 15.75$kHz
> 音声のキャリア周波数：$f_S = 4.5$MHz

　白黒テレビ放送では，フレーム周波数がちょうど30Hz，フィールド周波数はちょうど60Hzでした．

〈矢野 浩二〉

119 水平同期信号①…NTSC
横一本の線の「はじまり」を表す

● 水平走査線の「はじまり」を表す
　水平同期信号は，テレビなどに映像を表示する際，横方向の基準位置を示すためのものです．受信したビデオ信号から水平同期信号が正しく再生されない場合，テレビ画面の表示は，左右に流れてしまいます．
　ブラウン管型テレビの場合，電子銃から飛び出た電子が表示面の蛍光体に当たることで発光します．このとき，電子に対して左右方向の電圧を加えることで画面を走査します．
　走査は，画面に向かって左から右へと移動し，右端へ行くと再び左端へ戻ります．走査が左右一往復する周波数が，ライン周波数に相当します．また，走査が右端から左端へ戻るには，一定の時間が必要です．これを水平帰線期間と呼びます．
　水平同期信号は，走査の開始点を示すとともに，走査の水平帰線期間でもあります．

● SMPTE 170Mで規定されている
　NTSC信号の水平同期信号は，**図1**に示すように，SMPTE 170Mで規定されています．

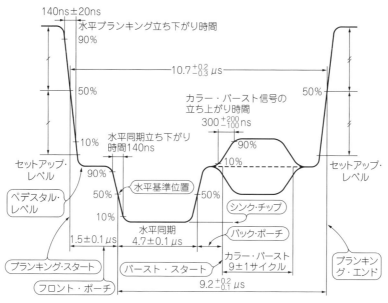

図1 水平同期信号の時間と大きさ

　水平同期信号は，有効映像信号と分離を容易にするため，負極性パルスの信号になっています．この負極性信号の立ち下がり50％のポイントが水平基準位置になります．また，負極性パルス信号の遷移時間は，短かすぎるとリンギングが発生したり，不要な高調波を発生させることがあります．逆に，遷移時間が長すぎると基準位置がずれやすく，画面上で左右の細かい揺れ（ジッタ）が発生してしまう原因になります．

　水平同期信号には，カラー・サブキャリアの基準位相となるカラー・バースト信号も多重されています．カラー・バースト信号は，その振幅が10％～90％に変化する際のエンベロープや，50％以上の振幅をもつ正弦波のサイクル数も9±1サイクルと規定されています．カラー・バースト信号の位相は180°に相当しますが，1ラインに含まれるカラー・バーストのサイクルは，サブキャリア信号のサイクルと同じ455/2サイクルに相当しますので，水平同期信号を基準に見ると，ラインごとに位相が反転することになります．

● SC/H

　SC/H（SubCarrier to Horizontal）とは，カラー・バースト信号の連続性に関する規定です．図2のよう

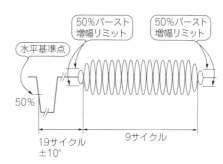

図2 カラー・バースト信号のサイクル数

に，水平同期信号の立ち下がり50％のポイント，すなわち水平基準位置までカラー・バースト信号を延長させたとき，カラー・バースト信号のゼロクロス点と一致するように規定されています．

　このSC/Hは特に，編集でフレームのつなぎやカットを行った際に重要です．フレーム間でカラー・バースト信号の連続性が保たれていないと，色の基準信号にずれが生じたことになりますから，画面上で色相のずれとして現れます．SMPTE 170Mでは，SC/Hは±10°以内と規定されています．

矢野 浩二

120 カラー・バースト信号が無いため扱いやすい
水平同期信号②…SDTV

通常，SDTVコンポーネント信号の場合，同期信号は輝度信号Yに多重し，$C_B C_R$には多重していません．水平同期信号の期間は，色差信号$C_B C_R$は0mVとなっています．

水平同期信号の極性はNTSCと同様に負極性パルスで，振幅はEBU N10やSMPTE 253Mの場合は－300mVとなっています．コンポーネント信号ですから，当然カラー・サブキャリア信号はないので，水平同期信号にはカラー・バースト信号はありません（図1）．カラー・バースト信号がないので，カラー・フレーム（4フィールド・シーケンス）もありません．編集は，任意のフレーム単位で行うことができます．

矢野 浩二

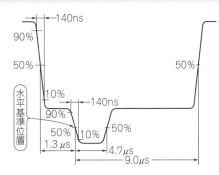

図1　SDTVコンポーネントの水平同期信号
（SMPTE 253Mより）

121 長距離伝送時に生じるレベル変動に強い
水平同期信号③…HDTV

アナログHDTV信号の水平同期信号は3値同期信号と呼ばれ，図1のような波形をしています．3値同期信号は，黒レベルの0mVを中心とした±300mV$_{P-P}$の振幅をもちます．

NTSC信号やSDTVコンポーネント信号では，映像信号と同期信号の区別を容易にするため，同期信号は，黒レベルに対して負の値のみをもつパルス信号でした．この場合，同期信号の立ち下がり50%レベルの位置を水平基準位置としていました．

しかし，長距離伝送などで振幅が小さくなったり，周波数特性が悪化したりしたときには，図2の上図のように水平基準位置にずれが発生してしまいます．一方，アナログHDTV信号は，同期信号の基準位置を0mVとすることで，振幅が減少したり，周波数特性が悪化してしまっても基準位置がずれることがありません（図2の下図）．

また，SDTVコンポーネント信号は，輝度信号Yのみに同期信号を付加していますが，アナログHDTV信号ではY$C_B C_R$，RGBとも，それぞれに3値同期信号を付加することになっています．HDTVは高精細であるために，色ずれも最小限にする必要があり，同期についても厳密に管理しています．

矢野 浩二

図1　アナログHDTV信号の水平同期信号
（1080/59.94/I，1035/59.94/I）

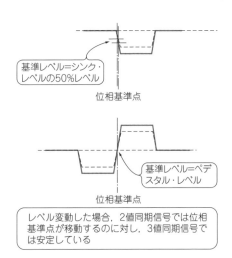

図2　振幅減少時の同期信号の比較

122 新しい絵の始まりを示す
垂直同期信号①…NTSC

垂直同期信号は，テレビなどに映像を表示する際，縦方向の基準位置を示すためのものです．垂直同期信号についても受信したビデオ信号から正しく再生されない場合，テレビ画面の表示は上下に流れてしまいます．

ブラウン管型テレビの場合，電子銃から飛び出した電子は，水平方向に走査しながら上下方向に加えられた電圧によって徐々に上から下へと走査する位置を変えていきます．この左から右への走査に加えて上から下

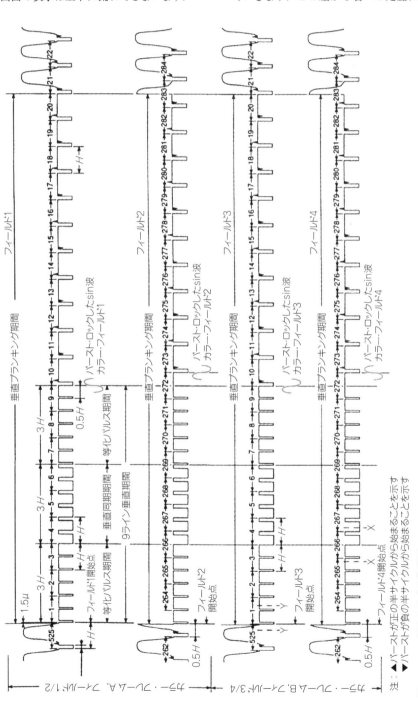

図1 NTSC信号の垂直同期信号

まで走査することによって，1画面ぶんの映像を表示します．

走査が上下1往復する周波数が，インターレースではフィールド周波数，プログレッシブではフレーム周波数に相当します．また，走査が下端から上端へ戻るには一定の時間が必要です．これを垂直帰線期間と呼びます．

垂直同期信号は，映像の縦方向の基準位置を示すとともに，走査の垂直帰線期間でもあります．

● **垂直同期信号の構成**

NTSC信号の走査方式は，1フレームぶんの映像を二つのフィールドに分けて伝送するインターレース（飛び越し走査）方式です．そのため垂直同期信号は1フレーム中に2回出現します．

また，インターレースは，第1フィールドを走査したあと，第2フィールドは，第1フィールドで走査した間を埋めるように，異なるラインを走査して1フレームの映像を表示します．

垂直同期信号は**図1**に示すように，3ラインぶんの負極性パルスと，その前後に各3ラインぶんの等価パルスで構成されています．垂直同期信号の負極性パルスは，その前後に比べてDC成分を大きく負へ変動させています．テレビ受像機で垂直基準位置を再生する際は，同期信号のみを抜き取って，DC変動を検出する積分器に入力して，垂直基準位置を特定します．

第1フィールドの垂直同期信号は，4ラインの開始から6ラインの終了までですが，第2フィールドの垂直同期信号は，266ラインの後ろ半分から269ラインの前半分までと1/2ラインのずれがあります．このずれによって，第2フィールドは第1フィールドの走査線の間を走査するインターレースを実現しています．

垂直同期信号には，水平同期を保つための切り込みパルスが挿入されています．また，**図2**のように第1フィールドと第2フィールドの垂直同期信号の積分値に差が出ないように（DC成分が同じになるように）等価パルスを加えています．

● **カラー・バースト**

再び，NTSC信号のカラー・バースト信号について考えます．カラー・バースト信号は，カラー・サブキャリア信号と同じ周波数$f_{SC} = f_H \times 455/2$ですから，1ラインごとにカラー・バースト信号の位相が180°反転することを意味します．

また，NTSC信号の走査線は525本で奇数本です．ラインごとにカラー・バースト信号の位相が反転するので，前後のフレームの同じラインのカラー・バースト信号もやはり位相が180°反転します．2フレームすなわち4フィールドでカラー・バースト信号の位相が元に戻ります．この2フレーム・ペアをカラー・フレームとか，4フィールド・シーケンスと呼んでいます．

テレビ受像機で色差信号を再生するときは，カラー・バースト信号の位相を基準にカラー・サブキャリア信号の位相差で再生しますので，基準となるカラー・バースト信号の連続性は非常に重要です．カラー・バースト信号の不連続が起きると，色ずれが発生します．

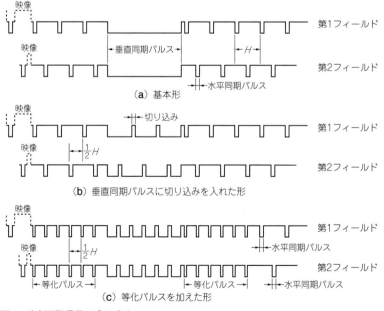

図2 垂直同期信号の成り立ち

特に編集時に，4フィールド・シーケンスごとにつなぎ合わせていかないと，カラー・バースト信号の位相が反転してしまいます．その結果，つなぎ部分で色が反転してしまいます．

矢野 浩二

123 カラー・バースト信号がないぶんNTSCよりもシンプル
垂直同期信号②…SDTV

　SDTVコンポーネント信号の垂直同期信号は，NTSCからカラー・バースト信号を取ったものと同じで，図1のようになります．

矢野 浩二

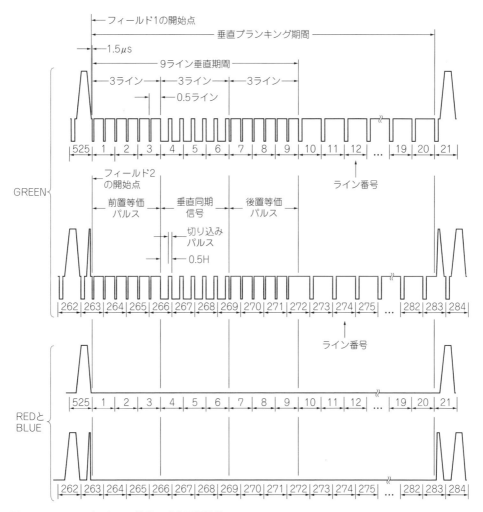

図1　SDTVコンポーネント信号の垂直同期信号

124 インターレース/プログレッシブ方式に対応
垂直同期信号③…HDTV

アナログHDTVの垂直同期信号は，図1のようになっています．垂直同期信号期間は，5ラインの負極性信号で，前後に等価パルスは存在しません．

インターレース方式とセグメント・フレーム方式は，飛び越し走査を実現するために第2フィールドでは1/2ラインのずれた形をしています．フィールド2の垂直同期信号が1/2ラインずれることによるDCバランスの補正は，フィールド1のライン番号6で行われています．

プログレッシブ方式では，飛び越し走査の必要がないため，比較的単純な構成をします．垂直ブランキング期間は，インターレース方式とセグメント・フレーム方式の2フィールドぶんのブランキング期間を足し合わせた45ラインぶんとなっています（図2）．

矢野 浩二

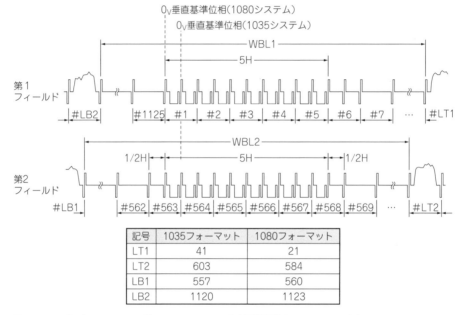

記号	1035フォーマット	1080フォーマット
LT1	41	21
LT2	603	584
LB1	557	560
LB2	1120	1123

図1　HDTVインターレース，セグメント・フレームの垂直同期信号（BTA S-001より）

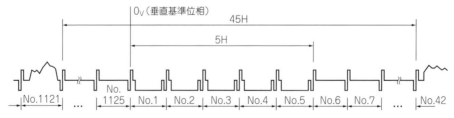

図2　HDTVプログレッシブの垂直同期信号（BTA S-001より）

125 水平/垂直同期タイミングの総まとめ
フレーム構造①…NTSCとSDTV

　NTSC信号とSDTVコンポーネント信号のフレーム構造を，525ライン・フォーマットとして**図1**に示します．

　第1フィールドの263ラインは，1ラインの前半1/2ラインしか有効映像信号がないハーフ・ラインと呼ばれるラインで，画面上で一番下の走査線になります．

　また，第2フィールドの283ラインは，同じくハーフ・ラインで，1ラインの後半1/2ラインしかないです．画面上で一番上の走査線になります．

　ハーフ・ラインは，**図2**のように走査が斜めに行われているため，画面右上と左下にできた空白部分を補っています．

矢野 浩二

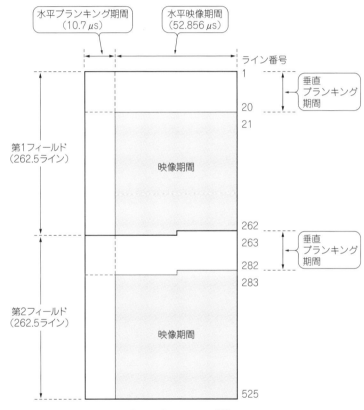

図1　525ライン・フォーマット（SDTV）のフレーム構造

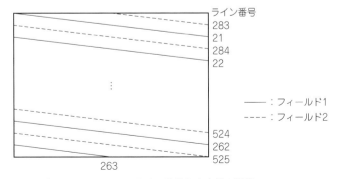

図2　525ライン・フォーマットのライン番号と走査線の関係

126 1080P/1080I/1035Iなど
フレーム構造②…HDTV

● HDTVのフレーム構造

図1にHDTVの1080フォーマットのフレーム構造を示します．画面の最も上のラインは，フィールド1の映像開始ラインである21ラインで，最も下のラインは，フィールド2の映像終了ラインである1123ラインになります（図2）．

1035フォーマットのフレーム構造は図3のようになり，走査線の関係を図4に示します．画面の最も上のラインは，フィールド2の映像開始ラインである603ラインで，最も下のラインは，フィールド2の映像終了ラインである1120ラインになります．

また，HDTVのプログレッシブ・フォーマットのライン番号と走査線の関係を図5に示します．プログレッシブなので，単純に画面の最も上のラインが42ラインで始まって，1121ラインで終了します．

矢野 浩二

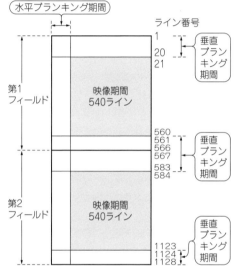

図1 1080/I（HDTV）フォーマットのフレーム構造

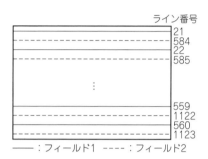

図2 1080/Iフォーマットのライン番号と走査線の関係

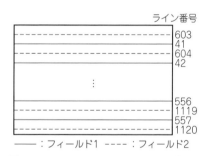

図4 1035/Iフォーマットのライン番号と走査線の関係

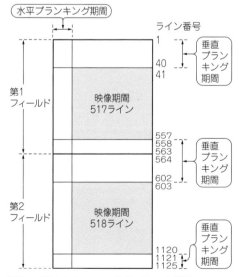

図3 1035/Iフォーマットのフレーム構造

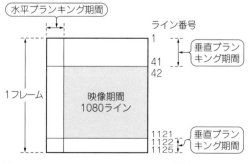

図5 1080/Pフォーマットのフレーム構造

127 ハイビジョンの仲間 フレーム構造③…720フォーマット

　HDTVには，走査線数1125本のテレビ方式のほか，走査線数750本のテレビ方式もあります．有効走査線数は720本なので，1080フォーマットに対して720フォーマットと呼ばれています．

　720フォーマットの特徴は，1080/60/Iや1080/59.94/Iと同じ伝送容量で，フレーム周波数60Hzや59.94Hzのプログレッシブ方式が伝送できます．プログレッシブ方式は，インターレース方式に比べてフレーム内の相関が高く圧縮にも向いていることや，コンピュータのビデオ信号とも親和性が高いことから，デジタル放送のフォーマットを決める際，コンピュータ業界などからの強い支持がありました．フレーム周波数が高いプログレッシブ方式は，動きの速いスポーツ番組などに向いた方式です．

　720フォーマットはSMPTE 296Mで規定されています．規格化された当初はフレーム周波数60Hzと59.94Hzのみでしたが，現在ではPAL圏の50Hzに加え，1080フォーマットで規定されているプログレッシブ・フォーマットと同じ30/P, 29.97/P, 25/P, 24/P, 23.98/Pも加えられています．これらは，伝送帯域を60/Pと同じにしているので，映像期間よりブランキング期間のほうが長く，あまり伝送効率の良いフォーマットとは言えません．

　720フォーマットの同期信号波形は，1080フォーマットのプログレッシブ方式とよく似ています．映像期間，水平ブランキング期間，垂直ブランキング期間がそれぞれ異なる程度の違いです（**図1**，**図2**，**図3**）．

矢野 浩二

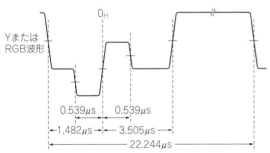

図1　720/59.94/Pの水平同期信号

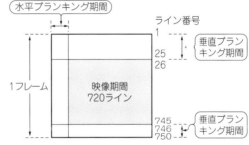

図3　720/Pのフレーム構造

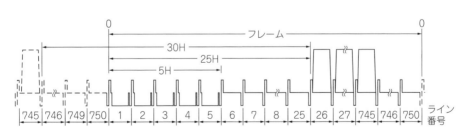

図2　720/Pの垂直同期信号（SMPTE 296Mより）

128 ARIB/JEITA/ITU/SMPTEなど
規格団体

ビデオ信号に関する規定団体は，それぞれの国や地域の事情，使用される目的などに応じて設立されています．日本にもビデオ信号について規定している規格団体があります．

主に家庭用機器を想定した規格団体や業務用機器を想定した規格団体など複数あります．また，世界的な統一が望まれる場合には，各国から関係者が集まって議論される国際標準化団体もあります．

多くの規格は使用され続けている間，技術の進歩にあわせて改訂されていきます．また，改訂されるだけでなく，複数の規格へ分離されたり，ほかの規格との統合が行われることもあります．

これらの改訂に気が付かぬまま製品開発や機器操作をしていると，思わぬ失敗を招くことがあります．しかも規格の改訂については，会員でないかぎり，常に自ら情報収集して内容を確認するしかありません．

最近は，インターネットの普及のおかげで，それぞれの規格団体のホームページにアクセスすると，最新の規格が紹介され，そこから購入できることも多くなりました．

ビデオ信号を扱う際は，それがどのビデオ信号規格に相当するものであるのか，その規格の改訂内容は最新なのかを把握しておく必要があります．

■日本国内のビデオ関連規格団体とその目的

● 社団法人電波産業会（ARIB）

ARIB（Association of Radio Industries and Businesses）は「アライブ」と呼ばれています．

無線通信規格，放送方式規格，調査，研究，開発を目的としており，財団法人電波システム開発センター（RCR）および放送技術開発協議会（BTA）の事業を引き継ぎ，平成7年5月15日に設立されました．

ビデオ信号については，放送方式規格として主に放送局内などで使用されるスタジオ規格や，放送波として送出されるまでの変調方式やデータ多重方式などを規格化しており，ビデオ信号に関する日本の代表的な規格団体です．

これまでアナログからデジタルまでのハイビジョン信号規格を制定し，ISDBと呼ばれる日本のデジタル放送方式の規格を制定しています．

● 社団法人電子情報技術産業協会（JEITA）

JEITA（Japan Electronics and Information Technology Industries Association）は「ジェイタ」と呼ばれています．

電子機器間の相互接続性や電子部品の共通性を保つことを目的としており，日本電子工業振興協会（JEIDA）と日本電子機械工業会（EIAJ）が合併して設立されました．

ビデオ信号に関する規格としては，EIAJからの引継ぎも多く，おもにテレビやAVアンプなどの家庭用ビデオ機器のインターフェース規格を制定しています．

● 日本工業調査会（JISC）

JISC（Japanese Industrial Standards Committee）は，日本工業規格であるJIS規格を規定しています．JIS規格は，工業標準化法に基づき制定される国家規格です．国内規格ではありますが，ISOやIECといった国際規格との整合性も重視しています．

JIS規格は，分類Aから分類Zまで19種類に分類され規格化されています．ビデオ信号に関する規格は，おもに受信機に関する規定として，分類C（電気・電子）にあります．また，分類X（情報処理）には，マルチメディアに関する圧縮データとして，JPEGやMPEGが規格化されています．

■国際的なビデオ関連規格団体とその目的

● ITU（International Telecommunication Union）

国際電気通信連合と訳され，ITU-T（Telecommunication）の電気通信標準化部門とITU-R（Radiocommunication）の無線通信部門，ITU-D（Development）の電気通信開発部門などに分かれています．

通信に関する国際規格団体で，放送に関連するビデオ信号はITU-Rで規定されています．SMPTEやARIBなどもこの国際規格に沿った形で規格化しています．

● VESA（Video Electronics Standards Association）

おもにコンピュータとディスプレイを接続する際のビデオ・インターフェースを規定する規格団体です．

VGA端子，DVI端子，DisplayPort端子などはVESAで規格化されています．そのほかにディスプレイの解像度やリフレッシュ・レート，LCDに関しても規格化しています．

● IEC (International Electrotechnical Commission)

　国際電気標準会議と訳され，電気／電子分野に特化した国際標準を協議し規格化する機関です．似たような機関にISO (International Organization for Standardization；国際標準化機構) がありますが，ISOは電気／電子以外の一般的な工業技術に関する国際標準化機構です．

　マルチメディアに関するMPEGやJPEGなどの圧縮データは，情報処理技術として扱われ，ISOとIECが共同で規格化作業を行っているようです．

■ 他国のビデオ関連規格団体とその目的

● SMPTE (Society of Motion Picture and Television Engineers)

　アメリカの映画やテレビ放送に関する規格団体です．ビデオ信号は主に放送局内で使用されるようなスタジオ規格を対象にしています．

　規格として扱う範囲も広く，アメリカ規格ではあるものの，国際的な視野から規定されています．そのためビデオ信号規格のデファクト・スタンダードとして，世界的に使用されていることが多くなっています．

　ビデオ信号規格を参照する場合は，まずSMPTE規格から参照するとよいでしょう．ARIBで規定されている日本のスタジオ規格もSMPTEに倣う場合が多くあります．

● ATSC (Advanced Television System Committee)

　次世代の放送方式に関するアメリカの規格団体です．アメリカでのデジタル放送方式を規定し，これはATSC方式と呼ばれています．

　アメリカでは，アナログ・テレビ放送をすでに終了しており，HDTVでの完全デジタル放送化を完了しています．ATSC方式の地上波デジタル放送は，ビデオ圧縮はMPEG-2方式，オーディオ圧縮はドルビーAC-3方式，変調方式は8VSB方式を採用しています．

● EBU (European Broadcasting Union)

　ヨーロッパのテレビ放送に関する規格団体です．アメリカのSMPTEのように，放送局内で使用されるようなスタジオ規格を対象にしています．

● DVB (Digital Video Broadcasting)

　ヨーロッパのデジタル放送方式に関する規格団体です．世界に先駆けてデジタル放送を実現しました．

　ヨーロッパの地上波デジタル放送方式はDVB-Tと呼ばれ，ビデオ圧縮方式はMPEG-2方式，オーディオ圧縮はMPEG-1方式，変調方式はCOFDM方式を採用しています．DVB方式は，多くの国におけるデジタル放送技術の基礎となっています．

◆ 参考文献 ◆

(1) 今村 元一：ビデオ信号の基礎とその操作法，CQ出版社．
(2) 川口 英，辰巳 博章：地デジ受信機の仕組み，CQ出版社．
(3) Michael Robin, Michel Poulin著，宇野 潤三訳：スタジオ技術者のためのデジタルテレビジョンの基礎，兼六館出版．
(4) コニカミノルタ，ホームページ．
　　http://www.konicaminolta.jp/instruments/index.html
(5) 電波産業会：ARIB各種規格．
　　http://www.arib.or.jp
(6) SMPTE：SMPTE各種規格．
　　http://www.smpte.org/
(7) ITU：ITU各種規格．
　　http://itu.int/
(8) EBU：EBU各種規格．
　　http://www.ebu.ch/
(9) 日本工業標準調査会 (JISC)．
　　http://www.jisc.go.jp/
(10) 電子情報技術産業協会 (JEITA)．
　　http://www.jeita.or.jp
(11) IEC活動推進会議．
　　http://www.iecapc.jp/
(12) ATSC. http://www.atsc.org/
(13) DVB. http://www.dvb.org/

矢野 浩二

第14章 ディスプレイ表示のしくみ

カメラやDISCの信号がテレビに映し出されるまで

129 基板は数枚とシンプル
液晶テレビの内部構造

デジタル放送に対応した最近のテレビは，液晶やプラズマなど，薄型のフラット・パネルを使用し，高精細なハイビジョン表示はもちろん，データ放送や番組表にも対応します．

ハード・ディスクへの録画ができる機種もあり，昔のテレビよりも高性能，高機能化しています．その中身はいったいどうなっているのでしょうか？

多くの部品を搭載し，さぞ複雑化しているかと思いきや，意外にそうでもありません．むしろ部品の集積化が進み，ハードウェア的にはシンプルになってきています．**写真1**はデジタル・テレビのバックパネルを外してみたところです．デジタル・テレビの中は，液晶パネル，信号処理基板，タイミング・コントローラ基板，電源基板，スピーカ(**写真2**)から構成されており，それぞれが複数のケーブルで接続されています．**図1**にブロック図を示します．

● 液晶パネル

液晶パネルは，液晶材，カラー・フィルタ，偏光板などからなるパネル本体と，各画素を駆動するためのドライバ基板(データ・ドライバとアドレス・ドライバ)，そしてバックライトなどが金属製のフレームに収められ，一つのユニットとなっています．

● 信号処理基板

信号処理基板はデジタル・テレビの心臓部とも言える

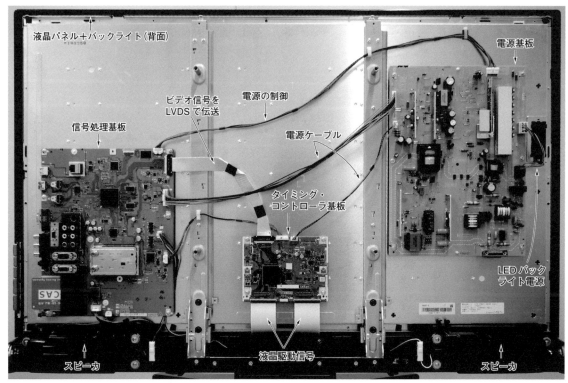

写真1 デジタル・テレビのバックパネルを開けると数枚の基板が目に入ってくる

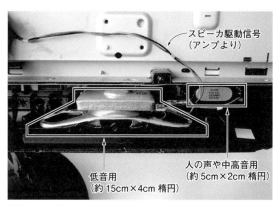

写真2 スピーカは狭いスペースにくふうして置かれている
薄型テレビのスピーカ・ユニット例

部分であり，映像や音声の処理のほとんどがここで行われます．この基板にはチューナ，OFDMやMPEGなどのデジタル復調回路，HDMI端子やコンポジット・ビデオ端子，オーディオ端子などといった外部映像・音声入力端子などが搭載されています．さらに映像と音声の処理を行うデジタル・テレビ用信号処理SoC（System on a Chip）や，スピーカを駆動するためのオーディオ・アンプなどが搭載されています．また，B-CASカードもこの信号処理基板に接続されます．

▶ 信号処理SoCが肝

デジタル・テレビ用信号処理SoCは，プログラムの実行や映像・音声処理のためのバッファとして，高速で大容量のメモリを必要とするため，複数のDRAMが搭載されています．

そのほかにもこのSoCでは，外部入力信号の選択のためのA/V（Audio/Video）スイッチ，グラフィクス処理，ネットワークやUSBなどの付加インターフェースなどを備え，さまざまな入出力および映像・音声の信号処理を担っています．

● 液晶パネルのタイミング・コントローラ

タイミング・コントローラ基板は，信号処理基板からLVDS（Low Voltage Differential Signaling）で送られてくるRGB映像データ信号（水平×垂直のスキャン信号）から，液晶パネルのデータ・ドライバとスキャン・ドライバを駆動する各種信号を生成するための回路が搭載されています．

このタイミング・コントローラは大きな半導体チップに集積され，フレーム・バッファとしてDRAMが接続されています．場合によっては，ここで応答改善のためにオーバードライブや倍速化の処理を行う場合もあります．

● 電源基板

電源基板は，AC100Vからデジタル・テレビを構成する各基板や部品が必要とするDC数Vを生成しています．AC-DC変換のために大きなトランスやコンデンサ，パワー・トランジスタ，スイッチング電源ICなどの部品で構成されています．

信号処理基板やタイミング・コントローラ基板，液

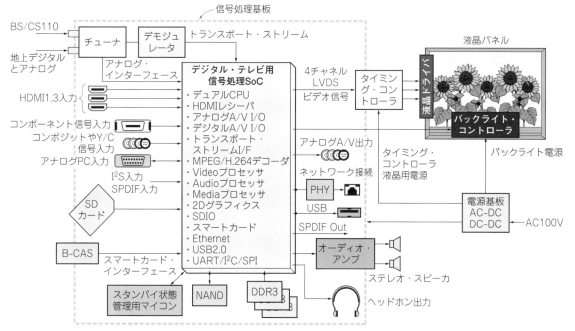

図1　デジタル・テレビの内部ブロック
ほとんどの機能は，テレビ用信号処理LSIで実現される

晶パネルには，数Vから十数V程度の複数の直流電源が供給されます．また，冷陰極管バックライトの場合は，1000V程度の高電圧を発生するインバータが必要となります．最近普及し始めたLEDバックライトなら数V程度の直流電源でバックライトを点灯可能です．

このように見ていくと，デジタル・テレビの構成は非常にシンプルに見えますが，パネルはもちろん，信号処理や電源にも最新の技術が投入され，各メーカのノウハウやアイディアが投入された，最先端の工業製品であると言えます．

〈平間 郁朗〉

130 チューナ・ユニットと信号処理用SoCが鍵
受信電波が映像に変わるまで

● 地デジ，衛星の受信が可能なチューナ・ユニット

アンテナで受信した放送信号は，まずはチューナに入力されます（図1）．実際に多くのデジタル・テレビでは，一つのチューナ・ユニットが地上デジタル放送と衛星放送の両方の受信に対応し，それぞれのアンテナから入力できるように，二つのF栓コネクタがついています．

● OFDM/QAM復調用のICがI/FをTSに変換する

チューナで受信されたI/F信号は，日本のデジタル放送の場合，OFDM/QAM復調用のICによって復調され，TS（Transport Stream）信号に変換されます．

● 何でもこなす信号処理用SoC

復調ICから出力されるTS信号は，デジタル・テレビ用信号処理SoCへと入力されます．このTS信号には，各種制御信号，データ放送や番組情報のデータ，そして圧縮された映像信号と音声信号が含まれたパケットが含まれています．

▶ B-CASカードで暗号解除

デジタル・テレビ用信号処理SoCではまず，受け取ったTS信号の暗号解除を行います．そのために固有のキーをもったB-CASカードを使用します．暗号解除されたTS信号から映像，音声，付加データをそれぞれES（Elementary Stream）として取り出します．

映像信号はビデオ・デコーダへ，音声信号はオーディオ・デコーダへ，そしてデータ放送などの付加データはCPUあるいは専用のプロセッサへと送られ，それぞれデコード処理されます．

▶ スケーラで解像度変換

デコードされた映像信号は，スケーラを含む映像処理エンジンに送られます．例えば地上デジタル放送の場合，放送局から送られてくる映像の解像度は水平1440ドット，垂直1080ドット，59.94フィールド/sのインターレース信号ですので，これをフルハイビジョンのパネルに表示するには，水平を1920ドットまで拡大すると同時に，垂直方向はI/P変換を行い，59.94フレーム/sのプログレッシブ信号に変換します．

▶ 画質調整

スケーリング後の映像処理エンジンでは，コントラスト調整や色味の補正，シャープネスの調整など，視聴者が見やすくてきれいと感じる映像を得るための画質調整を行います．

この画質調整機能は技術的にもさまざまなノウハウ

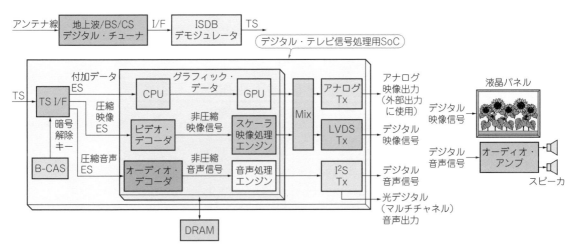

図1 デジタル放送受信時の信号処理の流れ

を投入して味付けが行われ，各社の差別化のポイントになっている部分でもあります．通常ここまでの処理は，色差信号（YUV）色空間で行われます

▶ データの重ね合わせ

そのあとメニューやデータ放送などのグラフィクスを重ね合わせて，RGB信号に変換され，デジタル・テレビ用信号処理SoCからはLVDSにて出力され，液晶などのパネル側に送られ表示されます．

▶ 音声信号の処理

デコードされた音声信号は，必要に応じてサンプリング・レート変換を行い，映像同様に音質の調整が行われます．

平間 郁朗

131 基本中の基本！ディスプレイを表示するためのタイミング制御

● 同期信号は映像データの前後に居る

ディスプレイで画面表示を行うためには，さまざまな制御信号をディスプレイに入力する必要があります．ディスプレイが使う主な信号を表1に示します．

このうち，重要なのは水平同期信号，垂直同期信号，ブランキング信号の三つです．

水平同期信号は水平方向の映像ラインの表示期間を，垂直同期信号は1画面分の映像の表示期間を表したものです．

ブランキング信号は，水平/垂直同期信号ともに表示期間中である場合に最終的に映像の表示の有効/無効を指示するものです．これにより水平と垂直方向での表示期間を明確にすることができます．

● 映像ラインのタイミングをとる…水平同期信号HSYNC

水平同期信号は，帯状の映像ラインをディスプレイ上で表示するときに，現在表示中の映像ラインの表示期間の完了と次に表示される映像ラインの表示期間が開始されたことを通知する信号です．つまり，水平方向の表示有効期間を作る制御信号です．

ディスプレイはこの信号が有効になったことを検出すると，表示中の映像ラインが終了したことを認識します．水平同期信号がある期間有効になった後に無効になった時点で，次の映像ラインを表示する期間になったことを認識します．

図1に同期信号とディスプレイの動作を示します．送られてきた映像情報は，この信号が無効である図1①の期間（インターバル期間），さらに後述のブランキング信号が無効である時だけ，ディスプレイ上に表示されます．

一般的な液晶ディスプレイでは，下記の動作をします．

（1）水平同期信号が有効になる：帯状に表示されている映像は右端まできており，本信号の有効で表示

表1 これだけは知っておきたいタイミング制御信号

名　称	機能概略
水平同期信号	1ラインの切り替えタイミングを作る
垂直同期信号	1画面の切り替えタイミングを作る
ブランキング信号	画素/画像の非表示期間を作る
ドット・クロック（ピクセル・クロック）	表示される画素レベルの表示周波数
DDC：ディスプレイ・データ・チャネル信号	送受像機間で通信をして情報を収集する

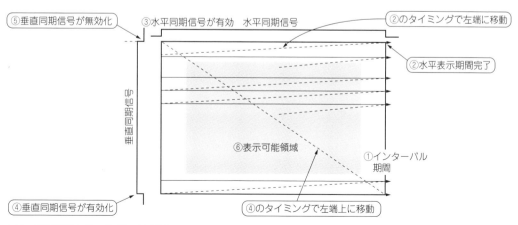

図1 同期信号とディスプレイの動作

開始期間が完了したことを認識し，それ以上の映像表示は停止します．次に本信号の有効期間中にあるインターバル期間に，次の映像ラインに対する表示開始位置を左端座標に切り替えます（図1②）．

(2) **水平同期信号が無効になる**：水平同期信号が有効になったタイミングで次の映像の表示開始期間に入ったことになります．そこで映像は左端から右方向へ向けて順番に表示開始されます（図1③）．

ラスタ・スキャン方式（後述）による映像の表示は，帯状に切り出された映像を垂直方向に積み重ねていき，一つの映像を構成します．

水平同期信号の本数が多ければ垂直方向の解像度があがるのではないかと思われますが，そうではありません．1枚分の映像は垂直方向には無限にあるわけではありませんので，1枚分の映像の表示開始と終了のタイミングが必要になります．これは次に紹介する垂直同期信号が役割を担っています．

そして垂直同期信号の期間に発行される水平同期信号の回数が垂直方向の解像度になります．

● **画面の切り替えのタイミングをとる…垂直同期信号VSYNC**

垂直同期信号は，1枚分の映像を表示するときに，現在表示中の映像の完了と次に表示される映像の表示開始タイミングを通知する信号です．つまり，垂直表示有効期間を作る制御信号です．

ディスプレイ側はこの信号が有効になったことを検出すると，1枚の画像が終了したことを認識します．

そして上記の水平同期信号で数～数十ライン分の期間（インターバル期間）を経て，垂直同期信号が無効になった時点で，次の画像が表示可能な期間に入ったと判断します．

一般的な液晶ディスプレイは，下記の動作をします．

(1) **垂直同期信号が有効化**：表示開始期間が完了したことを認識し，それ以上の映像表示は停止します．インターバル期間の間に表示開始位置を左上の座標に切り替えます（図1④）．

(2) **垂直同期信号が無効化**：垂直同期信号が無効，かつ水平同期信号が有効になったタイミングで次の映像の表示開始期間に入ったことになります．映像は左上の座標から順番に表示開始されます（図1⑤）．

垂直同期信号は映像の表示開始期間を制御するという役割があるため，1秒あたりに垂直同期信号が有効になる回数＝周期は1枚の画面の書き換え速度そのものになります．

この書き換え速度のことを，「リフレッシュ・レート」といい，映像の表示品質を示す指標の一つです．

● **画面を表示しないようにする…ブランキング信号BLANK**

ブランキング信号の語源となるBLANKは「空白」を表します．つまり，本信号が有効である期間は映像の表示はしません．無効のときだけ，映像の表示がされます．つまり，同期信号は映像表示が有効である「期間」を表し，ブランキング信号は映像表示の「可/不可」を表すものです．

特殊なディスプレイを除いて一般的なCRTや液晶ディスプレイでは，表示有効期間と表示期間が同じことはありません．水平/垂直同期信号が無効である期間が存在します．すなわち表示可能期間の全ての期間に映像を表示することはありません．

映像が表示される領域（エリア）は，表示可能領域（エリア）の一部です（図1⑥）．

これは，水平/垂直同期信号が有効である期間，さらにはおのおのの水平方向と垂直方向にある緩衝時間（マージンと言っても良い）であるフロント・ポーチとバック・ポーチの期間が映像の表示には使えないからです．特にフロント・ポーチとバック・ポーチのタイミングは垂直/水平同期信号だけでは作れません．

このようにブランキング信号の用途は，非表示期間を作り出すためのものです．

なお，この信号自身は最終的なアナログRGB接続での映像の伝送方式には使用しない場合があります．ディスプレイを接続するインターフェースLSI側ではブランキング信号を使用しますが，伝送するときには黒または通常の信号レベルよりも低い特殊な電位を出力することで，受像機側でブランキング期間であることを判断して，映像表示をしないしくみを作っています．

● **そのほかの信号**

▶ **1画素が表示される時間のめやす…ドット・クロック**

ディスプレイに表示される画像を構成する画素（ピクセル）の表示期間の逆数によって求められる周波数です．

例えばパソコンなどで使用されるVGA画面（後述）と呼ばれる表示モードの場合，1画素が表示される時間は40ns（40×10^{-9}）です．

これを周波数に変換すると，

$$Freq = \frac{1}{40 \times 10^{-9}}$$

ですから，25×10^6，すなわち25MHzになります．

ドット・クロックは高解像度に対応した伝送方式であるDVIやHDMI，また長い距離の映像伝送に適しているHD-SDIでは，さまざまな方法を使って画素情報とともに送信側から受像機側に送られ，受像機側で映像の復号をするときに用いられます．

表2 DDCで取得可能な情報

主なコマンド	調整対象
工場出荷時の設定	色温度,輝度,コントラストなど
カラー調節	色温度,色相,彩度
画角の調節	表示画面を平行四辺形とみなした画角の補正
画像の調整	ガンマ補正,ズーム,フォーカス,輝度/コントラスト,バックライト制御など

表3 画面表示で必要な情報

番号	名称	機能概要
①	水平表示有効期間	水平方向の画像表示有効期間
②	水平表示期間	実際の水平方向での画像表示期間
③	垂直表示有効期間	垂直方向の画像表示有効期間
④	垂直表示期間	実際の垂直方向での画像表示期間
⑤	水平バック・ポーチ	水平同期パルス発行前の緩衝時間
⑥	水平同期パルス	1ラインの切り替え指示パルス
⑦	水平フロント・ポーチ	水平同期パルス発行後の緩衝時間
⑧	垂直バック・ポーチ	垂直同期パルス発行前の緩衝時間
⑨	垂直同期パルス	1画面の切り替え指示パルス
⑩	垂直フロント・ポーチ	垂直同期パルス発行後の緩衝時間
⑪	ブランキング期間	映像が表示されていない期間(非表示期間)
⑫	有効表示期間	実際に画面上に表示される映像の時間

▶ **ディスプレイの情報を取得するDDC制御信号**

マイコンではまず使用することはありませんが,汎用的なグラフィックス・カードやさまざまなディスプレイが接続される機器で使用されるのがDDC(Display Data Channel)制御信号です.

この制御信号は,機器に接続されたディスプレイと通信して,ディスプレイのベンダ,型番や表示可能解像度などの情報を取得するためのものです.DDCで取得可能な情報を表2に示します.2本の制御信号(SCL/SDA)で構成されており,ハードウェア・レベルの構成はI²Cバスと同じです.

また,DDC制御信号を介してコマンドをディスプレイ側に送ることで,表示される映像の色補正,位置,拡大/縮小,傾きなどを変更できます.こちらは,DDC/CI(Command-Interface)という名称がつけられており,コマンドもVESA規格書で公開されており,開発者からの利用が可能です.

組み込み機器では,表示したい映像の解像度が決まっていることが多く,表示に使うディスプレイの解像度が決まっているので,使用する機会はあまり多くありません.DDC信号を使ってディスプレイの型番や表示可能解像度,そのほかの情報を得る必要がないのです.

反対に,パソコンや家電用の民生向けの製品では,接続方法が何であるのかわかりません.このような用途でDDC信号は必要とされます.

■同期信号が作る制御タイミング

● **映像を表示するには開始位置,幅,高さ,終了位置を決める**

ディスプレイ(受像機)上に映像を表示する基本要素として,表示したい映像はもちろん,それと同時に表示したい映像の表示開始位置,幅,高さ,そして終了位置などという各種の情報が必要です.

これらの情報は同期信号によって作り出されるタイミング情報です.この情報と制御信号を使うことで映像はディスプレイ上の正しい位置に表示されます.

● **画面表示で必要なパラメータ**

特殊な用途を除き,身の回りにあるCRTやLCDディスプレイなどの受像機側はラスタ・スキャンによる映像の表示方式を採用しています.

この方式は,複数の「画素情報」が水平方向に並んで構成された帯状の「映像ライン(またはフィールドとも呼ぶ)」が縦方向に複数に連なって1枚の「映像」になります.

この表示を実現するためには,表3に示す映像の表示開始位置,幅,高さ,終了位置などの各種情報が必要になります.

図2にディスプレイに表示された映像とこれらのタイミング情報の関係を示します.

表3の各種情報は次項に示す6種類のパラメータに分類できます.六つの項目は映像表示向けハードウェアやファームウェアを設計する場合に必要なものです.

これらの項目はビデオ・カード,マイコンなどの映像送出側でいくつかの制御信号を組み合わせて作られ,ディスプレイ側に送られます.

● **(1)水平表示有効期間と水平表示期間**

水平表示有効期間とは,帯状の映像ライン(水平1ライン,1Hとも言う)を表示する準備が整っている期間を示します(図2①,図3①).

また一般的には表示有効期間の80%~90%が水平表示期間になり(図2②,図3②),表示有効期間でも10%~20%程度は映像を表示しない「非表示期間」になります.なお,ごくわずかの例ですが,水平表示有効期間と同じ期間の幅をもつ場合があります.これは専用に開発したLCDパネルを使用する場合だけです.

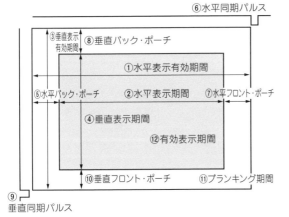

図2 画面表示された映像のイメージと制御パラメータの対応

● (2) 垂直表示有効期間と垂直表示期間

(1)の水平表示有効期間などと同じように，垂直方向の映像表示でも有効期間と表示期間が存在します．

垂直表示有効期間（図2③）とは，垂直方向に映像の表示を可能にしてもよい期間であることを示し，垂直表示期間とは映像が実際にディスプレイ上に表示されている（＝表示する映像ライン情報が有効である）期間を示します（図2④）．

④の垂直表示期間は③の垂直表示有効期間の間に存在し，特殊なディスプレイを使用する場合を除いて，有効期間の90％〜95％が表示期間であることが一般的です．残りの5％〜10％は非表示期間になります．

● (3) バック・ポーチ

垂直または水平表示期間が終了し，次の表示期間に移行するためのタイミングが終了した後に挿入されます．

バック・ポーチ期間は映像が表示されないため，表示開始になった後に実際に映像を表示するまでの待機時間の意味合いを持つ期間です．

図2では，垂直バック・ポーチ（図2⑧，図3⑧）は表示画像の上側に，水平バック・ポーチ（図2⑤，図3⑤）は左端に存在する「非表示領域」になります．

● (4) フロント・ポーチ

垂直または水平表示期間が終了し，次の表示期間に移行するためのタイミングを発行する直前に挿入されます．

図2⑦（図3⑦）のフロント・ポーチ期間は映像が表示されないため，表示期間が終わることを通知するまえの映像フェードアウト（次の映像を表示する前にあらかじめ直前の映像を消していく）というような意味合いを持つ期間です．

上記の（1）や（2）で述べた表示有効期間と表示期間の差異の多くが，フロント・ポーチとバック・ポーチの期間であり，通常のディスプレイでは「黒色」とな

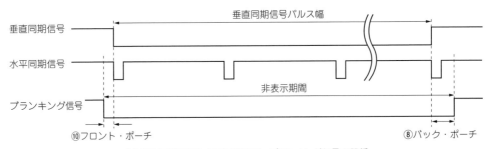

(a) 垂直同期信号と水平同期信号，ブランキング信号の関係

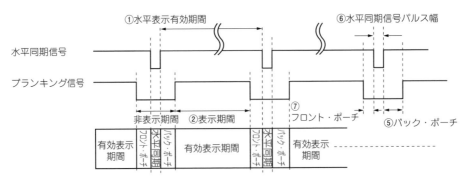

(b) 水平同期信号とブランキング信号の関係

図3 三つの同期信号とディスプレイに表示される映像との関係

って映像は表示されません．

図2では，垂直フロント・ポーチ（図2⑩，図3 ⑩）は表示画像の下側に，水平フロント・ポーチ（図2 ⑦，図3 ⑦）は右端に存在する「非表示領域」になります．

● (5) ブランキング期間

映像を表示しない期間を示します（図2⑪）．

ブランキング期間は先に述べた水平表示期間，垂直表示期間，そしてフロント・ポート，バック・ポーチの組み合わせで決定します．

● (6) 有効表示期間

1画面を表示する期間の中で，ブランキング期間を除いた時間が有効表示期間になります（図2⑫）．

この期間に表示される映像が，CRTやLCDパネルに表示されます．

* * *

このほか，昨今のHDMIやDVIと呼ばれる，高解像度に対応した映像の伝送方式になると，送り出される映像を構成する画素情報の周波数＝クロックを送ったり，ディスプレイ情報を得るための通信をする制御信号もあります．

井倉 将実

132 VGAって何画素×何画素？ ディスプレイ解像度早見表

● 画面のドット数に影響する解像度

同期信号で作り出された表示有効期間，表示期間，表示開始位置，ブランク領域，表示終了位置などの多くのパラメータから，画像が表示できる大きさが決定されます．この大きさを「解像度」と呼び，解像度が高ければ高いほど緻密な画像が表示可能です．

表1に，現在パソコンや液晶ディスプレイ，地上デジタル放送などで使用されているさまざまな解像度を用途別にまとめたものを紹介します．

まだ日本製パソコンが国内市場で幅を利かせていた頃は，横方向640画素，縦方向480画素（640×480：通称VGA）程度の解像度で作業をしていました．今では低価格ノート・パソコンでも1280×600や1366×768程度はあります．業務用パソコンで半導体のレイアウトCAD，建築用CADを操作する場合には1920×1600という高解像度を使います．

一般家庭で見られる地上デジタル放送のハイビジョン解像度は1440×1080です（ISDB-Tで規定）さらに，4K2Kという新しい放送規格も試験的に策定され，現在各社が商品化にむけて開発を急いでいます．

地デジ登場前のアナログ放送ではこの半分以下の解像度（面積にして1/4）にも満たない映像を見ていました．ただ，解像度が上がっても放送内容の品質が上がるわけではないのですが…．

解像度が高くなると，一見して認識できる情報が増えるので，作業をするには大変都合がよいわけです．

井倉 将実

表1 パソコンや液晶ディスプレイ，テレビなどで使用されているさまざまな解像度

解像度	規　格	アスペクト比	主な用途
32×32	—	1：1	携帯音楽プレイヤ
64×64	—	1：1	時計型携帯音楽プレイヤ
176×144	QCIF	11：9	初期の携帯電話
320×240	QVGA	4：3	携帯電話
640×480	VGA	4：3	—
720×480	SD （標準画質）	3：2	—
800×600	SVGA	4：3	Windows98画面モード
1024×768	XGA	4：3	初期のノートPC
1280×720	（HD画質）	16：9	—
1366×768	（HD画面）	約16：9	15インチ画面ノートPC，ハイビジョン画質
1440×1080	—	4：3	地上デジタル放送
1600×1200	UXGA	4：3	21インチ液晶モニタ
1920×1080	（フルスペックHD，フルハイビジョン）	16：9	—
1920×1200	WUXGA	16：10	大型液晶モニタ
2560×1600	WQXGA	16：10	大型液晶モニタ

133 30フレームだとチラつきが…なめらかに表示するためには
表示データは一定間隔で更新しないといけない…リフレッシュ・レート

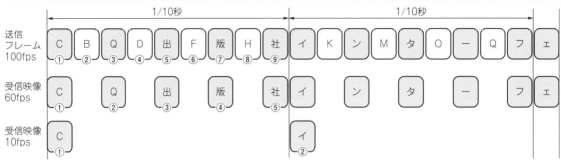

図1 リフレッシュ・レートの違いにより映像が間引かれている様子

映画やゲーム，またテレビ放送などの「動画」は，画像が連続して表示された結果です．1枚の静止画像では意味のないことですが，映画やゲームを楽しむときに，映像の見た目に影響する数値として，リフレッシュ・レートがあります．

リフレッシュ・レートは秒間あたりの画像の切り替え回数を表したものであり，単位はfps（frame per second；フレーム毎秒）を使います．

例えば，10fpsは0.1秒ごとに映像が切り替わるという意味です．

通常のテレビやパソコン類の液晶ディスプレイでは50fpsや60fps以上使用されています．人間の目は秒間20枚や30枚程度の画像変化は容易に気付く認知能力があると言われており，そこから50fps～60fpsという数字が使われるようになりました．

放送局などの送出側は100fpsで映像を送信していても，ディスプレイ側のリフレッシュ・レートが10fpsであれば，映像の90%が欠落して表示されていることになります．

図1に送信側の映像が100fpsで，受信側の再生能力が60fps，10fpsの場合の映像の見え方を示します．人間の目には明らかに切り変わりが判断できます．

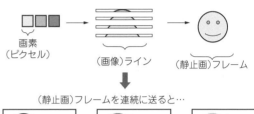

図2 ピクセルが映像になるまで——ピクセルがラインに，ラインがフレームになる

リフレッシュ・レートが高い，低いということは，すなわち映像表示の「滑らかさ」を示すパラメータというわけです．

● リフレッシュ・レートとドット・クロックの関係

先ほど同期信号の項で，ドット・クロックは画像を構成する画素の表示期間から導き出されていることを紹介しました．

表1 ディスプレイの解像度ごとにドット・クロックや同期信号が決められている

水平解像度	垂直解像度	呼称	ドット・クロック [MHz]	リフレッシュ・レート [Hz]	水平方向 [クロック]				垂直方向 [ライン]			
					フロント・ポーチ	同期幅	バック・ポーチ	総画素数	フロント・ポーチ	同期幅	バック・ポーチ	総ライン数
640	480	VGA	25.175	60	16	96	48	800	10	2	33	525
800	600	SVGA	40.000	60	40	128	88	1056	1	4	23	628
1024	768	XGA	65.000	60	24	136	160	1344	3	6	29	806
1280	1024	SXGA	108.000	60	48	112	248	1688	1	3	38	1066
1368	768	WSXGA	85.860	60	72	144	216	1800	1	3	23	795
1600	1200	UXGA	162.000	60	64	192	304	2160	1	3	46	1250
1920	1200	WUXGA	193.160	60	128	208	336	2592	1	3	28	1242
1920	1440	特になし	234.000	60	128	208	344	2600	1	3	56	1500

図2のように画素は帯状に固まって1ライン分を作り，これが垂直方向に並んで一つの静止画ができます．この静止画が連続に表示され，最終的には映像となるというわけです．

つまり，ドット・クロックは，今までに紹介してきた表示有効期間やブランキング期間，水平／垂直同期信号の有効幅や解像度，そしてリフレッシュ・レートという表示に関する全ての要素に関係しています．

ドット・クロックはパソコンの映像系周辺機器に関する標準化団体であるVESA（Video Electronics Standards Association）がディスプレイに表示する解像度ごとにドット・クロックや同期信号の幅などの数値を規格化しています．欲しい解像度やリフレッシュ・レートから数値を導き出すことができます．

例としてVESAが提供している規格で幾つかの解像度に対するドット・クロック，同期信号幅などの数値について表1に紹介しておきます．

井倉 将実

134 画面は地味に1行ずつ描画するしかできない！一筆書きで全てを表示
すべてのディスプレイの描画方式…ラスタ・スキャン

● 現在使われているラスタ・スキャン方式

液晶テレビやパソコン用モニタで採用されている描画方式です．

この方式は，図1のように受像機側で受信した画像を水平方向の走査線に沿って画素単位で配置し，帯状の一列の画像を表示します．そして次の段に移って同じように次の走査線に沿って一列の画像を表示し，これを垂直方向に複数回繰り返して1枚の映像を表示します．

ラスタ・スキャン方式による映像の表示では，複数の画素が水平方向に並んで構成された帯状の映像ラインが縦方向に複数に連なって1枚の映像になる方式を採用しています．この部分を拡大してみると，映像ライン情報は図2のようにディスプレイ上の特定の縦方向位置の左端から右方向に向けて配置され，1ライン分の映像が成り立ちます．

この方法はブラウン管時代におけるテレビの送受信方式から使われていた方法であり，現在の液晶ディスプレイの描画方式も全く同じ方式です．

ラスタ・スキャン方式の特徴は，1本の信号線で1画面全部を描画する点にあります．このため，1画面の描画速度が，例えば1画素分の白い点しか描画しないとしても，画面全体の描画時間は絶えず一定であるため，画面の更新速度を予測して使用することができるということです．この更新速度のことをフレーム・レートと呼びます．

現在のテレビ放送でもラスタ・スキャン方式が脈々と使われており，画像処理技術，半導体技術や情報圧縮技術の進歩も相まって今後もこの方式は使われ続けることでしょう．

井倉 将実

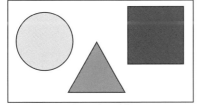

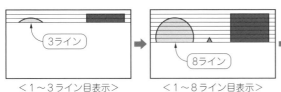

図1　ラスタ・スキャン方式でラスタごとに●▲■を描画する

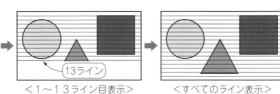

図2　ラスタ・スキャン方式でディスプレイ上の特定の縦方向位置の左端から右方向に向けて表示する

135 テレビで使われる！奇数行と偶数行を交互に表示
帯域節約！半分のデータ量で済ませるインターレース

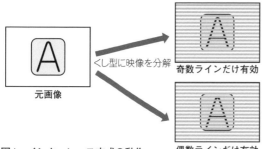

図1　インターレース方式の動作

図2　インターレースの映像は隙間が見える

● リフレッシュ・レートを上げるため1枚の画像を2枚に分割して送る

　ラスタ・スキャン方式で映像を伝送するには，インターレース方式とプログレッシブ方式の二つの方式があります．

　リフレッシュ・レートが高いほど滑らかな動画が再生されることは前々項で紹介しました．画面の解像度と色数（色深度）情報が固定である場合，リフレッシュ・レートが高いほど映像データの伝送レートは増加します．

　そこで，伝送レートを一定にして，リフレッシュ・レートを上げる方法として取り入れられているものが，インターレース方式です．

　インターレースは「組み合わせる」という言葉です．映像伝送の用語としてのインターレースという用語は，まず1フレーム分の映像を静止画と見なし，図1のように2種類の異なる静止画に分解して所定のリフレッシュ・レートの速度で伝送します．次に受像側では受信した2種類の異なる静止画を組み合わせて1フレーム分の画像に戻します．この2枚の映像で1枚のフレームを構築する方式は2：1インターレース方式と呼ばれています．

　ここで，伝送される2種類の異なる静止画というのは，1フレームの映像を上半分と下半分，また右半分と左半分に分けて送ってもよいのですが，それだと受像側でいったん停止したときにわけのわからない画面になってしまいます．実際のインターレース方式では，1フレーム映像を1，3，5，7…という奇数の水平ラインと2，4，6，8…という偶数の水平ラインの映像に分割します．この分割された映像は，ビデオ用語では「フィールド」という言葉で表されます．すなわち，奇数の水平ラインのみで構成された静止画の映像を「奇数フィールド」の映像，そして偶数の水平ラインのみで構成された映像を「偶数フィールド」の映像と呼びます．

　この映像のイメージは，図2のように一定の間隔で隙間のある映像に見えます．しかしながら，図3のよ

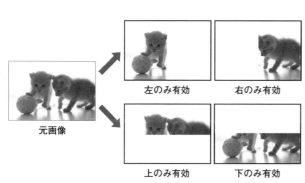

（a）上下や左右で切り出した映像の静止画状態
…半分しか見えない

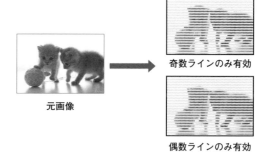

（b）インターレースでの静止画状態
…とりあえず全体像は分かる

図3　インターレースなら全体のイメージをつかめる

うに受像機側で映像の更新を停止して静止画表示の状態にしても，上下や左右で切り出した映像とは違って全体のイメージはつかめる映像です．

さて，インターレース方式の例として，1秒あたりのリフレッシュ・レートが60Hz，つまり秒間60枚のフレーム・レートである場合には，16.6ミリ秒ごとに奇数フィールド映像と偶数フィールド映像が交互に送られます．そして受像機側で重ね合わされて33ミリ秒で1フレーム分の映像となります．

よって，最終的に受像側で表示される映像は秒間30枚のフレーム・レートとなります．

井倉 将実

136 パソコン・ディスプレイで標準の方式
一行ずつ順番に表示するプログレッシブ

■ フレームをそのまま順番に送る単純な方式

● 1枚の画像をそのまま送る

インターレース方式の映像は，静止画を表示させると隙間のある映像になります．これは表示中の映像に情報の欠落があるということにほかなりません．そのため，静止した状態の映像であっても高品質で表示したい場合には，インターレース方式では足りないのです．

そこで，インターレースに対して，1フレームそのままの映像を伝送するプログレッシブ，またはノンインターレースという方式が使用されます．

プログレッシブ方式では，所定のリフレッシュ・レートで1フレームの映像を伝送するので，リフレッシュ・レートが60Hzの場合には秒間60枚のフレームを伝送します．

つまり，インターレース方式に対しては2倍の伝送レートが要求されますが，インターレース方式による映像表示と比較すると映像のちらつきは抑えられます．また受像機側で映像を停止した際にも，1フレームそのものが表示されるため，インターレース方式と比べて，情報の欠落はありません．

ここで，インターレース方式とプログレッシブ方式による，時間あたりの映像伝送状況を**表1**に示します．

表1に示す通り，インターレース方式ではまず1フレーム分の映像の中から奇数フィールド，次に偶数フィールドが送られます．

奇数ならびに偶数フィールドの送出速度はリフレッシュ・レートで設定された速度であるため，結果として表示される「表示フレーム数」は，リフレッシュ・レートの1/2です．

これに対してプログレッシブ方式では，1フレーム分の映像が順番に送り出されるため，リフレッシュ・レートで設定された速度そのものが表示フレーム数になります．

昨今のパソコン内のビデオICから伝送される映像や，パソコンに接続されるLCDパネルなどといった受像機では，全てがプログレッシブ方式を用いており，その結果，静止画でもくっきりと高い品質で表示されます．

ただし，テレビ映像やUSBカメラなどで用いられている映像の伝送方式はインターレース方式のものもあり，用途に応じて使いわけられています．

■ デインターレース技術 ― インターレースをプログレッシブに変換する

デインターレース技術とは，**図1**のようにインターレース方式によって奇数ライン（奇数フィールド）と偶数ライン（偶数フィールド）に分割・送信された映像を，受信機側で合成して1枚の映像として表示する技術です．インターレース解除，またはプログレッシブ化とも呼ばれます．

パソコン用映像ディスプレイは一般的にプログレッシブ方式で表示をするため，インターレース方式の映像は何らかの方法でプログレッシブ化して表示するため，インターレース方式のテレビ映像を表示するにはデインターレースをする必要があります．

ここではCPUや小～中規模FPGAでよく利用される方法として，**表2**にあげた4種類のデインターレース方式を紹介します．デインターレースの技術は古くから存在し，そのために方法は非常に多くあります．

表1 インターレース方式とプログレッシブ方式による，時間あたりの映像伝送状況

方式	フィールド名	フレーム番号							
インターレース	奇数フィールド	フィールド1	―	フィールド2	―	フィールド3	―	奇数フィールドと偶数フィールドを交互に送る
	偶数フィールド	―	フィールド1	―	フィールド2	―	フィールド3	
プログレッシブ	―	フレーム1		フレーム2		フレーム3		フレームを順番にそのまま送る

表2 デインターレース方式

合成方式	合成方法の概要	長所	短所
リプリケート	奇数フィールド，または偶数フィールドのいずれかを縦方向に拡大して表示する	・実装が簡単 ・小さなメモリ容量で実現	・情報が欠落 ・画質が荒い
WEAVE	奇数フィールドと偶数フィールドの映像を重ね合わせて表示する	・実装が簡単 ・きれいな静止画映像	・激しい動きは画質が荒い
BOB	奇数フィールド，または偶数フィールドのいずれかを使用するが未使用のフィールドは補完して画像を生成する	・激しい動きの映像は高画質	・静止画では情報が欠落
動き適用形	動き検出を適用することでWEAVEとBOBの長所を組み合わせた方式	・静止画，動画ともにきれいな映像	・機能の実装は非常に複雑 ・大きなメモリ容量と処理性能が必要

以降の説明では，例としてインターレース方式で取り込まれる映像をいったんフレーム・バッファに蓄積し，CPUやFPGAなどでフレーム・バッファ上の映像情報を合成するという方法を想定しています．表示時間の遅延などは考慮していません．

● 低速マイコンでもできる…リプリケート方式（フィールド複製方式）

インターレース方式では，奇数と偶数の二つのフィールド映像が交互に送られてきます．これを1枚のプログレッシブ映像として作る場合に，一番単純な方法としてリプリケート方式（フィールド複製方式）があげられます．

この方式は奇数か偶数のいずれかのフィールドから映像を作る方法です．例えば奇数フィールド（1, 3, 5, 7…などの奇数ライン）の画素情報をフレーム・バッファに格納するときに，偶数ラインにも奇数フィールドの画素情報を格納します．デインターレースされた映像は，縦方向に2倍の高さを持つ映像になります．

この方法を使えば，QVGAクラスの画素数が少ないカメラ映像であれば比較的低速なマイコン内蔵のビデオ・コントローラや小規模FPGAで簡単に再生装置を作れます．定点での低速な映像取り込みであればデインターレース後の映像もそれほど違和感がありません．

ただし，本来の解像度の半分しか情報を使っていませんので，解像度が高くなると映像は荒くなります．

● 鮮明な映像が得られるが，動きの速い映像は苦手…WEAVE方式（フィールド合成方式）

インターレース方式で送られてくる奇数および偶数フィールドの両方を使って合成する方式です．この方式では送られてきたフィールド情報を全てフレーム・バッファ上に格納します．

このとき，奇数フィールドの画素情報は奇数ラインが格納される番地に，そして偶数フィールドの画素情報は偶数ラインが格納される番地に書き込まれます．そして偶数フィールドの全ての画素情報が記録された時点で，1枚のプログレッシブ映像が完成します．

この方法はカメラなどから送出されるフィールド情報の全てを使って1枚のプログレッシブ映像を作りますので，情報の欠落はありません．静止画の映像であれば，鮮明な映像を表示することができます．

しかし，画面の切り変わりや動きの激しい映像があった場合には，コーミング（図2，櫛形のノイズ）が発生し，映像は荒くなります．

● 動きの速い映像もOK…BOB方式

BOB方式も先に述べたフィールド複製方式と同じように，奇数フィールドと偶数フィールドのいずれか

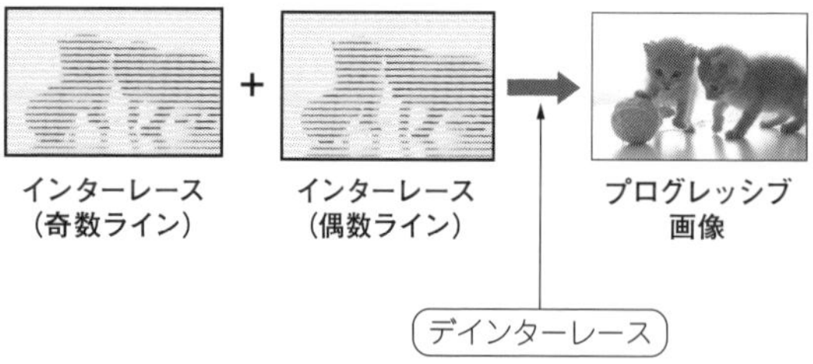

図1 プログレッシブ方式対応ディスプレイではインターレース映像を再生するために変換作業を行う…デインターレース

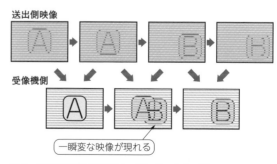

図2 WEAVE方式でのコーミング・イメージ

のフィールド情報を使う方式です．ただし，フィールド複製方式は単純に片方のフィールド情報を複製する方式に対して，BOB方式は未使用である奇数または偶数フィールド側の画素は，使用するフィールド情報から補完して生成するという方式を採用しています．

BOB方式を使ったデインターレース方式の説明として，奇数フレーム（1，3，5，7…）目の映像を奇数フィールドから，そして偶数フレーム（2，4，6，8…）目の映像を偶数フィールドから作成する例を紹介します．

▶ その1：奇数フレームの生成

カメラからは奇数フィールドの映像情報を取り込み，偶数フィールドの映像は破棄します．

このとき，1ライン目と3ライン目の画素情報を記憶しておきます．そして取り込んでおいた1ライン目と3ライン目の画素情報の中で，縦方向（Y方向）の画素を取り出し，2画素の平均値をとって2ライン目の画素を生成します．これを横方向（X方向）全てに対して演算を実施し，2ライン目のフィールド情報を生成します．

同じように，3ライン目と5ライン目の画素情報からは4ライン目，5ライン目と7ライン目からは6ライン目…と，奇数ラインの画素情報から補完された偶数ラインの情報が生成できます．

そして生成された偶数ラインの情報を「偶数フィールドの情報」としてフレーム・バッファに格納します．

奇数フィールドの全てのラインから偶数フィールドを作り，フレーム・バッファに格納したあとは，任意のタイミングで「奇数フレーム」の映像として使用できます．

▶ その2：偶数フレームの生成

カメラからは偶数フィールドの映像情報を取り込み，奇数フィールドの映像は破棄します．

奇数フレーム作成時との違いは，偶数ラインの画素情報から奇数ラインの情報を補完する点です．つまり，2ライン目と4ライン目から3ライン目の画素を，4ライン目と6ライン目から5ライン目の画素を補完して生成するという点に違いがあります．

これら偶数ラインの情報から奇数ラインの画素情報を補完によって生成したのち，この情報は「奇数フィールドの映像」としてフレーム・バッファに格納します．

カメラなどから取り込んだ偶数フィールドの映像と，補完により生成した奇数フィールドの映像情報の両方が取り込まれた後は，「偶数フレームの映像」として使用できます．

なお，この方法では偶数フィールドの映像…つまり2ライン目の画素情報から3ライン目以降の奇数ラインを補完するため，一番先頭の1ライン目映像の作りかたは次の3種類が考えられます．

（1）2ライン目を1ライン目にも複製する
（2）直前の奇数フレームから1ライン目を複製してそのまま利用する
（3）バックグラウンド・カラー（一般的にはRGB＝000の完全黒）と2ライン目から補完する

基本的に奇数または偶数フィールドいずれかの情報を使用して映像を生成するため，情報量は減っています．したがってWEAVE方式と比べると静止画の画質は悪いです．全体的にぼやけた感じになります．

逆に画面の変わり目や動きの激しい映像の場合には，WEAVE方式に対してコーミングが目立たなくなり，自然にみえます．

● WEAVE方式とBOB方式のいいとこ取り…動き適用型デインターレース

WEAVE方式の静止画の表示がきれいであるという利点と，BOB方式の動画の表示が自然であるという利点を取り入れた動き適用型デインターレース方式を紹介します．「モーション・アダプティブ」や「アダプティブ方式」などとも呼ばれます．

例えば，テレビのニュース放送では，ニュース・キャスタやはめ込み映像，サブタイトルは変化しますが，背景はほとんど変化しません．つまり静止画部分と動画部分が明確に分かれています．このような場合，ニュース・キャスタはBOB方式，背景はWEAVE方式を適用したくなります．

動き適用型によるデインターレース方式では，過去と現在のフレーム情報の中で，一部分を取り出して比較をします．比較の結果，比較部分に変化がない情報＝静止した部分であると判断した場合には，その部分だけにWEAVE方式を適用します．変化があった場合には動きのある部分であると判断できますので，そこはBOB方式を適用します．

なお，フレーム間のどの部分を比較するかは，ライン単位で行う場合もありますし，画素単位で行う場合もあります．当然ながら画素単位での比較の方が粒度は細かくなるので，処理は複雑ですが良好な効果が得られます．

また，画素を比較するときにはYUVまたはYCbCr全てを単純に一致/不一致で比較する方法や，Y値（輝度）だけを比較して，±10％などとしきい値を用意して変化量が大きい場合に一致/不一致判定をする方法などがあります．

● 過去と最新の映像を使う…時間適用型デインターレース

さらに，奇数または偶数フィールドごとに時間軸で補完を行う方式もあります（時間適用型デインターレースとも呼ばれる）．これは，過去と最新のフィール

ドから，画素単位で映像を取り出し，過去の画素と最新の画素の平均値により，中間の画素を補完します．そして補完された映像は直前のフィールド情報と結合されて一つの画面が構成されます．

例えば，奇数フィールド番号1と3を保存しておき，偶数フィールド番号2と合成する場合には奇数フィールドの1と3から補完された奇数フィールド1を生成し，偶数フィールド2と結合して「1フレーム目」を作成するという方法です．

フィールド間での動きがあった場合には滑らかに遷移しますので，自然な動画イメージが得られます．

いずれの方法であっても処理はBOBやWEAVE方式と比較すると格段に複雑になります．FPGAやASICでこの方式を実現しようとすると，最低2フレームの映像バッファが必要です．

井倉 将実

137 インテリアやアミューズメントで使われることも
アナログ・オシロで使われていた…ベクタ・スキャン

今ではあまり目にしなくなくなりましたが，その昔，ブラウン管方式のテレビが一般的であったときには，映像を表示する方式について二つの方法がありました．

一つは現在自宅や職場で目にする液晶ディスプレイやプロジェクタで採用されているラスタ・スキャンと呼ばれる方式です．

そしてもう一つは第二次世界大戦中のレーダ装置でも使われていたベクタ・スキャン方式です．

ラスタ・スキャンがディスプレイの走査線ごとに画素の描画をするという方式に対して，直接ブラウン管上に映像を描画する方式を採用したものがベクタ・スキャンです．

前項の図1に紹介した例のように，ラスタ・スキャン方式では，1画面が描画完了するには，1〜525本目までの走査線全部が描画されるまで待たされます．

ベクタ・スキャン方式では図1のようにブラウン管の機能を直接制御（具体的には描画をするため，電子銃に取り付けられた縦/横の偏向コイルに印可する電圧を変化させて電子ビームを制御し管面に描画）する方式をとるため，画面の描画は直ちに実行されます．このため，描画対象の画像を保持するメモリは不要であり，高速な描画に対応できます．

この二つの方式は用途別に長らく共存していたのですが，徐々にラスタ・スキャン方式が勢力を拡大し，いまではほんの一部の用途にベクタ・スキャン方式が利用される程度になりました．

いずれベクタ・スキャン方式を用いた描画方法は，エンターテイメント用途や懐古趣味を除き，失われること（ロスト・テクノロジ）になると考えています．時代はラスタ・スキャン方式を選択したというわけです．

さらに，「画素」という概念がないため，とても滑らかできれいな円弧，矩形が描画できます．そのため，アナログ式オシロスコープや気象/海上/航空レーダ

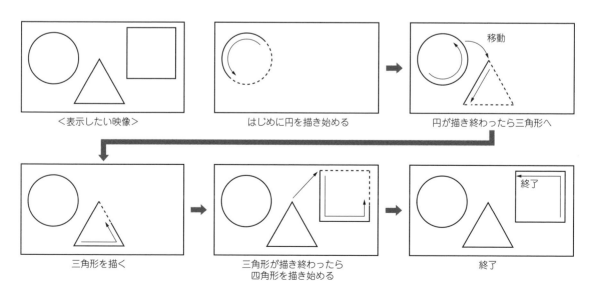

図1　ベクタ・スキャン方式で○△□を描画するイメージ…一筆書きですべての図を描く

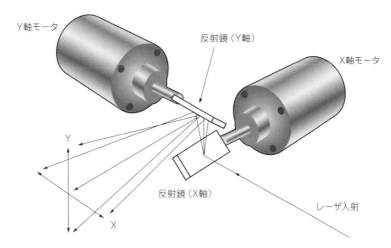

図2[(1)] ベクタ・スキャン方式の応用例：レーザ・プロジェクタのレーザ→ガルバノミラーX/Y→出力（描画）のイメージ

にこの方式が使われていました．

▶ 欠点…残像を残すブラウン管が必要，複雑な図形が描けない

しかし，メモリが不要ということは，それまでに描画していた画像を保持し続けなければならないため，ブラウン管は通常のTVで使うようなものではなく，直前まで描画していた画像を残すための「長残光ブラウン管」が必要でした．また，描画する形状が複雑になったり個数が増えると描画速度が落ちるという欠点もあります．特に面を塗ることには不得意であり，一般的にベクタ・スキャン方式で表示されるのは線分だけで作られた映像であるため，表示される映像の表現力に制限が出るという弊害もありました．

● 現代におけるベクタ・スキャン方式の応用例

液晶ディスプレイやプロジェクタではベクタ・スキャン方式は採用されていませんが，インテリアやアミューズメント用途では，いまだにベクタ・スキャン方式が使われています．

それは，コンサート会場やテレビ収録で演出のために使われるレーザを応用した照明器です．スモークで満たされた部屋にレーザを放ち，空間にいろいろな形状の図形を描画して演出を盛り上げるという装置であり，レーザ・プロジェクタという名前で商品化されています．

この装置は，**図2**のようにブラウン管の機能を制御する代わりに，偏光コイルをミラーに，電子銃をレーザに置き換えて同様な走査を行ったものです．

レーザ・プロジェクタを各家庭に導入するということはまずないとは思いますが，当時の技術が演出向けとはいえ，今でも使われていることを嬉しく思います．

◆ 参考文献 ◆

(1) X-Yスキャナの構成．
http://elm-chan.org/works/vlp/report.html

井倉 将実

第15章 静止画像の評価方法

フォーカス/解像度/色再現性/階調性など

138 評価に必要なもの
マクベス・チャートや解像度チャート，減光フィルムなど

　画像の評価方法には，数多くの種類があります．また，カメラの種類もディジタル・スチル・カメラ（以降，デジカメ），ディジタル・ビデオ・カメラ，報道用カメラ，携帯用カメラと，用途や大きさは多岐にわたっています．

　どのカメラに限らず，カメラを検査するときに重要視されているのは，感度と解像度，ノイズです．それぞれのカメラの画像評価を定量的に行うためには，カメラに適した測定が必要になります．

　本章では携帯電話などに使用されている小型のCMOSイメージ・センサ（以降，CMOSセンサ）搭載カメラで，固定焦点のものを対象に，代表的な検査項目をいくつか述べます．なお，紹介する検査方法は，製造現場における出荷検査に利用することを想定しています．つまりカメラとしてはレンズ付きであり，完成状態の最終チェックになるわけです．数多くある製品の中に，焦点が少し合っていない，ノイズが若干多い，何となく色合いが違うなどといった製品が含まれる可能性があります．それらを検査するためには，簡易な評価方法が必要になります．

　画像評価を行うには，テスト・チャートや照明などを準備しなければなりません．よく使用されるチャートとしては，マクベス・チャート（図1）や解像度チャート（図2）があります．

　照明については，色温度変換フィルタ，ND（Neutral Density）フィルタ，コリメータ・レンズなどを準備する必要があります．色温度変換フィルタには，色温度を高くするブルー系のものや，低くするアンバ系のものがあります．NDフィルタとは，光量を減らすフィルタのことです．コリメータ・レンズとは，収差補正をしたレンズのことです．

〈金田 篤幸/山田 靖之〉

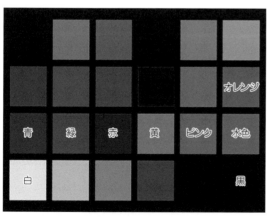

図1　色合いの確認などに利用されるマクベス・チャート

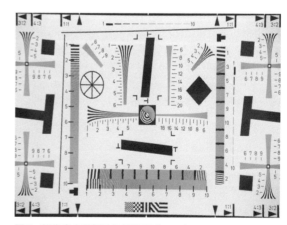

図2　解像度を見極める解像度チャート

139 画像のぼけをなくす フォーカスの評価

ここで紹介する検査項目に使用する画像は，モノクロ8ビットまたはカラー24ビットを対象にしています．

本検査は固定焦点のカメラを対象にしているため，実際に取り付けられているレンズでフォーカスが合っているのかを検査する必要があります．また，レンズが固定されているため，画面上のどこか1カ所だけにフォーカスが合っているのも困ります．このようなカメラのフォーカスを検査するには，フォーカス/解像度チャート（**図1**）を利用します．5カ所，あるいは9カ所の検査領域すべてに「ある程度，焦点が合っている」ことが求められます．

● 測定手順
1. 図1のような解像度チャートを撮像します．
2. 基準となる白，黒の位置を設定します．撮像チャート中央やや下の黒領域と白領域が，基準となる白と黒の指定領域になります．白領域部分の平均値（AvW）および黒領域部分の平均値（AvB）を求めます．
3. 検査領域を設定します．検査領域は四隅および中央のしま模様の五つの領域になります．
4. 検査領域部分の平均値を求め，その値をしきい値として，検査領域部分を黒画素，白画素に分割します．
5. 検査領域部分の黒画素部分の平均（$MAvB$）および白画素部分の平均（$MAvW$）を求めます．
6. 以下の式に代入します．

$$value = (MAvW - MAvB)/(AvW - AvB)$$

7. 判定します．

● フォーカスの評価方法

valueが1に近いほどフォーカスが合っています．検査エリアが複数あるため，どこかのエリアが1に近い値を出力していても，ほかのエリアの値が低い場合もあるので，すべてのエリアが等しい値になる必要があります．

金田 篤幸/山田 靖之

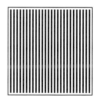

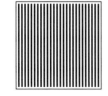
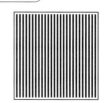

図1 フォーカスや解像度の確認に用いるフォーカス/解像度チャート

140 どこまで細やかに見えるのか
解像度の評価

本来，解像度の検査を行うときの基準となるのは，空間周波数とコントラスト応答の二つです．前者は単位長さ当たりの見えるしま模様の本数，後者は理想的な階調255と現在出力されている階調の割合を確認します．

● コントラスト応答

コントラスト応答は，しま模様の画像を入力したとき，その最小値は0，最大値は255となるはずです．実際出力されて表示するときは，レンズを通したものが出力されることになるので，理想的なレンズが無い限り，例えば最小値10，最大値240になったりします．入力時のコントラスト$InputC$，出力時のコントラストを$OutputC$としたとき，コントラスト応答$CAns$は，

$$InputC = 255 - 0 = 255$$
$$OutputC = 240 - 10 = 230$$
$$CAns = 230/255 \fallingdotseq 0.9$$

のように表せます．焦点が合っていない場合は，このコントラスト応答が悪くなります．

● 空間周波数

空間周波数とは，縦じま模様が単位サイズ間に何本見えるかで表され，単位は「本」です．例えば図1のように，1mm間に4本の黒線が等間隔に並んでいる場合は4本/mm，8本並んでいる場合は8本/mmで表されます．

図1(a)，(b)はそれぞれ，カメラから入力された画像と考えます．このときレンズから出力される画像は，フォーカスが合っていないときは，図2のようにぼやけてくるはずです．このときの空間周波数とコントラスト応答の関係をグラフにしたのが，レンズ性能評価でよく用いられるMTF特性です．そのグラフを図3に示します．一般的に空間周波数が高いほどコントラスト応答は悪くなります．

● オート・フォーカス機能

現在のカメラには大抵，オート・フォーカス機能が付いています．その仕組みは大きく分けてアクティブ方式とパッシブ方式に分類されます．アクティブ方式はカメラ側から赤外線などを出し，その反射を利用して被写体からの距離を算出します．そして，算出した値に応じてレンズを動かします．

パッシブ方式はデジカメなどに多く使われており，コントラスト検出方式や位相差方式などがあります．コントラスト検出方式は，本検査のようにコントラストが最大になるようにレンズを動かします．

位相差方式は1眼レフ・カメラなどに使用されることが多く，そのようなカメラの中にはAFセンサ・モジュールが搭載されており，そのモジュールで現在のピントのずれ量，ずれ方向を測ります．またハイブリッドAFのように，アクティブ方式とパッシブ方式をあわせたようなオート・フォーカス機能もあります．

金田 篤幸/山田 靖之

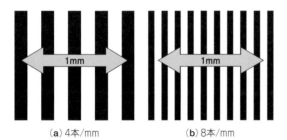

図1　1mmの間隔にどれだけ縦線を表現できるかで空間周波数を確認できる

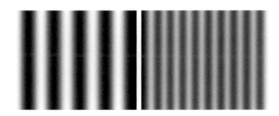

図2　空間周波数の確認例

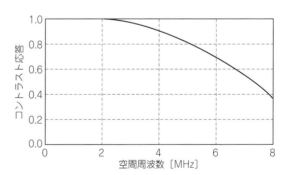

図3　空間周波数とコントラスト応答の関係を示すMTF（Modulation Transfer Function）グラフ

141 オリジナルに近いか
色再現性の評価

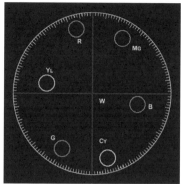

図1 色再現性を数値で示すことのできるベクトル・スコープの画面

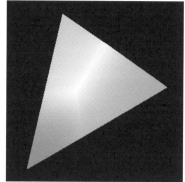

図2 色空間を利用して色再現性を表すCIExyモデル

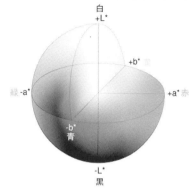

図3 色空間を利用して色再現性を表すLabモデル

色再現性検査とは，オリジナルの色（ここでは入力された画像の色）が，出力されたときに再現できているかを検査するものです．検査にはベクトル・スコープ（図1）を使用することがほとんどです．ベクトル・スコープとは，以下のように彩度と色相を使用したモデルによって表されます．

ベクトル・スコープ以外のツール（色空間）を使って，色再現性の検査を行う場合もあります．CIExyモデル（図2），Labモデル（図3）の二つです．

● 測定方法
1. カラー・チャートを撮像します．カラー・チャートには，冒頭で紹介したマクベス・チャートや，カラー・バー・チャートなどがあります．ここではマクベス・チャートを使用します．
2. 検査領域を図4のように設定します．設定する範囲は，一般的には青，緑，赤，黄色，マゼンダ，シアン，白の7カ所です．
3. 設定した範囲内の，それぞれのモデルに適した値を取得します．
4. 取得した値が決められた範囲内にあるかどうかの確認をします．

● 評価方法
ベクトル・スコープ上の角度が色相を，大きさが彩度を示します．例えば赤色の色相ずれが10°以内，彩度のずれが10%以内と定めます．

カラー・チャートをカメラで撮像したとき，照明条件，カラー・バー・チャートの状態など，さまざまな条件が整っていれば，ベクトル・スコープ，CIExy，Labのそれぞれの数値は決められた範囲の中に入ります．

色再現性は使用する画像入出力機器によって異なります．コンピュータの場合はRGB，HISなどの色空間，印刷・プリンタではCMYKが使用されることがほとんどです．

このように使用するデバイス間でやり取りされる色情報を忠実に再現するためには，XYZ，Labなどといったデバイスに依存しない色空間が必要になります．

色再現性を検査するときには，照明の色温度，均一性を一定に保つことやカラー・バー・チャート自身の色の褪色が無いかのチェックなど，十分な注意が必要になります．

上記に挙げた色空間以外にも，さまざまな色空間が存在しますが，どの色空間を使用するのが一番良いかを決めるのは，見る環境，心理的なものなど複雑な要因が絡むため，難しいものがあります．

金田 篤幸/山田 靖之

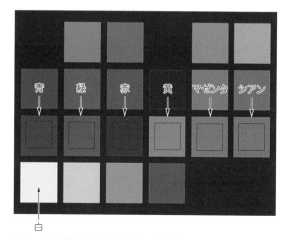

図4 色再現性を測定する際に利用するマクベス・チャート

142 なめらかな画像を表現できるか
階調性の評価

階調性を簡単に説明すると，滑らかな画像が表現できるかということになります．段階的に変化する濃度ステップによって階調性能のリニアリティを評価します．階調性検査で使用するのはグレー・スケール・チャート（**図1**）です．

● 測定方法

1. グレー・スケール・チャートを撮像します．
2. 検査領域および基準輝度領域を**図2**のようにそれぞれ設定します．基準輝度領域はチャート中央の白部分，また基準輝度領域を挟んで上段は左から，下段は右からそれぞれ順番に検査領域を設定します．
3. 各領域内の平均輝度を取得します．
4. 得られた平均輝度が小→大（黒から白），または大→小（白から黒）の順に並んでおり，かつ隣接領域間の差にリニアリティ（直線性）があるか，または決められた曲線に近いものかどうかを測定します．検査領域nの平均輝度を$AveY(n)$，基準輝度領域の平均輝度を$AveSY$，階調性を$GS(n)$とすると，$GS(n)$は，

$$GS(n) = \left(1 - \frac{Ave(n)}{AveSY}\right) \times 100$$

と表現できます．

● 評価方法

次の関係が成り立つことを確認します．
$GS(0) < GS(1) < \cdots\cdots\cdots < GS(k) < GS(k+1) < \cdots\cdots\cdots < GS(n-1) < GS(n)$

$GS(n)$ごとに基準値が設けてあり，すべての$GS(n)$がそれぞれの基準値内に入っていれば，直線性または決められた曲線に近いものと判断します．

階調性に限らず，ディスプレイに表示される画像は，ディスプレイの表示特性の影響を受けます．少し前まではモニタといえばCRTで，それに合ったガンマ補正を行っていました．現在は液晶やプラズマなどのモニタが存在するため，それらに合ったガンマ補正が必要になります．

金田 篤幸／山田 靖之

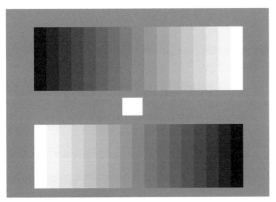

図1 階調性の確認に用いるグレー・スケール・チャート

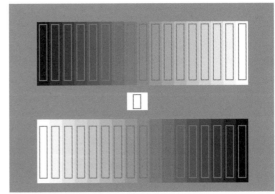

図2 階調性確認の際，グレー・スケール・チャート上で取得するデータの範囲

143 画質の良し悪しに影響する ノイズの評価

画質が良いか悪いか，ノイズがあるかないかは，見る人の主観によります．その判断をする人間の目や感覚にはばらつきがあり，また，微妙な違いは見た目だけでは分かりにくいものです．そこで使用する評価値にSNR，$PSNR$を使用します．$PSNR$（Peak Signal-to-Noise Ratio）は画像圧縮などの分野で用います．理想画像に対して取得した画像がどの程度劣化しているかを客観的に評価します．

本検査では$PSNR$の考え方に沿って，ノイズの測定には下記の式を用います．次式の値$value2$が高いほうが，元の画像に対してノイズが少ないことになります．

1. 専用チャート（白チャート）を撮像します．
2. 検査領域は画像全体とします．
3. 以下の計算を行います．信号対雑音比$value2$［dB］は，

$$value1 = \frac{\sum_{x=0}^{N-1}\sum_{y=0}^{M-1}(\Delta R^2 + \Delta G^2 + \Delta B^2)}{3 \times M \times N}$$

$$value2 = 20\log_{10}\left(\frac{Fvalue}{value1}\right)$$

ただし，画像サイズ：$M \times N$，$FvalueR$：表示された画像の赤成分平均画素値または最大画素値，$FvalueG$：表示された画像の緑成分平均画素値または最大画素値，$FvalueB$：表示された画像の青成分平均画素値または最大画素値，$Fvalue$：$FvalueR$ $FvalueG$ $FvalueB$ の平均または最大値，$Gr(x, y)$：表示された画像の座標(x, y)での画素値赤成分，$Gg(x, y)$：表示された画像の座標(x, y)での画素値緑成分，$Gb(x, y)$：表示された画像の座標(x, y)での画素値青成分，$\Delta R(x, y) = Gr(x, y) - FvalueR$，$\Delta G(x, y) = Gg(x, y) - FvalueG$，$\Delta B(x, y) = Gb(x, y) - FvalueB$とする．

● 評価方法

評価結果はdB（デシベル）で表され評価する2枚の画像間で劣化が全くない場合は無限大，劣化がひどくなるにつれ0dBに近づきます．目安として30dBを下回ると劣化が目につきやすくなると言われています．

必要に応じて輝度値を使用したり，複数枚で評価する場合もあります．本式の意味は入力画像と，出力画像に混入したノイズとの比率を求めることを意味しています．入力画像は白チャートを使っているため，すべての画素値は255になります．出力画像はレンズを通した画像になるため，すべての画素値が255というわけにはいきません．上式で$FvalueR$，$FvalueG$，$FvalueB$，$Fvalue$すべてに理論上の最大画素値255の値を使用した場合，本来の$PSNR$と同じ意味になります．平均値を使用した場合は，現在表示されている画像のノイズ具合を見るという意味合いになります．

金田 篤幸／山田 靖之

144 レンズのゆがみなどを検出できる ディストーションの評価

ディストーションは格子が描かれているディストーション・チャート（**図1**）を使用します．ディストーション用のチャートとしては，ドット模様のもの，チェス板のようなものもあります．

理想的なレンズが存在すれば，レンズを通過した直線光は屈折することなく，常に直線光です．実際にはそのようなレンズは存在しないに等しく，大なり小なりディストーションは起こるものと考えられます．ディストーションには，たる型，糸巻き型の二つがあります（**図2**）．また，この二つに属さない複雑なディストーションもあります．この検査では，たる型と糸巻き型の検査を行います．

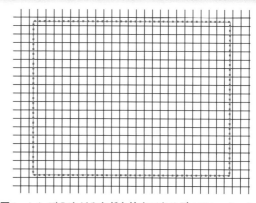

図1　レンズのゆがみなどを検出できるディストーション・チャート

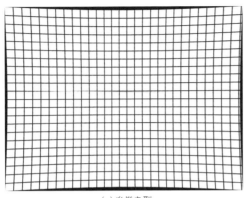
(a) 糸巻き型

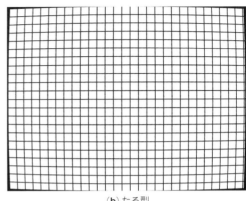
(b) たる型

図2 ディストーション・チャートでゆがみを検出したときの例

● 測定方法
1. ディストーション・チャートを撮像します．
2. 検査領域を図1中の破線ラインのように設定します．
3. 検査領域内の格子点を求めます．
4. 格子点の位置から画像のひずみ具合を測定します．
　　レンズのひずみを受けた画像上の格子点座標をu'，v'とすると，

$$u' = u + (u - u_0)(k_1 \times r^2 + k_2 \times r^4)$$
$$v' = v + (v - v_0)(k_1 \times r^2 + k_2 \times r^4)$$

ただし，uとv：理想的な画像上の格子点座標（前もって調べておく必要がある），u_0とv_0：画像中心（理想的な画像とひずみを受けた画像の中心は同じと考える），k_1とk_2：レンズひずみ係数，$r^2 = (u - u_0)^2 + (v - v_0)^2$とする．

つまり，理想的な画像を上式を用いて変換すると，実際に取り込んだ画像に変換できるということになります．このときの変換係数k_1，k_2を求めることによって，そのひずみ具合が分かります．

● 評価方法
　理想的なレンズにおいては，ひずみ係数であるk_1とk_2は0になります．それ以外のレンズでは，k_1とk_2が0に近いほどひずみが少ないレンズとなります．

金田 篤幸/山田 靖之

145 シェーディングの評価
出力画像に見られる広範囲にわたる明暗のひずみ

　光学系やCMOSセンサの性能による，出力画像に見られる広範囲にわたる明暗のひずみをシェーディングといいます．シェーディングには画像周辺部分の濃淡レベルの低下や，濃淡レベルが全画面的に均一でないものがあります．本検査で対象とするのは周辺部分のレベル低下です．これには水平方向シェーディングと垂直方向シェーディングがあります．

● 測定方法
1. 専用チャート（白チャート）を撮像します．
2. 画像上でどこのライン（縦または横）に注目するか設定します．
3. ウェーブ・モニタ（図1）上では，輝度値は緩やかな放物線になるはずなので，その画像中央部分と画面両端からx％までの部分の差が決められた範囲内に収まっていることを確認します．
　白チャートなどの単一色のチャートを撮像し，とある1ライン上での画素値のようすをモニタリングすると，図2のようになっています．周辺部分の輝度値は，中心部分の輝度値に比べると若干落ち込んできます．
　光軸ずれとも関係してきますが，輝度値が最大となるのは普通，画像中心（＝センサ中心）です．光軸がずれていると最大点がずれて，結果として左右どちらかの周辺部分の落ち込みがひどくなったり，図1のような放物線になりません．

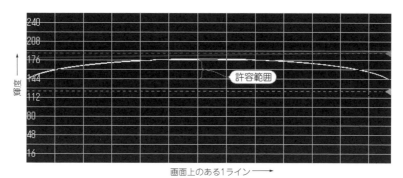

図1　シェーディングの検査に用いるウェーブ・モニタの画面

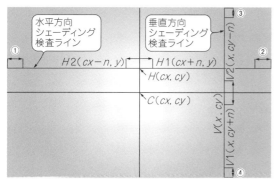

図2　シェーディングの計算に用いる各種パラメータの関係

● 評価方法

シェーディングの検査では，図2に示す①，②，③，④それぞれの区間上の全座標において，次式が満たされることを確認します．

▶水平方向

$CYH \times P < LY(x)$
$CYH \times P < RY(x)$

▶垂直方向

$CYV \times P < TY(x)$
$CYV \times P < BY(x)$

ただし，画像サイズ：$M \times N$ 画素，$C(cx, cy)$：画像中心座標，$H(cx, y)$：水平方向検査ライン（$0 \leq y \leq N-1$），$V(x, cy)$：垂直方向検査ライン（$0 \leq x \leq M-1$），CYH：水平方向検査ライン $H(cx, y)$ 上の中心部分の近傍（$H_2 \sim H_1$ 間）の輝度平均，CYV：垂直方向検査ライン $V(x, cy)$ 上の中心部分の近傍（$V_2 \sim V_1$ 間）の輝度平均，$LY(x)$：図2の①区間上の座標 x における輝度値，$RY(x)$：図2の②区間上の座標 x における輝度値，$TY(y)$：図2の③区間上の座標 y における輝度値，$BY(y)$：図2の④区間上の座標 y における輝度値，P：図1中に示した許容範囲［中心部分の近傍の輝度平均から下回る割合（0～1の間の値）］とする．

なお，本検査ではフレアなどのひずみには対応していません．

金田 篤幸／山田 靖之

146 白を白に見せるための機能
ホワイト・バランスの評価

ホワイト・バランスとは，簡単に言うと「白を白く見せる」ための機能です．人間の目は，太陽光の下でも蛍光灯の下でも白い被写体は白く見えます．しかしカメラでは，ホワイト・バランス機能を使用しない状態で，白チャートなど白いものを太陽光の下で撮像した場合と，蛍光灯の下で撮像した場合とでは，明らかな差異を見ることができ，光源に強く依存していることが分かります．この違いを自動的に補正するのがオートホワイト・バランス機能です．

● 測定方法

1. 白チャートを撮像します．
2. 検査領域を設定します．
3. 色温度ごとにそのとき出力される画像の各色成分（RGB）のヒストグラムを取得します．
4. 得られた各ヒストグラムの相関係数 ρ を計算します．

$$\rho = \{1/255 \times \Sigma (X(i) - A_X) \times (Y(i) - A_Y)\} / C_X \times C_Y$$

ただし，A_X：X 方向の平均値，A_Y：Y 方向の平均値，

C_X：X方向の分散，C_Y：Y方向の分散，$X(i)$および$Y(i)$：iを画像の階調値（8ビット画像なら0〜255）としたとき，その階調値が画像内にいくつ存在するか，その個数とする．

5. 得られた相関係数で判定を行います．

● 評価方法

　本検査は，カメラに備わっているオートホワイト・バランス機能が正常に働いているかどうかを検査します．色温度は色温度変換フィルタを使用することによって，その値を検査にあわせて変更します．通常，カメラ側はさまざまなシーンに応じたホワイト・バランスの設定を持っており，ホワイト・バランス機能が正常に働いている場合はR，G，Bそれぞれのヒストグラムがほぼ同じグラフを表します．

　もし，赤みが強く出るような画像であった場合は，明らかにRのヒストグラムの分布がほかのものとは違ってくるはずです．R，G，Bそれぞれのヒストグラムをとり，それらの相関係数を求めることにより，ホワイト・バランス機能が正常に働いているかを検査します．

金田 篤幸／山田 靖之

147 レンズとイメージ・センサの中心のずれがわかる
光軸ずれの評価

　光軸とは，レンズの中心を通る線のことです．基本的にカメラはレンズの光軸が画面の中心を垂直に交差するように設計されています．光軸ずれ検査とは，カメラ（センサ）中心と光学中心に大きなずれが無いかを見るための検査です．

● 測定方法

1. 白チャートを撮像します．
2. 水平ライン，垂直ラインそれぞれ1ラインごとの平均値をとります．
3. 得られた平均値の中から最大値を求めます．
4. 最大値が得られた位置を光軸中心とみなし，画像中心との差異を求めます．

● 評価方法

　光軸中心とカメラ（センサ）中心にずれが無い状態の場合は，それぞれの中心はほぼ同じ位置にきます．カメラ（センサ）の取り付け位置がずれていたり，レンズの取り付けがおかしかったりすると，中心同士にずれが生じるはずです．

金田 篤幸／山田 靖之

148 周りに比べて明るい部分や暗い部分がわかる
しみの評価

　しみ検出は，画像処理を行うにあたって最も困難な処理の一つです．本検査ではある程度の大きさを持った塊状または帯状のしみを対象とします．

　しみに厳密な定義があるわけではないのですが，本検査では「撮像画面に現れるある領域が，ほかの領域と輝度差がある状態で，周りに比べて若干明るい部分や暗い部分がある状態」をしみとします．

● 測定方法

1. 白チャートを撮像します．
2. 得られた画像にフィルタ処理を施します．
3. フィルタ処理後の画像からしみ部分を検出します．
　フィルタ処理とは，「画像上任意の画素の新しい階調値を，その近傍の画素の階調値から決定する局所演算をすべての画素に対して行うことによって，画像全体のぼかしや強調などの画像処理を実行する変換処理のこと」をいいます．簡単に言い換えると，「ある画像から別な画像を作りだす作業（画像変換）」を意味します．例えば平滑化，鮮鋭化，メディアンなどがあります．

● 評価方法

　まずはしみ検出に用いられるフィルタについて簡単に説明します．測定方法2のフィルタ処理には，トップハット変換またはボトムハット変換を用います．通常，しみやむらなどの数値化は難しく，また，目視で行った場合は個人の主観に依存します．上記変換を用いることによって，しみと思われる部分を際立たせることができます．本処理ででてくるしみと思われる個所を候補として，3で最終的な判定を行います．

▶ トップハット変換

　トップハット変換は，黒の背景に白く写り込んでいるものを抽出するために使われます．トップハット変換の処理は以下のように行われます．

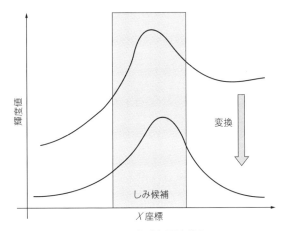

図1 しみを検出するために輝度勾配を整える

- 元画像の開放画像を計算します(オープニング).
- 開放画像を元画像から引き算します.

オープニング処理については,専門書などを参照してください.

▶ ボトムハット変換

ボトムハット変換は白の背景に黒く写り込んでいるものを抽出するために使われます.ボトムハット変換の処理は以下のように行われます.

・元画像の閉鎖画像を計算します(クロージング).
・元画像を閉鎖画像から引き算します.

クロージング処理については,専門書などを参照してください.

上記二つの変換において,構造化要素を使用し,変換処理を実行します.構造化要素とは,画像変換処理を行うための変換関数のことで,元画像をこの変換関数で変換し,新たな画像を得るということになります.変換関数の作り方によって元画像上にある特徴を消失させたり,残したりできます.

図1の上側ラインは,元画像のあるライン上での断面の輝度のようすを表します.盛り上がった部分にしみ候補があるとします.このときこの盛り上がりを保存したまま図1の下側ラインに変換します.

測定方法の3では,2で出力される画像のしみ候補に対して,その面積や輝度こう配などの特徴量を用いて判定を行います.

*　　*　　*

カメラの主な検査項目について述べました.これまでに紹介した検査項目以外にも,均一性検査,アンチフリッカ機能検査,ビット落ち検査,白きず黒きず検査,画角測定検査などの検査項目があります.

現在の小型CMOSセンサ搭載カメラは,画素数も多く,機能的にもオート・フォーカス,自動手ぶれ補正,顔認識など,かなり多機能なものになっています.しかしカメラがどんなに多機能になったとしても,カメラとしての基本性能を評価する指標に変更があるわけではありません.そのような理由から,筆者の属する会社(5)では,なるべく簡易に扱え,かつ短時間で処理できる手法として,本文で挙げた手法を装置化し,検査で使用しています.これらは唯一の方法というわけではありませんが,数多く出荷される製品の検査をするにあたり,最低限必要なものがそろっています.

◆ 参考文献 ◆

(1) 高木 幹雄/下田 陽久;新編 画像解析ハンドブック,東京大学出版会,2004年9月.
(2) 大田 登;色彩工学,東京電機大学出版局,2001年9月.
(3) 高橋 友刀;レンズ設計,東海大学出版会,1994年4月.
(4) 富士フィルム(株)のウェブ・ページ.
http://fujifilm.co.jp/
(5) Imaging Manager,(株)マイクロビジョン.
http://www.mvision.co.jp/
(6) MatLab,サイバネットシステム(株).
http://www.cybernet.co.jp/matlab/
(7) Mathematica,Wolfram Research,Inc.
http://www.wolfram.co.jp/

金田 篤幸/山田 靖之

第16章 動画像の評価方法

生じうるノイズのパターンを知っておくと楽

149 ブロック・ノイズやモスキート・ノイズ
ディジタル動画像特有のノイズと発生理由

デジタル放送やIPTVなどのように，帯域の限られた伝送路に動画像を送出する場合，MPEGやH.264などの不可逆圧縮技術を利用して映像データの伝送量を削減しているため，削減されるデータ量に応じて画質が低下します．

● 速い動きの画像のとき量子化スケール値が大きくなる

ストリームのデータ量が増える要因として，動き予測可能な範囲を超えるような動きの速い映像は，時間的冗長性を除去することが期待できないことが挙げられます．この場合，動き予測できない映像データは離散コサイン変換によりマクロブロック単位に画像データ生成するため，ストリームのデータ量が増えてしまうことになります．ところが，ストリームのデータ量は伝送路のビット・レートで制限されるため，エンコーダは量子化スケールの値を大きくしてデータ量を削減する操作を行います．この際に空間周波数が制限されるため，ブロック・ノイズやブラー，モスキート・ノイズなどの圧縮映像に特有な画像劣化を引き起こすことになります．

● ブロック・ノイズ

写真1にブロック・ノイズが多発した画像を示します．ブロック・ノイズはブロックまたはマクロ・ブロックと呼ばれる8×8または16×16画素単位で空間周波数が抑制されるため，アナログ映像の周波数特性が低下して画面全体がぼやけるのではなく，これらの画素単位と同じブロック状のノイズとして現れます．しかし，これらは，エンコーダで生成・制御されたストリームであるため，ブロック・ノイズにより画質は劣化していますが，ストリームに障害があるわけではありません．

● モスキート・ノイズ

モスキート・ノイズはデジタル圧縮画像における映像劣化現象の特徴として知られています．これは輪郭部分などにに蚊の大群がまとわりついているように見える現象で，動きの激しいシーンなどの映像において，十分なビット・レートが割り当てられない状態で発生することがあります（写真2）．

〈加藤 芳明〉

写真1 ブロック・ノイズが多発した画像
8×8または16×16画素のブロックが見える

写真2 モスキート・ノイズが発生している画像例
輪郭部に蚊の大群がまとわり付いているように見える

Column・1　受信障害時に起こりうるデータ欠落の例

　伝送路において受信障害などの影響を受けた場合，デコードした映像データも同じように劣化の影響を受けます．圧縮映像の場合，アナログや非圧縮映像の劣化と異なり，データが欠落した部分の映像データが失われるだけでなく，動き予測によって，エンコード時に参照されている前後にフレーム関係する部分も同じように影響を受けることがあります．

　写真Aにデータが欠落した映像の例を示します．この映像は伝送路において，ストリーム・データの一部が欠落した状態です．

　　　　　　　　　　　　　　　　　加藤　芳明

写真A　データが欠落したときの画像

150　主観評価と客観評価
基準画像とテスト画像を眼や機械で比べる

● 人による主観評価

　画質評価法の国際基準といえるのが，ITU-R BT.500で規定されるDSCQS法，分かりやすくは2重刺激法で，元になる基準画像とテスト対象の評価画像を交互に目視して評価をする方法です．

　この方法は**図1**にあるように，T_1, T_3というタイミングで画像を交互に観察し，その画像のランキングを5段階のメモリの書かれた用紙にマーキングすることで行われます．

　公式には，最低でも15人以上の非専門家を評価者として集める必要があります．モニタの前で評価できる人数も観視条件から3人程度までと制限されます．評価に使うテスト画像も一つだけでは圧縮特有の劣化の発生具合が確認できませんから，テスト画像の選択についても「クリティカルではあるけれども，極端ではない」という素材を複数用意する必要があります．そのため，大変な工数と時間を必要とします．

　さらに，こうして得られた評価値は人間の作業結果ですから，同じものを再現できません．

● 装置による客観評価

　客観的評価法は元の画像からテスト画像がどれだけ変化しているのかをピクセル単位で差分測定します．

　客観評価を行った測定例を**写真1**，**写真2**に示します．**写真2**(a)のリファレンス画像とテスト画像の差分を測定しただけの差分マップを見ると，ジョギングしている女性に劣化が大きくあることが分かります．

　これに対してHVS（Human Vision System）モデルによる演算を行うことで，人間が知覚する画像の劣化部分をより明るく表示させているのが，**写真2**(b)の知覚差分マップです．こちらは，先ほどの女性はほとんど黒くなっていますから，ほとんど劣化を知覚できないという結果になっています．逆に背景の木々の部分（四角マーク部分）は劣化が大きいという表示にな

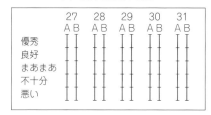

(a) 品質と悪化の程度

5段階評価	
品質	悪化の程度
5　優秀	5　気づかない
4　良好	4　知覚できるがいやではない
3　まあまあ	3　少しうっとうしい
2　不十分	2　いらいらする
1　悪い	1　とてもいらいらする

(b) シーンに応じて程度を記入

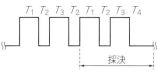

T_1 =	10s	テスト・シーケンスA
T_2 =	3s	ビデオ・レベルで200mV程度のグレー画
T_3 =	10s	テスト・シーケンスB
T_4 = 5〜11s		グレー画

(c) テスト・シーケンス

図1[(1)]　主観評価の方法（ITU-R BT.500-12より）

(a) リファレンス画像　　　　　　　　　　　　　　　　(b) テスト画像

写真1　客観評価に用いた画像［(a)と(b)とを比較する］
写真1および写真2の解析にはビデオ・クオリティ解析ソフトウェアVQS1000（テクトロニクス）を利用

 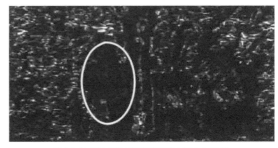

(a) 機械が認識する写真1(a)と(b)との差分（単なる差分）　　　(b)(a)に人間の視覚の調整を加えた結果

写真2　客観評価の結果例
このように人間の知覚に合わせた劣化表示が可能

っています．

　この知覚差分マップから，最終的に主観評価法をシミュレーションするDMOS値（Differential Mean Opinion Score）あるいはPQR値（Picture Quality Rating）を得ることができます．このDMOS値は，主観評価法と同じく画質評価のテストを実施する前の準備段階で提示するワースト・ケース・トレーニング（これが今から評価をする画像シーケンスの中で最も劣化が大きいと思われる素材）の測定結果からの相対測定をできますので，幅広いアプリケーションに対応できます．
　コーデックの設計，ビデオ機器の開発における画質評価，あるいは放送局の機器，システムの選別および適正評価，そしてコンテンツ制作時の画質劣化の評価と改良といったようなアプリケーションで使われています．

◆ **引用文献** ◆

(1) ITU-R quality and impairment scales, ITU-R BT500-12, International Telecommunication Union Radiocommunications Sector.

塚田 雄二

151　VHSビデオやちょっと前の監視カメラで使われている
アナログ画像特有のノイズと発生理由

● 垂直方向や斜め方向に出るビート

　画面に出る縞模様をビートと呼びます（図1）．斜めビートが止まって見える場合は，水平，垂直どちらにも同期しています．また，縦ビートが止まっている場合は，少なくとも水平には同期しています．これらの場合，妨害信号は映像同期信号から作られたと考えて良いでしょう．
　非同期のビートは，スイッチング電源やDC-DCコンバータなどの電源系がらみ，同期ノイズはビデオ系内部の基準周波数やクロックがらみと考えます．

● 色むら

　飽和度むらは黒ずんだ粒状に見え，色相むらは色のついた帯のように出ます．SN比の劣化によるものは，細かなスノー・ノイズ状であり，外来雑音によるものは粗く不規則でパルス状です．

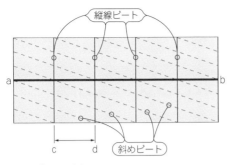

図1 ビートの例

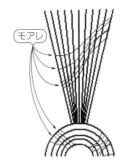

図2 モアレの例

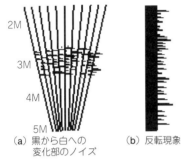

(a) 黒から白への変化部のノイズ　(b) 反転現象

図3 FM伝送系に見られるノイズ

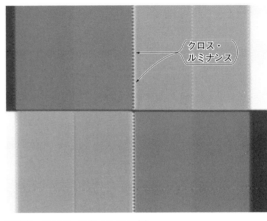

写真1 クロス・ルミナンスの例

● モアレ

図2のように，間隔の狭い縦線にクモの巣のようなモヤモヤしたノイズが入ることがあります．これをモアレといいます．縦線に限らず，同心円などでも起こります．また，画像の輪郭の後に出ることもあります．

原因は空間周波数の折り返しや，ビデオ帯域の境界でのスペクトルの折り返しです．サンプリング周波数の選び方，フィルタの帯域などを見直す必要があります．

● 画面の特定の部分に出るノイズ

図3は，VTRやアナログBSなどFM伝送系に見られるノイズです．図3(a)は，モノスコのくさびの一部に黒いノイズが出ています．くさびの間隔は，周波数に対応するので，その周波数帯域の伝送特性が良くないため，この部分だけにノイズが出ているのです．

図3(b)は，黒から白への変化部分のノイズで，反転現象または破れと呼ばれています．エンファシスのかかった高域エッジ部分が十分に伝送されないため，ノイズになったものです．

● フリッカ

フリッカは，画面の全体，または一部がちらちらしたり，ストロボ効果のように見えることです．例えば，ビデオ信号のサグが大→同期分離回路が誤動作→クランプ回路が誤動作→フリッカ発生のような例があります．

● クロス・カラーとクロス・ルミナンス

クロス・カラーは，無色の被写体に色が付くカラー・ノイズで，例えば白黒の斜めストライプのネクタイが虹色に見えることです．

これと混同されやすいものが，クロス・ルミナンスです．クロス・ルミナンスは，カラー信号が輝度信号に妨害として入るもので，ドット状の構造をしていて，輝度（白黒）ノイズです．**写真1**の色が変わる部分に白黒のドットが見えますが，これがクロス・ルミナンスです．

漆谷 正義

第17章 自動計測装置マシン・ビジョンにおける画作り

センサ/ボード/伝送/照明/レンズのくふう

152 人は物体認識に優れ，機械は精密計測に優れる
人間と装置のとらえかたの違い

　最高の画像処理デバイスは何か，と聞かれたら，多くの方が「人間の目と脳」と答えるのではないでしょうか．数万年の昔から，人は，人間の目と脳を目標に技術革新を進めてきました．そして，トータルの性能ではまだ追い付かないものの，部分的には人間の能力を確実に上回る画像処理機器が開発され，われわれの生活に役立っています．

　たとえば，人間の脳は，基本的に揮発性で経年劣化が激しく，映像情報の記憶装置としてはあまりに頼りないため，情報を絵として保存・伝達する技術が3万年以上前に生まれました．この画像の保存・伝達技術は，活版印刷の時代を経て，カメラによるディジタル・データを大容量メモリ・デバイスに保存し，ネットワークを介して一瞬で世界中に伝達される形に結実しました．

　また，人間の目と脳は空間上の物体を認識する能力に長けており，たとえばパイプが転がっているとき，人間は「そこにパイプがある」と認識できますが，そのパイプの口の径は12.5mmで，手を283.0mm伸ばせばつかむことができる，といった判定は困難です（**図1**）．一方，現在の画像処理技術は，このような精密計測を可能にしています．

　本章では，画像処理の活用事例を紹介し，それを実現するための機器構成について，技術の進歩を交えながら紹介します．

〈島 輝行〉

図1　人間による認識と画像処理による計測

153 車体の周辺監視など便利機能がたくさん
デジカメや車載カメラの画像処理

● **デジタル・カメラによる顔検出**

デジタル・カメラで撮影した画像をフォトレタッチ・ソフトウェアで色調補正するなど，近年では私達が画像処理機能に触れる機会が多いと思います．ここでは身近な画像処理機能の一例として，デジタル・カメラの顔検出機能について説明します．

2007年ごろから，デジタル・カメラに顔検出機能が搭載されるのが一般的になってきました．顔領域を検出し，顔のコントラストが明瞭となるようにピントや露光を自動調整するという機能です．手軽に奇麗なポートレートを撮りたい場合に有効な機能です．

顔の検出は，取り込まれた画像に対してある大きさの領域で走査を行い，あらかじめデータベースに登録されている顔などのデータとのマッチングをする方法が主流です．ほかにも肌色検出や顔の構造/特徴を利用する方法があります．

マッチングの手法で広く用いられているのは，主に目，口などの特徴を用いて顔のパーツを抽出し，その配置を考慮して顔を検出する方法です．顔のパーツは図1に示すような白と黒の矩形で代表される明暗差を持っています．たとえば目は頬よりも暗く，口は顎よりも暗い，といった特徴があります．この特徴から画面上に存在する顔を検出します．

現在では，個人の識別や表情（笑顔）検出，多人数の顔検出，さらにはペット（犬，猫）の顔検出など，多様な機能が登場しています．犬や猫の顔検出も，人間の顔検出と原理は同じで，データベースを増やして対応しています．しかし，単純にデータベースを増やしただけでは誤検出も増えるため，各社ともアルゴリズムの最適化を行い，性能の向上に努めています．

● **車載カメラ**

車へのカメラ搭載は，この2～3年で一般的になってきました．運転者には死角となる，自車の後方を監視するバック・モニタ・カメラをよく見かけます．このような周辺監視用車載カメラは，近くを広く見なければならないので，広角レンズで，かつ，コストを下げるためにレンズの構成はシンプルにせざるを得ないので，図2のように画像は大きく歪んでしまいます．

単純な監視用途であればこのように歪んだ画像でも問題ありませんが，最近では，複数のカメラを車体四方に取り付け，あたかも真上から見ているような画像に変換して，運転者をアシストする機能が搭載されているものがあります．縦列駐車が苦手な方には非常に便利な機能です．ここでは，撮映された歪んだ画像に対して，図3のような補正が加えられています．

（1）レンズひずみを補正する

たる型，糸巻き型のレンズ歪みを補正し，空間上の直線が画像上で可能な限り直線に映るようにする．

図1　基本的な顔検出処理と結果

図2　バック・モニタの画像

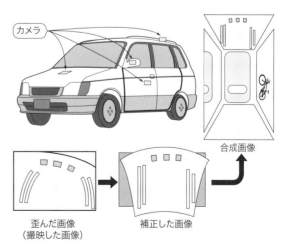

図3　車載カメラによる周辺監視

(2) 視点を変える
　斜め下を見ている画像を，鳥瞰画像に変換する．
(3) 複数のカメラの画像を合成する
　画像を車の周囲に並べた形に合成して描画する．
　また，車載カメラは，白線検知や標識読み取りといった高度なドライブ・アシストに用いられる可能性も秘めています．たとえば2008年には，富士重工業によってステレオ・カメラによる衝突回避システム「EyeSight」が実用化されています（図4）．

(a) EyeSight本体　　　(b) EyeSight動作イメージ

図4　富士重工業（スバル）衝突回避システム「EyeSight」

島 輝行

154 半導体や金属部品の外観検査，医療，印刷，食品に マシン・ビジョンの市場あれこれ

　前節で紹介したように，画像処理技術は身の回りにあふれ，われわれは日々その恩恵にあずかっています．しかし，画像処理が活用される分野は，デジタル・カメラや車載カメラのように民生用で使われるものだけではありません．工場内の生産現場など，一般の方があまり目にすることのない場所でも画像処理技術が活用されています．その適用範囲は，図1のように半導体デバイスや電子部品，機械，自動車，電池，食品などの製造分野，医療，印刷，監視など多岐にわたります．
　このような産業用途の画像処理は，マシン・ビジョンと呼ばれます．マシン・ビジョンには，日常用途の画像処理と比較して，次の点が強く求められます．

- 世界座標系（空間の中での物体の位置を示すための座標系）における計測
- タクト・タイム（工程作業時間）を満たす処理速度
- 製品性能を保証する精度
- 安定性

　要求性能は用途によってさまざまです．たとえば処理時間については，生産性を向上させるためタクト・タイムを少しでも短くする必要があります．画像処理時間が生産のボトル・ネックになることは許されません．
　同じように精度も，製品の不良率を少しでも下げるために，画像処理検査の精度，安定性に対する要求は非常に厳しいものになります．

島 輝行

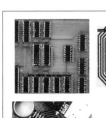

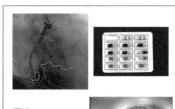

図1　さまざまなマシン・ビジョン市場

155 画像上の濃淡を滑らかにする処理を例に
ディジタル画像処理の基本「平滑化」

ここで，ディジタル画像処理の基本に少しだけ触れておきましょう．

画像データは，画素ごとに明るさ値を持ったデータ配列です．8ビットのモノクロ画像であれば，画素の値が0のとき黒で，255のとき真っ白になります．24ビット・カラー画像であれば，一つの画素に赤（R），緑（G），青（B）それぞれ0～255の値を割り当てて一つの画素を表現します．たとえば，(R, G, B) = (0, 0, 255)であればその画素は鮮やかな青に，(R, G, B) = (255, 255, 0)であれば，鮮やかな黄色になります（図1）．

このようなディジタル画像に対する基本的なフィルタ処理について説明します．

たとえば，画像上の濃淡変動を滑らかにする処理は平滑化と呼ばれ，ノイズの低減を図る場合などに用いられます．すべての濃淡変動を一様に平滑化する方法として，図2のような平均フィルタリングがあります．これは，画像上の各画素の輝度値を，周囲の画素の輝度値の平均値に置き換える処理です．

また，突発的に発生するノイズを選択的に取り除く方法として，図3のような中央値フィルタリングがあります．これは，画像上の各画素の値を，周囲の画素の輝度値を順番に並べた中央の値に置き換える処理です．

島 輝行

図1 カラー画像のデータ構成

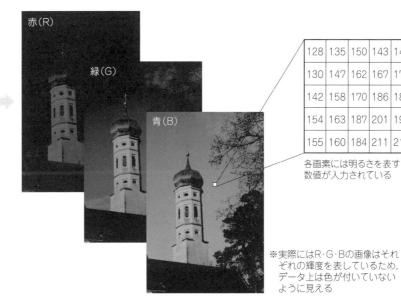

各画素には明るさを表す数値が入力されている

※実際にはR・G・Bの画像はそれぞれの輝度を表しているため，データ上は色が付いていないように見える

図2 平均フィルタリング処理

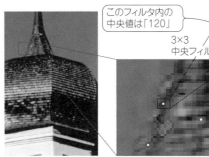

図3 中央値フィルタリングのイメージ

156 半導体の露光装置を例に
マシン・ビジョンを利用した位置決め技術

● ブロブ解析とパターン・マッチングがある

　マシン・ビジョンで非常に大きな比率を占める用途として，位置決め（アライメント）が挙げられます．対象物を撮影し，その画像から対象物の位置を決定する処理です．

　たとえば，半導体製造工程でウェハにパターンを焼き付ける露光装置を考えましょう．図1のようにウェハとマスク（レクチル）の XY 方向の誤差と回転のズレを修正し，基準位置を合わせるような作業が必要となります．このためには，アライメント・マーク（ウェハ上の目印）を精密に検出する画像処理が必要となります．求められる精度はサブ μm レベルであり，画像処理技術もサブピクセル・レベルでの計測が求められます．

　位置決めには，ブロブ解析（図2）やパターン・マッチング（図3）といった画像処理技術が用いられます．

▶ ブロブ解析

　2値化しきい値処理などで抽出した領域の形状から，物体の位置や姿勢の検出を行う技術です．連結している領域ごとに一塊とするラベリング処理を行い，その塊ごとに位置や向き，形状特徴を解析します．処理が非常に高速なので，画像が安定して取得できる環境下では有効な手法です．

▶ パターン・マッチング

　対象物の手がかりとなる輪郭形状をあらかじめモデル・データとして登録しておき，画像上の輝度勾配との比較によって画像上の位置を検出する技術です．基本的には，モデルを1画素ずつ動かしながら，一致度（スコア）を計算し，スコアが高い場所を検出することになります．しかし，単純な位置だけでなく，回転や拡大縮小も考慮に入れてマッチングを行うと，その計算量は膨大なものになります．そのため，処理高速化のためにさまざまな工夫が行われています．

　たとえば，数段階の粗い画像（画像ピラミッド）を準備し，粗い画像でマッチング候補を見つけます．その位置を基準位置として次のレベルでその周辺を再探索する処理を繰り返します．最終的に，最も解像度が高い画像で，モデルと画像のずれが最小になるようサブピクセル・レベルでの位置補正を行います．このような工夫により，高速性と高精度を両立させています．

〈島 輝行〉

（a）1. 原画像
　検査対象画像

（b）2. しきい値処理
　暗い部分のみを抽出

（c）3. ラベリング処理
　離れた領域は別々の領域に

（d）4. 形状解析
　各領域の外接円の半径

図2　ブロブ解析

（a）モデル・データ

（b）パターン・マッチング結果例

図3　パターン・マッチング

図1　露光装置のようす
ウェハ上のアライメント・マークを計測して，レクチルとの位置合わせを行う

157 単純な2値化処理では輝度むらがある
外観検査の定番手法…動的しきい値法

　外観検査は人間の目によって行われることもありますが，大量生産される製品を高速かつ安定して検査するには，画像処理を活用します．たとえば，液晶テレビや携帯電話などのフラット・パネル・ディスプレイ製造工程では，超高解像度での撮影，および高速な画像処理による欠陥検査が求められます（**図1**）．ガラス基板上の透明電極の検査では，輝度ムラが発生している状況下でも，非常に微細な傷や欠けを検出する必要があります（**図2**）．

　このような場合，単純な2値化処理では，輝度むらがあるために欠陥だけを抽出することは困難です．そこで，周辺の画素の輝度との比較により，周りと比べて暗い/明るい領域だけを抽出する動的しきい値法（**図3**）が有効です．

　外観検査と位置決めは，組み合わせて実施されるケースが多くあります．位置決めで検査領域を特定し，その領域内で傷検出や正常品との比較による検査を行えば，検査すべき個所のみを正しく検査できます．

　このように，画像処理では，複数の基本機能の組み合わせによって，より高性能な機能を実現できます．

● 高精度計測，データ・コード読み取り

　上記のほかにも，精密なキャリブレーションとサブ

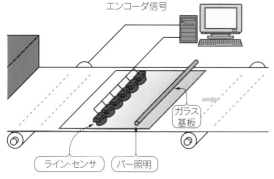

図1　フラット・パネル・ディスプレイ検査用ライン・センサ・システム

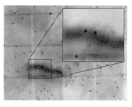
（a）撮影した画像

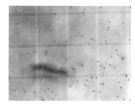
（b）認識した結果

図2　フラット・パネル・ディスプレイの検査例

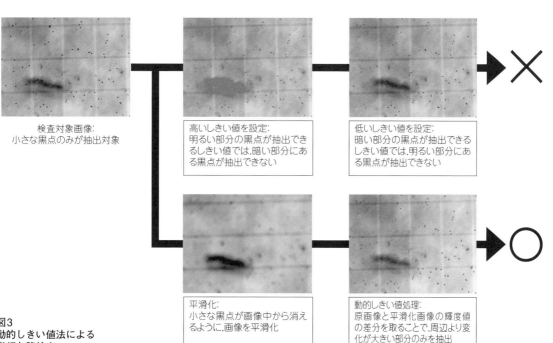

図3
動的しきい値法による
微細欠陥検出

ピクセル・レベルでの検出性能を活用した高精度計測（**図4**）や，劣悪な環境下におけるデータ・コードや刻印文字の自動認識（**図5**）など，さまざまな用途で画像認識技術が用いられています．

島 輝行

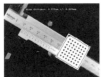
（a）ノギス

（b）半導体実装

（c）自動車のドア

図4 高精度計測の例

図5 劣悪な環境下におけるデータ・コード読み取りの例

158 ICチップの検査装置を例に マシン・ビジョンの機器構成

　マシン・ビジョン・システムは，**表1**に示すような解析用アプリケーションと，コンピュータまたは専用画像処理ハードウェア，周辺機器などで構成されます．

　典型的なマシン・ビジョン・システムの構築例として，ICチップの検査装置を示します（**図1**）．図中に，映像信号がメモリに転送されていく流れを矢印で示しています．

● 産業用パソコン

　マシン・ビジョン・システムの黎明期には，汎用ハードウェアで処理能力を確保することが困難でした．そ

表1 マシン・ビジョン・システムの構成要素

1	産業用パソコン
2	アプリケーション・ソフトウェア
3	オペレーティング・システム
4	画像入力ボード
5	カメラ（または画像入力装置）
6	照明設備
7	検査対象物の輸送システム
8	画像入力のタイミングを取るトリガ装置
9	そのほかの周辺装置と入出力機器

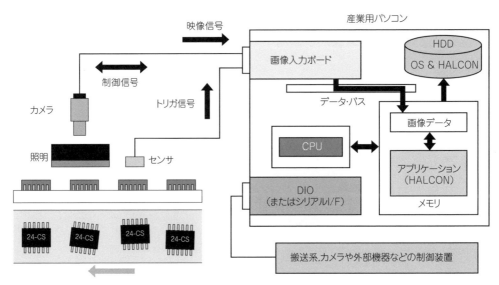

図1 ICチップのリード検査システム

表2 バス・データ転送速度

PCI	133Mバイト/秒（33MHz/32ビット）
	266Mバイト/秒（66MHz/32ビット）
	533Mバイト/秒（66MHz/64ビット）
PCI Express	片方向250Mバイト/秒（×1） ～4Gバイト/秒（×16）（ver1.1）
	片方向500Mバイト/秒（×1） ～8Gバイト/秒（×16）（ver2.0）

(a) GeForce GTX 480　　　(b) TESLA

図2 GPU搭載ボード（nvidia社 Geforce/Tesla）の例

のため，画像処理用プロセッサを搭載した専用ハードウェアを採用するシステムが主流でした．これに対し，1990年ごろから処理能力の向上と低価格化が進んだパソコンをプラットホームに採用し，汎用の画像処理ソフトウェアを用いて柔軟性の高いシステムを構築する方式が幅広く採用されるようになりました．

パソコンと汎用の画像処理ソフトウェアをベースにしたシステムは，パソコンの性能向上に従って自動的に処理能力の向上が期待できます．この場合，いかに高速に画像入力ボードからデータ量の多い画像データをパソコンのメイン・メモリに転送するかが重要となります．そこで，パソコンの外部および内部システム間のデータ転送バスの高速化が，マシン・ビジョン・システムで重要な要素となります．

従来のパソコンの標準バスであったPCIバスは，理論値で133Mバイト/s，実測値で100Mバイト/s程度の転送速度です（33MHz/32ビット時）．最近では，要求される検査精度の向上に伴い，さらに巨大な画像を高速に転送する必要があります．PCI-Express 1.1では，理論値で1レーン当たり片方向250Mバイト/sであり，1スロットが使用できるレーン数（マザーボードの仕様による）によって，ハードウェアの転送速度が決まります．たとえば，8レーンを使用するPCI Express×8スロットに対応する機器を接続すれば，その転送レートは片方向2Gバイト/sとなります（**表2**）．

CPUの処理能力はムーアの法則に忠実に高速化を続けてきましたが，現在，実装密度の微細化による高速化という観点では限界に来ており，今後，クロック

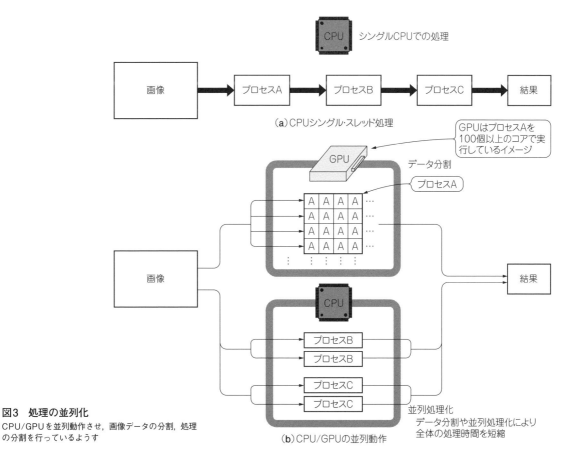

図3 処理の並列化
CPU/GPUを並列動作させ，画像データの分割，処理の分割を行っているようす

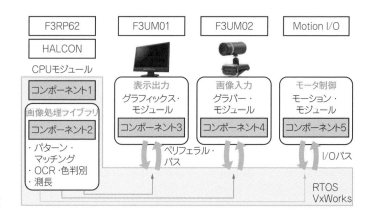

図4 組み込み型画像処理装置例

数自体の向上は望めません（微細化自体は継続投資により実現可能だが，熱問題により，微細化してもクロックが上がらない）．

今後の処理高速化のトレンドは並列処理だと考えられます．CPUのマルチコア化が進み，一つのCPUが複数のコアを持つ形が多くなってきています．また，CPU以外の演算装置がパソコンに含まれる構成も一般的になってきました．たとえば，グラフィックス・ボードには，描画用演算ユニットGPUが含まれています（図2）．このGPUは，描画処理だけでなく，データ処理装置としても優秀なので，画像処理演算に活用できれば処理の劇的な高速化が期待できます．

このような状況で高速な画像処理アルゴリズムを構築するには，処理を分散するマルチスレッド処理や，CPU以外の演算装置を効果的に活用する機能が必要

となってきます（図3）．たとえば画像処理ライブラリHALCONでは，パソコンのハードウェア構成に応じて，自動で処理を分散したり演算に使用したいデバイス（GPU/CPU）を指定するだけで，それらを活用した処理を構築できる機能があります．

● 組み込み型画像処理装置

続いて，組み込み型の画像処理装置を紹介しましょう．この装置は，一般的なパソコンと異なり処理能力が高いというだけではなく，小型で低消費電力，温度・ノイズ・振動・衝撃などへの高い耐環境性，長期安定供給が求められます．図4に，横河電機の画像処理ソリューションの例を示します．画像処理とモータ制御の機能がリアルタイムOS上で動作します．

〈島 輝行〉

159 携帯やスマホへの搭載で安価かつ高性能
撮像素子…CMOSの利点

撮像素子の種類や，エリア・センサ，ライン・センサといった構成の種類により大別できます．以下，それぞれの特徴を説明します．

● CMOSのメリット/デメリット

CCDとCMOSは，いずれも受光素子（フォトダイオード）が光から発生した電荷を読み出す撮像素子です．CCDセンサとCMOSセンサの構成例を図1に示します．CCDに対するCMOSのメリット，デメリットの観点から，二者を比較してみましょう．
＜CMOSのメリット＞
- 価格：CMOSは，CMOSロジックLSI製造プロセスの応用で大量生産が可能なため，高電圧アナログ回路を持つCCDセンサと比較して安価である．
- 速度：CCDは基本的にシリアル読み出しであり，常に全画素を駆動して転送する必要がある．CMOS

センサは並列に読み出せるので，高速読み出しが容易．
- 消費電力：CMOSは素子が小さいことから消費電力が少ない．
- スミア（白飛び）：CCDは垂直読み出し時に，光や電荷の漏れで垂直方向にスミアが発生する可能性がある．CMOSは原理的にスミアが発生しない．
＜CMOSのデメリット＞
- 感度：低照度状況では素子そのものが不安定になりやすく，撮像した画像にノイズが多くなる傾向がある．
- 安定性：画素ごとに固定した増幅器が割り当てられるため，各増幅器の特性差により固定パターンのノイズを持つ性質があり，これを補正する回路が必要．

ただし，近年ではフォトダイオードの高出力化・低

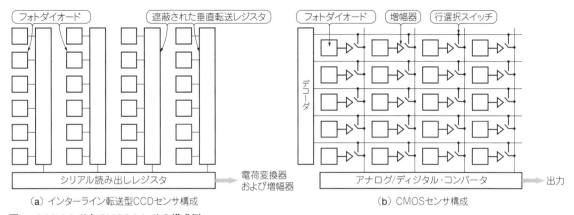

(a) インターライン転送型CCDセンサ構成　　(b) CMOSセンサ構成

図1　CCDセンサとCMOSセンサの構成例

雑音化，電荷転送効率の向上など，さまざまな改良により，CMOSの感度，安定性も向上してきています．長らくCCDセンサの方が多く利用されてきましたが，低価格品や携帯電話ではCMOSセンサの普及が進んでいます．

島 輝行

160　ディスクや紙幣，ポスタなどの検査に
高分解能で曲面の検査もできるライン・センサ

マシン・ビジョンの構成としては，一般的なビデオ・カメラやデジタル・カメラで使用されるエリア・センサのほかに，撮像素子を1次元に配列したライン・センサも多く使われます．

ライン・センサはエリア・センサと異なり，目的の画像を取得するためには対象物を移動させる必要があります．さらに，画像のアスペクト比を保つために対象物を移動させる駆動系と同期を取る必要もあります（図1）．

駆動系との同期を取るために，エンコーダが一般的に利用されます．駆動系にベルト・コンベアを利用したシステム構成の例を図2に示します．

ライン・センサの計測対象物は，超高速であったり，超高解像度撮影が必要であったりと，転送データ・レートが高くなることが多く，それに応じた適切なライン・センサを選定しなければなりません．たとえば，10μm/ピクセルの解像度で幅40mmの対象物を観察するには，幅4,000ピクセルのライン・センサが必要です．この対象物が500mm/sで搬送される場合，縦横比1：1で撮像するには50,000ライン/秒の転送速度が必要になります．

また，素子の寸法も重要な要素です．たとえば素子のサイズが10μmのカメラを用いて10μm/ピクセルの解像度で対象物を観察するには，倍率が等倍のレンズを準備する必要があります．**表1**にライン・センサのラインアップ例，**写真1**にライン・センサの外観例を示します．

島 輝行

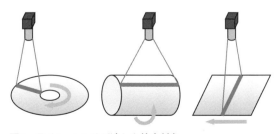

図1　ライン・センサが適した検査対象

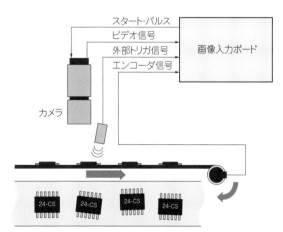

図2　ライン・センサのシステム構成例

表1 ディスクや紙幣の検査に使われるライン・センサの例

型式	素子サイズ [μm]	素子数 [ピクセル]	速度（ライン/秒）[kHz]	カラー対応	インターフェース
spL2048	10	2048	最大140	モノクロ/カラー	CameraLink
spL4096	10	4096	最大140	モノクロ/カラー	CameraLink
spL8192	10	8192	最大70	モノクロ/カラー	CameraLink
ruL1024	10	1024	最大56.1	モノクロ/カラー	GigEVision
ruL2048	10	2048	最大29.2	モノクロ/カラー	GigEVision

写真1 ライン・センサの例（Basler社 spL4096）

161 ギガ・ビット転送可能なGigE VisionやCamera Linkの用途
カメラ・インターフェースの選び方

マシン・ビジョン用デジタル・カメラのインターフェース規格として表1に示すCamera LinkとGigE Visionがあります．

転送レートがそれほど速くなく，コスト重視でシステムを構築する場合は，GigEVision規格に沿った機器を選定すれば低コストなシステム構築が可能です．一方，超高速取り込みなど，高い転送レートで安定して撮映するシステムを構築する場合は，CameraLink規格で機器を選定します．写真1に画像取り込みボードの外観を，写真2にCameraLink対応カメラを，写真3にGigEVision対応カメラの例を示します．

島 輝行

写真1 Camera Link画像取り込みボードの例（リンクス銀河 digitalCL4e-DL）

表1 マシン・ビジョン用デジタル・カメラ・インターフェース

項目＼インターフェース	CameraLink	GigEVision
転送レート	255Mバイト/s（Base） 510Mバイト/s（Medium） 680Mバイト/s（Full）	100Mバイト/s 8192 1024
ケーブル長	最大10m	最大100m
専用画像入力ボード	必要	不要
適用例	超高速画像取り込みカメラ	汎用マシン・ビジョン・カメラ

写真2 超高速Camera Linkエリア・カメラのBasler社A406（2352×1726ピクセル，209fps）

写真3 汎用GigE Visionマシン・ビジョン・カメラのBasler社Ace（1280×960ピクセル，30fps）

162 拡散/透過/斜光/同軸落射など
照明あれこれ

計測する環境や対象物によって，照明やレンズの選定も重要になってきます．マシン・ビジョンで用いられる照明，レンズの種類を，用途で大別し簡単に説明しましょう．

表1と図1に代表的な照明を示します．照明の種類には，同軸落射照明，透過照明，斜光照明（直接），拡散照明などがあります．

島 輝行

表1 代表的な照明

同軸落射照明	レンズの同軸上から照射 長所：反射率の高いワーク（対象物）に対しコントラストが取りやすい． 欠点：ワークの凹凸が暗く見える．ワークに傾きがあると暗くなる．
透過照明	ワークに対し，背後から照射しシルエットを認識 長所：形状測定に向く． 短所：ワークの下（背後）のスペースを要する
斜光照明 （直接）	ワークに対し，サイド方向から直接照射 長所：凸凹や傷などを浮かび上がらせることができる． 短所：反射率の高いワークでは暗くなる．
拡散照明	拡散版や半球ドームなどに光を当て，反射・拡散した間接光を照射 長所：乱反射する複雑形状ワークに有効（凹凸や傾きが暗く映らない）． 短所：大型化する．照度が低い．

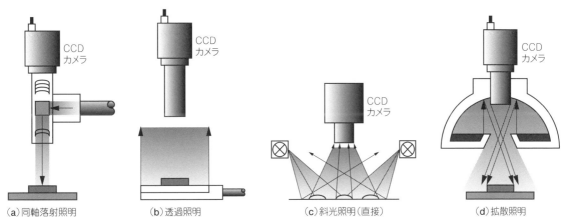

(a) 同軸落射照明　　(b) 透過照明　　(c) 斜光照明（直接）　　(d) 拡散照明

図1 照明の種類

163 マクロ/CCTV/引き伸ばしなど レンズあれこれ

表1に代表的なレンズを示します．レンズの例として図1に引き伸ばしレンズを示します．

以上，マシン・ビジョン・システムを構成する機器として，プラットホーム，カメラ，カメラ・インターフェース，照明，レンズについて紹介しました．

検査対象や検査項目に応じて，最適な機器選択を行うことが，マシン・ビジョン・システムの成功の鍵を握っています．取り組む案件の目的に応じて，適切な選定を行いましょう．

島 輝行

表1 代表的なレンズ

レンズ種類	説明
テレセントリック・レンズ	レンズの主光線がレンズ光軸に対し平行な構造 長所：中心と周辺で見え方が変化しない．寸法計測に向く． 短所：視野と同等以上のレンズ・サイズが必要なので大きい．比較的高価．
マクロ・レンズ	近接撮影用に設計されたレンズ 長所：レンズ歪が比較的小さい．小型，軽量 短所：一定の距離範囲でしかピントが合わない．視野範囲が限定される．
CCTVレンズ	無限大まで結像し，フォーカス調整や明るさの調整が可能 長所：視野，ピント位置を任意に変更可能．低コスト． 短所：周辺が歪みやすく，寸法計測に不向き．
引き伸ばしレンズ	ライン・センサなどの大型受光素子で使用される 長所：周辺の解像度が高い．色収差が少ない． 短所：サイズが大きく重くなりやすい．マウント規格に注意が必要．

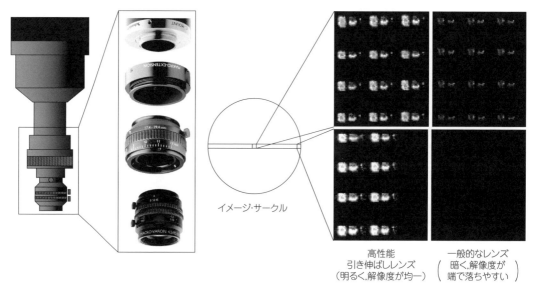

図1 引き伸ばしレンズ（Schneider社 MacroVaron）の外観と画像比較

第18章 超解像のしくみ

空間方向/時間方向の情報を活用

164 DVDコンテンツをハイビジョン・テレビで見るときに便利
超解像の効果

　液晶テレビや携帯電話(スマートフォン),カー・ナビゲーション・システム(カー・ナビ)などの情報機器が身の回りにあふれ,日々の生活に欠かせないものになっています.特に液晶モニタやテレビは急速に高解像度化が進んでおり,フルHD(High Definition,1,920×1,080画素)以上の解像度で表示できるものが広まっています.また,これらの高解像度のデバイスにDVDやネット配信映像など,旧来の低解像度の画像を表示させる機会もよくあります.このとき,単純な方法で画像拡大すると,ぼやけたりノイズやジャギー(斜め線のノイズ)が目立ったりしてしまいます.

　そこで最近,画像をきれいに拡大する「超解像」と呼ばれる技術が注目されています.本稿では超解像の概要とアルゴリズム,実装例について説明します.

　超解像とは,低解像度の画像から高解像度の画像を生成する処理です.以下に超解像技術の応用例と超解像技術DIR8[1]による画像処理例を紹介します.

● 超解像技術の応用例

　フルHDデジタル・テレビなど高解像度ディスプレイの普及に伴い,超解像技術を利用したコンシューマ向け製品が増えてきています.ただし,本稿執筆時点では,ほとんどの場合,ハイエンド製品のみに搭載されているようです.コンシューマ向け製品での応用例は以下のようなものが挙げられます.

- デジタル・カメラのズーム機能.広く使われている従来のディジタル・ズームよりもきれいに拡大する
- テレビの高解像度化.DVDや地上波放送をフルHD画質に高解像度化する
- パソコン向け液晶モニタ.YouTubeなどのインターネット配信動画を高解像度化する
- ドアホン,カーナビ機器など

(a) 線形補間法(Bilinear)による拡大　　(b) 3次畳み込み内挿法(Bicubic)による拡大　　(c) DIR8による拡大

図1　従来方式とDIR8の比較
100×150の画像を400×600に拡大

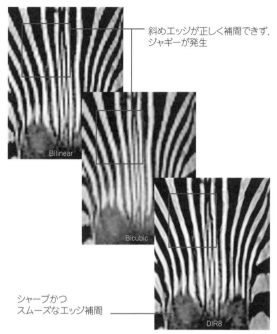

図2 図1のディテールを比較

図3 イラストやアニメ画像もシャープに拡大

また，業務用としては，以下のような応用が見込まれます．
- 監視カメラなどのセキュリティ用途
- 内視鏡検査などの医療用途
- DVDコンテンツからBlu-ray画質への変換などのアミューズメント用途

● 単純拡大と超解像の比較

それでは実際の画像を使って単純拡大と超解像を比較してみましょう．

図1と図2に，自然画像を単純拡大した結果と超解像した結果を示します．図では超解像技術の例として，㈱シンセシスの超解像アルゴリズムIPのDIR8を使用しています．後述する線形補間法（Bilinear）や3次畳み込み内挿法（Bicubic）などの従来から知られている単純な画像拡大アルゴリズムでは，エッジ部分がぼやけたりジャギーが発生していたりします．一方，DIR8ではシャープさを保ったまま拡大できており，従来の手法と比べてジャギーも大幅に減っています．DIR8は，エッジの方向を推定して補間するという超解像技術を用いているため，ジャギーの低減が可能となっています．

また，人工画像の例としてアニメーション（アニメ）での比較を図3に示します．DIR8アルゴリズムは自然画像だけでなく，高コントラストのエッジを含む画像の拡大も得意です．

超解像技術は，一般には複数画像（動画像）を用いる方法と1枚の画像を用いる方法に大きく分類できます．次ページでは，それぞれについて概略を説明します．

渡邊 賢治，大巻 ロベルト 裕治，有銘 能亜，奥畑 宏之

165 膨大な演算量が必要だけど… 高精細！複数枚超解像

　動画像は，複数の静止画像（フレーム）で構成されています．人物や背景などの画像の中の物体は，少しずつ位置がずれていて，これをパラパラマンガのように素早くコマ送りすることで，あたかもその物体が動いているように見えるのです．

　風景などをビデオ・カメラで撮影するときも，少しずつ位置がずれた静止画像から構成されています．このような場合，図1(a)に示すように各フレームではエッジ部分の画素値が微妙に変化します．通常，映っている風景の位置はぴったり1画素単位で動かず，1画素よりも細かいサブピクセル単位で動きます．複数の画像からの超解像では，このサブピクセル単位の位置ずれを利用して高精細な画像拡大を行います．図1(b)に複数画像からの超解像の模式図を示します．

　複数画像からの超解像としてさまざまな手法が研究されていますが，なかでも再構成法と呼ばれる手法が有名です．再構成法は以下の手順で行います．

① 撮影画像から，初期の高解像度画像を何らかの手法で設定する
② 初期画像から低解像度画像を予測し，撮影画像との差分が少なくなるように高解像度画像を更新する
③ ②を収束するまで繰り返し行うことで高精細な高解像度画像を得る

　再構成法による超解像処理では，非常に高精細な高解像度画像が得られるという利点がありますが，この方式の実用化にはいくつかの課題が残されています．

- 複数画像からの超解像処理では高精度な位置ずれ量検出が必要．拡大・縮小，回転，明度変化なども考慮した正確な位置ずれ量検出には，膨大な演算量が必要で，汎用プロセッサでのリアルタイム処理は現段階では困難
- 複数枚画像を利用するために大容量のフレーム・バッファが必要になり，コスト面で不利．また，バス占有時間を小さくする高効率なフレーム・メモリ・アクセス手法なども求められる
- アニメやCGなど，人工の動画像で全く動きのない物体は再構成法だけでは高精細なエッジが得られない．そのため，ほかの手法と組み合わせる必要がある．

渡邊 賢治，大巻 ロベルト 裕治，有銘 能亜，奥畑 宏之

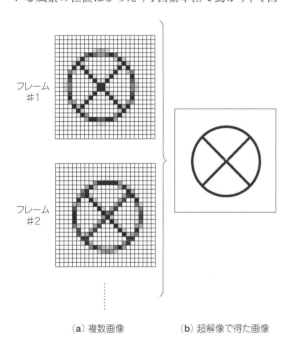

(a) 複数画像　　　(b) 超解像で得た画像

図1　複数画像からの超解像の模式図

166 線形補間や最近傍法など 画像1枚から復元！？画像拡大を利用した超解像

　上述のように，複数画像を用いる超解像処理では解決すべき課題が残されているため，1枚の画像からの超解像処理に注目が集まっています．現在「超解像」をうたった製品のほとんどはこの1枚画像からの方式です．

　1枚画像からの画像拡大手法として，古くから最近傍法（Nearest Neighbor）と線形補間法（Bilinear），三次畳み込み内挿法（Bicubic）が用いられています．以下にこれらの手法について説明します．

● 最近傍法（Nearest Neighbor）

　最も単純な画像拡大アルゴリズムです．図1の左側に示すように，たとえば画像を1.2倍（6/5倍）に拡大するとき，○の画素値から×の画素値を計算する必要があります．最近傍法では×の位置に最も近い○の画素値を×の画素値とします．図1の右側では，どの○の画素値を×の画素値にコピーするかを表しています．

　この方法は単純なため計算量が非常に小さいというメリットがあります．その反面，エッジ部分のノイズ

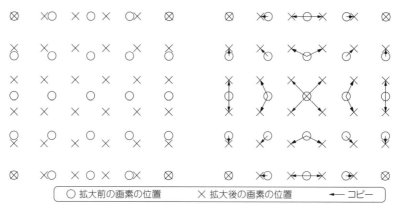

図1 最近傍法(Nearest Neighbor)

が目立ち，画質はよくありません．

● **線形補間法**（Bilinear）

線形補間法では，図2のように隣接する4画素を使って画像拡大を行います．×の画素値を○の画素値から求める場合，まず水平方向の補間のために△の画素値を計算します．図中の (dx, dy) は○の間隔を1としたときの×の位置を表します．△の画素値 $f(dx, 0)$ と $f(dx, 1)$ は○のそれぞれの画素値 $f(0, 0)$, $f(1, 0)$, $f(0, 1)$, $f(1, 1)$ を使って次の式で計算されます．

$$f(dx, 0) = f(0, 0) \times (1-dx) + f(1, 0) \times dx$$
$$f(dx, 1) = f(0, 1) \times (1-dx) + f(1, 1) \times dx$$

水平方向の補間後，垂直方向の補間も同様に行います．

$$f(dx, dy) = f(dx, 0) \times (1-dy) + f(dx, 1) \times dy$$

この方法も最近傍法と同じように計算量が少ないという利点があります．しかし，画像全体がぼやけた感じになり，やはり画質はよくありません．

● **3次畳み込み内挿法**（Bicubic）

3次畳み込み内挿法では，隣接する16画素を使って画像拡大を行います．詳細な計算式は省略しますが，図3のように水平方向と垂直方向にそれぞれ4タップ・フィルタを通すことで補間後の画素を計算します．

この方法は前述の2手法と比べてやや計算量が多くなりますが，その分画質がよいという利点があります．しかし，ジャギーは依然として残ります．

渡邊 賢治，大巻 ロベルト 裕治，有銘 能亜，奥畑 宏之

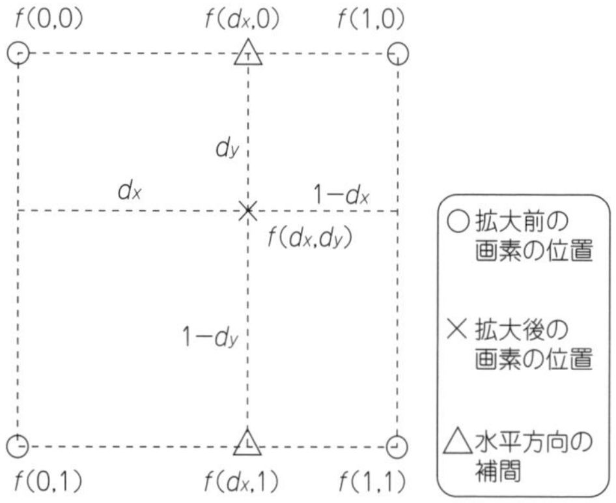

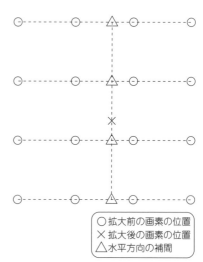

図2 線形補間法（Bilinear）

図3 3次畳み込み内挿法（Bicubic）

Column・1　最近の1枚画像からの超解像アルゴリズム

　古くから用いられている画像拡大について述べてきました．現在各社から発売されている「超解像」をうたった製品では，これらの古典的な手法よりもきれいに画像を拡大するという意味で，超解像という言葉が使われています．

　前述の超解像技術DIR8では，以下のような処理を施すことで，ジャギーを抑えながらクリアなエッジを再現しています．

- エッジ方向を推定し，それに応じた補間処理を行うことでジャギーを低減
- エッジ成分を強調してクリアな画質にする

　1枚画像からの超解像アルゴリズムとして，ほかにもさまざまな手法が用いられているようです．詳細なアルゴリズムは公開されていないものが多いため，ここでは各アルゴリズムの概略のみを列挙します．

- 高周波成分を独自アルゴリズムで推定することで画像の細部を復元する
- 画像の各部分の特徴からエッジ，グラデーション，ディテールなどに分類し，それぞれの特徴に応じた拡大処理を行う
- 白浮きの偽エッジを抑えながらシャープネス処理を施すことで解像感を得る
- 画像のある部分に注目し，その部分に似ている個所を同じ画像の中から検出してサブピクセル単位の画素情報を推定し，高解像度化する
- まず内挿補間による画像拡大を行い，その後，混色によってぼやけた部分を検出し，本来の色に復元する

渡邊 賢治，大巻 ロベルト 裕治，有銘 能亜，奥畑 宏之

Column・2　超解像の実装例

　DIR8アルゴリズムをFPGAボード上に実装しました．ここではその実装方法について概略を説明します．

● FPGAボードの概要

　FPGAボードは，㈱ソリトンシステムズのExpresso FPGA（**写真1**）を用いました．このボードは，半導体検査やプリント検査，表面検査，医療用画像などの信号処理アプリケーションの実現を考慮したアーキテクチャを採用しています．米国Altera社のStratix GXとStratix Ⅱを持ち，複数チャネルのアクセスが可能な4Gバイトの大容量メモリ（DDR2 SDRAM），54Mバイトの高速メモリ（QDRII SRAM）を搭載しています．ホスト・パソコンとの通信にはPCI Express×4を使用し，転送レートはUp/Downトータルで1.2Gバイト/sです．

● 処理フロー

　Expresso FPGAボードにはHD-SDIを2系統入力可能なHD-SDIメザニンカード（**写真2**）がオプション・ボードとして用意されているので，これを利用します．今回実装するシステムでは，図1のようにHD-SDIから画像を入力し，FPGAでリアルタイムの超解像処理を行い，PCI Expressを経由してホスト・パソコンに超解像後の画像を転送します．

　FPGAボードには，FPGA1とFPGA2の2個のFPGAが搭載されています．それぞれのFPGAで行う処理を図2に示します．FPGA1がメザニン・カードからの画像入力（Image Input）とPCI Express周りの処理（PCI Express IP）を担当することで，FPGA2が必要な画像処理に専念できるしくみになっています．

● 実装について

　図3のように，FPGA2に実装する超解像処理部は，参照する画素を蓄積するライン・バッファと，超解像処理を行うロジック部に分かれます．フレーム・メモリを必要としないため，既存のシステムに大幅な変更

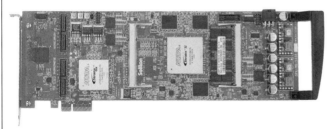

写真1　Expresso FPGA

写真2　HD-SDIメザニンカード

を加えることなく，超解像処理を付加機能として追加できます．

まず，FPGAの内部RAMを用いてライン・バッファを実装します．内部RAMのHDL記述はAltera社のMega Wizardを用いて生成するか，HDLの配列の記述を用いて推定させるかのいずれかの方法で実現します．一つのライン・バッファのサイズは，たとえば，入力画像1ラインの画素数が720画素，1画素がRGB各8ビットとすると，24ビット×720ワードの内部RAMとなります．

ライン・バッファも1ライン単位で入出力の制御を行うように実装しました．**リスト1**にそのステート・マシンのソース・コードを，**図4**にタイミング・チャートを示します．r_state_linebufはライン・バッファの状態を保持し，p_EMPTYかp_FULLの状態をとります．i_write_lastは1ラインの書き込みが終了する

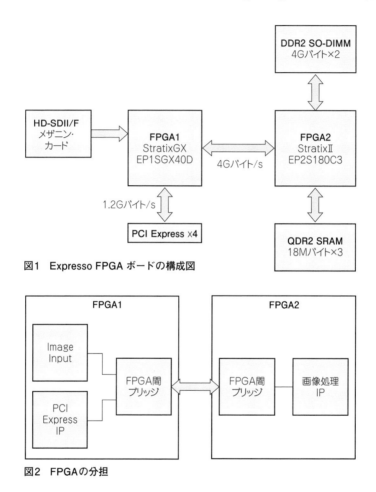

図1　Expresso FPGA ボードの構成図

図2　FPGAの分担

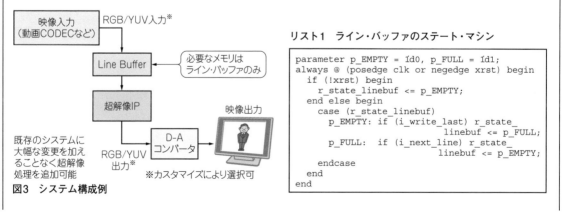

図3　システム構成例

リスト1　ライン・バッファのステート・マシン

```
parameter p_EMPTY = 1'd0, p_FULL = 1'd1;
always @ (posedge clk or negedge xrst) begin
  if (!xrst) begin
    r_state_linebuf <= p_EMPTY;
  end else begin
    case (r_state_linebuf)
      p_EMPTY: if (i_write_last) r_state_
                                   linebuf <= p_FULL;
      p_FULL:  if (i_next_line) r_state_
                                   linebuf <= p_EMPTY;
    endcase
  end
end
```

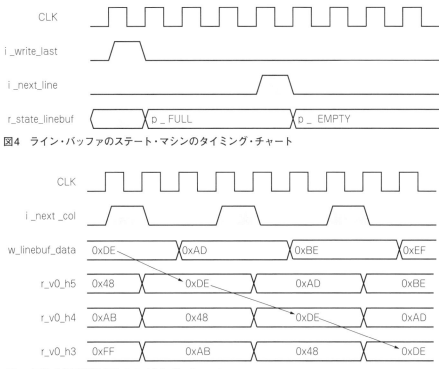

図4 ライン・バッファのステート・マシンのタイミング・チャート

図5 画像の矩形領域保持のタイミング・チャート

とHighとなる信号で，Highになるとr_state_linebufはp_FULLの状態になります．i_next_lineはこのライン・バッファの内容を参照する必要がなくなったとき（次のラインに移るとき）にHighとなる信号で，これによりp_EMPTYの状態に戻ります．

リスト1に示した状態レジスタr_state_linebufをライン数分用意して，ライン・バッファの管理を行います．

次に，ライン・バッファから必要な矩形領域の画素を取り出して保持する部分を実装します．ここはリスト2のような記述となります．図5はそのタイミング・チャートです．超解像処理に必要な矩形領域の画素数を$N \times M$とした場合，$N \times M$個のレジスタを用意します．リスト2中の r_v0_h0 は，矩形領域の垂直方向0番目，水平方向0番目のレジスタを意味しています．次のカラムに移るときに i_next_col がHighとな

リスト2 画像の矩形領域保持

```
always @ (posedge clk or negedge xrst)
  if (!xrst) r_v0_h0 <= 24'd0;
  else if (i_next_col) r_v0_h0 <= r_v0_h1;
                 ～中略～
always @ (posedge clk or negedge xrst)
  if (!xrst) r_v0_h5 <= 24'd0;
  else if (i_next_col) r_v0_h5 <= w_linebuf_data;
```

表1 超解像IPの回路規模の諸元

FPGA2 ALUT使用率	10%
ブロック・メモリ	172,032ビット
動作周波数	160MHz

リスト3 Bicubic演算

```
/* Holizontal */
always @(posedge clk or negedge xrst) begin
  for (j = 0; j < 4; j = j + 1) begin
    for (c = 0; c < 3; c = c + 1) begin
      if (! xrst) begin
        r_buf_x[j][c] <= 18'h0;
      end else begin
        r_buf_x[j][c]
          <= - (coef_x[0] * pix[j][0][c]) +
               (coef_x[1] * pix[j][1][c]) +
               (coef_x[2] * pix[j][2][c]) -
             - (coef_x[3] * pix[j][3][c]);
      end
    end
  end
end

/* Vertical */
always @(posedge clk or negedge xrst) begin
  for (c = 0; c < 3; c = c + 1) begin
    if (! xrst) begin
      r_pix_out[c] <= 18'h0;
    end else begin
      r_pix_out[c] <= - (coef_y[0] * buf_x[0][c]) +
                       (coef_y[1] * buf_x[1][c]) +
                       (coef_y[2] * buf_x[2][c]) -
                     - (coef_y[3] * buf_x[3][c]);
    end
  end
end
```

表2 画像処理統合IP「EARTH」の特長

機 能	特 長
画像拡大エンジン（DIR8）	シャープでジャギーが少ない画像拡大を実現
画像縮小エンジン（STARDUST）	テロップの文字などのディテールを保ちつつ縮小
ブロック・ノイズ除去	隣接ブロックとの不連続な境界を低減
バンディング除去	グラデーション（なめらかな領域）に発生する縞状ノイズを除去

り，r_v0_h0の内容は水平方向の一つ右側のレジスタr_v0_h1の内容に置き換わります．また矩形領域の最右端（**リスト2**中ではr_v0_h5）は，ライン・バッファのデータ出力w_linebuf_dataを入力します．

最後に，$N \times M$のレジスタから超解像処理を行い，必要な1画素を出力する回路を実装します．たとえば，Bicubicなどの補間手法で実装する場合は**リスト3**のようになります．ここでpixは**リスト2**で述べた矩形領域を保持するレジスタで，4×4の画素を保持しています．coef_x，coef_yは画素に乗算する重み係数を表しています．水平方向の積和演算を1サイクルで行った後，垂直方向の積和演算を1サイクルで行っています．

表1に実装した超解像IPの回路規模の諸元を記しま

す．ALUT使用率は10%と回路面積を小さく抑えました．また，FPGAボードでフルHDサイズへの超解像をリアルタイム処理できることも確認しました．

＊　＊　＊

超解像技術の概要と実装例を紹介しました．単純拡大と比較して，超解像はきれいに画像を拡大することを示しました．また，ライン・バッファを用いて超解像アルゴリズムDIR8を小面積に実装しました．

今後の課題として，画像を拡大したときに目立ってしまうモスキート・ノイズやブロック・ノイズ，バンディング・ノイズ対策や，Blu-ray画像を携帯機器に表示するためエッジを保ったままきれいに縮小する技術が望まれています．筆者らは画像処理統合IP「EARTH」（**表2**）で，これらの課題に取り組んでいます．

◆ 参考文献 ◆

(1) 超解像アルゴリズムDir8 IP，http://www.synthesis.co.jp/modules/IP/scaling.html
(2) 田中正行，奥富正敏；再構成型超解像処理の高速化アルゴリズムとその精度評価，電子情報通信学会論文誌 Vol.J88-D-II No.11, pp.2200-2209, Nov. 2005.
(3) JD Van Ouwerkerk, Image super-resolution survey,, Image and Vision Computing, Vol.24, Issue 10, pp.1039-1052, Oct. 2006.

渡邊 賢治，大巻 ロベルト 裕治，有銘 能亜，奥畑 宏之

第19章 3次元計測のしくみ
外観検査や形状認識に

167 視差を利用したステレオ映像
3Dの基本

　現在一般的に入手できる3Dコンテンツは，すべて視差を利用したステレオ映像です．これは，右目と左目に異なる映像を見せることで，立体感を再現するものです．視差を簡単に体験するには，図1のように自分の鼻先に指を立てて，右目と左目で交互に観察するとわかりやすいでしょう．指が近くにあるときは右目の画像と左目の画像で指が大きくずれた位置に見え，指を鼻先から離していくと，そのずれ量は小さくなっていきます．3Dコンテンツは，飛び出すように見せたいものは左右の画像で見える位置を大きくずらし，遠くに見せたいものは位置のずれを小さくしています．これにより立体感を再現しています．

　このような視差を利用した3Dコンテンツは簡単に作成できます．2台の撮像装置を並べて同じ被写体を撮影し，右目用と左目用の映像を同時に撮像するのです．もちろん，高品質な3Dコンテンツを作成するには，左右のカメラの完全同期や光軸調整など，いくつかの技術的要件を満たすシステムを構築する必要があります．映画「Avator」監督のジェームス・キャメロンは，アイディアを実現する撮影システムの確立を待っていたが待ちきれず，最後には自身で3Dカメラ開発に携わって，作品を完成させたそうです．

　完全なCGアニメーション作品なら，3Dコンテンツ化はさらに容易です．仮想空間上に3Dデータがすでに存在するので，仮想的なカメラ（観察点）を2個所に配置すれば，同期も光軸調整も一瞬で調整できます（実際にはすべての情報が3Dデータ化されているわけではないので，既存のCGアニメを改めて3Dコンテンツ化するには一苦労ある）．

　このように，3Dコンテンツの作成原理は至って単純です．現在の3Dコンテンツに関する技術課題は，どうやって作るかよりも，どうやって見せるかに集中しています．

　映画館における3D上映方式は大きく分けて三つあります（図2）．偏光映像が専用スクリーンに投影され，偏光メガネを通して目に入る偏光方式（IMAX，RealD），左右の映像が高速に切り替わる時間分割方式（XPanD），RGB×2組の波が，右目に1組，左目に1組しか入らない波長分割方式（Dolby 3D）です．いずれの方式も専用メガネが必要です．3Dテレビも同様に専用メガネを必要としますが，新機種では時間分割方式が主流です．メガネをかけることの疲労感や，メガネのコストなど，3Dコンテンツが広く市場に浸透するまでに解決すべき課題はまだ多く残っています．専用メガネを必要としない3Dコンテンツ視聴方法は，さまざまな企業や団体で研究が進められています．

● 産業用途における3次元画像処理

　3Dコンテンツが日常生活に浸透し始めたので，3次

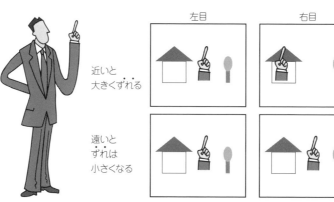

図1　視差のイメージ

元画像処理(特に,ステレオ計測の原理)に対する一般的な認知度も向上してきました.しかし,現在の3Dコンテンツと産業用途における3次元画像処理では,目指すところが異なります(表1).現在の3Dコンテンツが「立体感」を得ることを目的としており,人間の脳が画像処理を行っています.それに対して,産業用途では,高い精度で3次元形状計測や位置姿勢認識を行うことが目的であり,それはCPUなどの演算装置によって実現します.3次元空間の計測と認識が演算装置によって実現できて初めて,マシン・ビジョンが目指す画像処理機器による世界の認識が可能になります.

「世界の認識」というと大げさですが,特定の対象物を認識し,その3次元位置姿勢を計測する技術はすでに実用化されています.

島 輝行

表1 3Dコンテンツと産業用3次元画像処理の違い

	目的	処理
3Dコンテンツ	立体感の再現	脳
産業用3次元画像処理	3次元計測,認識	演算装置

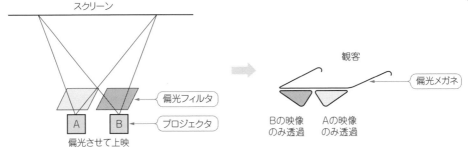

(a) 偏光方式(IMAX,RealD)

偏光映像が専用スクリーンに投影され,偏光メガネを通して目に入る.
右目の映像と左目の映像を別の方向に偏光させてスクリーンに投影する.
観客は右目と左目で方向性が異なる偏光板付きメガネをかけて視聴する

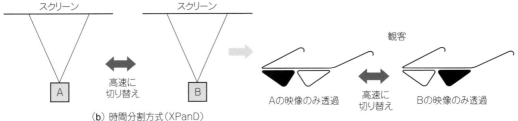

(b) 時間分割方式(XPanD)

左右の映像が高速に切り替わる.
右目の映像と左目の映像を高速に(144回/秒)切り替えてスクリーンに投影する.
観客はそれと同期してシャッタが開閉するメガネをかけて視聴する

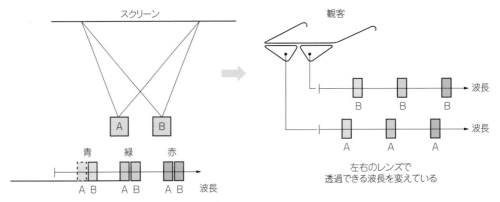

(c) 波長分割方式(Dolby 3D)

RGB×2組の波が,右目に1組,左目に1組しか入らない.
右目の映像と左目の映像で,映像を構成する光の3原色の波長を変えてスクリーンに投影する.
観客は右目と左目で通す波長が異なるメガネをかけて視聴する

図2 3D上映方式

168 撮影画像のゆがみをあらかじめ除去する
3次元空間の計測準備…キャリブレーション

● キャリブレーション

カメラで撮影した画像から3次元空間を計測するには，画像上で検出された物体の位置（ピクセル単位）を，実世界の位置（空間全体を表す世界座標系におけるmm単位の位置など）に変換する必要があります（図1）.

この変換を高精度に行うには，カメラ・キャリブレーションが必要です．このキャリブレーションを実行すれば，画像の情報からレンズやカメラを含めた光学モデルのパラメータの正確な数値を算出できます．このパラメータを用いて，図2に示すようなレンズひずみの除去や，実世界の座標系（mm単位など）での計測を実現できます．このカメラ・キャリブレーションは，実際の3次元計測処理を行うにあたって事前に実施しておくべき，重要なステップです．キャリブレーションは，形状が既知の対象物をさまざまな姿勢でカメラの前に配置して撮像し，収束演算により光学モデルを解くことが基本的な流れとなります（図3）.

島 輝行

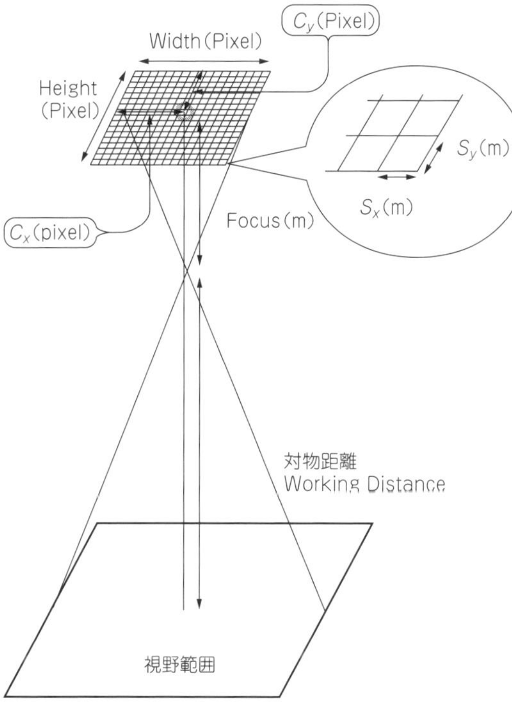

図1 光学モデル

図2 レンズひずみの除去の例

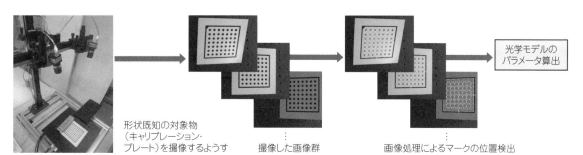

図3 カメラ・キャリブレーション

169 対象物の見え方のズレからサイズや距離を推定
3D計測手法1…ステレオ計測

ステレオ計測は，複数台のカメラで対象物を撮影し，対象物の各部位の見え方のズレから，三角法によってその位置の高さ情報を取得する，という手法です．

複数台のカメラの見え方のズレを検知するためには，空間上の同じ位置のものが画像上のどこに映っているか，対応付けを行う必要があります．ステレオ処

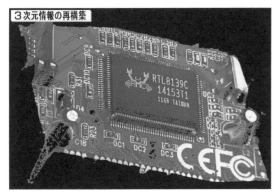

図1 ブロック・マッチングによる基板の3次元形状復元結果

理は，この複数画像の対応付けの方法によって，細分化されます．

(1) ブロック・マッチング

2次元画像から$m×n$画素のブロックを切り出し，他視点からの2次元画像中に，このブロックに類似する個所を検出する手法です（図1）．マッチング方法としては，正規化相関ベースのグレイ値マッチングなどが用いられます．

(2) 特徴点ベース

画像の局所的な特徴を対応付けに利用する手法です（図2）．2次元パターン・マッチングなどで右目の画像上の特徴個所の位置と左目の画像上の位置がわかれば，三角法でその特徴点の3次元位置を算出できます．

(3) セグメント・ベース

線分や曲線といったセグメント（分割した部分）を対応単位とする手法です．この方法は，復元結果が3

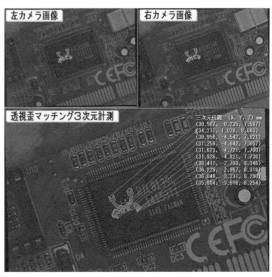

図2 特徴点の3次元位置計測結果

次元構造記述そのものになり得るため，モデリングや物体認識に直接利用できるメリットがあります．

その一方で，対応候補が多くなればなるほど，対応探索も難しくなります．たとえば2眼ステレオの場合，3次元に完全に復元できるのはエピポーラ線（感覚的には，右目と左目の対応点同士を結ぶ直線）に垂直なエッジのみであり，水平なエッジは理論的に復元できません．この場合，垂直なエッジとの関連性（閉領域など）を想定して復元するなど，複雑な処理を実施する必要があります．

〈島 輝行〉

170 半導体検査や顕微鏡で活躍
3D計測手法2…合焦点法

● 合焦点法

ピントが合う範囲が狭い光学系を構築し，カメラあるいは対象物側を高さ方向に一定量ずつ移動させながら複数枚の画像を撮像します．すると，それぞれの距離で撮像した画像では異なる位置にピントが合うことになります．各画像でピントが合っている（エッジがシャープに写っている）部分を抽出し，それらを重ね合わせることで距離情報を求められます．これが合焦点法です．半導体検査や顕微鏡など，主に視野が狭い場合（数mm～数十mm程度）に多く利用されます（図1）．

〈島 輝行〉

図1 合焦点法によるBGAはんだボールの3次元計測結果

171 対象物に照射したラインの状態を認識
3D計測手法3…光切断法

光切断法は，シート光を対象物に照射して得られたラインの状態をカメラで観察し，物体の3次元形状を計測する手法です（図1，図2）．事前にキャリブレーションでカメラとシート光の位置関係を明確にしておく必要があります．

光切断システムは，ベルト・コンベアで流れてくる物体の形状を計測するためによく使用されますが，照射装置側を移動させても同じように3次元計測ができます．そこで，6軸ロボットの手先にカメラと照射装置を搭載し，対象物の3次元位置を計測し，把持，搬送を行うようなシステムにも適用されます．

島 輝行

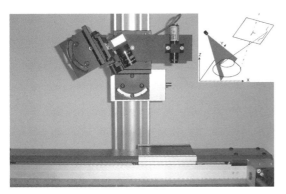

図1 光切断システム外観イメージ

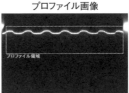

図2 ロボット ＋ 光切断システムの外観および画面

172 測定対象に縞模様のパターンを変化させながら複数回投影
3D計測手法4…パターン投光

静止した計測対象物の表面に，縞模様のパターンを変化させながら複数回撮影して，物体の3次元形状を計測する手法です．カメラとパターン投光システムとの位置関係は，キャリブレーションで明確にしておく必要があります．

パターン投光方法の一つとして，ストライプ・パターン投影法があります（図1）．明暗のピッチが倍々に変わっていく2進コード化された光パターンを順番に投影します．n枚のパターン投光は，2本のスリット光を投影する光切断と等価です．

島 輝行

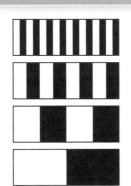

図1 ストライプ・パターン法

173 照射した光の戻り時間を測定
3D計測手法5…TOF

ここまで説明した3次元計測機能は，画像上の輝度情報を用いて3次元形状を復元する手法です．一方，画像情報を使わず，センサ側からアクティブな光を発して，その戻りから距離を測る方式として，Time Of Flight方式が挙げられます（図1）．ある特定波長の光を照射しその反射光との位相差から遅れ時間を計測し，対象物までの距離を得る位相差方式によるものです．赤外線などの不可視光を用いれば，計測対象（人

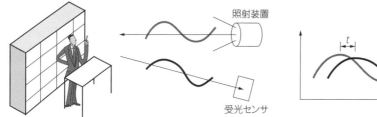

図1　Time Of Flightセンサの原理

間を含む）に撮られているのを意識させずに計測できるメリットもあります．

　一般に，計測精度は画像処理による3次元計測よりも劣りますが，長距離計測可能なものや屋外など画像処理が困難な環境でも計測可能なもの，計測時間が非常に短く，ほぼリアルタイムで計測可能なものなど，さまざまな特徴を備えています．

島　輝行

174　計測したデータの確からしさの確認に
物体形状の認識に必須！3次元モデル

　ある座標系における3次元計測データを得ることができたとします．このデータを有効に活用する方法として，対象物が3次元計測データ内のどこにどのような姿勢で存在するかを検出することが考えられます．対象物がどの位置，姿勢に存在するかを検出できれば，その物体の3次元的な位置ずれの検出や，ロボットによるピッキングなどが可能になります．また，正常品の形状との比較による欠陥検査もできるようになります．

　このような3次元空間でのマッチングを正しく行うためには，計測対象物の3次元モデルが必要です．マシン・ビジョンにおいて，3次元モデルは3D CADデータから構築されます（図1）．しかし，計測対象物の3D CADデータが準備されていないことも多くあります．その場合には，計測対象物の実物をステレオ計測や光切断で計測した3次元形状データから，3次元モデルを作成します．

島　輝行

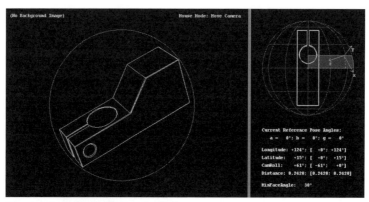

図1　3D CADデータからのモデル作成

175　画像処理の幅を広げる
サーフェス・マッチング

　3次元モデルと3次元計測データのマッチングは，画像処理の適用の幅を広げる可能性を持つ新技術です．表面形状を活用するマッチング手法はサーフェス・マッチングと呼ばれ，マシン・ビジョン業界で大いに注目されています．

　通常の2次元画像を用いた処理では，物体のエッジなどを手がかりに，3次元位置姿勢を絞り込むしかありませんでした．しかし，サーフェス・マッチングでは物体表面の立体的な形状を活用するので，エッジが出にくい滑らかな表面状態の物体でも，安定して高速

に検出できます(**図1**).

この方法では，3次元的な表面を構成する点群に加えて，表面構造に基づく法線ベクトルもマッチングの手がかりとしてよく用いられます．手順としては，まず，モデル上の複数個所から抜き出した点と，その点の法線ベクトルが一致する部位を計測データから検出します．いくつかの候補を検出したあと，計測データ内でのモデルの大まかな位置姿勢を検出します．そして，モデルの各点と計測データの各点の位置ずれ量が最小になるように補正を加え，最終的な位置姿勢を取得します．

3次元計測データにおける3次元モデルの位置姿勢がわかれば，計測データに対してモデルを射影できます．さらに，モデル・データと計測データの差分を取って変形量を算出することも可能になります(**図2**)．部品の折れ欠けや打痕，全体形状変形の検出などに活用されます．

島 輝行

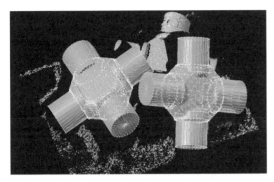

図1　サーフェス・マッチング結果例

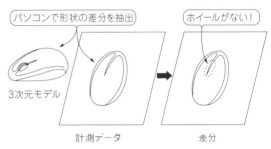

図2　形状変形検出処理

176　3点以上の位置が分かればできる
特徴個所を用いて3次元位置姿勢を算出

表面形状がわからなくても，モデル座標系での対象物の特徴個所の3次元位置が三つ以上わかっていて，計測データでもその特徴個所の3次元位置を求められれば，3次元位置を算出できます．その特徴個所の位置を合わせ込むことで，誤差が最小になるような3次元位置姿勢を算出できます．

(1) 対象物をキャリブレーション済みの2台のカメラで撮像する．
(2) 左右の画像に対して，特徴個所を抽出するための2次元画像処理を加え，画像上の特徴個所の位置（ピクセル単位）を算出する．
(3) 左右の画像上の特徴個所の位置（ピクセル単位）から，三角法によってカメラ座標系における特徴個所の3次元位置が得られる．
(4) 3個所以上の特徴個所の3次元位置を求め，モデル座標系における特徴個所の3次元位置と突き合わせて，カメラ座標系におけるモデルの位置姿勢が得られる．

計測空間における特徴個所の3次元位置は，多くの場合ステレオ計測で求められます(**図1**).

島 輝行

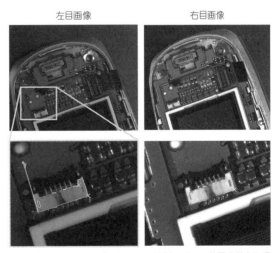

ステレオ計測により，モデル（コネクタ部品）の3次元位置姿勢を取得

図1　特徴個所を用いた3次元位置姿勢計測の例

177 1台のカメラで物体の3次元位置姿勢を計測できる
2次元画像と3次元モデル・データのマッチング

3次元計測を行うには，基本的には，基準となる1台のカメラと，基準カメラとの相対的な位置がわかっている別のカメラまたは投光装置が必要です．しかし，人間が片目をつぶっても，対象物の大きさや形状を知っていれば，大きく見えていれば近くに存在するし，小さく見えている場合はより遠くに存在すると判断できます．これと同様に，キャリブレーション済みのカメラを使えば，カメラ1台で撮像した2次元画像と3次元モデルを比較して，物体の3次元位置姿勢を計測できます．

このような，1台のカメラで物体の3次元位置姿勢を計測する手法は，単眼3次元計測と呼ばれます．

● 3D CADマッチング

単眼3次元計測の例として，3D CADデータをモデルとして2次元画像とのマッチングを行い，3次元位置姿勢を求める3D CADマッチング手法があります．ま ず，3D CADデータをさまざまな方向から観察する仮想的なカメラ位置を設定します．各視点におけるカメラ画像平面に3D CADデータを投影して，モデルを作成します．このモデル・データと2次元画像との形状ベース・マッチングにより，最も合致する位置姿勢を決定します（図1）．

● 透視ひずみマッチング

通常の2次元形状ベース・マッチング（平行移動，拡大縮小，回転を考慮したマッチング）に加え，視線方向に対する傾きも考慮してマッチングを行う透視ひずみマッチングという手法があります．平面的な部位を持ち，その寸法が既知の対象物であれば，透視ひずみマッチングの結果から対象物の3次元位置姿勢を求められます（図2）．

島　輝行

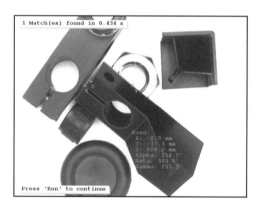

図1　クランプの3D CADマッチング結果例

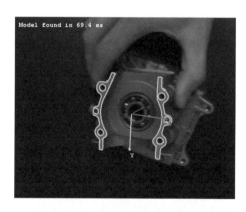

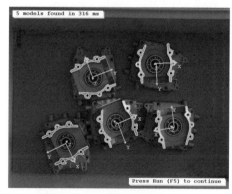

図2　透視ひずみマッチング結果例

178 ピッキング・ロボットを例に
画像認識を使った装置の例

3次元計測の方法や，対象物の3次元位置姿勢認識の方法について説明してきました．これに加えて，3次元の認識結果を実際の世界に反映して，初めて3次元処理が完結したと言えます．すなわち，得られた対象物の認識結果（3次元位置姿勢）を用いて，周辺機器が何らかのアクションを起こさなければなりません．

● ピッキング・ロボット

1例として，ピッキング・ロボットを挙げます．図1は6軸ロボットの手先に取り付けたカメラ・システムで，対象物を含む空間を計測し，その計測データから対象物を認識しています．その認識結果によってロボットは対象物に向かって移動し，対象物を把持，搬送します．

処理の流れは以下のようになります．
（1）認識したい対象物の3次元形状データを読み込む．
（2）特定の位置に手先を移動し，対象物の3次元形状データを用いた認識処理を行い，対象物の3次元位置姿勢を計測する．
（3）（2）の3次元位置姿勢はカメラから見た位置姿勢なので，これをロボット座標系における位置姿勢に変換する．
（4）上記データに基づき，ロボットは手先を対象物に近づけ，把持，搬送する．

ここで，上記（3）の処理を実現するには，カメラとロボットの位置関係が明確でなければなりません．では，カメラとロボットの位置関係をどうやって明確にするのでしょうか．形状既知の基準器（キャリブレーション・プレート）を配置し，ロボットがさまざまな姿勢を取りながらプレートを撮影して，位置関係を算出する方法があります．この手法は，ハンドアイ・キャリブレーション機能と呼ばれています．各姿勢で，カメラから見たプレートの位置姿勢を画像処理によって算出していき，

- ロボットの手先位置姿勢
- カメラから見たプレートの位置姿勢

のデータを蓄積していきます．

複数姿勢で得られたこれらのデータを用い，収束演算でカメラとロボットの位置関係を算出します（図2）．この収束演算を自分で実装するのは大変ですが，市販のライブラリでは自動で実装できるものもあります．たとえばMVTec社のHALCONでは，このハンドアイ・キャリブレーション用の専用関数が準備されており，上記のデータを渡すことで，自動的にカメラと

図1 ピッキングのようす

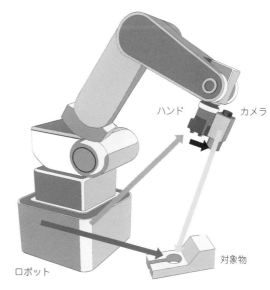

図2 ロボット・カメラと対象物の位置関係

ロボットの位置関係を算出します．たとえば，生産ラインの定期メンテナンス時期など必要に応じて，キャリブレーション・プレートを配置して実行ボタンを押すだけで，キャリブレーションが完了します．

● **将来の3次元画像処理の展望**

　最後に，5年～10年先の3次元画像処理技術について展望してみます．

　まず，3Dコンテンツの一般家庭への浸透を目的とした各企業の開発競争により，3次元計測装置の低コスト化，小型化が実現されていくと考えられます．マシン・ビジョンでも，現在の2Dカメラを使用する感覚で3D情報が得られるカメラを使用することが一般的となり，サーフェス・マッチングに相当する3次元画像処理技術が，現在の2次元のマッチング技術のような標準的な技術になると予想されます（**図3**）．

　さらに，表面形状データ（サーフェス・データ）だけでなく，内部構造まで含めたデータ（ボリューム・データ）を用いて，3次元位置決めおよび正常品との比較による内部構造の欠陥検査を行うような技術があり，この要素技術はすでに確立されています（産業用X線CTスキャナなど）．

　現在の課題は，内部構造計測のための撮像時間と，ボリューム・データ処理計算量が膨大なため，タクト・

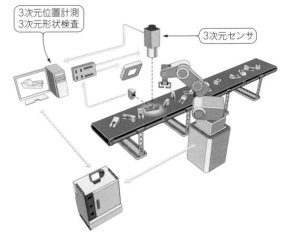

図3　生産ラインにおける3次元計測・検査

タイム（工程内の作業時間）に合わないことです．もちろん，コストの問題もあります．

　将来的には処理速度の改善が進み，一品物の検査や，抜き取り検査に適用されはじめると考えられます．

　このように，3次元認識技術は，お茶の間だけでなく，生産現場の様相も一変させる可能性を持つ技術です．

〈島 輝行〉

第20章 今さら聞けない3D

単眼式／立体式／アクティブ眼鏡／パッシブ眼鏡など

179 3次元情報／視覚表現／2眼式立体映像などややこしい
3Dと立体の使い分け

　皆さんは，「3D」という言葉からどのようなものを想像しますか？ コンピュータ・グラフィックスの分野においては少し異なる意味で用いられることから，「3D」と「立体」をしばしば混同している人が多いように感じられます．

　従来「3D」は，3DCGに代表されるように，コンピュータの中に構築された空間や物体が有した3次元情報を意味する場合が多く，「立体」は，左右の網膜像のずれである両眼視差の含まれた視覚表現を意味することが多いです．このように「3D」と「立体」は区別して扱われていました．

　ここでは，近年の3D映画や3Dテレビといった用語の一般化を受け，画面の前後に対象が再生される2眼式立体映像の意味で「3D」を使用しています．

　なお，2眼式立体映像は，英語で「Stereoscopic Images」と呼ばれますが，「Stereoscopic（ステレオスコープ）」という単語は，1838年に両眼立体視の原理を発見した物理学者Charles Wheatstone氏による造語です．ギリシャ語で「solid（固体・立体）」を意味する「stereo」と，「見る装置」という意味の接尾語「scope」が語源となっています．

河合 隆史

180 ふだんから意識せずに使っているテクニック
なぜ立体に見えるのか1…単眼立体情報

　視覚系とは，ヒトが光として入力される情報を手掛かりに外界の構造を推定するしくみの総称です．対象までの距離や広がりといった，外界を空間的に知覚することを奥行き知覚と呼び，そのための手掛かりは立体情報と呼ばれています．われわれにとって，外界のすべてが奥行き方向に存在しています．したがって，現在民生化されている3Dディプレイによる「飛び出す」や「引っ込む」という体験は，奥行き知覚の観点からは，本来，異質であるといえます．

　立体情報は，単眼立体情報と両眼立体情報に大別されます．単眼立体情報は，片眼でも奥行きを知覚できる手掛かりで，その多くが絵画や映画などでの遠近感を表現する手法として活用されています．一方，両眼立体情報は，両眼で見て，初めて奥行き知覚が可能となる手掛かりです．

　知覚心理学や認知科学などの学問分野では，立体情報に関して多くの研究がなされてきました．図1は，主要な立体情報と有効距離，それらの感度を示しています．横軸は観察する人からの距離で，個人空間は自分の手が届く範囲で約2m以内を，行動空間は声が届く範囲で約2m〜30mを，眺望空間は30m以上遠方を示しています．水平線は無限遠を示します．縦軸は奥行き感度を示し，ある距離において前後関係の弁別が可能な対象の間隔を距離で割った値であり，値が小さいほど感度は高くなります．例えば，1m前方に二つの物体が1cmの奥行き方向の間隔で存在するとき，その前後関係を両眼視差のみで弁別できたとすれば，1mにおける両眼視差の感度は1/100で0.01となります．

　図1から，対象までの距離や空間の性質に応じて，立体情報の種類や感度が異なることが分かります．換言すれば，奥行き知覚は，複数の立体情報を統合あるいは相互に参照したものといえます．

● 単眼立体情報の種類

　単眼立体情報では多様な手掛かりが報告されています．図1では1995年のCutting氏らの分類をもとに，以下の7種類を挙げています．

① 隠ぺい（図2）

　隠ぺいとは，ある視点において前方の対象が背後の一部を隠している状態です．この状態では，隠されている対象が遠いと判断されます．図2(a)は前後関係

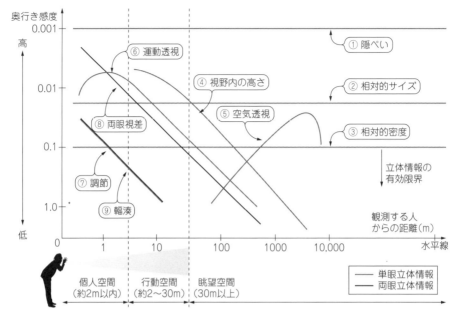

図1 主要な立体情報と有効距離の関係

(a) 四角が一番遠くにあることが分かる

(b) どの記号が遠いのか判断できない

図2 隠ぺい
隠されている対象が遠いと判断される

図3 相対的サイズ
人間というほぼ同じサイズのものが複数ある場合，網膜に小さく写るものが遠くにあると判断される

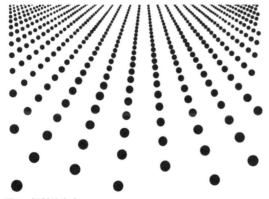

図4 相対的密度
きめが密な場合に遠いと判断される

が判断できますが，(b)では判断できません．隠ぺいは，距離によらず一定の感度を有していることから，最も強力な立体情報の一つです．

② 相対的サイズ，③ 相対的密度（図3，図4）

同じサイズの対象が複数存在するときに，網膜像の小さい方が遠いと判断されます（図3）．これを相対的サイズといいます．一方，相対的密度では，網膜上の対象のきめが密な場合に遠いと判断されます（図4）．

④ 視野内の高さ（図5）

視野における対象の相対的な高さも，奥行き知覚を

図5 視野内の高さ
上にある木の方が遠くにあると判断される

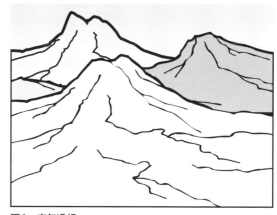

図6 空気透視
大気中の乱反射により，遠くの対象ほど彩度・明度が低下して見える

図7 運動透視
視点の位置変化により，奥行きを判断する

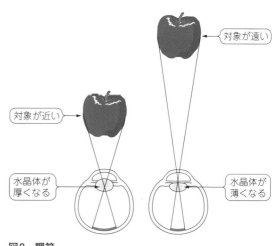

図8 調節
水晶体の厚みの変化により，対象にピントを合わせる

得るための手掛かりとして働きます．日常的に，近くの対象から遠くの対象へと視線を移すときに，下方から上方へと移動する場合が多いことも関連しています．

⑤ 空気透視（図6）

空気透視とは，大気中の乱反射により遠くの対象ほど彩度・明度が低下して見えるというものです．例えば，近くの木々の葉よりも，遠くの山々の緑の方が薄く青白く見えるのは，広く経験されることです．

⑥ 運動透視（図7）

運動透視とは視点の位置が変化することで，視野全体に距離や速度に応じた動きが生じることを意味します．自動車を運転している際の視界の変化などがこれに相当します．

⑦ 調節（図8）

調節とは，水晶体の形状を変化させ，網膜上に対象の鮮明な像を形成する機能です．水晶体の周囲を毛様体筋という輪状筋が取り巻いており，その緊張と弛緩によって水晶体の厚みが変化します．水晶体の形状の変化に伴う屈折力の増減により，近方や遠方の対象にピントを合わせることができます．

河合 隆史

181 なぜ立体に見えるのか2…両眼立体情報
左右の網膜上における同一対象の相対的な位置ずれにより奥行きを判断する

ヒトの両眼視機能は，生後3カ月から6カ月の間に急速に発達し，6歳くらいでほぼ完成するといわれています．

① 両眼視差（図1）

両眼視差は，左右の網膜上における同一対象の相対的な位置のずれです．多くの研究において，両眼視差は最も強力な立体情報に数えられていますが，原理的には近方ほど感度が高く，遠方になるにつれて低下していきます．

② 輻湊（図2）

輻湊は眼球運動の一種で，対象に視線を交差させる両眼の動きです．左右の視線が近方で交差するとき，その角度は大きくなります．これを輻湊角と呼びますが，左右の視線が遠方で交差するほど，輻湊角が0°に近づくため，感度が低下していきます．

河合 隆史

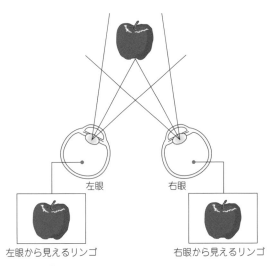

図1 両眼視差
左右の網膜上における同一対象の相対的な位置のずれにより，奥行きを判断する

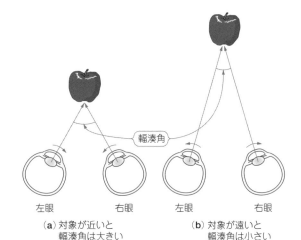

図2 輻湊
対象に視線を交差させる両眼の角度により，奥行きの感度が変わる

182 世界初の3Dディスプレイ「ステレオスコープ」
鏡を利用

3Dディスプレイには，多様な方式が考案・開発されてきました．前述のWheatstone氏による両眼立体視の研究に用いられていたステレオスコープが，世界初の3Dディスプレイとされています．当時は，まだ写真技術が発明されていなかったため，両眼立体情報の含まれた一対の線画を，鏡の反射を利用し，分割して提示していました．その構成を図1に，原理を図2に，それぞれ示します．

図1では，左右に反転させた線画を向かい合うよう配置し，2枚の鏡で反射させています．図2に示すように，ここでの鏡の役割は，左右の視線を一つの図形を観察しているように交差させることです．

現行の3Dディスプレイを，観察に必要となる人と

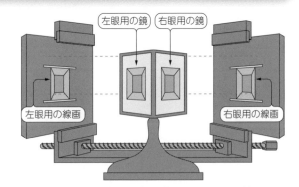

図1 世界初の3Dディスプレイ「ステレオスコープ」
眼立体情報の含まれた一対の線画を鏡の反射を利用して，左右の眼の情報を送っていた

の行為から分類すると，スコープ式とメガネ式，裸眼式の3種類となります．スコープ式では，3Dディスプレイをのぞき込むか，あるいは3Dディスプレイそのものを頭部に装着します．映画館やテレビではメガネ式が主流です．裸眼式では観察する位置や距離が制限される半面，装着物が不要となります．3Dディスプレイに複数の方式が混在しているのは，方式間でトレードオフが存在するためです．ただし，各方式とも，両眼立体情報の含まれたコンテンツを左右眼に分割して呈示するという点で，Wheatstone氏のステレオスコープ以降，共通しています．

河合 隆史

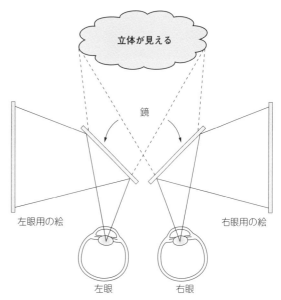

図2　ステレオスコープの原理
鏡を使用して，左右の視線を一つの図形を観察しているように交差させる

183　眼精疲労や映像酔い
3Dが生体に与える影響

3Dというメディア/インタフェースが普及していくためには，その阻害要因を理解し，解決していく必要があります．3Dに対応した映画館の増加や3Dテレビの市販により，ディスプレイ技術が一定の水準に達したと考えると，阻害要因は，コンテンツの不足や生体影響への懸念など，ハードウェアからソフトウェア，そしてユーザ側へとシフトしています．

● 映像コンテンツとガイドライン

映像コンテンツが人に与える消極的な影響には，これまで多様な取り組みがなされてきました．代表的な事例としては，国際標準化機構により発行された映像コンテンツの安全性に関する国際合意文書 IWA 3 (2005) が挙げられます．Image Safety規格は，クリエータとユーザの双方の映像コンテンツの安全性に関するコンセンサスを基に，ガイドラインを提示することを目的としています．本規格では映像コンテンツによる主な生体影響として，光刺激に対する異常反応である光過敏性発作や映像酔い，視覚疲労の3種類が定義されています．

最近のものでは，国内の業界団体である3Dコンソーシアム[5]により，安全性にかかわるガイドラインの改訂版（2010）が発表されています．その中では，ユーザに周知すべきガイドライン，クリエータのためのガイドライン，メーカのためのガイドラインがそれぞれまとめられています．

● 映像酔い

映像酔いとは，激しい振動や回転が含まれた映像の観察中に生じる，めまいや吐き気などの不快な症状を意味します．学問的には，乗り物酔いなどと同様に動揺病の一種に分類されます．動揺病の研究は，これまで航空や船舶などの分野で行われていましたが，映像酔いは乗り物ではなく，視覚刺激のみによって生じることが特徴です．

動揺病のメカニズムは未解明な点もありますが，有力とされているのが感覚不一致説です．われわれは普段，自分の位置や動きを感覚情報として取得し，平衡を保ち，運動を制御しています．それが，車や船に乗るといった異なる環境に置かれると，日常生活から得られる感覚情報のパターンとの不一致が生じます．このとき，脳内で異なる感覚情報のパターンへ組み替えが起こるとともに，動揺病が発症するというものです．

映像酔いでは，視覚からは自分が動いているような情報が入力されているにもかかわらず，身体は静止しているという不一致が，顕著な状態といえるかもしれません．

● 眼精疲労と3D

眼精疲労とは，視作業の継続によって容易に疲れ，

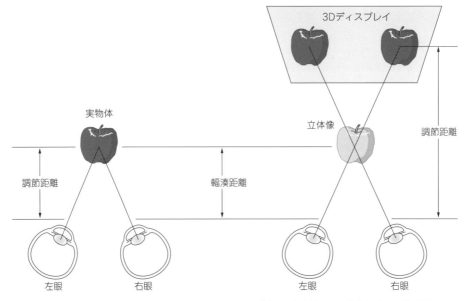

(a) 実世界では調整と輻湊の距離は同じ　　(b) 3D立体視では調整と輻湊の距離が異なる

図1　3D立体視における輻湊と調節の不一致

眼のかすみや痛み，頭痛や肩こり，時には嘔吐を来す状態をいいます．われわれは対象を見る際に，対象に視線を交差させるとともに，ピントを合わせる，つまり，輻湊と調節が同じ対象へ働きます（図1）．これに対して3Dでは，輻湊は注視する立体像の再生位置に応じて変化しますが，映像そのものは画面上に呈示されているため，調節は鮮明な網膜像を得るよう画面近傍に働きます．換言すれば，輻湊と調節が異なる対象に働いており，立体情報という観点では，輻湊と調節から得られる距離情報に不一致が生じているといえます．輻湊と調節の不一致は，3Dによる眼精疲労の主な原因の一つと考えられています．

映像酔いにおける感覚不一致が，視覚情報とそのほかの感覚情報との矛盾を意味するのに対して，3Dによる眼精疲労では，視覚系の立体情報間の矛盾が関与しています．映像酔いとの共通点として，いずれも自然な状態ではそうした矛盾は生じないことが挙げられます．

◆ 参考文献 ◆
(1) 河合 隆史，盛川 浩志，太田 啓路，阿部 信明；3D・立体映像表現の基礎，オーム社，2010年．
(2) C. Wheatstone；Contributions to the physiology of vision. -part the first. On some remarkable, and hitherto unobserved, phenomena of binocular vision, Philosophical Transactions of the Royal Society of London, Part II, pp.371-394, 1838.
(3) J. E. Cutting, P. M. Vishton；Perceiving layout and knowing distances: The integration, relative potency, and contextual use of different information about depth, W. Epstein and S. Rogers 編：Handbook of Perception and Cognition；Vol.5：Perception of space and motion, pp.69-117, CA：Academic Press, 1995.
(4) ISO/IWA3；Image safety - Reducing the incidence of undesirable biomedical effects caused by visual image sequences, 2005.
(5) 3Dコンソーシアム，http://www.3dc.gr.jp/

河合 隆史

184　地デジ対応テレビにも使われた 3Dディスプレイ1…アクティブ眼鏡方式

● 主流の3D方式「フレーム・シーケンシャル方式」

3Dブームの火付け役になった3Dテレビでは，左右のそれぞれの目に見せる映像を時分割に交互に表示させる，フレーム・シーケンシャル方式が採用されました（図1，写真1）．これは，1基の映像パネルで，左目用の映像を表示したあと右目用の映像を表示し，これを交互に繰り返していくものです．

これを裸眼で直接見ると，左右の映像がただ2重映りして見えるだけです．そこで，左右の映像の表示タ

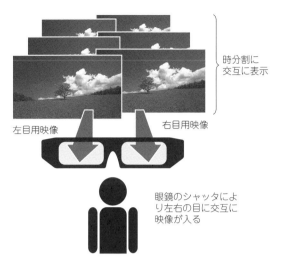

図1　フレーム・シーケンシャル方式とは

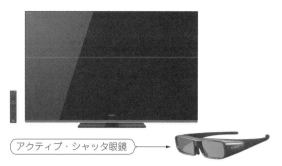

写真1　ソニーの3Dテレビ「BRAVIA KDL-60LX900」と3D眼鏡「TDG-BR100」

イミングに完全同期するシャッタ機構を組み合わせた眼鏡を装着します．すると，左目用の映像を表示しているときには眼鏡の左目レンズが開き，右目レンズはシャッタで閉じています．続いて，右目用の映像が表示されたときには，逆の動作が行われます（図2）．この動的なシャッタ機構を備えた3D眼鏡は「アクティブ・グラス」と呼ばれます．

この眼鏡のシャッタ機構には機械式のシャッタではなく，液晶が用いられるのが一般的です．一口に「液晶」というと液晶テレビを連想してしまいがちですが，液晶電卓や液晶時計で用いられているような白黒液晶をシャッタに応用していると考えれば分かりやすいでしょう．つまり，3D眼鏡の左右のレンズにおいて，白黒液晶の黒表示で光を遮断し，白表示で光を透過させるという原理になります．なお，この液晶素材には完全白，完全黒への応答速度が高速なTN（Twisted Nematic）型の液晶が用いられます．

眼鏡のシャッタ機構に液晶を用いるという構造的な特徴から，この立体視方式を「液晶シャッタ方式」と呼ぶこともありますが，近年は，左右の目用の映像を交互に順番に表示するという映像表示方式の方を取って，「フレーム・シーケンシャル方式」と呼ぶことが多いようです．

本方式では，ディスプレイ機器（テレビ）側の左右の映像の表示タイミングと，液晶シャッタの開閉のタイミングを完全に同期させる必要があり，初期の製品ではこの同期取りが有線でしたが，今世代の製品では無線方式が主流です．3Dテレビなどの民生向け商品では赤外線信号で同期を取るのが一般的で，製品の中には同期信号送信部をテレビ表示側に内蔵しているものもあります．赤外線は遮蔽物に弱いため，業務用のシステムでは，RF方式（電波方式）を採用する場合もあります．

● フル解像度の映像で立体視できる

本方式では，映像パネルの全面を使用してフル解像度の映像で立体視できるところが最大の利点です．しかし，表示フレーム・レートを犠牲にせずに立体像をユーザに見せるには，ディスプレイ機器側で2D映像表示時の2倍のフレーム・レートで映像を表示しなければなりません．

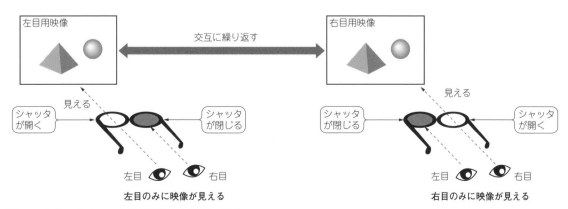

図2　アクティブ・シャッタ機構搭載の3D眼鏡の動作

テレビなどの映像表示は毎秒60コマ（60fps = 60 frames per second）が基本ですが（映画などでは24fps），立体視では左右の目用の映像をそれぞれ60fpsで表示する必要があり，ディスプレイ機器側には120fps（= リフレッシュ・レート120Hz）の表示能力が求められます．

当初，この要求性能に応えるには，液晶テレビでは不利と考えられていました．しかし，近年では240Hz駆動にも耐えうる高速液晶パネルや超高速応答が可能なLEDバックライト制御との組み合わせによって克服されています（**写真2**）．

● **プラズマ・テレビはフレーム・シーケンシャルが適さない？**

プラズマ・テレビはフレーム・シーケンシャルに適さないという声も出てきています．というのも，プラズマ・テレビはカラー表示に時間積分式のサブフィールド法（ユーザに一定時間，表示面を見続けさせることでカラー/階調表現を知覚させる方式）を用いているため，カラー表現と立体映像表現の両方に時分割手法を強いるのが，画質的に不利なためです．また，プラズマは一般に表示応答速度が速いといわれてきましたが，それは発光応答速度であり，映像の消失応答速度はLEDバックライトを組み合わせた液晶に及びません．このため，左右の目用の映像の表示を切り換えたときに，反対側の目用の映像が残りやすいといわれています．いわゆる「クロストーク現象」が起こりやすいためです．

こうした問題に対し，3Dプラズマ・テレビを推進するパナソニックでは，3D映像表示時に最適化したサブフィールド法を新採用したり，3D眼鏡のアクティブ・シャッタ機構をプラズマ・テレビ用に専用チューニングするなどして改良を試みています．例えば，プラズマ・パネル特有の消失応答速度の遅さから発生するクロストークを，3D眼鏡のシャッタの閉じるタイミングを早めることで対策しています（**図3**）．しかしそれにより，さらに光を絞ることになり，知覚輝度が低

写真2　LEDバックライト技術
液晶テレビのフレーム・シーケンシャル方式の3D対応化は，超高速応答での点灯・消失が可能なLEDバックライト技術によってなしえたといっても過言ではない

下してしまうという新たな問題が….3Dブームを切り開いても，逆に解決すべき課題を多く抱え込む結果になってしまっているようです．

● **3D映像の知覚輝度は2D映像の4分の1**

本方式には，液晶やプラズマといったディスプレイ・タイプに依存しない問題もあります．それは，3D眼鏡を通して見た知覚映像が，ディスプレイ機器側の表示輝度理論値の1/4になってしまうという点です．その理由は，ユーザ側の視点に立ってフレーム・シーケンシャル方式を分析すれば明白でしょう．

まず，2D映像ならば両目で見られる映像表示面の明るさが，アクティブ・シャッタ機構の3D眼鏡によって単位時間当たりの片目でしか見られないため，知覚輝度が半分になります．そしてアクティブ・シャッタ機構が液晶シャッタになっていることから，眼鏡のレンズには偏光板が組み合わされているため，液晶シャッタが開いているときでも，偏光板の操作によって入射光の特定振動方向の光しか目に届きません．つまり，入射光の半分をフィルタで切り捨てていることになり，知覚輝度が半分になります．その両方が同時に起こるので1/4の輝度になってしまうというわけです．

プラズマ・テレビは，フル・ハイビジョン解像度時代になってから同画面サイズの液晶テレビの1/2～2/3程度の輝度しかないため，フレーム・シーケンシャル

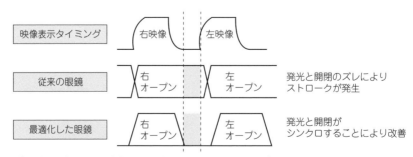

図3　プラズマ・パネルに最適化した眼鏡のシャッタ・タイミング
発光に合わせたシャッタで開閉することにより，不要光をカットしクロストークを抑えた．しかし，これにより知覚輝度が低下してしまうという新たな問題もある

方式では視覚映像がとても暗くなってしまいます．そのため，プラズマ3Dテレビは暗室での視聴が推奨されています．

LEDバックライトが主流の液晶テレビは消費電力さえ気にしなければいくらでも明るくできます．プラズマに対しての相対的な優位性はありますが，1/4の知覚輝度になってしまうという，フレーム・シーケンシャル方式の先天的な問題は同じです．そこで，シャープは高開口率のUV2A（Ultraviolet induced multi-domain Vertical Alignment）液晶パネルを開発して自社3Dテレビに採用したり，ソニーは偏光板を廃止した3D眼鏡を新開発するなどの対応を行っています．

河合 隆史

（a）3D対応反射型液晶プロジェクタ

（b）NVIDIA「GeForce 3D VISION」

写真3　フレーム・シーケンシャル方式の製品

注1：デバイスの素性から来る弱点の「暗さ」を「まぶしすぎない」と，ポジティブに捉えていたプラズマも，フレーム・シーケンシャル方式では根本的な対策を迫られる

185 映画館などで使われた 3Dディスプレイ2…パッシブ眼鏡方式

● もう一つの眼鏡立体視の方式「偏光方式」

もう一つの眼鏡立体視の方法として，液晶シャッタを用いない方式があります．その方式は，アクティブ・シャッタ機構がない3D眼鏡を使用するため「パッシブ・グラス方式」と呼ばれたり，3D眼鏡のレンズに，ある一定の振動特性の光だけを通すような偏光フィルタが適用されることから「偏光方式」と呼ばれたりします（写真1）．

● 偏光フィルタの種類

偏光フィルタは，大別して2種類があります（図1）．

一つは，ある特定の角度の光だけを通し，それ以外の角度の光を切り捨てる「直線偏光板」を用いるものです．直線偏光板を用いる場合は，眼鏡の左右のレンズで互いに偏光軸を90°変えて貼り込みます．その90°のずらし方にも，左右のレンズで「＋」状態になるように貼り込む場合と，「×」状態になるように貼り込む場合などがあります［図2(a)］．もう一つは特定の回転方向の光だけを通し，逆回転の光は切り捨てる「円偏光板」を用いるものです［図2(b)］．

直線偏光板を用いた3D眼鏡では，ユーザが首をかしげた場合に，理想的な状態から外れて，本来は切り捨てられるべき光が偏光板を透過してしまい，クロストーク現象を生じやすいですが，円偏光板を用いた3D眼鏡では，光の回転方向で透過／遮断を行うので，首をかしげても目に届く映像に影響は少ないとされます．

いずれにせよ，パッシブ・グラスは電気駆動を伴う

写真1　世界初の偏光方式のホームシアター3Dプロジェクタ「CF3D」

LGエレクトロニクスが，2010年に民生向けとして発売した

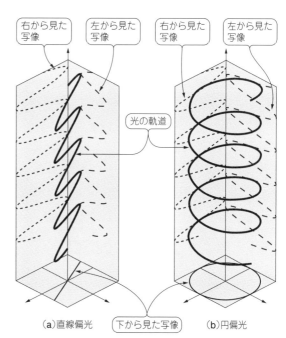

図1　光の直線偏光と円偏光の概念

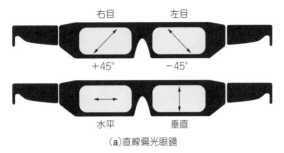

図2 めがねレンズの組み合わせ

液晶シャッタ機構のアクティブ・グラスと比べて安価にできるというメリットがあり（紙製ならば原価30円未満），3D映画を上映する映画館などで広く採用されています．

● 偏光方式での映像表示方法

偏光方式では映像をどのようにユーザへ見せるのでしょうか．ここにも，幾つかの異なるアプローチが存在します．映像を見せる画面は一つという前提はフレーム・シーケンシャル方式と同じです．1枚のディスプレイ機器で偏光方向の違う左右の目用の映像を表示できるかどうかがポイントになります．

液晶テレビでは，左目用と右目用の画素をライン（ブラウン管でいうところの走査線）単位で互い違いに割り当てて表示させる「水平インターリーブ」方式

が一般的です（図3）．この方式を推進する有沢製作所は，「Xpol」という商標でこの方式を登録しています．これから，水平インターリーブ方式の偏光を用いた立体視システムを慣例的にXpol式と呼ぶことがあります．

このXpol式では，表示画素の偶数ラインと奇数ラインとで出力光の偏光方向が異なるような画素幅の偏光フィルムを貼り付けたディスプレイ・パネルを用いるのが特徴です．フレーム・シーケンシャル方式とは違い，時分割方式に左右の目用の映像を見せるのではなく，同時間内に表示します．

映画館などの大画面施設では，Xpol式のディスプレイの設置が不可能なため，2台の映写機（プロジェクタ）を用いて偏光方式の立体システムを構成しています．つまり，1台目のプロジェクタで左目用の，2台目のプロジェクタで右目用の映像を投射します．それぞれのプロジェクタの投射レンズ側に，偏光方向の異なる偏光フィルタを噛ませたレンズ・アタッチメントを装着し，それぞれのプロジェクタからは通常通り，1枚のスクリーンに映像を投射すればよいわけです．

● 偏光方式の輝度と解像度

偏光方式でも眼鏡に偏光フィルタが配されるため，左右の目それぞれには，ディスプレイ機器側の表示映像の輝度の半分しか到達しません．しかし，ディスプレイ機器側は，左右の目の映像を時分割式ではなく常時見せられるので，同一の映像パネルでフレーム・シーケンシャル方式と偏光方式を構成した場合，偏光方式の方が理論値で2倍明るい立体像が得られます．

ただし，水平インターリーブ方式では，映像パネルの解像度の半分を左目用に，残りの半分を右目用に固

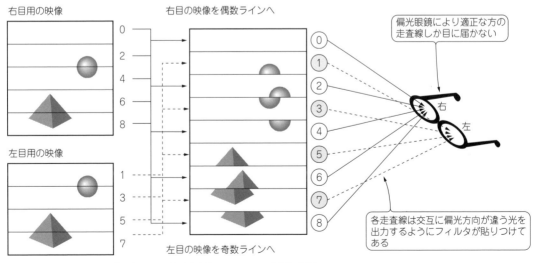

図3 水平インターリーブ方式の偏光方式立体視システムの動作概念図

写真2　True3Di方式を採用したディスプレイ

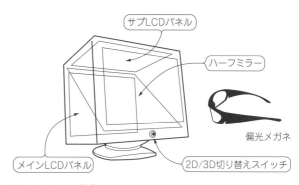

図4　True3Di方式

本体サイズが大きくなるのが難点だが，偏光方式ながらフル解像度の立体映像を表現できる．また，片方の液晶パネルの表示を消すことで2D表示に簡単に切り替えられる

定的に割り当てます．そのため，同一映像パネルで比較した場合，フレーム・シーケンシャル方式の半分の解像度の立体像しか得られないことになってしまします．

フレーム・シーケンシャル方式とXpol式の偏光を単純比較すると，解像度2倍のフレーム・シーケンシャル方式，明るさ2倍のXpol式という構図になります．

● 輝度に対する解決策

フレーム・シーケンシャル方式において，輝度が低くなってしまうという問題は，"薄型"という要求性能をあきらめられれば，解決策がないこともありません．

先ほど2台のプロジェクタを用いた立体視システムを紹介しましたが，このシステムでは二つのフル解像度の映像を投射するので，偏光方式ながらフル解像度の立体像が得られます．この発想を直視型のディスプレイにも応用してやるのです．

韓国Redrover社（開発はカナダTrue3Di社）が販売を手がけるTrue3Di方式では，2枚の同解像度の液晶パネルを左右の目に割り当てる，投写型ではない直視型の偏光方式の立体システムを発売しています（**写真2，図4**）．この方式では，左目用の映像表示用の液晶パネルを本体天板側に，右目用の映像を本体奥行き方向側に配して，2枚の液晶パネルからの表示映像を本体内部に斜めに設置したハーフミラーで合成してユーザに見せるしくみをとっています．なお，2枚の液晶パネルは，それぞれ偏光方向が違う光を出力します．2枚の液晶パネルを立体的に設置するため，奥行き方向に大きくなってしまうのが難点です．しかし，フレーム・シーケンシャル方式と同等のフル解像度の立体映像をパッシブ・グラスを通してユーザに見せること

ができます．

このほか，偏光方式による立体視は，原理的に明滅がないため目が疲れにくいという利点があります．フレーム・シーケンシャル方式では左右の目のシャッタが交互に高速開閉するため，非常に高速とはいえ，常に点滅している映像を視覚することになり，個人差はありますが目に負担がかかります．偏光方式ではこの問題がありません．

● 理想的な偏光状態を得るには

しかし，弱点もあります．それはやはりクロストーク現象にまつわる問題です．

直線偏光方式では首をかしげるだけで発生するクロストーク現象ですが，円偏光方式では原理的にこれが起こりにくいとされます．確かに直視型の場合はそうですが，投射方式の場合は，悪条件が重なればやはりクロストーク現象は起こりえます．

映画館などで採用されるプロジェクタを用いた投写型の偏光方式では，ユーザはスクリーンに投射された映像を見るため，視聴位置やスクリーンの材質によっては映像光が理想的な偏光状態にならない場合があります．こうしたケースでは，円偏光方式であってもクロストーク現象は知覚されます．また，スクリーンの正面から大きくずれた斜め位置から見た場合は，光の偏光方向が理想状態からずれるため，クロストーク現象を観測しやすくなってしまいます．

画質にこだわって3D映画を見る場合は，2D映画以上に，スイート・スポットでの視聴が要求されます．

河合 隆史

186 かまぼこレンズのおかげで眼鏡不要
3Dディスプレイ3…レンチキュラ・レンズ方式

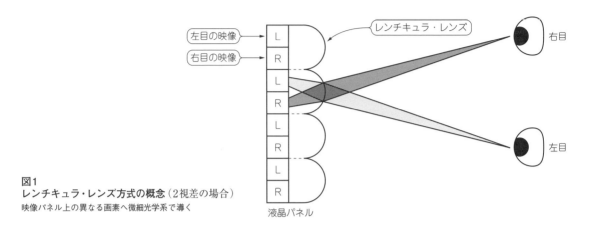

図1 レンチキュラ・レンズ方式の概念（2視差の場合）
映像パネル上の異なる画素へ微細光学系で導く

眼鏡方式の立体視でよく指摘されるのは「ユーザが眼鏡を掛けなければ立体視ができないことの煩わしさ」です．「落ち着いて音楽を聞きたいというときに，耳にヘッドホンを付けることを今や誰も面倒くさがらない」，「3D眼鏡を掛けて立体視するのも，これと同じではないか」，そんな意見もありますが，すでに視力矯正手段で眼鏡を掛けている人達にとって，さらにもう一つの眼鏡を掛けさせられる状況はあまり歓迎されません．また，映像機器が「自然な視界の再現」を志すならば，ユーザが自然体のまま立体像が知覚できることを目指すべきかもしれません．

ということで，3Dテレビの主流方式である眼鏡立体視とは別に，裸眼立体視の研究開発や実用化も進みつつあります．眼鏡立体視と同様，一口に「裸眼立体視」といっても，その原理的なアプローチの違いで幾つかの方式が存在します．アプローチの違いこそあれど，裸眼立体視も立体視を実現するための基本的な考え方はフレーム・シーケンシャル方式や偏光方式と変わりません．つまり，左右の目に対応する映像を見せるという鉄則は，裸眼立体視においても同じです．

● レンチキュラ・レンズとマイクロレンズ・アレイ

レンチキュラ・レンズ（Lenticular Lens）方式の裸眼立体視ディスプレイは，一般的な映像パネル（ほとんどの場合，液晶パネル）の上にマイクロレンズ・アレイ（Micro Lens Array）やレンチキュラ・レンズを貼り合わせた構造になっています（**図1**）．視聴位置の右目，左目からの視線がそれぞれ異なるピクセルを参照して，それぞれのピクセルに左目用，右目用の映像を描画します．ユーザは，左右の目でその目から見た

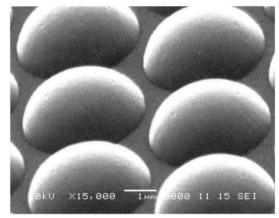

写真1 マイクロレンズ・アレイ（提供：協同インターナショナル）

映像だけを見ることになり，立体的な像を知覚します．

マイクロレンズ・アレイとは，微細な凸レンズが敷き詰められたシート（パネル）のことです（**写真1**）．シート上の無数の各凸レンズは，ディスプレイ側の画素に対して焦点が合うように設計されています．これを用いた裸眼立体視ディスプレイでは，上下左右のさまざまな角度からの視線に対応した映像を，対応する画素に表示することで，その視線方向から見た対象物の立体像をユーザに視覚させることも原理的には可能となっています．例えばディスプレイ機器の正面で見ると映像の俳優の顔は正面ですが，画面の横方向から斜めに映像を見ても，ちゃんと俳優の顔の側面が見えるような表現が可能ということです．

このマイクロレンズ・アレイをややシンプルにした

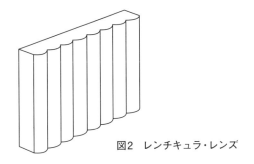

図2　レンチキュラ・レンズ

ものがレンチキュラ・レンズです．映像パネルの画素幅の微細光学系を用いる点ではマイクロレンズ・アレイと同じですが，上下方向の視線を個別のピクセルへ導くことを省略し，水平方向にしか凸レンズ効果を生まないカマボコ形状になっています（**図2**）．

● どの方式よりも輝度が高い

　眼鏡立体式はもちろん，視差バリア方式の裸眼立体視と比べても，輝度が明るいことがレンチキュラ・レンズ方式の優位な点です．これは，ディスプレイ機器の表示面側の出力光がほぼ遮光されずに左右の目に届けられるためです．

● より高解像度の高いパネルが必要

　本方式は，ディスプレイ機器側のパネル解像度どおりの立体像を表現できません．高解像度の立体像を視覚させるためには，より高解像度の映像パネルが必要になります．

　これは，微細光学系を用いて，左右の目からの視線を別々の画素を見るように導いているからです．例えば左右の目の2視差であれば，2視点の映像をディスプレイ機器側の映像パネルに表示する必要があり，また，1,920×1,080ドットのパネルであれば，左右のそれぞれの目に届けられる映像は半分の解像度の960×1,080ドットずつになってしまいます．この解像度低下の問題は，水平インターリーブ式の偏光方式立体視システム（Xpol式）の弱点に近いものがあります．

● 2D表示でも解像度が劣化する

　立体視をキャンセルして2D表示に切り替える場合，Xpol式ならば，ユーザが眼鏡を外し，ディスプレイ機器側が偶数ラインと奇数ラインの区別をせずに普通に2D映像をフル解像度表示すれば，ちゃんとパネル解像度そのままの2D映像の表示ができます．

　レンチキュラ・レンズ方式の裸眼立体視の場合，映像パネルに貼り合わされたレンチキュラ・レンズをはがさない限り，視線は絶対的に映像パネル上の異なる画素に到達してしまいます．そのため，2D表示を行いたい場合は，前述の1,920×1,080ドット・パネルの例なら，左右の目用に同一の960×1,080ドットの映像を表示するしかありません．すなわち，レンチキュラ・レンズ方式の立体視の場合，2D表示においても解像度が劣化してしまう弱点があるのです．

● 視域範囲（Viewing Area）が狭い

　裸眼立体視方式の特有の弱点ともいえるのが視域範囲の狭さです．想定される（＝奨励される）位置で見ないと，左右の目の視線が，理想的にディスプレイ機器側の映像パネルの左右の目用に割り当てられた画素に到達できなくなります．極端にいうと，奨励位置からずれると，とたんに立体像が知覚できなくなったり，クロストーク現象を視覚してしまいます．また，奨励位置から見ても左右の目の距離（視差）の個人差で，画面の正面は立体的に見えるが，画面の端の方でクロストーク現象が見えてしまうといった問題点も挙げられます．

河合　隆史

第21章 究極の3Dホログラフィのしくみ

測定/芸術/演算/セキュリティなどに応用されている

187 ホログラフィのしくみ
物体光と参照光を干渉させ,その干渉縞を記録する

● 始まり

ホログラフィはハンガリー生まれの物理学者Dennis Gabor氏によって1948年に発明された技術です.当初は,3次元再生技術としてではなく,電子顕微鏡の収差(画像のゆがみ)の影響を取り除き,分解能を高める目的で発明されました.同氏はこの発明でノーベル物理学賞を受賞しています.

3次元再生技術としてホログラフィが脚光を浴びたのは,1962年にLeith氏とUpatnieks氏が,当時開発されたばかりのレーザ光源を用いてホログラムを作成し,優れた3次元再生像を得ることに成功したことによります.

● しくみ

図1にホログラムの作成と再生の概略図を示します.ホログラムを作成するにはまず,レーザ光源を二つに分離し,片方のレーザ光を物体に照射します.物体表面によって散乱されたレーザ光を物体光といい,物体光は写真乾板に到達します.一般的な写真撮影では,この物体光の強度のみの2次元情報を記録しています.ホログラフィは,物体光ともう一つのレーザ光(参照光)を写真乾板上で重ね合わせることで二つの光を干渉させ,写真乾板に干渉縞と呼ばれる縞模様を記録します.干渉縞には物体光の3次元情報が記録されます.これがホログラムです.

次に,ホログラムに記録されている物体光を再生してみましょう.記録時に使用した参照光と同じ光(再生光)を用いてホログラムを照射します.再生光はホログラムの微細な干渉縞によって回折され,その回折した光がちょうど物体光と同じ光波になるため,観察者はホログラムの奥側に物体があるかのように見ることができます.

ホログラフィは光の干渉と回折を巧みに利用して,3次元物体の情報を2次元画像(写真乾板)に記録する技術になります.

ホログラムの物理現象を考えるときは,光波を数式的に取り扱います.光波は厳密には電磁波なのでマクスウェルの方程式に従いますが,この方程式をまともに扱うのは大変です.幸いなことに,ディスプレイ用途のホログラフィでの光波Uは,以下のように簡略化できます.

$$U = A\exp(i\phi) \quad\cdots\cdots(1)$$

この式のAは光波の強さ(振幅),iは虚数単位,ϕは位相を表します.振幅は直感的に分かりますが,位相はイメージがしにくいと思います.位相は光波の拡がり方や進行方向などを決めるものです.

下馬場 朋禄,増田 信之,伊藤 智義

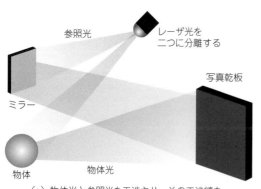

(a) 物体光と参照光を干渉させ,その干渉縞を写真乾板に記録するとホログラムが作成される

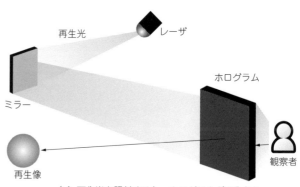

(b) 再生光を照射すると,ホログラムが再生され,3次元物体が表示される

図1 ホログラムのしくみ

188 ホログラムに含まれる情報を数式で見る
ホログラフィの記録と再生の原理

以降では前項の式（1）により光波を取り扱い，ホログラムの記録と再生の原理を解説します．

● 記録の原理

図1(a)にホログラム記録時の3次元物体とホログラムの位置関係を示します．ここでは，3次元物体は微小な点光源の集合体で，N個の点光源で構成されていると考えます．3次元物体を構成するj番目の点光源からホログラム上のある座標(x, y)に到達した光波は次のように表現できます．

$$O_j = A_j \exp(i\phi_j) = A_j \exp\left(i\frac{2\pi}{\lambda} r_j\right) \cdots\cdots (2)$$

ここで，λは光の波長（例えば赤色なら633nm程度）で，r_jはj番目の点光源とホログラム上のある座標(x_j, y_j)間の距離で，

$$r_j = \sqrt{(x-x_j)^2 + (x-x_j)^2 + z_j^2} \cdots\cdots (3)$$

です．3次元物体はN点で構成されているので，式（2）をN回ホログラム上で足し合わせれば，ホログラム面上での物体光Oを表現できます．

$$O = \sum_j^N A_j \exp(i\phi_j) = \sum_j^N A_j \exp\left(i\frac{2\pi}{\lambda} r_j\right) \cdots\cdots (4)$$

ホログラムを作るには物体光と参照光を写真乾板上で干渉させる必要があります．まず，参照光を数式で表現します．参照光に平行光を使うと，

$$R = A_r \exp(i\phi_r) = A_r \exp\left(i\frac{2\pi}{\lambda} x\sin\theta\right) \cdots\cdots (5)$$

と表現できます．A_rは参照光の強さ，ϕ_rは参照光の位相を表します．θは参照光の入射角です．式（4）の物体光と式（5）の参照光との干渉は次式で表せます．

$$I = |O+R|^2 = |O|^2 + |R|^2 + OR^* + O^*R \cdots\cdots (6)$$

＊は複素共役を表します．詳細は後述しますが，この式の第1項と第2項は直流成分，第3項は物体光に関する項，第4項は物体光の共役像に関する項です．ホログラムにはこれらの情報が含まれています．

● 再生の原理

作成したホログラムから3次元像の再生を考えてみましょう．再生には，ホログラムへの照明（再生光）が必要です．この照明は，数学的にはホログラムIと再生光を掛け算します．再生光には通常，記録時の参照光と同じもの（波長や位置など）を使います．

$$I \times R = |O+R|^2 R = |O|^2 R + |R|^2 R + OR^*R + O^*R^2$$
$$= (|O|^2 + |R|^2)R + O + O^*R^2 \cdots\cdots (7)$$

このようにホログラムを再生すると三つの項に分けられます．第1項は直接光と呼ばれます．この直接光を取り出して式（4）と式（5）を代入すると，

$$(|O|^2 + |R|^2)R = \left(\sum_j^N A_j + A_r^2\right) A_r \exp\left(i\frac{2\pi}{\lambda} x\sin\theta\right)$$
$$= C_1 A_r \exp\left(i\frac{2\pi}{\lambda} x\sin\theta\right) \cdots\cdots (8)$$

になります．この式（8）は式（5）の参照光と同じ形のため，角度θでホログラムを通過することが分かりま

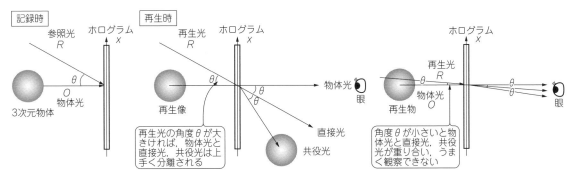

(a) ホログラム記録時の物体光と参照光の位置
(b) 再生光が大きな角度で入射した場合の再生の様子
(c) 再生光が小さな角度で入射した場合の再生の様子

図2　3次元物体，ホログラム，再生像の位置関係

す．第2項は，式（4）の物体光そのままなので，観察者がこの光を見れば3次元物体を観察できます．第3項は共役光（物体光の複素共役をとるため）と呼ばれ，

$$O^* R^2 = O^* \times \left(A_r \exp\left(i\frac{2\pi}{\lambda} x \sin\theta\right)\right)^2$$
$$= O^* A_r^2 \exp\left(i\frac{2\pi}{\lambda} 2x \sin\theta\right)$$
$$\approx O^* A_r^2 \exp\left(i\frac{2\pi}{\lambda} x \sin 2\theta\right) \cdots\cdots (9)$$

と表せます．この式の解釈は，O^* は物体光と似ていますが複素共役をとっており物体光の位相がマイナスになるため収束する光を表します．また，この収束する光は角度が約 2θ だけずれると考えられます．共役光は収束する光なので，結像位置に紙を置けば結像した像が見られます（ただし紙に投影するので3次元的には見えない）．

さて，図2(b)のように再生光にある程度大きな角度 θ をとれば，物体光，直接光，共役光はうまく分離され，観察者の目には物体光のみが届き，ホログラムの奥側に3次元像をリアルに観察できます．このようなホログラムをオフアクシス・ホログラム（軸外しホログラム）といいます．

角度 θ が小さい場合はどうでしょうか？　この場合，図2(c)を見て分かるように物体光，直接光，共役光は重なりあい，観察者の目にはこれらの光が届くため，非常に見づらくなります．特に $\theta = 0°$ のときのようなホログラムをオンアクシス・ホログラム（軸上ホログラム）といいます．

下馬場 朋禄，増田 信之，伊藤 智義

189 ユーザが自由に加工するために電子化が必要
電子ホログラフィのハードウェア

前項の説明は，ホログラムの記録材料に写真乾板を使用して撮影し，撮影後に写真乾板を現像するものでした．このようなアナログ的なホログラフィは，実在する3次元物体を撮影し，あたかもそこに物体があるかのようにリアルに再生できます．ミュージアムなどでその再生像を見たことがある方も多いでしょう．

しかし残念なことに，アナログ的なホログラフィでは，コンピュータ・グラフィックスで作成した仮想的な3次元物体をホログラムに記録することや，再生像に対してユーザがインタラクティブな処理を与えて自由に操作することができません．ホログラフィを応用した3次元テレビに求められるのはこのような特徴です．

● 計算機合成ホログラム（CGH）

ホログラムは，光の回折と干渉の現象を巧みに利用した技術であることから，これらの現象をコンピュータでシミュレートすればホログラムを作成できるはずです．このようなコンピュータで作成したホログラムを計算機合成ホログラム（CGH：Computer Generated Hologram）といいます．

アナログ・ホログラフィと同じ原理でCGHには（仮想的な）3次元物体の情報が記録されるため，本質的には写真乾板に記録されたホログラムと変わりがありません．CGHを写真乾板に転写し，その写真乾板に光を当てれば空間に3次元像を再生できます．ただ，これでは静止映像なので動画を再生する場合は，何らかの電子的に書き換えが可能な表示デバイス上にCGHを表示する必要があります．表示デバイスには表1のようなものあり，よく使われるのは高精細なLCDパネルです．CGHをLCDパネルに順次表示していけば，3次元像の動画化やインタラクティブな処理も可能になります．

このように，CGHをLCDなどの電気的に書き換え可能な表示デバイスに表示し，3次元像を再生する技術を電子ホログラフィ（Electro-holography）といいます．図1に電子ホログラフィの概略図を示します．パソコンではモデリング・ソフトやOpenGLなどの3Dグラフィックス・ライブラリを用いて3次元物体データを作成し，そのデータからの光波伝播を計算すること

表1　電子ホログラフィで使用される表示デバイス

表示デバイス	画素ピッチ	階調	フレーム・レート	特徴
LCD	5μm前後	256階調	60Hz以上	ホログラム表示素子として一番メジャーなもの
DMD	10μm前後	2階調	60Hz以上 （1kHzのものも存在）	マイクロマシン技術を利用した表示素子． リフレッシュ・レートが高速
AOM	アナログ	アナログ	—	高精細なホログラムを表示できるが，1次元の素子のため1次元のホログラムのみ表示可能．再生像は水平（もしくは垂直）方向の視差のみを持つ
フォトリフラクティブ素子	アナログ	アナログ	1Hz以下	高精細かつ大面積のホログラムを表示可能． リフレッシュ・レートは遅い

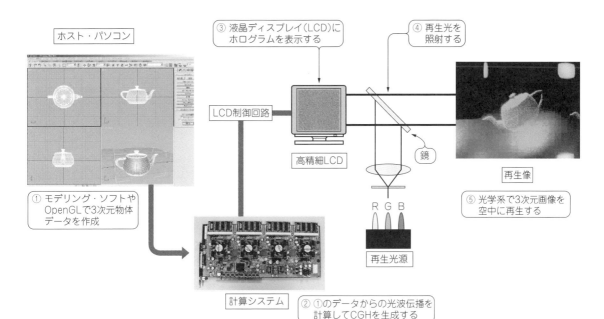

図1 電子ホログラフィの概略図

でCGHを生成します．CGHはパソコン上のCPUで計算してもよいのですが，CPUでは計算が重いため，何らかの計算ハードウェアでCGHの計算を高速化することも可能です．

そのCGHをLCDなどの表示デバイスに表示し，再生光を照射すると3次元像を再生できます．以降では特に混乱がない限りCGHをホログラムと呼ぶことにします．

下馬場 朋禄，増田 信之，伊藤 智義

190 視域を広げると計算時間が掛かる
電子ホログラフィの問題

電子ホログラフィを応用することで3次元物体の光を忠実に再生できます．そのため，現在主流の3次元再生技術では困難な人間の立体知覚要因（両眼視差，運動視差，輻輳，調節など）をすべて満足でき，自然な3次元再生ができると期待されています．原理的には前項図1のようなシステムを作れば電子ホログラフィ・システムを作れます．ただし，実用化には，ディジタル化特有の問題が妨げになっています．その問題

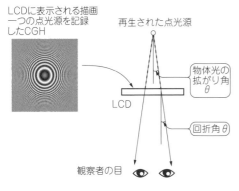

(a) 回折角が大きい場合，両眼で点光源を観察できる

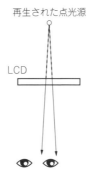

(b) 回折角が小さい場合，単眼でしか点光源を観察できない

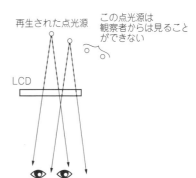

(c) 点光源がたくさんある場合で，LCD範囲内の点光源は観察できるがLCDから外れた点光源は観察できない

図1 CGHの視域と視野

点として，

1. 観察者が3次元像を見ることができる範囲（視域）が狭い（視域角が数°程度で両眼視が困難）
2. 再生された3次元像サイズ（視野）が小さい（数センチ程度）
3. ホログラムの計算時間が膨大

が挙げられます．

● 視域と視野の問題

1と2の問題点は，ホログラムの表示デバイスに関するものです．

一つの点光源を記録したホログラムをLCD上に表示することを考えてみましょう．このLCDに再生光を照射すれば，図1(a)の実線のようにLCDから回折光が発生します．この回折光をのぞくと破線のようにLCDの奥に点光源を見られます図1(a)のように拡がる回折光の中に両眼が収まれば点光源を両眼視できますが，図1(b)のように回折角θが狭い場合は単眼でしか点光源を見られません．これが視域の問題です．

また図1(c)のように複数の点光源を記録したホログラムをLCDに表示した場合，LCD範囲内の点光源は観察できますが，LCDから外れた点光源はほとんど観察できません．ホログラムの表示に使うLCDパネルは1cm×1cm程度のものなので，再生像もこの大きさを再生するのが限界です．これが視野の問題です．

このように視域を広げるためには回折角を大きく取る必要があります．LCDの回折角は見方を変えると点光源の拡がり角度θを，どの程度の大きさまで取れるかということになります．当然，点光源の拡がり角度が大きいほど視域は広がります．

物体光の最大拡がり角 θ [°] は，次式のように再生光の波長 λ [m] とホログラム表示素子の画素間隔 ρ [m]，参照光の入射角度 θ_r [°] で決まります．

$$\sin\theta - \sin\theta_r = \frac{\lambda}{2\rho} \cdots\cdots (10)$$

例えば，パソコンのモニタとして使われるLCDパネルの画素間隔は数百μm程度です．再生光に赤色（λ = 633nm），入射角 $\theta_r = 0$，$\rho = 100\mu m$ とすると，拡がり角は0.18°とごくわずかで，とても両眼視はできません．

現在，ホログラム表示用に使われるLCDの画素ピッチは5μm前後まで微細化が進んでいます．このようなLCDを用いれば，拡がり角は3.6°（両側で7.2°）程度まで拡がり，ホログラム面（LCD）からある程度離れた距離であれば両眼視が可能になります．このようにホログラムの表示デバイスには非常に高精細なものが求められます．実用的には1μm以下の画素ピッチが必要といわれています．

画素ピッチを微細化していけば視域を大きく取ることができますが，ホログラムの面積が小さくなります．ホログラムはその奥にある3次元空間を見るための窓と考えられるので，この窓が小さいと，視域が大きくても3次元像の一部のみしか見えないということが起こりえます．

このように，ホログラムの表示素子として理想的なものは，画素ピッチが細かく面積の大きいデバイスということになりますが，これは相反する条件です．これまでにLCD以外のホログラム表示素子として，前項表1にあるようなAOM（Acoustic Optical Modulator：超音波光変調器）素子や，マイクロマシン技術を応用したDMD（Digital Micro-mirror Device）素子の使用が検討されていますが，残念ながら，実用的なシステムの構築には至っていないのが現状です．

● ホログラムの計算時間の問題

電子ホログラフィの処理は，まずコンピュータ上に仮想的な3次元像データを用意し，この3次元像データからホログラムを計算します．3次元像を点光源の集合体と考え，その各点光源からの光波の伝播計算をホログラム面上の各画素に対して行うことで，ホログラムを生成します．このような手法を光線追跡法と呼びます．

前々項に示した式(6)をもとに，光線追跡法によるホログラムの計算式を求めてみましょう．式(6)の第1項と第2項は直接光で，この成分を含めてホログラムを計算してもよいのですが，この光は不要なので，無視しても問題ありません．アナログ的なホログラムでは，原理上どうしても直接光はホログラムに含まれますが，CGHはコンピュータ上の処理のため，不要な成分や強調したい成分などを自由に扱えることが利点の一つです．

第3項の物体光成分のみでホログラムを計算したいところですが，この成分は複素数のため，コンピュータ上で計算はできますが，その計算結果を表示できるデバイスがありません．そこで，第4項（共役光）を一緒に含めて計算すると次式のようになります．

$$I = OR^* + O^*R = \sum_j^N \left\{ A_j A_r \exp\left(i\frac{2\pi}{\lambda}(r_j - x\sin\theta)\right) \right.$$
$$\left. + A_j A_r \exp\left(-i\frac{2\pi}{\lambda}(r_j - x\sin\theta)\right) \right\}$$
$$= \sum_j^N 2A_j A_r \cos\left(\frac{2\pi}{\lambda}(r_j - x\sin\theta)\right) \cdots\cdots (11)$$

この式は共役光成分を含むため，再生させると物体光以外に共役光も発生しますが，計算結果が実数になるためLCDに表示できます．係数が煩雑なので，参照光の強度を $A_r = 1/2$ と置くと，次のようにすっきりとした式になります．

$$I = \sum_j^N A_j \cos\left(\frac{2\pi}{\lambda}(r_j - x\sin\theta)\right) \cdots\cdots(12)$$

式(12)は，点光源数がNでホログラムの画素数がMの場合，その計算量はMNに比例します．例えば，$N = 1000$点程度の単純な3次元物体から，$M = 1000 \times 1000$のホログラムを生成する場合，式(12)の計算回数は10^9となります．現在のコンピュータを使用しても数十秒程度の計算時間を要するため，ビデオ・レート（秒間30フレーム）でこのようなホログラムを作成できません．$N = 1000$点程度ではワイヤ・フレーム状の単純な3次元像の表現しかできません．さらに表現力に富むポリゴンなどで表現された3次元物体からホログラムを計算する場合の点光源数は数百〜数千倍以上になります．また，視域や視野を大きく取るためにホログラムの画素数も増やす必要があるため計算時間は現実的ではなくなります．

下馬場 朋禄，増田 信之，伊藤 智義

191 秒間30フレームで画像を更新するために
ホログラフィ計算を高速化する二つの方法

前項で電子ホログラフィの弱点である視域と視野の狭さを克服するシステムや素子などについて紹介しました．これらの研究例では，ホログラムの微細化と大面積化（画素数を増加させる）により問題を克服しています．しかし，微細化と大面積化はホログラムの計算時間を増大させることになります．

ホログラムは計算量が大変多く，現在の高速なコンピュータを使用してもビデオ・レートでホログラムを生成することは困難です．この問題を解決するためにアルゴリズムとハードウェア両面からさまざまな高速計算方法が提案されています．

これらの計算方法は3次元物体の表現法によって大きく二つに分類できます．一つは，3次元物体を点光源の集合体として表現する点光源モデル，もう一つは一般的な3次元グラフィックス同様にポリゴンの集合として扱うポリゴン・モデルです（**図1**）．

下馬場 朋禄，増田 信之，伊藤 智義

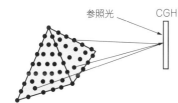 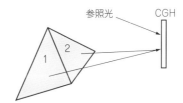

（a）点光源モデルの計算
点光源の集合として表し，各点光源からの光波をCGHの1点で足し合わせる

（b）ポリゴン・モデルの計算
ポリゴン面とCGH間の光波（回折）を計算する．各ポリゴンの光波を足し合わせることでCGHが計算できる

図1　3次元物体の表現と計算方法

192 一般的なCPUを使ってリアルタイムに導出する
ホログラフィの計算方法1…点光源モデルを使う

ホログラフィの計算の高速化について，まず点光源モデルから見ていきましょう．点光源モデルは式(12)を計算します．式自体は簡単な形ですが計算量が多いため，この計算量を削減するアルゴリズムが考案されています．ここでは，イメージ・ホログラムによる方法と仮想面を用いた二つの方法を紹介します．

● イメージ・ホログラム

日本大学の吉川・山口研究室はイメージ・ホログラムを利用することで，フル・カラーの3次元再生像を，一般的なCPUを使ってリアルタイムで得る方法を発表しています[6]．

ホログラムは，ホログラムと物体，参照光の位置関係によってさまざまな種類に分類されます．イメージ・ホログラムはホログラムの近傍に3次元像を置くタイプのものです．光学的なイメージ・ホログラムでは，レンズを使ってホログラムの近傍に3次元物体を結像させる必要があります．しかし，CGHでは3次元物体を置く位置を自由に設定できるため，このような操作は必要ありません．

イメージ・ホログラムを使うと高速にホログラムを計算できます．**図1**を見てください．（a）は3次元物体

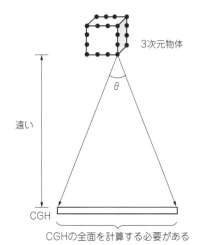
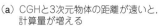
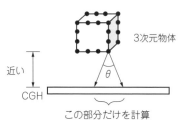

(a) CGHと3次元物体の距離が遠いと，計算量が増える

(b) CGHと3次元物体の距離が近いと，計算量が減る

図1　イメージ・ホログラムの高速計算法

(a) コンピュータ内に用意した3次元物体

(b) CGHで再生した結果

図2　イメージ・ホログラムによる再生像

をホログラムから離して配置した場合で，3次元物体の点光源から出た光はホログラムの全面にわたって照らされることになります．それに対して，イメージ・ホログラムのように3次元物体をホログラムの近傍に置いた場合［**図1(b)**］は，点光源からの光の拡がる角度が**図1(a)**と同じときは，CGHの計算時間は物体点数と画素数に比例するので，イメージ・ホログラムを使うことで計算時間を短縮できます．使用する計算式は式（12）と同じです．

さらに，式（12）のcosの計算部分をあらかじめ計算してテーブル化しておけば，一般的なプロセッサ（Intel Core2 Duo E6600 2.40GHz）を使って**図2**の花の3次元物体（点光源数は10,000点程度）のフル・カラー像を毎秒18フレームの速さで再生できます．

図2の再生像を得るのに使用した光学系は3枚のLCDパネルです．3次元物体を赤，青，緑の各色成分に分け，色成分ごとにホログラムを計算し各パネルに表示します．CGHのサイズは1,400×1,050画素です．

● 仮想面を用いたイメージ・ホログラムの計算方法

イメージ・ホログラムはホログラムの近傍にある3次元物体を扱うもので，ホログラムから離れた3次元物体を計算できません．この考え方を参考に，ホログラムから離れた3次元物体でも計算を高速化できる方法を紹介します[7]．

この方法の概略を**図3**に示します．この方法は2段階でホログラムを計算します．まず，物体とホログラム面の間に仮想的な面（以降，仮想面）を用意します．3次元物体の各点光源から出る1点1点の光波は式（4）で記述できるため，この式を使って素直に振幅と位相情報を複素振幅場として仮想面aの計算を行います．

このとき，物体近傍に仮想面を配置すれば，j番目の点光源から出た光が仮想面を通過する断面積W_jの半径は小さくなります．物体と仮想間の計算はこの微小な断面積に対して行うので，計算量も微小なものとなります．

次に，仮想面からホログラムへの光波伝搬を計算します．仮想面には，3次元物体から出た光の振幅と位相情報（光の進む方向など）が記録されているため，仮想面からホログラムまでの光の伝搬計算を行えば，ホログラム面上での3次元物体の物体光oの分布を計

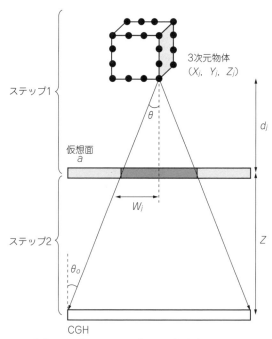

図3　仮想面を利用したホログラムの高速計算
CGHと3次元物体との距離がある際は，仮想面を用いて計算する

算したことに相当します．この光の伝搬計算には以下のフレネル回折を用いることができます．

$$o(x,y) = \frac{\exp\left(i\frac{2\pi}{\lambda}z\right)}{i\lambda z} \iint a(x',y') \exp\left(\frac{i\pi}{\lambda z}((x-x')^2 + (y-y')^2)\right) dx'dy'$$

$$= \frac{\exp\left(i\frac{2\pi}{\lambda}z\right)}{i\lambda z} F^{-1}[F[a(x,y)] \cdot F[\exp\left(\frac{i\pi}{\lambda z}(x^2+y^2)\right)]] \quad \cdots\cdots (13)$$

フレネル回折はある平面 a に光を照射したとき，距離 z だけ離れた平面 u における光波の分布（複素振幅）を求める積分となっています．この式は畳み込み積分の形のため，フーリエ変換 $F[\ ]$ と逆フーリエ変換 $F^{-1}[\ ]$ を使って式（13）中の2番目の式のように表せます．フーリエ変換をコンピュータ上で取り扱う場合は，高速フーリエ変換FFTを用いて演算量を大幅に削減できます．

最後に，この物体光と参照光を式（6）のように干渉させるとホログラムを得られます．GPUとテーブルを併用することで，3万点程度の3次元物体から2,048×2,048画素のホログラムを，秒間10フレーム以上の速度で得ることができています．

下馬場 朋禄，増田 信之，伊藤 智義

193 がんばればこんなこともできる！ ホログラフィの計算方法2…ポリゴンを使う

ポリゴン・モデルによるホログラム計算では，関西大学の松島研究室がホログラムによる3次元像再生の可能性を示す大変素晴らしい研究成果を発表しています．

ポリゴン・モデルの計算は，3次元物体を構成する各ポリゴンから出る光波を，ホログラム面上で足し合わせることで物体光を計算します．そして，その物体光と参照光を干渉させることでホログラムを計算します．ポリゴンは面なので，ホログラム上での光波は前項の式（13）のような回折計算を行えばよいのですが，回折計算は平面間の計算を対象にしているため，ホログラムに対して傾いたポリゴンを普通の回折計算で求めることはできません．

この問題を解決するため，傾いた面間でも計算ができる回折計算手法を開発しました．この計算の詳細は内容が高度で，また，説明に紙面も要するため詳細に関しては参考文献（1）を見てください．

図1にこの手法により得られた3次元再生像を示します．3次元物体は718ポリゴンで構成されています．ホログラムは65,536×65,536画素からなり，その総画素数は40億に達しています．このホログラムは，レーザ・リソグラフィ・システムを用いてクロム膜付き石英基板上のフォトレジストへ描画し，現像後にクロム膜をエッチングすることで作成しています．画素ピッチは1μm，ホログラムの大きさは約6.5×6.5cm^{2}です．

この再生像はホログラムの奥側に見ることができ，顔を上下左右に動かすと，チェック・パターンとビーナス像の位置関係が変化している様子が分かります．筆者は実物を見ましたが，ほかの3次元再生技術とは一線を画す自然な3次元像でした．このホログラムの計算時間はAMD Opteron 852（2.6GHz）プロセッサ4個と32Gバイトのメモリを搭載したパソコンで，約45時間です．

◆ 参考文献 ◆

(1) K. Matsushima and S. Nakahara；Extremely high-definition full-parallax computer-generated hologram created by the polygon-based method, Applied Optics, 48, H54-H63（2009）

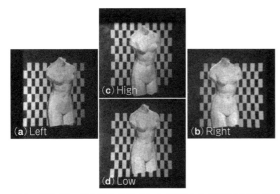

図1　ポリゴン・モデルから作成したCGHからの3次元再生像

下馬場 朋禄，増田 信之，伊藤 智義

第22章 地上デジタル放送のコモンセンス

番組表や字幕，地震速報のひみつ

194 データをパケットで管理し間に字幕や番組表を入れる
アナログ放送との違い

アナログ放送とデジタル放送，どちらも電波に映像信号を乗せています．しかし，アナログ放送とデジタル放送ではその電波の中身が異なります．

● 映像と音声が主だったアナログ放送

アナログ放送の場合，電波の中に走査線と呼ばれるテレビ映像そのものが入っています．走査線は512本のラインで構成され，上から順番に並べると1画面分のテレビ映像として表示します．映像規格として1秒間に30画面分のテレビ映像が電波として送信されます．

図1のように1本の走査線を拡大してみると波形が見えます．これが映像の一部（1ライン）です．

また，ブランキングと呼ばれる画面に表示されない走査線があるのですが，そこには同期信号，カラー・バースト（色情報），アナログ文字放送（現在の字幕放送）などが存在しています．

● データをパケット化して送出する

デジタル放送の場合，電波には変調されたデジタル・データが入っています．変調とはデジタル・データをアナログ信号（RF信号）に変換する処理方式です．つまり'0'と'1'の2進数のビット・データを電波として送信します．日本の地上デジタル放送の場合はOFDMという変調方式で放送されています．

この変調された電波を地デジ対応テレビで復号処理（電波からデジタル・データに戻す処理）をすることによってデータを取り出すことができます．このデジタル放送用のデータをMPEG2-TS（トランスポート・ストリーム）と言います．固定長（188バイト）のパケットが並んでいます．

このTSの一部を拡大して分かりやすく模式化したのが図2です．この188バイトのデータをTSパケットと呼び，TSパケット・ヘッダ（基本情報領域）とペイロード（データ格納領域）で構成されています．

ヘッダは4バイトで構成され，先頭は必ず同期信号（0x47）です．エラー・フラグはデータにエラーがある場合に'1'，データ開始フラグはペイロードにデータの先頭バイトが存在する場合に'1'，優先フラグは通常時は'0'で優先パケットだけ'1'とします．

パケットID（PID）は重要で，ペイロードに格納されているデータの種類を区別します．スクランブル制御はペイロードが暗号化されているかどうか，拡張ヘッダ制御はTSヘッダの直後に拡張ヘッダ領域が存在するかどうかを示します．

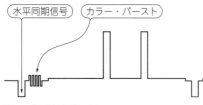

図1 水平走査線の例

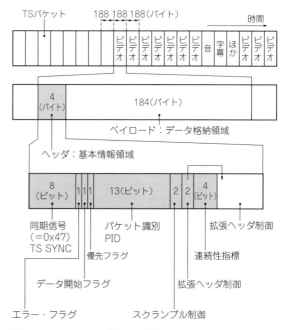

図2 MPEG2-TSのパケット構造

TS（トランスポート・ストリーム）のPID値

| PID | 100 | 200 | 200 | 300 | 100 | 100 | 100 | 300 | 200 | 100 | 200 | 100 | 100 | 300 | 100 | 200 | 300 |

連続性指標（Continuity Counter）の値

PID=100	0				1	2	3			4		5	6		7		
PID=200		9	10						11		12					13	
PID=300				5				6						7			8

図3 連続性指標の役割は，例えばPID100が同じPIDの直前のパケットに対して連続的かを示す

連続性指標は図3のように，PIDごとに1ずつ繰り上げてパケット・ロスが無いことを示します．

拡張ヘッダは主にPCR情報（映像と音声の再生タイミングのための同期情報）を付加します．

濱田 淳

195 放送の目的ごとに異なる 映像フォーマットあれこれ

● 地デジは1440×1080画素

デジタル放送で採用された映像圧縮技術によって，少ないデータ量でより多くの情報を放送することが可能となり，電波の有効利用が可能となりました．放送として使える画面サイズで見ると，図1のようにSDTVの画素数と比べて，ハイビジョン・サイズでは約3倍，フルハイビジョン・サイズでは地デジ放送で約5倍，BS放送で約7倍もきめ細かさに違いがあります．デジタル放送として放送可能な主な映像信号フォーマットを表1で示します．

例えばBSデジタル放送を観る場合，放送電波としては1920×1080の画素数があるので，フルハイビジョン（1920×1080画素）対応のテレビではそのままの画質で表示できます．ハイビジョン（1280×720画素）対応のテレビでは，縦と横が画面上小さくなるため，画面サイズを縮小して（画質を落として）表示します．

地デジの放送は1440×1080画素で送出されています．フルハイビジョン対応のテレビ（主に37型以上）は，これを1920×1080画素に変換して表示しています．

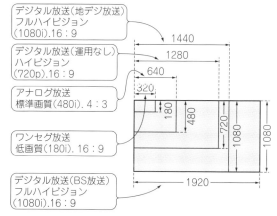

図1 アナログ放送とデジタル放送の画素数比較

フルハイビジョンではなく，ハイビジョンとうたっている主に32型以下は，例えば1366×768画素に変換して表示しています．

濱田 淳

表1 デジタル放送の主な映像信号フォーマット

	フォーマット	画素数[画素]	アスペクト比	I/P	プロファイル	フレーム周波数
SDインターレース	480i	720×480	4：3	I	MP@ML	30 (29.97) Hz
SDプログレッシブ	480p	720×480	16：9	P	MP@ML	60 (59.94) Hz
ハイビジョン	720p	1280×720	16：9	P	MP@H14L	60 (59.94) Hz
フルハイビジョン（地デジ）	1080i	1440×1080	16：9	I	MP@HL	30 (29.97) Hz
フルハイビジョン（BS放送）	1080i	1920×1080	16：9	I	MP@HL	30 (29.97) Hz
低解像度（ワンセグ放送）	240i	320×240	16：9	I	MP@LL	15 (14.98) Hz
低解像度（ワンセグ放送）	180i	320×180	4：3	I	MP@LL	15 (14.98) Hz

196 ワンセグ放送
単純な変調方式で送られエラー訂正能力が高い

　ワンセグ放送は地上アナログ放送時代にはなく，地上デジタル放送の配信設備が整ったことで初めて放送されました．携帯電話やカーナビのような移動を前提とする受信機で視聴できます．

● 13個のセグメントのうちの1個を利用する

　地上デジタル放送はアナログ放送と同じく電波として放送波を送信し，各家庭のアンテナで受信しています．放送局ごとに周波数チャネルとして放送され，13個のOFDMセグメントとして送信しています．そのうち12個はテレビ用（固定受信）として放送し，1個はワンセグ用（部分受信）として放送しています．

　図1の0番（OFDMセグメント番号）がワンセグ放送として使われています．このように，1個（＝英語でONE）のセグメントで放送していますので，「ワンセグ」放送と称されます．

▶ 一番受信しやすい位置に入っている

　なぜ0番という位置なのでしょうか？この0番の位置は波形的に「中央領域」となっているので，13個のセグメントの中で一番受信しやすい位置にあります．したがって，ワンセグ・チューナ用の回路や受信処理を低減できます．また，ワンセグ用変調パラメータには表1のような特徴があります．

● データ量を少なくするくふう

　ワンセグ映像はテレビよりも小さく画質も低下しますが，これは送信できるデータ量がすごく少ないこと

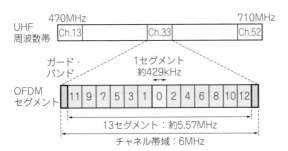

図1　UHF周波数帯におけるワンセグの位置

表1　ハイビジョン放送と比べたときのワンセグ放送の主な特徴

放送方式 項目	ワンセグ （部分受信）	ハイビジョン （固定受信）	ワンセグの特徴
セグメント数	1	12	低レートでの放送が可能
変調方式	QPSK	64QAM	単純な変調方式なので移動に強い
符号化率	2/3	3/4	ランダム・エラーの訂正能力が高い
インターリーブ	8	2	時間方向の誤り訂正能力が高い

Column・1　デジタル・テレビならでは！ネット接続機能のいろいろ

　アナログ放送では不可能でしたが，デジタル放送のテレビは家庭内のインターネットへの接続が可能です．これによりインターネット（通信）を利用した機能が増えています（表A）．

　特に光回線による高速インターネットが普及したことにより，ネット上の映像ストリームを視聴できる環境が整いました．表Bで放送とのビット・レートを比較します．光回線によりハイビジョン映像を通信として伝送することが可能となりました．

濱田 淳

表A　デジタル・テレビに装備されるインターネット機能

	詳細
ネット・ブラウザ機能	テレビ画面でネットサーフィンが可能
アクトビラ・サービス	テレビ画面からコンテンツを選択して視聴できる機能
ビデオ・オンデマンド	光回線を利用したVOD機能（NHKやNTTぷららなど）
ビデオ・レンタル	テレビ画面で映画などをレンタル出来る機能（TSUTAYAなど）
YouTube視聴サービス	テレビ画面でYouTube映像が視聴できる機能
Skype通話サービス	テレビ画面でSkypeビデオ通話ができる機能

表B　放送と通信のビット・レート比較（代表値）

放送	ビット・レート[bps]	通信	ビット・レート[bps]
		ISDN回線	128 k
		低速ADSL回線	1 M
標準画質（SDTV）	6 M	普及ADSL回線	12 M
ハイビジョン（HDTV）	18 M	光回線	100 M
ブルーレイ画質	25 M		

表2 ワンセグ放送とハイビジョン放送の主な圧縮パラメータ比較

項目 \ 放送方式	ワンセグ（部分受信）	ハイビジョン（固定受信）	ワンセグの特徴
映像圧縮方式	H.264	MPEG-2	低レートで高品質な圧縮が可能
映像フレーム数［フレーム/s］	15	30	動きが速い動画では滑らかでない
映像解像度［画素］	320×180 320×240	1920×1080 640×480	縦と横がそれぞれHDの1/6と小さい 縦と横がそれぞれSDの1/4と小さい
音声圧縮方式	AAC（SBR）	AAC（5.1対応）	超低レートでも高い音質を保持
音声サンプリング数	24kHz	48kHz	品質は下がるがデータ量は少ない

が原因です．それでもできる限り品質を保つために表2のような工夫を施しています．

● データ放送

ワンセグ放送用のデータは，テレビではなく携帯電話やスマートフォンなどの通信端末上でも表示しやすい規格が採用され，通信との連携を実現しています．

● 字幕データ

ワンセグ用の字幕はテレビ用の字幕データと異なります．電車や公共の場所で音声を聞かなくてもテレビを視聴できるとても有効な機能です．

● 圧縮度が高いため遅延が大きい

デジタル放送ではテレビ放送用として基準時刻に対して±500msの精度でTOT（Time Offset Table）を送信しています．ワンセグ放送では強力な映像圧縮方式の特性により，テレビ放送と比べて約3秒遅れますので，映像と時刻との同期が正確にとれません．

濱田 淳

197 ハイビジョンの場合は映像が84%を占める
映像/音声/データ放送のデータ量の比

デジタル放送はMPEG2-TS（トランスポート・ストリーム）というデータで構成されています．それでは，TSの中にはどのような種類のデータが存在するのでしょうか？

大きく分けると，ハイビジョン放送のためのデータ，ワンセグ放送のためのデータに分けることができます．ハイビジョン放送のデータ伝送量が16851kbps，ワンセグ放送の最大のデータ伝送量が416kbpsです（図1）．

● ハイビジョン放送のデータ割合

データ量が一番大きいのが映像で84%です．音声はデータ量が少なくステレオの時は1%，5.1chの時は4%です．データ放送のデータ量は大きく9%です．

EPGは1週間分の番組表として2%，字幕は文字情報なのでデータ量は微量です．そのほかはTS基本データ，コンテンツ保護用のデータ，受信機ソフトウェア・ダウンロード・データなどがありますが微量です（図2）．

映像	4000kbps
データ放送	1500kbps
音声	200k〜638kbps
EPG	300kbps
字幕	10kbps　　　　そのほか　微量

● ワンセグ放送のデータ割合

次にワンセグ放送の中を見ていきましょう（図3）．放送局によって異なりますが例として示します．デー

図1 ワンセグ放送は全体のデータ量からすると最大でも1/40，通常で1/100程度

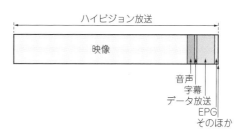

図2 ハイビジョン放送におけるデータの割合

267

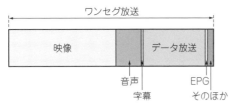

図3 ワンセグ放送におけるデータの割合

タ量が一番大きいのは映像で54%ありますが，2番目がデータ放送で全体の1/3を占めるのが特徴です．音声はサンプリング周波数を1/2に落として低レートで高音質なSBRを採用しているために小さくなっています．またワンセグでは，MPEG2-TSの規定範囲を超えるTS基本データの削減を実現しています．

映像	216kbps	データ放送	128kbps
音声	50kbps	EPG	微量
字幕	微量	そのほか	24kbps

● 実際のデータ伝送からみるTSパケットの割合

実際のデータを図4で見てみましょう．TS解析ソフト（ヴィレッジアイランド社のVillageVIEW）を使ってTSパケットを種類ごとに視覚化しています．ハイ

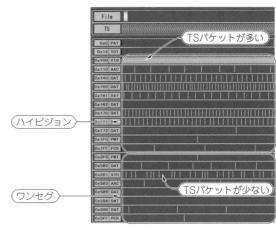

図4 実際のデータを見てみよう

ビジョン用のデータは映像パケットが非常に多く，データ放送など付加情報も多く伝送されています．

ワンセグ用のデータは映像でさえもまばらに伝送されています．このように，TSパケットは用途に応じて効率よく伝送されていることが分かります．

濱田 淳

198 きちんと階層構造になっている
データ放送のパケット構成

● ある情報がTSパケットに乗せられるまで

データ放送のプロトコルについて見ていきましょう．データ放送は画面表示のための複数のデータ・ファイルを電波として送信し，テレビなどの受信機ではそれをダウンロードして画面に表示します．

その際に受信機は，どのようにしてファイルを取得できるのでしょうか．そのメカニズムにデータ放送画面の表示時間（待ち時間）に関する謎解きのヒントがあります．

図1のように，データ放送をプロトコル階層でみると四つの層に分けることができます．データ放送用の

データがどのようにして伝送されるのかを，それぞれの層について見ていきましょう．

● ボタンや背景，文字などを一つにするデータ・ファイル層

データ・ファイル層では，データ放送で使用するファイルの整理を行います．データ放送の1ページはBML（放送用のHTML），PNG（ボタンなどの画像），JPEG（背景などの画像），CLUT（放送用色情報），BTB（放送用文字テーブル）というファイルで構成されています．これらのファイルを一つにまとめてマルチパート・データを作成します（図2）．マルチパート・

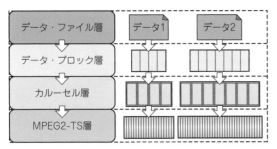

図1 MPEG2-TSにデータ放送のデータが乗せられるまで

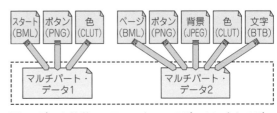

図2 データ放送コンテンツを一つのデータに束ねるデータ・ファイル層

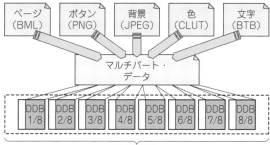

図3 マルチパート・データをデータ・ブロックに分割

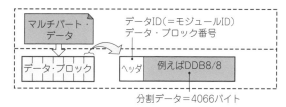

図4 マルチパート・データを圧縮・分割したデータ・ブロック層

図5 データ・ブロックをセクション形式にラッピングして繰り返し伝送するカルーセル層

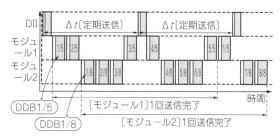

図6 カルーセルの伝送例（DII, DDBの伝送）

データはEメールの添付ファイルを送信するためのMIME規格を採用しています．

● マルチパート・データを圧縮・分割したデータ・ブロック層

データ・ブロック層では，マルチパート・データをzLib形式（zip圧縮のコア部分）で圧縮してデータ量を小さくし，そのあとデータ・ブロックという単位に分割します（図3）．データ・ブロックは4066バイトごとに分割され，分割情報をヘッダとして付加します（図4）．

● データを繰り返し伝送するカルーセル層

カルーセル層では，データ・ブロック1個をセクション形式（MPEG2-TSで伝送しやすい形式としてDSM CCセクション）にラッピングして繰り返し伝送します（図5）．この繰り返し伝送のことを回転するメリーゴーランドにちなんでカルーセルと呼んでいます．

カルーセル伝送によって，テレビの電源をいつ入れてもデータをダウンロードすることができる反面，データの取得には必ずカルーセル1回分の時間が必要です．どのタイミングでテレビの電源を付けてもデータ取得にかかる時間はΔt秒です（図6）．

このΔtを30秒とすると，データ表示までに少なくとも30秒かかり，それまでは「データ取得中」というメッセージが表示され，30秒間は待ち時間となります．

濱田 淳

199 まるでHTML！ホームページを作る感覚で書ける
データ放送の画面を作るBML言語

前項のようにデータ放送の素材（複数ファイル）は，マルチパート形式にまとめられ，一つのモジュールと呼ばれる単位で管理されます．モジュール・データは4066バイトごとにデータ・ブロック（DDB）として細分化されます．複数モジュールをまとめてカルーセルとして伝送し，その中で管理情報（DII）を定期的に送信しています．

テレビでは，番組に必要な情報をTSから取得後，データ放送表示に必要なDII情報からモジュール情報を取得します．次にモジュール数分のDDBダウンロードを開始し，データがすべて揃うとマルチパート・データから素材データを再構成し，必要なファイル（BML,画像，文字情報など）を取り出してBMLブラウザで表示します（図1）．

● テレビのデータ放送表示のしくみ

データ放送ではBMLという記述言語によって画面表示を行います．図2のように領域の定義，映像表示，文字や画像のレイアウト，リモコン操作関数，各種トリガやイベント処理を行います．

濱田 淳

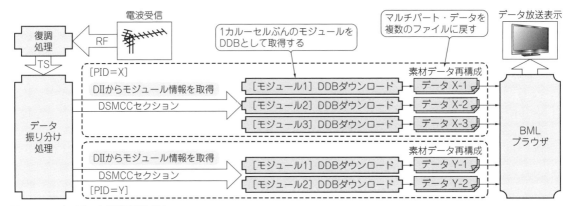

図1 テレビのデータ放送受信処理

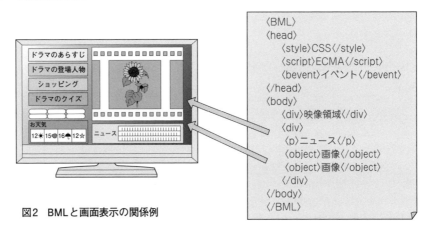

図2 BMLと画面表示の関係例

200 アナログ放送時代には無かった
番組表のしくみ

　デジタル放送では，電子番組表，言い換えるとEPG（Electric Program Guide）というデータを，放送局が放送しています．アナログ放送では番組表の放送はごく一部でしかありませんでした．

　テレビで直接的に番組表を見ることができるようになったことは画期的です．これにより，見たい番組の視聴予約や録画予約が簡単にできるようになりました．

● デジタル放送の番組表情報とその表示

　番組情報は主に以下の情報を送信しています．

　　番組ID（番組のID）
　　番組名（番組のタイトル）
　　番組詳細（番組の説明文）
　　番組開始時刻・番組の時間
　　番組の映像情報・音声情報
　　番組の字幕放送の有無
　　番組のデータ放送の有無

　　番組のジャンル情報，シリーズ情報字幕

　この情報を元にテレビでは番組表を構成して表示します．番組は番組IDで管理されています．一度使用された番組IDは，1カ月間は使用できないので，HDDレコーダで録画予約された番組を間違って録画することはありません．また，シリーズ情報によって連続ドラマや曜日の決まった番組をシリーズで予約できるため，最終回まで自動的に録画できます．

● シリーズ予約のしくみ

　毎週1回1時間放送する連続ドラマなどの番組をまとめてシリーズとして扱うことができます．放送局では番組情報の一つとして，シリーズ情報（シリーズID，シリーズ名称，再放送ラベル，編成パターン，エピソード番号など）を送信します．受信機ではこの情報を持つ番組の場合，通常の録画予約に加えてシリーズ予約が可能です．受信機ではシリーズ情報を記憶し

図1 セクション形式の構造

ておき，次回の同じシリーズの番組を自動的に検知して録画を行います．

● 電子番組表の伝送方法

電子番組表はEIT（Event Information Table）というセクション形式で送信されます（**図1**）．セクション形式としてヘッダにServiceIDを定義し，そのサービスの中の番組情報を時間順に並べます．1日分の情報は多いため，1個のセクション・グループの中に3時間ぶんの番組を入れるように規定されています．

図2はセクション情報がトランスポート・ストリームに乗るまでの流れです．

▶ 現在の番組は1～3秒周期で送出

セクションは周期的に繰り返し送出されます．例えば現在番組と次番組の情報は1～3秒周期，当日の番組情報は10秒～30秒周期などです．

時間の経過に伴って番組が切り替わるので，現在番組は過去番組になり，次番組は現在番組になり，次々番組は次番組になります．また，日付が変わるときにも，番組表情報を更新します．

セクション・データ（EIT）のデータ量は番組詳細情報に大きく左右されます．日本語で番組の細かい説明を送信することもできます．EITとしては一つのセク

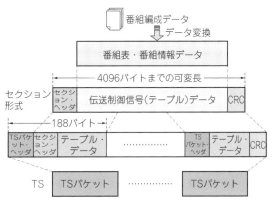

図2 セクション情報がTSパケットになるまで

ション・データに複数の番組情報を入れることができますが，最大容量4096バイトを超える場合はもう一つセクション・データを追加して送信されるしくみです．また，EITでは番組表を3時間単位でデータを区切り，この3時間で最大8個のセクション・データまで追加することができるので，4096×8 = 32768バイトまで使用できます．

〈濱田 淳〉

201 一つのチャネルで三つの番組を放送できる「サービス」

● 複数チャネルを簡単に構成できるデジタル放送

デジタル放送では，物理的なチャネル（テレビのチャネル・サーチで検出される電波）以外に，TS（トランスポート・ストリーム）の中で論理的なチャネルを構成できます．この場合のチャネルを「サービス」と言い，ServiceIDというIDで管理されます．複数チャネルで同じ放送を簡単に配信できるのもデジタル放送の特徴です（**図1**）．

デジタル放送ではセクションというデータでチャネル情報を制御します．**表1**に主なセクション・データを示します．

● デジタル放送の「ネットワーク」

デジタル放送ではネットワークという概念がありま

す．ネットワークとは，地上デジタル放送，衛星放送，ケーブル放送などメディアなどで区別される大きな放送単位です．ネットワークの中で複数のTSが放送されます．ネットワークはNetworkIDというIDで管理され，NITに記載されています．

● デジタル放送の「TS」

一つのネットワークの中では，TS（トランスポート・ストリーム）という単位で放送データが管理されます．衛星放送では衛星自体に複数のトランスポンダ（中継器）があり，1個のトランスポンダ＝1個のTSです．

地上デジタルでは放送局1局に対して1個のTSで運用しています．TSの中には複数のサービス（チャネル）が含まれます．TSはTS IDというIDで管理され，

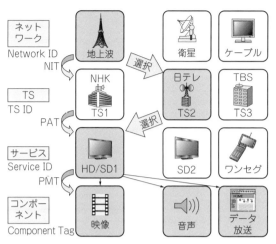

図1 ネットワークの中にTS1，TS2，TS3…がある．一つのTSが一つの放送局の放送範囲

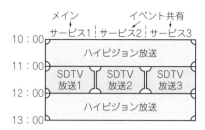

図2 ハイビジョン放送とSD 3チャネルの切り替え

PATに記載されています．

● デジタル放送の「サービス」

TSの中に，複数の論理的なチャネルを構成することができます．論理的なチャネルをサービスと言います．サービスはService IDというIDで管理され，PMTとSDTに記載されます．SDTはサービス属性を，PMTはチャネル構成を記載します．

● 一つの放送局なのに三つの番組を放送できる

サービスはチャネルという意味ですが，この中では時間で分けられた複数の番組が放送されます．これが番組表となります．実はBSも地上デジタル放送も，一つの放送局ではハイビジョン放送として一つだけ放送していますが，3個のサービス構成をしていて，2サービス目と3サービス目も同じ映像と音声を参照しています（図2）．これらをイベント共有と呼んでいます．これは標準画質（SDTV）3チャネル放送を想定しているため，時間帯によっては同時に3個の番組を放送できます．

このイベント共有によって，一つの放送局なのに3個の同じ内容の番組表が表示されるという現象が生ずることもあります．

濱田 淳

表1 TSの中の主なセクションとその役割

名　称	PID	説　明
PAT（Program Association Table）	0x0000	TS基本情報．TS IDとPMT構成，NIT構成を定義
PMT（Program Map Table）	任意	チャネル情報．Program IDとPCR，番組構成素材を定義
NIT（Network Information Table）	0x0010	ネットワーク情報．Network IDとチャネル・リスト，周波数を定義
SDT（Service Description Table）	0x0011	サービス情報．Service IDとチャネル名称，チャネル属性を定義
EIT（Event Information Table）	0x0012	番組表情報．Event IDと番組名称，番組属性を定義
TOT（Time Offset Table）	0x0014	時刻情報．現在時刻（年月日時分秒）を5秒間隔で送信

202 人物の近くに色を変えたりしつつ表示できる 字幕表示

● アナログ放送の字幕サイズ

アナログ放送では，文字放送として字幕放送と文字情報の放送がありましたが，ごく一部のテレビしか文字放送を表示する機能が搭載されていなかったため，普及しませんでした．アナログ放送の字幕は走査線のブランキング領域（非表示領域）のわずかなデータ重畳エリアを使って伝送され，日本独自の伝送効率の高い放送用文字コード規格を体系化し，ルビ・図形・記号・外字・特殊文字を実現していました．しかし，字幕制作が難しく，制作コストがかかるという問題がありました．

アナログ放送では文字表示のためのマスが決められており，図1のように縦方向に8文字，横方向に15.5文字となっています．文字は標準サイズ，中型サイズ（標準サイズの横幅半分），小型サイズ（標準サイズの縦横半分）などがありました．標準的に下部2行を使っていました．

● デジタル放送の字幕サイズ

デジタル放送では，総務省の政策として強い推進も

図1　アナログ放送の文字配置座標と文字仕様

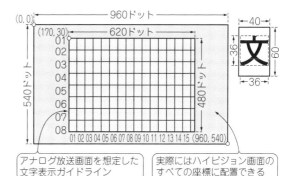

図2　デジタル放送の字幕座標（表示ラインと文字仕様はアナログ放送を想定したガイドライン）

あり，字幕放送の普及に向けて躍進しました．テレビでは字幕の表示機能が標準装備されたので，字幕表示をリモコンで有効にすれば簡単に表示ができるようになりました．文字や図形の表現も増え，文字サイズの自由化，表示位置のドット単位の座標指定ができるようになりました（**図2**）．

最近では文字の表示位置を人物に近いところに表示するなどのデジタル字幕に対応して制作された表現方法が出てきました．

放送局ではハイビジョン映像信号としてHD-SDI信号が使われていますが，このANC領域に字幕データが多重されています．デジタル放送ではこの字幕データを使ってTS化を行い，映像とは別の字幕データとして伝送しています．

● デジタル字幕の表示タイミング

デジタル字幕の種類は大きく分けて二つあります．

▶ 映像と同期する番組字幕

番組字幕は番組の映像と連動した字幕表示を行います．ドラマやニュースなど人物が話す言葉を文字にして，同じタイミングで表示します．

▶ 非同期の文字スーパー

文字スーパーは映像とは非同期に強制的に表示するためのもので，緊急ニュースや速報，災害情報などを通知する目的があります．現状，緊急ニュースは映像信号として放送しているため，文字スーパーは運用していません．

〈濱田　淳〉

203　とにかく速く伝えるくふう
緊急地震速報

● WCDMAでは専用チャネルを使って伝送

現在運用されている地震速報は携帯電話向けに，携帯電話の回線を用いて速報を伝えます．地震の初期微動であるP波と主要動S波との到達までの時間差を利用して，震源近くの観測点で地震を検知後，直ちに震源位置やマグニチュードを推定し，地震が到達する前に予測震度を通知します．気象庁からの警報を受けて携帯電話の通信プロトコルを利用するため，各携帯電話会社が利用している通信技術によって手段が異なります．既存の双方向の通信トラフィックの負荷を受けないように，かつ早く情報を届ける技術が用いられています．

WCDMA（ドコモ）では，CBS（Cell Broadcast Service）セル単位（基地局アンテナがカバーする範囲）で，専用のチャネルを用意して伝送します．

CDMA（AU）では，3GPP2のBroadcast-SMSブロードキャスト・ページング・チャネルを利用して地震情報を伝送します．

● 遅延の無いパイロット・キャリアで伝送

地上波デジタル放送においても，地震速報を伝送する技術仕様が準備されました[1]．気象庁からの情報を放送局が放送電波に乗せます．

信号はAC（Auxiliary Channel）信号を用いて伝送されます．AC信号は放送局が送信設備内の追加信号として利用するパイロット・キャリアです（**図1**）．

緊急信号はセグメントNo.0のACを用いて伝送します．映像や音声信号（本線）の処理系とは違い，受信機内でMPEGデコードやインターリーブ処理が不要で，遅延時間が少なく（本線の信号より1s以上速い），DBPSK変調を用いていることから，雑音や干渉に強い特徴があります．

地震の震源地や震源の深さ，ゆれの大きい地域の情報をいち早く伝えます．緊急地震速報に対して0.5s程度の時間差でテレビ受信機に情報を伝達できます．

ワンセグ携帯，車載テレビ，家庭内テレビなど利用

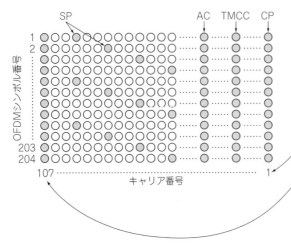
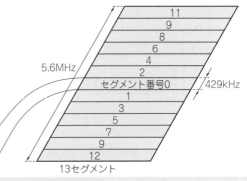

CP(Continual pilots)
…AFC，復調で使用
SP(Scattered pilots)
…基準位相，振幅等価時の伝送路の特性推定用

TMCC carrier
…送信モード情報の伝送
AC(Auxiliary Channel)
…放送用の付加情報を伝送

図1　パイロット・キャリアの中に遅延のないACが含まれる

機器が広がり，信号を受信後，自動起動する用途が考えられています．

携帯電話は1対1の双方向ベースの通信技術ですが，放送は一方向で広く伝播する技術ですので，トラフィック量を気にすることなく，緊急情報を広く・早く届ける手段としては最適なインフラといえます．

◆ 参考文献 ◆

(1) 地上ディジタル・テレビジョン放送の伝送方式 標準規格 ARIB STD－B31 1.8版，平成21年12月16日改定．

濱田 淳

204　FMやAMとは違う 地デジの変調方式

■ 変調方式のいろいろ

● AM

音声や映像の信号波形で電波の強さや周波数を直接変化させて伝送する変調方式です．アナログのテレビ放送やラジオ放送などで使われています．

代表的なアナログ変調の例を**図1**と**図2**に示します．AM（振幅変調）は，伝送する信号波形を電波の強さの大小で表すシンプルな変調方式であり，最も代表的な方式です．AMラジオ放送では，電波の強さの変化が音声波形そのものとなります．テレビ放送では，地上アナログ放送の映像伝送にAM方式が使われています．

● FM

FMは，電波の周波数を変化させることによって信号波形を伝送する変調方式です．FMラジオ放送やBSアナログ放送の映像伝送に使われています．アナログ変調を使ったテレビ放送やラジオ放送は，変調のしくみが簡単で送信機や受信機が安価にできるというメリットがありますが，電波に混入したノイズなどがその

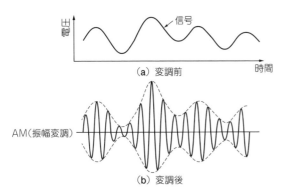

図1　アナログ変調方式①「AM」
伝送する信号を振幅の変化で表す

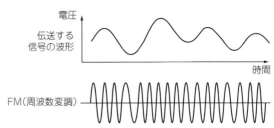

図2　アナログ変調方式②「FM」
伝送する信号を周波数の変化で表す

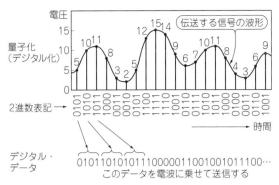

図3 デジタル変調処理は量子化から始まる
ある時点における信号の大きさを2進数で表す量子化

まま信号波形に影響を及ぼし，画質や音質を低下させます．

● デジタル変調

　デジタル・データを伝送するための変調方式であり，デジタル放送で使われています．映像や音声の信号は，図3のように量子化（デジタル化）してから，さらに電波での伝送に適した形（MPEG2-TSなど）に変換して，そのデータをデジタル変調で伝送します．

　図4に示すようにデジタル変調も電波の振幅や周波数を変化させて情報を伝送するという点においてはアナログ変調と同じです．'0'または'1'といった整数値の伝送を目的としているため，振幅や周波数の変化はアナログ変調と違って階段状です．

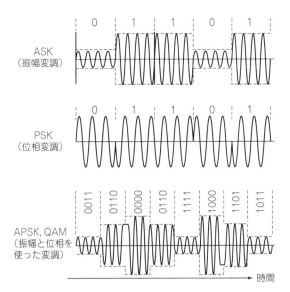

図4 デジタル変調方式のいろいろ
デジタル変調も電波の振幅や周波数を変化させることに変わりはない

地上アナログと地上デジタルの映像信号と変調方式

● 地上アナログ放送

　図5と図6は，地上アナログ放送における映像伝送の概念です．放送局では，まずカメラで撮影した映像から，1コマごとに画面の輝度（明暗）を電圧値で表したビデオ信号を作ります．このときビデオ信号は，図5のように画面の上から下に向かって順次，画面全体の輝度を表した信号波形となります．

　次に，ビデオ信号をAMの一種であるVSB-AM方式（残留側波帯振幅変調）で電波に乗せて伝送します．

　実際の地上アナログ放送では，画面全体を2回に分けてビデオ信号化する方法（インターレース走査）が採用されています．また，カラー放送では明暗の情報だけでなく色の情報も伝送する必要があるため，ビデオ信号の波形はもう少し複雑です．

　テレビ受信機では，まず電波の振幅を電圧に変換することでビデオ信号を再生し，それをもとに送信側と

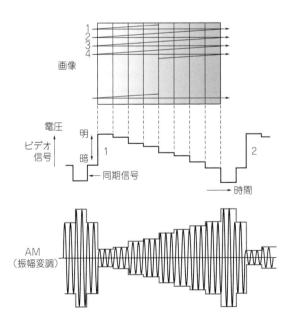

図5 地上アナログ放送の変調

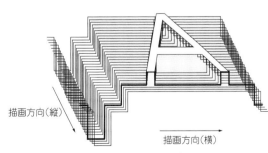

図6 アナログ放送の映像再生イメージ

275

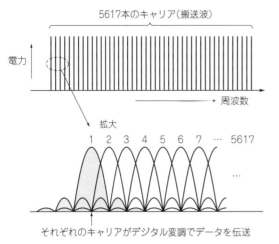

図7 複数のキャリアを使ってデータを伝送するOFDM方式

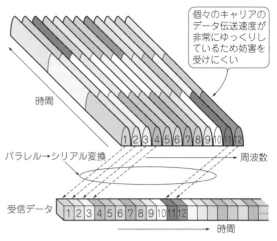

図8 複数のキャリアでデータを伝送しているイメージ

同じ順番で画面上に明暗を描くことによって，カメラで撮影された映像を再生します．

地上アナログ放送では，音声は映像と別のキャリアで送信されていて，変調方式はFMラジオ放送に類似したFM方式です．

● 地上デジタル放送

デジタル放送では，MPEG-TS化された映像や音声のデータを，デジタル変調で電波に乗せて送信します．

日本の地デジでは，OFDM（Orthogonal Frequency Division Multiplexing；直交周波数多重）方式が使われており，これは図7のように複数のキャリアを使ってデータを伝送するもので，マルチキャリア方式と呼ばれています．

地デジの1チャネル当たりのキャリア数は5617本もあり，その大部分のキャリアがデジタル変調で同時にデータを伝送しています．このような数千本のキャリアの変調をアナログ回路で実現することは困難ですが，実際の送信設備では，デジタル演算回路によるIFFT（高速逆フーリエ変換）でOFDM波を生成しています．

マルチキャリアのOFDM方式では，多数のキャリアで同時にデータを伝送する代わりに，それぞれのキャリアのデータ伝送速度は非常にゆっくりで，そのためノイズなどによる妨害を受けにくくなっています（図8）．

川口 英

205 日本／中国／米国／欧州の違い 日本と海外の放送方式

表1に各国の放送方式と簡単な仕様を示します．

● 日本はISDB-T

ISDB-T（Integrated Services Digital Broadcasting Terrestrial）は，日本の地上波デジタル放送方式です．マルチキャリア変調のOFDMという技術を使用します．OFDMの特徴はマルチパスに強く，移動体での受信にも対応する能力があります．

技術的特徴は階層伝送で，伝送帯域を13個のセグメントに分割し，3階層を利用して番組を放送できます．

ISDB-Tは日本独自の方式で採用しているのは日本だけでした．南米の国々が同方式の採用を発表しています．

● 欧州はDVB-T

DVB-T（Digital Video Broadcast Terrestrial）は，ヨーロッパを中心とした地上デジタル放送方式です．現在世界中で最も普及している方式で，ISDB-Tと同じようにOFDMの信号です．また，DVB-Tの規格に移動体受信向けのDVB-Hが追加され，携帯電話向けのデジタル放送にも対応します．

ヨーロッパ各国，オーストラリア，東南アジア，台湾が採用しています．

▶ 次世代のDVB-T2

ヨーロッパの次世代のデジタル・テレビ方式です．2009年12月にイギリスで放送が開始されました．OFDM技術をベースに，FFTや変調方式の拡張で最大50Mbps

表1　各国の放送方式

放送方式	ISDB-T	DTMB	ATSC/8VSB	DVB-T/H	DVB-T2
変調方式	DQPSK QPSK 16QAM 64QAM	4QAM 16QAM 32QAM 64QAM	8VSB	QPSK 16QAM 64QAM	QPSK 16QAM 64QAM 256QAM
キャリア方式	マルチキャリア	マルチキャリア	シングル・キャリア	マルチキャリア	マルチキャリア
FFTキャリア	2k，4k，8k	1k，4k（3780）	−	2k，4k，8k	1k，2k，4k，8k，16k，32k
エラー訂正	RS + Conv	BCH + LDPC	RS	RS + Conv	BCH + LDPC
符号化率	1/2，2/3，3/4，5/6，7/8	0.4，0.6，0.8	−	1/2，2/3，3/4，5/6，7/8	1/2，2/3，3/5，3/4，5/6
バンド幅	6M，7M，8MHz	8MHz	6MHz	5M，6M，7M，8MHz	1.7M，5M，6M，7M，8M，10MHz
ガード・インターバル	1/4，1/8，1/16，1/32，Cyclic Prefix	55.56，78.703，125us，PN	−	1/4，1/8，1/16，1/32，CP	1/4，19/256，1/8，19/128，1/16，1/32，1/128
データ・レート [bps]	3.7M〜23.2M（6MHz）	4.18M〜32.486M	19.39M	3.372M〜32.66M	7.56M〜50.40M
主な採用国	日本，ブラジル，アルゼンチン他南米各国	中国	アメリカ，カナダ，韓国	イギリス他欧州各国，オーストラリア，台湾	イギリス

注▶RS：リード・ソロモン，Conv：畳み込み符号

の伝送が可能になりました．階層伝送にも対応しています．

● 米国はATSC/8VSB

　ATSC/8VSB（Advanced Television Systems Committee/8VSB）は，米国のATSCで策定された地上デジタル放送方式です．シングル・キャリア伝送方式で8VSBという変調方式を採用します．採用国は米国，カナダ，韓国などです．

▶ ATSC-M/H

　ATSC-M/H（Advanced Television Systems Committee-Mobile/Handheld）は，ATSC/8VSBの下位互換性をもった次世代放送方式です．ATSCはシングル・キャリア方式のため，ドップラ・シフトやマルチパスに弱いなどの点を，IPストリーム伝送レイヤにおけるエラー訂正の追加やタイム・スライシングによる送信などで補います．移動体での受信を目標とした規格です．

● 中国はDTMB（GB20600-2006）

　DTMB（Digital Terrestrial Multimedia Broadcast）は，中国独自のデジタル・テレビ方式です．マルチキャリア方式（DMB-T）とシングル・キャリア方式の折衷として2006年に規格化されました．

谷津 弦也

第23章 カメラ・モジュールやレンズ選びに！光学特性入門

焦点距離/画角/F値/レンズ構成/材料など

206 いろんな画像を撮影できるようになる
光学特性を理解しておくメリット

　Interface誌2014年11月号特集「徹底研究！指先サイズ　スーパーカメラ」では500万画素の高機能OV5642カメラ・モジュール（**写真1**）を紹介しました．撮影画像を8ビットのパラレル・データ（ディジタル・ビデオ信号）で出力するほか，ホワイト・バランスや色調整など，カメラとしての機能が全部入っている優れものです．

● 入手しやすいカメラ・モジュールは「M12レンズ」だからレンズ交換できる

　この手のカメラ・モジュールで使われているレンズの多くは交換可能なM12マウント（内径12mm，ピッチ0.5mm）・タイプです．M12レンズは，「M12レンズ」で検索すると，個人でも購入できるショップが多数見つかります．数百円からと安く入手でき，種類も驚くほど豊富です．特に2/3inch～1/4inchサイズのイメージ・センサ用の品揃えが豊富で，セキュリティ用，産業用，車載用と幅広い分野でも使われています．

　いざM12レンズを購入し，望遠/広角/接写などの画像（**写真2**）を手に入れようとすると，そもそも今のカメラ・モジュールに付いているレンズの仕様を知らなければ，新しいレンズを選ぶことができません．例えば，カメラ・モジュールに付いているレンズのF値が2.8と分かっていれば，F2.0（1/1.4倍）のレンズを購入することで，明るさが2倍の画像を得られること

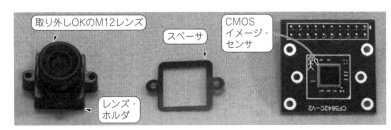

(a) 外観　　(b) レンズ・ホルダとレンズ　　(c) スペーサ　　(d) イメージ・センサと基板

写真1[(1)]　500万画素高機能OV5642カメラモジュール
M12レンズが装着されている

(a) 標準 52mm．USB カメラモジュール付属レンズ相当　　(b) 望遠 84mm　　(c) 広角 28mm

写真2　光学特性が理解できるとレンズを交換していろんな画像を撮影できるようになる
いずれも35mm判（コラム）換算の焦点距離で表してある．標準52mm相当の画像がUSBカメラモジュール（1/6型）に搭載されていた焦点距離3.5mmのレンズに相当する．イメージャ・サイズ1/6型を使用する場合，広角28mm相当の画像を得るには1.9mmのレンズを，標準52mm相当の画角を得るには3.5mmのレンズを，望遠84mm相当の画角を得るには5.6mmのレンズを購入すれば，同等の画角を得ることができる

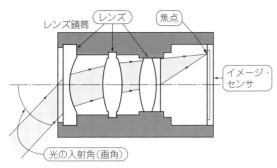

図1 画像屋さんなら理解しておきたい光学特性の基本パラメータ
レンズに入った平行光がレンズによって交わる点が焦点

が期待できます（F値については後述）．

ところが，1,000円程度で購入するカメラ・モジュールの大半は，レンズ仕様が明らかになっていないことが多いです．そこで本章では，レンズ性能の基本パラメータの求め方について解説します．未知のレンズをリバース・エンジニアリングしながら実例で示していきます．

● 知っておきたいレンズの基本パラメータ

知っておきたいレンズの基本パラメータは次の通りです（**図1**）．

1. 焦点距離
2. 画角
3. F値
4. レンズ構成（レンズ枚数や形状など）
5. 材料

筆者はレンズの専門家であり，プログラミングは専門外です．実験に際しては，USBインターフェースをもつカメラ・モジュールを入手し，パソコンで画像を確認しました．ここで解説することは，大抵のカメラ・モジュールのレンズ性能を把握する際に使えます．

〈小山 武久〉

Column・1　用語解説

● 35mm判フィルム

銀塩フィルム時代に一般に使われていた多くのフィルム・サイズは35mm判といわれる物でした（**図A**）．35mm判といっても実際に映像に使う部分のサイズは，水平方向36mm，垂直方向24mm，アスペクト比3：2が一コマですが，フィルム自身の幅が35mmであることから，35mm判と呼ばれています．

他の名称として「ライカ判」，「135フォーマット」，「フルサイズ」などがあり，どれも同じ内容です．

一般に使われていたフィルム・サイズが，ほぼ35mm判フィルム1種類であったため，焦点距離と画角の関係は一つの表を覚えておけば済みました．ところがディジタル時代になり，イメージ・センサの種類が多くなると，それまでほぼ1種類であった焦点距離と画角の関係は，アクティブ・エリア・サイズごとに，いちいち計算する必要が生じました．

そこで今までの経験値を生かすため，35mm判フィルム・サイズに換算した焦点距離をわざわざ記載するようになりました．

● フランジバック

フランジバックとは，レンズ・マウントのマウント面から，フィルム（撮像素子）面までの距離をいいます（**図B**）．Cマウント，マイクロフォーサーズなど，さまざまな交換レンズを装着する場合，この距離が重要になります．この距離が短いと，交換レンズ本体と撮影素子がぶつかってしまう場合があります．

図Bのように，バックフォーカスとは別のものです．バックフォーカスは光学系の一番後ろに位置するレンズの表面からセンサの受光面までの長さのことです．

〈小山 武久〉

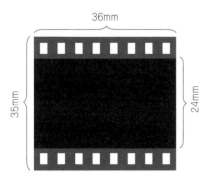

図A　35mm判フィルム・サイズ

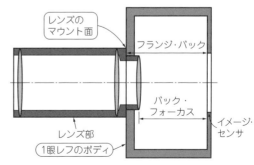

図B　フランジバックはレンズの装着面とセンサ表面までの距離

207 光学特性を読み解くためにイメージ・センサのデータシートから必要な項目を抽出する
アクティブ・エリアや主光線入射角度など

● イメージ・センサのデータシートを準備する

入手したUSBカメラモジュールの仕様を，販売元である日昇テクノロジーのホームページ（http://www.csun.co.jp/SHOP/2010052305.html）で確認してみると，イメージ・センサの型名，電気的特性，データシート，回路図，インターフェース仕様が記載されています．

データシートはイメージ・センサの説明が主であり，モジュールに搭載されているレンズに関する記載はありません．レンズの仕様はイメージ・センサの大きさや撮影した画像から推測するしかなさそうです．まずはデータ・シート「OV7670_DS.PDF」に記載されている仕様から，イメージ・センサの大きさ，画素サイズ，画素数を読み取っておきます（図1）．以下，光学的に必要な項目を転記すると，

- 品名：OV7670（CMOSイメージ・センサ）
- アクティブ・エリア画素数：640×480
- レンズ・サイズ：1/6
- Chief Ray Angle（主光線入射角度）：25°
- ピクセル・サイズ：3.6μm×3.6μm
- イメージ・エリア：2.36mm×1.76mm

得られた情報を図1に整理しました．

● その1：実効的なイメージ・エリア：アクティブ・エリア

イメージ・エリアは，画素（ピクセル）が並んでいる領域を示しており，画素数表記なら658×488になります．このうち撮像に使う画素数としては，アクティブ・エリアの640×480であり，1画素の大きさが3.6μmなので，2.30mm×1.73mmになります．

これで撮像素子の大きさがわかりました．レンズ設計においては，このアクティブ・エリアのどこの画素にも均一に光を届けなければなりません．従ってデータシートに書かれているイメージ・エリアのサイズよりも，アクティブ・エリアのサイズの方が重要なのです．

この2.30mm×1.73mmというサイズは，35mm判フィルム（フルサイズ36mm×24mm，コラム）の各辺の長さと比較すると約1/15になります．

OV7670イメージ・センサの場合，アクティブ・エリア外の画素は水平方向に16画素，垂直方向に8画素設けられています．この部分はオプティカル・ブラック（Optical Black）と呼ばれます．

● その2：光の入射の限度角 Chief Ray Angle

Chief Ray Angle（主光線入射角度）とは，イメージ・センサに入射する光線の角度を表します（図2）．

一般のレンズはイメージ・センサの周辺に行くほど，光線への入射角は大きくなります．CMOSイメージ・センサは，光を感じる部分（フォトダイオード）の前に，配線などの壁があるため，イメージ・センサへ入射する光線の角度が大きいと，その壁により光線がフォトダイオードまで届かない「ケラレ」を生じます．そのため，その最大許容入射角を示し，ケラレが発生しない光線入射角の限度を警告しています．

基板上に搭載されているレンズは，このアクティブ・エリアからはみ出さない画角と焦点距離に設定されているはずです．

次にレンズの焦点距離を推定してみましょう．

〈小山 武久〉

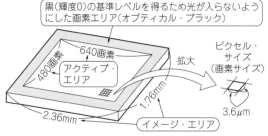

図1 基本…イメージ・センサの特性をデータシートから読みとっておく
実際に画像を取得するアクティブ・エリアのサイズが記されていないこともあるが，画素数と1画素のサイズから求められる

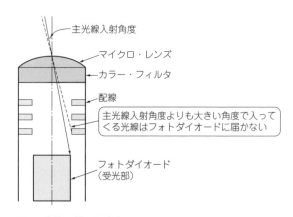

図2 光線入射の限度角 Chief Ray Angle
一つの画素を真横から見た

208 パラメータ1：焦点距離
倍率や画角を求められるようになる

● 焦点とは

焦点は，光軸に平行な光線が光学系に入射し，系の最終面から光線が射出後，その光線が光軸と交わる点を指します．レンズは被写体側，イメージ・センサ側いずれからも光線を入射させられるので，焦点は二つ存在します．通常，イメージ・センサ側の像位置を後側焦点といいます［図1(a)］．像側から無限遠光線を入れた際の結像点を前側焦点と呼びます［図1(b)］．

有限距離から光線を発したときに結像する点は，像点あるいは結像点［図1(c)］と呼び，焦点とは区別します．そのため，レンズの焦点距離を求めるためには，無限遠の光線を入射させなければなりません．

● 焦点距離から撮影できる範囲がわかる

焦点距離と被写体までの距離が分かれば，倍率，画角（水平，垂直，対角）などを求められます．倍率や画角が分かることで，

- そのレンズを使って任意の大きさの被写体を画面いっぱいに写すには撮影距離をどのくらいとるか
- 任意の被写体距離では，どのくらい広い範囲の風景を取り込めるか

が分かります．

● 焦点距離を推定する

焦点距離の推定方法は何通りかありますが，二つの方法を紹介します．

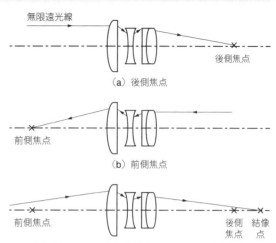

図1 平行光線の結像点を焦点という

図2 デジカメ撮影画像のExif情報（写真用のメタデータ）を見ると焦点距離がわかる

(a) USBカメラモジュールで撮影

(b) 比較用…1眼レフ・カメラで撮影

写真1 焦点距離を求める方法1…焦点距離が既知のレンズ画像と比較

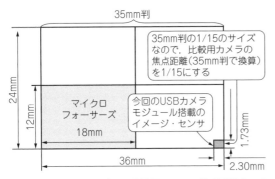

図3 焦点距離の求め方1…比較用カメラの焦点距離とアクティブ・エリアのサイズから計算する

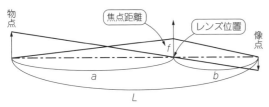

図4 焦点距離の求め方3…撮影画像サイズ/実物サイズ/撮影距離から計算する

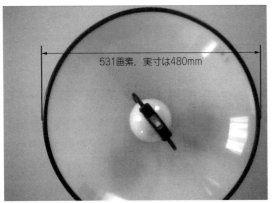

写真2 焦点距離の求め方2…実寸がわかっているものを撮影する
今回はペンダント・ライトを使用

(ア) 焦点距離が既知のレンズの画像と比較する
(イ) 実物の大きさと撮影画像(被写体)の大きさ，被写体距離から求める

▶ (ア) の方式

カメラ・モジュールで撮影した画像と市販のデジカメの画像を撮り比べ(**写真1**)，被写体が同じ大きさになるようにデジカメ側のズーム・レンズの焦点距離を調整し撮影します．(b)の市販デジカメの画像ファイルにはExif (Exchangeable image file format) 情報

が埋め込まれており，撮影レンズの焦点距離が記録されています(**図2**)．その情報を見ると焦点距離26mmで撮影されたことが分かります．

使用したデジカメはLUMIX GX7(パナソニック，マイクロフォーサーズ規格品)です．35mm判換算の焦点距離は，使用したデジカメの実焦点距離の2倍の52mmになります．また，カメラ・モジュールの実焦点距離は，前項で求めたカメラ・モジュールのアクティブ・エリア・サイズと35mm判フィルム・サイズの比(約1/15)が掛かりますので(**図3**)，52mm÷15 = 3.48mmが，カメラ・モジュールの実焦点距離であると推定されます．

▶ (イ) の方式

実物の大きさと撮影画像(被写体)の大きさ，撮影距離から求めます．

- 撮影画像(**写真2**)中のペンダント・ライト(照明)の傘の大きさを，画像ビューワなどで求めます．
- 実物のペンダント・ライトの傘の大きさを測定しておきます．
- 撮影距離を測っておきます．

これら三つの値から焦点距離を推定します(**図4**)．その際に使用する式は以下の通りです．

$1/a + 1/b = 1/f$, $M = b/a$
ただし，物点からレンズまでをa[m]，レンズから像点までをb[m]，焦点距離をf[m]，撮影倍率をM，物像間距離をL[m]とする．
$L = a + b$

これから撮影距離$L = 880$mmと求まります．ペンダント・ライト部の画像サイズは531画素×3.6μm = 1.9116mm，ペンダント・ライトの傘の実際の大きさ = 480mm，これらを上式に代入し，焦点距離fを求めると，

$M = 1.9116$mm/480mm = 0.0039825
$a = L/(1+M) = 876.5$mm

であるので，

$f = M/(M+1) \times a$
 $= 876.5 \times 0.0039825/(1+0.0039825)$
 $= 3.48$mm

以上の通り，(ア)と(イ)，両方とも焦点距離は約3.5mmであることが推定できました．この焦点距離が推定できたことにより，搭載されているレンズの画角も分かります．

小山 武久

209 被写体をどのくらいの範囲で取り込めるか
パラメータ2：画角

● 画角とは
画角は，被写体を，カメラ・モジュールで撮影した画像の中に，どのくらいの範囲で取り込めているかを示します（図1）．

● 焦点距離とアクティブ・エリア・サイズから求まる
一般のレンズの半画角 θ [°]，焦点距離 f [m]，像高 y [m]は，次の式で関係付けられています．

$$y = f \tan \theta$$
$$\theta = \tan^{-1}(y/f)$$

今回使用したイメージ・センサのアクティブ・エリア・サイズは，水平方向2.30mm，垂直方向1.73mmでした（図2）．この値から対角方向は2.88mmです．これらの値を像高 y とすると，焦点距離 f との関係から半画角 θ が求まります．水平（36.4°），垂直（27.8°），対角（44.7°）が撮影できる範囲となります．

小山 武久

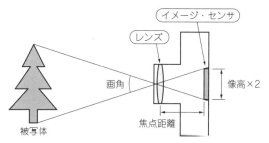

図1 どのくらいの範囲を撮影できるかを示す画角は焦点距離と像高から求まる

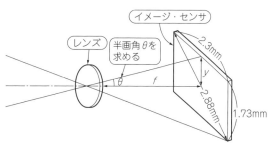

図2 画角の求め方…アクティブ・エリアの大きさと焦点距離から計算する

210 画作りの肝
パラメータ3：F値

● レンズの明るさを表す指標
F値は光線が入射する穴の大きさ（絞りの開き具合）を数値化したものです（図1）．F値が小さいほどレンズを通過する光量が多いです．レンズの明るさを表す指標としてF値が使われます．このF値は焦点距離 f を，物体が無限遠にあるときに通過する光束径 D で除した値で表します（図2）．

$$F = f/D$$

また，像の明るさは光束の面積に比例しますので，光束径が2倍になれば，像の明るさは4倍になり，光束径が1/2になれば像の明るさは1/4になります．従ってF値を小さくすることにより，少ない露光時間で適正な露光を得ることができます．

F値が既知のレンズに対し，その値よりも小さいF値のレンズがあれば，露光量を減らすことができます．露光量を減らすことは，

- シャッタ速度を速くできる
- 電気的なゲインを掛けなくて済む（ノイズを少なくすることができる）

という利点があります．

● F値がわかるとうれしいこと…ピントの合う範囲が決まる
F値の大きさによって被写界深度（ピントの合う範囲）が変わります．F値の大きなレンズを用いれば，パン・フォーカス（近距離から遠距離までピントが合う）が可能です［**写真1(a)**］．逆にF値の小さなレンズを用いると，ピントを合わせた被写体以外をアウト・フォーカスさせることができます［**写真1(b)**］．

この被写界深度は，画素サイズ，焦点距離，F値，被写体距離から求めることができます．

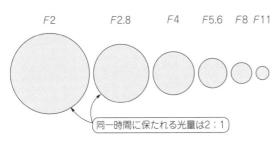
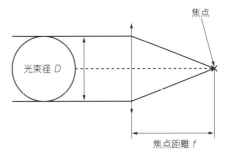

図1 F値：穴の大きさ（絞りの開き具合）を数値化したもので値が小さいほどレンズが明るい

図2 F値の求め方…$f \div D$で求まる
Dが大きければF値は小さくなり，シャッタ速度を速くできる

(a) F22　　　　　　　　　(b) F値は1ケタ台

写真1 F値によってピントの合う範囲が異なる
ディジタル1眼レフで撮影

● USBカメラモジュールのF値を求める

USBカメラモジュールに搭載されたレンズの焦点距離は今までの実験で3.5mmであることがわかりましたが，F値が不明のままです．今度はF値を求めてみましょう．

F値を求めるには写真2を用います．2体の人形の大きさとレンズの焦点距離から，おのおのの人形までの撮影距離，撮影倍率を求めます．その撮影倍率と像面上に映った被写体の大きさからF値を求めます．具体的には以下の通りです．

▶ ステップ1…被写界深度を求める

写真2の中央の箱の大きさは，画像上で333画素，つまり1.2mm（＝333×3.6μm）です．箱の実寸は90mmです．これより，被写体の画像倍率は75倍（90÷1.2）となり，撮影距離は263mm（＝75×3.5mm）と計算できます．

同様に，後方の人形の画像倍率は153倍，撮影距離は536mm（＝153×3.5mm）となります．

この画像では，手前の箱から後方の人形の位置までがピントが合う範囲です．そこで，ピントの合った範囲，いわゆる被写界深度は，前方の箱（263mm）から後方の被写体（536mm）までと仮定できます．

▶ ステップ2…F値を求める

ここで被写界深度を粗い近似で求めると，撮影倍率とF値，許容錯乱円径から以下になります．

被写界深度＝撮影倍率^2×許容錯乱円径×F値

写真2 画像内の箱の大きさと実寸の箱の大きさから倍率を計算すると撮影距離を求められる

この式では，

被写界深度＝奥のピント位置－手前のピント位置

として計算します．また，許容錯乱円径は，画像上でピントが合っていると見なす径のことです．この画像の場合は，後方の人形の目の大きさをそれと見なしました．画像上ではこの人形の目の大きさは0.013mmです．

今，F値は未知ですので，それ以外の値を代入します．上式にそれぞれの値を入れ，F値を求めると，

$(536mm - 263mm) = 75 \times 75 \times 0.013 \times F$値

から，

F値 $= 3.7$

以上よりUSBカメラモジュールに搭載されたレンズの基本的な光学諸元である焦点距離（3.5mm）とF値（3.7）を求めることができました．

これらは撮影画像と荒い近似式から求めたので，高精度な値ではありませんが，システムの基本的な構成を検討するには十分な精度でしょう．

〈小山 武久〉

211 色や形のひずみをトコトン抑えるくふう
パラメータ4：レンズ構成

図1に示すレンズは，前群が凹レンズの発散系，後群が正レンズの収斂系で構成されています．このレトロフォーカス構成にすることで，イメージ・センサへの光の入射角を緩やかにし，また，周辺光量を多く取り入れることが可能となります．1眼レフ用の広角レンズは，ほとんどがレトロフォーカス設計になっています．

● USBカメラモジュールのレンズをバラしてみる

USBカメラモジュールに搭載されているレンズの構造がどのようになっているのか分解してみましょう．

▶ ステップ1…鏡筒部と台座部がある

USBカメラモジュールに取り付けられたレンズ・ユニットは，M12×0.5P（ピッチ）のネジが切られたレンズ鏡筒部と，そのレンズ鏡筒が収まる台座部（写真1）に分かれており，台座部は基板にネジ止めされています．そのレンズ鏡筒を基板に取り付けられた台座部にねじ込むことにより，自由にピント合わせが可能です．

まずレンズ鏡筒部を取り外します．すると写真1のように，基板側の中央にイメージ・エリアが2.36mm×1.76mmのOV7670イメージ・センサが見えます．

▶ ステップ2…鏡筒部を分解

レンズ鏡筒を見ると，像側は取り外せるしくみになっておらず，物体側は押さえ環によってネジ止めされているようです（写真2）．その押さえ環は接着剤で固定されていましたので，溶剤でその接着剤を溶かし，押さえ環を外しました．すると1番目のレンズG1がむき出しになりました．ピンセットでレンズG1を取り外すと，その下に金属のスペーサ1，さらにレンズG2，スペーサ2，レンズG3/4，フィルタと続きます．それらを方眼用紙の上に置いてみました．

レンズG1～スペーサ2までは外径10mm，レンズG3/G4とフィルタは外径6mmです．

レンズを通した方眼の模様から，レンズG1は凹レンズ，レンズG2，G3/4は凸レンズであることが分か

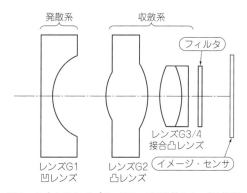

図1　よくあるタイプの1眼レフ用交換レンズは複数枚のレンズ群で構成される
3群4枚のレトロフォーカス・タイプの構成

写真1　カメラ・モジュールのレンズは鏡筒部と台座部に分かれる
基板の中央にOV7670イメージ・センサがある

(a) 構成部品

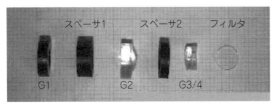

(b) レンズの並び

写真2 鏡筒部を分解してみた

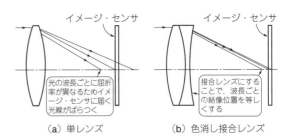

(a) 単レンズ　　　(b) 色消し接合レンズ

図2 色収差を抑えるレンズを合体させる

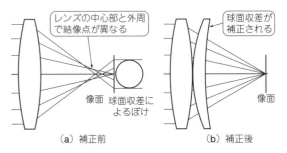

(a) 補正前　　　(b) 補正後

図3 複数のレンズで球面収差を抑える

ります．さらにレンズG2はレンズ表面の反射の度合いと，そのレンズ形状からプラスチック非球面レンズ，レンズG3/4は凸レンズと凹レンズが張り合わされた接合レンズであることもわかりました．最後に配置されていたフィルタは，見る角度によって反射色が変わりますので，何らかのコート（表面処理）がされているようです．赤外カット・フィルタでしょう．

▶ **4枚のレンズで構成されていた**

全体のレンズ構成は3群4枚のレトロフォーカス・タイプといわれるものです（図1）．USBカメラモジュールに使用されていたイメージ・センサそのものはVGA（640×480）の画素数しかないため，このレンズは必要な光学性能を持っていると判断しました．光学性能が良いか悪いかは，カメラの仕様によって評価条件が変わりますので，3群4枚だから良い/悪いと断定することは困難です．

このレンズには，写真レンズで使われるようなF値を変えるための開口絞りが入っていません．光線有効径を変えられない固定絞りとして，スペーサ1がその働きを担っていますが，露光量の調整は電気的に行っているようです．

● **レンズが1枚だけで構成されない理由**

▶ **理由1… 波長ごとに屈折率が異なるために表れる色収差を抑える**

レンズの材料となるガラスは，光の波長により光線を屈折する力が異なるため，一枚のレンズでは色収差を発生します．この色収差を補正するには，異なる性質を持つ2種類のガラスが必要となります．それらを凸レンズと凹レンズに割り当てることにより，色収差を補正できます（図2）．

▶ **理由2… 球面収差と呼ばれるひずみを抑える**

一枚で構成されない理由はこれだけではありません．レンズが球面で構成される以上，球面収差が発生します（図3）．この球面収差は大口径（F値が小さい）になるほど大きくなり，レンズの枚数を増やさなければ補正ができません．またレンズを広角化するほど，大きな画角まで他の収差を補正しなければならず，これもまたレンズの枚数を増やす要因となります．

▶ **理由3… カメラ本体との位置合わせやレンズ自体のコンパクト化のため焦点位置を調整する**

ここまでは収差を補正し，光学性能を確保するため

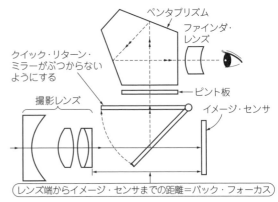

図4 1眼レフ・カメラのレンズ構成

の要求からでしたが，レンズ枚数を増やさなければならない理由はそれだけではありません．機能上の要求からレンズが複数枚必要になることもあります．

例えば1眼レフ用交換レンズは，ボディ内に組み込まれたクイック・リターン・ミラーがレンズに干渉しないように，焦点距離が短いレンズであってもバックフォーカス（レンズの最終面から像面までの距離）を長くしなければなりません（図4）．この場合，レンズ構成はレトロフォーカス・タイプと呼ばれる複数枚のレンズを用いた特殊な構成にしなければなりません．

また，望遠レンズのように焦点距離の長いレンズをコンパクト化するには，レンズ全長が焦点距離よりも短くなる，いわゆるテレフォト・タイプと呼ばれる，やはり複数枚のレンズで構成しなければなりません．

小山 武久

212 収差の補正や耐環境性向上のために パラメータ5：材料

USBカメラモジュールに搭載されているレンズを分解したときに分かったように，レンズに使用される材料は，光学ガラスと光学プラスチックが使われます．

光学レンズ用プラスチックは光学ガラスほど多くなく10種程度です．ただし光学用プラスチックは射出成形によるレンズ形状の生成が可能なため，小径であれば高精度な非球面レンズを安価に大量に製造できます．

光学ガラスは100～200種類ほどあり，設計者はこれらのガラスを適切に組み合わせることにより，色収差をはじめとする各収差を補正します．光学用ガラスはその種類の多さから，設計の自由度があり，また温度による屈折率の変化が少なく，耐環境仕様が厳しいところでも十分な性能を保証できます．

今回使用したUSBカメラモジュールでは，G1，G3/4は光学ガラス，G2にプラスチック非球面レンズを使用し，レンズ枚数の削減によるコスト・ダウンと光学性能の両立を図っています．

近年では，光学ガラスもモールド成形により非球面化でき，さらなる高性能化が可能になっています．

◆ 参考・引用*文献 ◆

(1)*エンヤ ヒロカズ：ラズベリー・パイ・カメラの望遠/魚眼/広角/マクロ化に挑戦，Interface 2015年1月号，p.102，CQ出版社．
(3) レンズと写真の基礎知識，㈱シグマ．
http://www.sigma-photo.co.jp/lens/base.html

小山 武久

索 引

アルファベット

140IRE	166
35mm判フィルム	279
3次元位置姿勢	239
3次元計測	233
Adobe RGB	22, 45
ARIB	180
ATSC	181, 277
AVHCD	61
Bicubic	228
Bilinear	228
BLANK	186
BML	269
BMP	45, 53
Bピクチャ	66
Camera Link	128, 222
Cannyフィルタ	98
CCTVレンズ	224
Chief Ray Angle	280
CIExyモデル	201
CMOSイメージ・センサ	220
CMY	16
CoaXpress	128
DCT	57, 68
DDC	187
DIR8	225
DisplayPort	111
DisplayPortケーブル	124
DisplayPortコネクタ	124
DMTB	277
DV	63
DVB	181
DVB-T	276
DVI	115
DVIトランスミッタ	116
Dサブ25ピン・コネクタ	130
D端子	119
EBU	181
F値	283
GigE Vision	128, 222
H.264	59, 71
HDMI	110
HDMIケーブル	120
HDMIコネクタ	120
HD-SDI	132
HDTV信号	158
HIS	16
HSL	15
HSV	14
I/Q信号	163
IEC	181
ISDB-T	276
ITU	180
Iピクチャ	66
JEITA	180
JISC	180
JPEG	50, 57
JPEG XR	57
JPEG2000	57
KLT特徴点追跡法	107
$L^*a^*b^*$	16
Labモデル	201
Laplaceフィルタ	97
libjpeg	72, 75
libpng	72
LZW	55
Motion JPEG	60
mp4	61
MPEG-1	63
MPEG-2	64
MPEG-4	59, 61
MPEGの種類	61
MPEGのビット・レート	63
NTSC信号	157, 170
OpenCV	80
OpenCVのインストール	88
OpenCVのライセンス	84
OpenGL	74
Opt-C:Link	129
PDF	45
PNG	48
p-タイル法	26
Pピクチャ	66
Qt	74, 78
RGB	9
RGB直交座標系	21
SC/H	171
SDI	130

SDL	74, 76
SD-SDI	131
SDTV	135
SDTV信号	157
SMPTE	181
Sobelフィルタ	97
sRGB	22, 45
sYCC	16, 45
S映像信号	118
Thunderbolt	112
TIFF	45, 53
TIFFファイル	56
TMDS	116
TOF	237
USB3.0	128
VESA	180
VGAコネクタ	119
Visual Studio Express	89
WEAVE	194
XYZ色空間	23
XYZ変換行列	22
xy色度図	21
YC_bC_r	9
YCC	10
YUV	16

【あ行】

明るさ変更	85
アクティブ・エリア	280
アクティブ・シャッタ	249
アクティブ眼鏡	248
圧縮符号化アルゴリズム	55
アナログ・コンポーネント	135
アナログ・コンポジット	135
アナログHDTV	138
アフィン変換	36
位相限定相関法	108
色-色変換	20
色空間	10, 14
色再現性の評価	201
色むら	210
インターレース	192
ウェーブレット変換	57
動き補償フレーム予測	69
映像フォーマット	265
液晶テレビ	182
エッジ抽出フィルタ	33

エンコード処理	67
円の検出	101
大津の二値化	26
オート・フォーカス	200
オープニング	31

【か行】

解像度	134
解像度チャート	198
解像度の評価	200
階調	11
階調性の評価	202
回転	36
ガウシアン・フィルタ	29, 32
画角	283
拡散照明	223
拡大/縮小	36
画像処理ライブラリ	72
画像データ圧縮	54
可変長符号化	70, 71
加法混色	9
画面内予測	71
カラー・バースト	171
カラー・パレット	19
カラー・フィルタ	51
カルーセル層	269
ガンマ特性	158
ガンマ補正	13, 27
幾何学変換	54
規格団体	180
奇数フレーム	195
客観評価	209
キャリブレーション	235
境界処理	34
緊急地震速報	273
空間周波数	200
偶数フレーム	195
グレー・スケール・チャート	202
グレー・スケール変換	23
クロージング	31
クロマキー合成	43
形状変形検出処理	239
減法混色	9
光軸ずれ	206
合焦点法	236
コントラスト応答	200
コントラスト変更	85
コンポーネント信号	118

コンポジット信号 117

[さ行]

サーフェース・マッチング 238
最近傍法 227
最小2乗法 101
彩度 14, 18
差分取得 86
サンプリング 144
シェーディング 204
色差信号 159
色相 14, 18
ジグザグ・スキャン 70
視差 233
字幕データ 267
字幕表示 272
しみの評価 206
収縮処理 30
周波数 168
重複直交変換 57
主観評価 209
焦点距離 281
白黒放送 170
垂直同期 151, 173
垂直表示有効期間 188
水平同期 147
水平表示有効期間 187
ステレオ計測 235
ステレオスコープ 246
スパイク・ノイズ 30
線形量子化 68
線の検出 100
双六角錐モデル 15
ソーベル・フィルタ 32

[た行]

タイミング制御 185
単眼立体情報 243
超解像 225
直角2相変調 162
直交変換 71
ディストーション 203
データ放送 267
デコード処理 67
デジタル・コンポーネント 141
デジタル・コンポジット 140
デジタル・シネマ 135

デジタルHDTV 142
テンプレート・マッチング 103
透過照明 223
同期信号 185
透視ひずみマッチング 240
動体検出 105
動的しきい値法 217
特徴点 99
特徴点追跡法 106
ドット・クロック 186, 190
トップハット処理 31
トップハット変換 206
トランスポート・ストリーム 264

[な行]

ニアレスト・ネイバー 41
二値化 25
ノイズ除去フィルタ 28
ノイズ評価 203

[は行]

バイキュービック 40
背景差分法 104
バイリニア 40, 41
パターン・マッチング 103, 216
パターン投光 237
パッシブ眼鏡 251
ハフ変換 80, 101
ハフマン・テーブル 70
番組表 270
ビート 210
光切断法 237
光-電気変換 156
ヒストグラム 12, 95
非線形量子化 68
ピッキング・ロボット 241
ビットマップ 45
フィールド周波数 169
フォーカスの評価 199
符号化 54
フランジバック 279
フリッカ 211
プリューウィット・フィルタ 33
フレーム間予測 71
フレーム構造 153, 177
プログレッシブ 193
ブロック・ノイズ 208

ブロブ解析	216
平滑化	215
平均化	28, 32
ベイヤー・パターン	51
ベクタ・スキャン	196
膨張処理	30
補間	39
ボトムハット処理	31
ボトムハット変換	207
ホログラフィ	256
ホワイト・バランス	205

ま行

マクベス・チャート	198
マクロ・レンズ	224
マクロブロック	68
マシン・ビジョン	212
マスク画像	43
明度	18
メディアン・フィルタ	29
モアレ	211
モザイキング	51
文字スーパー	273
モスキート・ノイズ	208

ら行

ライン・センサ	221
ラスタ・スキャン	191
ランレングス符号化	70
離散フーリエ変換	81
リプリケート	194
リフレッシュ・レート	190
両眼立体情報	246
量子化	54, 68, 145
輪郭抽出	81
ループ・フィルタ	71
ルックアップ・テーブル	27
レンズ構成	285
レンズ材料	287
レンズひずみ評価	203
レンティキュラ・レンズ	255
ロスレス圧縮	55
六角錐モデル	14

わ行

ワンセグ放送	266

初出一覧

　本書の下記の章は，『トランジスタ技術』誌，または『Interface』誌に掲載された記事を元に，加筆，再編集されたものです。

イントロダクション	Interface 2013年4月号，特集 イントロダクション
●第1章 （項目7, 11除く）	Interface 2013年4月号，安川 章，長野 英生，特集 第1章 知っておきたい！ディジタル画像のあたりまえ Interface 2013年7月号，外村 元伸，特集 第6章 実験！色と輝度を整える
●第2章	Interface 2013年4月号，安川 章，特集 第2章 知っておきたい！画像処理
●第3章	Interface 2013年4月号，安川 章，特集 第3章 知っておきたい！画像変形 Interface 2013年4月号，安川 章，特集 Appendix1 知っておきたい！画像合成
●第4章	Interface 2013年4月号，矢野 越夫，特集 第5章 知っておきたい！画像ファイル
●第5章	Interface 2013年4月号，外村 元伸，特集 第6章 知っておきたい！画像圧縮
●第6章	Interface 2013年4月号，外村 元伸，特集 Appendix3 知っておきたい！動画圧縮 トランジスタ技術 2011年7月号，清 恭二郎，特集 第3章 膨大な映像データをギュッと圧縮する技術「MPEG」Q＆A
●第7章	Interface 2013年4月号，山本 隆一郎，特集 第8章 知っておきたい！画像処理ライブラリ
●第8章	Interface 2014年1月号，安川 章，特集 Appendix6 画像処理ライブラリOpenCVの基礎知識5
●第9章 （項目55～58を除く）	Interface 2013年7月号，外村 元伸，特集 第6章 実験！色と輝度を整える Interface 2013年7月号，外村 元伸，特集 第7章 実験！形状認識＆マッチング
●第10章	Interface 2013年4月号，長野 英生，特集 第7章 知っておきたい！画像伝送 Interface 2011年9月号，小林 秀人，特集 第6章 HDMI＆DisplayPortコネクタのいろいろ Interface 2013年4月号，松原 真秀，村田 英孝，特集 Appendix4 知っておきたい！カメラ・インターフェース トランジスタ技術 2011年7月号，矢野 浩二，別冊付録 アナログ＆ディジタル ビデオ規格辞典
●第11章	トランジスタ技術 2011年7月号，矢野 浩二，別冊付録 アナログ＆ディジタル ビデオ規格辞典
●第12章	トランジスタ技術 2011年7月号，矢野 浩二，別冊付録 アナログ＆ディジタル ビデオ規格辞典
●第13章	トランジスタ技術 2011年7月号，矢野 浩二，別冊付録 アナログ＆ディジタル ビデオ規格辞典
●第14章	トランジスタ技術 2011年7月号，平間 郁朗，特集 第1章 薄型デジタル・テレビのハードウェア Q＆A Interface 2013年4月号，井倉 将実，特集 第4章 知っておきたい！ディスプレイ表示
●第15章	トランジスタ技術 2009年7月号，金田 篤幸，山田 靖之，特集 第7章 カメラ画像の評価方法
●第16章	トランジスタ技術 2011年7月号，加藤 芳明，塚田 雄二，漆谷 正義，テレビ特有の映像ノイズ Q＆A
●第17章	Interface 2010年12月号，島 輝行，特集 第1章 画像処理機器のしくみを理解する
●第18章	Interface 2010年9月号，渡邊 賢治，大巻 ロベルト 裕治，有銘 能亜，奥畑 宏之，超解像のしくみを理解する
●第19章	Interface 2010年10月号，島 輝行，特集 第2章 3次元計測のしくみを知る
●第20章	Interface 2011年1月号，河合 隆史，特集 第1章 今さら聞けない3Dの超基本知識
●第21章	Interface 2011年1月号，下馬場 朋禄，増田 信之，伊藤 智義，特集 第7章 究極の3D ホログラフィのしくみと最新技術動向
●第22章	トランジスタ技術 2011年7月号，濱田 淳，谷津 弦也，特集 第2章 地デジならではの新機能とそのしくみ Q＆A トランジスタ技術 2011年7月号，川口 英，辰巳 博章，谷津 弦也，特集 第6章 デジタル化された放送局のひみつ Q＆A
●第23章	Interface 2015年3月号，小山 武久，画像屋さんのコモンセンス！光学特性入門

著者略歴

安川 章 （やすかわ あきら）
- 1971年　福岡県生まれ，千葉県育ち
- 1994年　㈱アバール・データ入社．分析装置の機械設計に従事
- 2000年　画像入力ボード開発の部署に異動．画像処理，プログラミングを独学で開始
- 現在　　三次元スキャナの開発に従事

長野 英生 （ながの ひでお）
- 1992年　三菱電機㈱入社．ルネサス エレクトロニクス㈱を経て2015年から㈱セレブレクスに移籍．ディスプレイ用LSIの開発，高速インターフェースの技術開発，コンソーシアム活動に従事．高速インターフェース関連の講演，特許出願多数．
  著書に「高速ビデオ・インターフェースHDMI＆DisplayPortのすべて」（CQ出版社），「最新ビデオ規格HDMIとDisplayPort」（同），「Interface 4月号特集：知っておきたい！50の画像技術」（同），「FPGAマガジン5月創刊号：三大インターフェース DVI/HDMI/DisplayPortの仕様」（同），「映像メディア学会誌 2011年11月号記事：Displayport」など．

外村 元伸 （とのむら もとのぶ）
- 1952年　滋賀県生まれ
- 1979年　名古屋大学 大学院 情報工学専攻修了．在学中，天体の軌道計算が趣味で，学科の大型コンピュータで日月食・掩蔽の時刻計算
- 1979年～2002年　㈱日立製作所 中央研究所にて，制御用計算機のリアルタイムOS開発，3D CG装置の試作機開発展示，国産初のトロンチップ開発，マルチメディア演算処理の研究とそれら演算器設計．この間，日本大学，芝浦工大，東京工業大学で非常勤講師を務める
- 2005年～2012年（定年退職）　大日本印刷㈱にて画像処理に従事

矢野 越夫 （やの えつお）
- 京都に生まれ，大阪で育つ．
- 1976年　防災設備の設備施工に従事
- 1978年　情報処理，主にマイコン関係の仕事に従事
- 1981年　特種情報処理技術者．現在は㈱オーク 代表取締役

清 恭二郎 （せい きょうじろう）
- 1957年　芦屋生まれ
- 1976年　早稲田大学 理工学部 電気工学科入学
- 1980年　日本ビクター㈱入社
- 2003年　シリコンバレーのスタートアップに参加する．
  以来，DSCやSmartphoneなど画像を扱うSOCの開発に従事し続けている

山本 隆一郎 （やまもと りゅういちろう）
- 1969年　東京都生まれ
- 1995年　プログラマ/SEとして独立
- 2001年　個人事業を（有）トラスト・テクノロジーに組織変更
- 2003年　㈱トラスト・テクノロジーに組織変更
- 現在　　同社代表取締役
  専門分野は組み込みLinux，画像処理，音声認識，知能処理，モバイル，ロボットなど多数．幼少のころよりプログラミングを始めて30年．メカや回路も設計するプログラマ．二児の父

松原 真秀 （まつばら まさひで）
- 1973年　東京都練馬区生まれ，小学生のころマッキントッシュでBASICプログラミングを始める
- 1998年　㈱アバールデータに入社
- 2010年　日本インダストリアルイメージング協会にて，CoaXPress技術リーダーとして国際標準規格書の策定に従事
- 現在　　アバールデータ 第二開発部にて，InGaAsセンサ・カメラの開発および高速伝送ボードの開発に従事

小林 秀人 （こばやし ひでと）
- 1976年　長野県生まれ
- 2001年　ホシデン㈱入社．現在は同社にて高速伝送ケーブル・コネクタ製品の設計／開発に従事

村田 英孝（むらた ひでたか）
　　1972年　神奈川県生まれ
　　1995年　㈱アバールデータ入社．光通信関連のFPGA設計に従事

畑山 仁（はたけやま ひとし）
　　1978年　ソニー・テクトロニクス㈱［現 ㈱TFF］入社．広告宣伝部，営業，マーケティング部などを経て現職．営業技術統括部 シニア・テクニカル・エキスパートとして高速ディジタル，高速シリアル・インターフェースをサポート．
　　「PCI Express設計の基礎と応用～プロトコルの基本から基板設計，機能実装まで 2010年4月」（CQ出版社）および「USB 3.0設計のすべて～規格書解説から物理層の仕組み，基板・ソフトウェア設計，コンプライアンス・テストまで 2011年11月」（同）を編著．

矢野 浩二（やの こうじ）
　　1971年　東京都葛飾区生まれ
　　1994年　リーダー電子㈱入社．放送用測定器の開発に従事

平間 郁朗（ひらま いくお）
　　1995年　日本電気㈱に入社．アナログ・テレビ用信号処理デバイスの開発に従事
　　2006年　STマイクロエレクトロニクス㈱に入社．ディジタルTV/STBデバイスの技術サポートを担当
　　現在　同社にてMEMSセンサの技術サポートを担当

井倉 将実（いくら まさみ）
　　1971年　東京生まれ．
　　1988年にX68000に出会って以降，MC68000に惚れ込み，生涯ハードウェア屋として生きることを決心
　　1992年からCQ出版社を中心に，開発ツール/ASIC/FPGAや電源/周辺デバイス関連の著書多数
　　2011年　豊田通商㈱の関連企業である豊通エレクトロニクス（タイ）㈱に就職．同社ソフトウェア開発部長．202名のスタッフとともに，アセアンにおけるMGドメイン/MBD業務-No.1企業を目指す．世界一の宝物は娘（愛奈実）．

金田 篤幸　（かねだ あつゆき）
　　1985年　新潟県生まれ
　　2008年　㈱マイクロビジョン入社

山田 靖之　（やまだ やすゆき）
　　1976年　新潟県生まれ
　　2002年　㈱マイクロビジョン入社

漆谷 正義（うるしだに まさよし）
　　1945年　神奈川県生まれ
　　1971年　神戸大学 大学院 理学研究科修了
　　1971年　三洋電機㈱入社．レーザー応用機器，ビデオ機器の開発，設計に携わる
　　2009年　大分県立工科短期大学校，西日本工業大学非常勤講師
　　現在　自然エネルギを使った電子機器の普及活動に勤しむ．第一級アマチュア無線技士

塚田 雄二（つかだ ゆうじ）
　　ビデオ計測のサポートに長年携わり，現在は㈱TFFにおいて，アプリケーション・エンジニアとして，おもに放送機器関連のカストマに対するテクニカル・ソリューションの推進に従事

加藤 芳明（かとう よしあき）
　　ソニー・テクトロニクス㈱［現 ㈱TFF］入社後，アナログ・テレビジョン測定器の製品検査と校正に従事．その後，大画面映像システムの設計と技術サポートを担当
　　現在　アプリケーション・エンジニアとして，ディジタル・テレビジョン測定器の技術サポートに従事

島 輝行（しま てるゆき）
　　1973年　福岡県生まれ
　　1996年　大阪大学 卒業
　　1998年　大阪大学 大学院卒業
　　1998年　㈱IHI入社．監視・検査システム開発，ロボット・ビジョンに従事
　　2008年　㈱リンクス入社．画像処理ライブラリHALCONを用いたビジョン・システム開発支援に従事．現在に至る

渡邊 賢治（わたなべ けんじ）
 1982年 大阪府生まれ
 2009年 大阪大学 大学院 情報科学研究科 博士後期課程修了
 2009年 ㈱シンセシス入社．リアルタイム・ハードウェア動画像コーデックの設計開発に従事
 2014年 ㈱フィックスターズ入社．SSDコントローラの設計開発に従事

大巻 裕治（おおまき ゆうじ）
 1972年 ブラジル サンパウロ州生まれ
 2001年 大阪大学 大学院 工学研究科 情報システム工学専攻 博士後期課程単位取得退学
 2001年 ㈱シンセシス入社．HW/SW設計開発・営業支援に従事
 2003年 大阪大学 大学院工学研究科 工学博士（情報システム工学専攻）

有銘 能亜（ありめ のあ）
 1998年 大阪市立大学 理学部 物理学科卒業．㈱ピクセラ入社
 2004年 RfStream America,Inc.出向
 2007年 ㈱シンセシス入社

奥畑 宏之（おくはた ひろゆき）
 1999年 大阪大学 大学院 工学研究科 博士後期課程修了．㈱シンセシス入社．画像信号処理関連の開発に従事

河合 隆史（かわい たかし）
 1993年 早稲田大学 人間科学部卒業
 1998年 早稲田大学 大学院 人間科学研究科 博士後期課程修了．その後，同大学 助手，専任講師などを経て，
 2008年 早稲田大学 基幹理工学部 表現工学科 教授．現在に至る．博士（人間科学）．認定人間工学専門家．

下馬場 朋禄（しもばば ともよし）
 2005年 山形大学 理工学研究科 准教授
 2009年 千葉大学 工学研究科 准教授

増田 信之（ますだ のぶゆき）
 2000年 群馬大学 工学部 助手
 2004年 千葉大学 工学部 助手
 2007年 千葉大学 大学院 工学研究科 助教
 2013年 長岡技術科学大学 電気系 特任准教授
 2014年 東京理科大学 基礎工学部 准教授

伊藤 智義（いとう ともよし）
 1992年 群馬大学 工学部 助手
 1994年 群馬大学 工学部 助教授
 1999年 千葉大学 工学部 助教授
 2004年 千葉大学 工学研究科 教授

濱田 淳（はまだ じゅん）
 1996年 愛媛大学 理学部 物理学科 卒業．アストロデザイン㈱入社．ディジタル放送機器の設計・開発に従事
 2002年 パナソニック㈱入社．地上デジタル放送送信システムの設計・開発，ARIB規格委員として従事
 2008年 ㈱ヴィレッジアイランド入社．2010年から取締役副社長としてディジタル放送機器の販売に従事
 2012年〜 ㈱アトラクター 代表取締役として次世代ディジタル放送の技術普及に従事

谷津 弦也（やつ げんや）
 1998年 ㈱イーヤマ入社．液晶モニタの技術開発を担当
 2006年 ローデ・シュワルツ・ジャパン㈱入社．放送用測定器，オーディオ・アナライザを担当
 2010年 同社マーケティング部に異動．放送機器のプロダクト・マーケティング担当

川口 英（かわぐち えい）
 1983年 芝浦工業大学 電子工学科卒業．リーダー電子㈱入社
 1992年 同社にて電波関連測定器の開発を担当
 現在 ㈱エヌエムアール 技術部

小山 武久（こやま たけひさ）
 1959年 東京生まれ
 1982年 東海大学 工学部 光学工学科卒業．㈱シグマ入社．以降レンズ設計に従事

- ●本書記載の社名,製品名について ── 本書に記載されている社名および製品名は,一般に開発メーカの登録商標です.なお,本文中では^{TM},®,©の各表示を明記していません.
- ●本書掲載記事の利用についてのご注意 ── 本書掲載記事は著作権法により保護され,また産業財産権が確立されている場合があります.したがって,記事として掲載された技術情報をもとに製品化をするには,著作権者および産業財産権者の許可が必要です.また,掲載された技術情報を利用することにより発生した損害などに関して,CQ出版社および著作権者ならびに産業財産権者は責任を負いかねますのでご了承ください.
- ●本書に関するご質問について ── 文章,数式などの記述上の不明点についてのご質問は,必ず往復はがきか返信用封筒を同封した封書でお願いいたします.ご質問は著者に回送し直接回答していただきますので,多少時間がかかります.また,本書の記載範囲を越えるご質問には応じられませんので,ご了承ください.
- ●本書の複製等について ── 本書のコピー,スキャン,デジタル化等の無断複製は著作権法上での例外を除き禁じられています.本書を代行業者等の第三者に依頼してスキャンやデジタル化することは,たとえ個人や家庭内の利用でも認められておりません.

JCOPY 〈(社)出版者著作権管理機構委託出版物〉
本書の全部または一部を無断で複写複製(コピー)することは,著作権法上での例外を除き,禁じられています.本書からの複製を希望される場合は,(社)出版者著作権管理機構(TEL:03-3513-6969)にご連絡ください.

ディジタル画像技術事典200

編 集	インターフェース編集部	2015年5月15日	初版発行
発行人	寺前 裕司	2016年4月1日	第2版発行
発行所	CQ出版株式会社	©CQ出版株式会社	
	〒112-8619 東京都文京区千石4-29-14	(無断転載を禁じます)	
電 話	編集 03-5395-2122	定価はカバーに表示してあります	
	販売 03-5395-2141	乱丁,落丁本はお取り替えします	

編集担当者 野村 英樹/五月女 祐輔
印刷・製本 三晃印刷株式会社
デザイン・DTP 近藤企画 近藤 久博
カバー・デザイン 株式会社コイグラフィー
イラスト 神崎 真理子
Printed in Japan

ISBN978-4-7898-4661-5